A ENGENHARIA E AS NOVAS DCNs:
OPORTUNIDADES PARA FORMAR MAIS E MELHORES ENGENHEIROS

O GEN | Grupo Editorial Nacional – maior plataforma editorial brasileira no segmento científico, técnico e profissional – publica conteúdos nas áreas de ciências exatas, humanas, jurídicas, da saúde e sociais aplicadas, além de prover serviços direcionados à educação continuada e à preparação para concursos.

As editoras que integram o GEN, das mais respeitadas no mercado editorial, construíram catálogos inigualáveis, com obras decisivas para a formação acadêmica e o aperfeiçoamento de várias gerações de profissionais e estudantes, tendo se tornado sinônimo de qualidade e seriedade.

A missão do GEN e dos núcleos de conteúdo que o compõem é prover a melhor informação científica e distribuí-la de maneira flexível e conveniente, a preços justos, gerando benefícios e servindo a autores, docentes, livreiros, funcionários, colaboradores e acionistas.

Nosso comportamento ético incondicional e nossa responsabilidade social e ambiental são reforçados pela natureza educacional de nossa atividade e dão sustentabilidade ao crescimento contínuo e à rentabilidade do grupo.

A ENGENHARIA E AS NOVAS DCNs: OPORTUNIDADES PARA FORMAR MAIS E MELHORES ENGENHEIROS

Organizador

Vanderli Fava de Oliveira

Apesar dos melhores esforços dos autores, do editor e dos revisores, é inevitável que surjam erros no texto. Assim, são bem-vindas as comunicações de usuários sobre correções ou sugestões referentes ao conteúdo ou ao nível pedagógico que auxiliem o aprimoramento de edições futuras. Os comentários dos leitores podem ser encaminhados à **LTC — Livros Técnicos e Científicos Editora** pelo e-mail faleconosco@grupogen.com.br.

Travessa do Ouvidor, 11
Rio de Janeiro, RJ — CEP 20040-040
Tels.: 21-3543-0770 / 11-5080-0770
Fax: 21-3543-0896
faleconosco@grupogen.com.br
www.grupogen.com.br

Capa: Leônidas Leite
Imagem: © Denis Ismagilov | 123rf.com

Editoração Eletrônica: Diretriz

CIP-BRASIL. CATALOGAÇÃO NA PUBLICAÇÃO
SINDICATO NACIONAL DOS EDITORES DE LIVROS, RJ

E48

A engenharia e as novas DCNs : oportunidades para formar mais e melhores engenheiros / Organizador Vanderli Fava de Oliveira. - 1. ed. - Rio de Janeiro : LTC, 2019.
: il. ; 24cm.

Inclui bibliografia e índice
ISBN 978-85-216-3670-0

1. Ensino Superior. 2. Engenharia - Estudo e ensino. 3. Engenheiros. I. Oliveira, Vanderli Fava de.

19-58867 CDD: 378.199
CDU: 378.016:62

Vanessa Mafra Xavier Salgado - Bibliotecária - CRB-7/6644

Apresentação

Este livro foi elaborado tão logo foram homologadas as atuais Diretrizes Curriculares Nacionais para o Curso de Engenharia (DCNs), conforme consta do Parecer CNE/CES número 01 de 23 de janeiro de 2019 e da Resolução CNE/CES número 02 de 24 de abril de 2019. A maioria dos autores dos capítulos deste livro participou ativamente das discussões que culminaram com o citado Parecer e respectiva Resolução, que se encontram no final deste livro.

O objetivo principal do livro é contribuir para a implantação das novas DCNs nos cursos de Engenharia no Brasil, assim como compartilhar com todos os interessados um estudo sobre os principais norteadores destas novas diretrizes e, ainda, disponibilizar experiências de implementação de diversos aspectos que estão postos nestas.

Os capítulos foram sequenciados considerando o início dos cursos de Engenharia no Brasil no século XVIII e sua evolução organizacional (Capítulo 1), situando o leitor sobre como tem evoluído a organização do curso de Engenharia no país. Em seguida, há um retrospecto sobre as propostas da Confederação Nacional da Indústria (CNI) elaboradas pela Mobilização Empresarial pela Inovação (MEI), visando à melhoria da formação e ao fortalecimento da Engenharia no Brasil (Capítulo 2) até o relato sobre as experiências inovadoras de modelos alternativos de estruturação de cursos de Engenharia no exterior (Capítulo 3).

Com estes três capítulos iniciais, tem-se os retrospectos sobre o curso de Engenharia, sobre a participação da MEI/CNI e sua crescente preocupação com os cursos e, ainda, o relato sobre modelos inovadores de cursos de engenharia.

A partir deste cenário inicial pode-se adentrar ao estudo das novas DCNs comparadas com as anteriores (Capítulo 4), cumprindo o objetivo de mostrar o que muda em termos gerais com a implementação destas novas diretrizes. Conhecendo-se o que há de inovação, passa-se a tratar do Projeto Pedagógico do Curso (PPC), que é o principal documento do curso, no qual devem constar tais inovações (Capítulo 5). Completa a abordagem do PPC no livro a implementação desse Projeto, tendo como centro o processo inovador da aprendizagem (Capítulo 6), considerando o cenário no qual foi implantado.

A partir do Capítulo 7 passa-se a discutir os tópicos principais que permeiam as DCNs e impactam diretamente nas principais mudanças que devem ser realizadas no PPC. Este capítulo trata da questão central que diferencia as atuais das antigas DCNs, que é a formação por competências, substituindo a formação por conteúdos e que tem sido o principal objeto abordado, ao se iniciar a discussão do PPC. Ou seja, entendido o que é PPC nos capítulos anteriores, inicia-se a discussão pela principal alteração que ocorreu nas diretrizes, que é a concepção de formação em Engenharia. O Capítulo 8 vem na sequência deste, mostrando o alcance da formação por competências aliado a ambientes e espaços especiais de aprendizagem.

Dando continuidade à formação por competências, o livro aborda as metodologias ativas de aprendizagem que tratam da viabilização desta concepção mostrando o cenário extraescola (Capítulo 7) e o cenário mais intraescola (Capítulo 8), para mostrar ao leitor a importância de trabalhar por competências. Já o Capítulo 9 traz um arcabouço mais teórico, fornecendo uma visão mais acadêmica de competências, que pode ser mais bem entendido a partir da leitura dos dois capítulos anteriores.

O Capítulo 10 apresenta mais uma das inovações destas DCNs – o "acolhimento" dos ingressantes. Uma das grandes preocupações hoje nos cursos é o alto índice de evasão, e uma das razões é o despreparo de significativa parcela dos ingressantes para iniciar o curso de Engenharia.

Com as inovações que as novas DCNs trazem para os cursos, é necessário alterar também a avaliação da aprendizagem (Capítulo 11), que pode contribuir para combater a evasão nos cursos. Mais especificamente, ao se realizar a mudança de concepção de currículo baseado em conteúdos para competências, o Capítulo 12 vem tratar também da avaliação centrada em competências.

Por último, o livro aborda a formação do professor (Capítulo 13), que é o principal agente de mudança nos cursos e também da implementação das novas DCNs no curso, conforme exposto nos capítulos anteriores. Para trabalhar com metodologias ativas de aprendizagem e com o desenvolvimento de competências, em acordo com o disposto nas novas DCNs, certamente significativa parcela dos professores deve passar por programas de capacitação, que também estão previstos nestas novas diretrizes.

Como se pode observar, o livro trata de maneira bastante abrangente as novas DCNs. A partir da sua leitura e da implementação efetiva destas novas diretrizes, espera-se que as Escolas de Engenharia do Brasil voltem a impregnar os cursos de uma formação de Engenheiros e Engenheiras para a geração de empregos e para ocupar postos de liderança no país e não só para ocupar postos de trabalho.

Vanderli Fava de Oliveira
Presidente da ABENGE

Prefácio

A edição das Leis nºs 9.131/1995, que criou o Conselho Nacional de Educação, e 9.394/1996, que estabeleceu as Diretrizes e Bases da Educação Nacional, inovou ao eliminar do cenário de regulação dos cursos de graduação o persistente conceito de currículo mínimo, introduzindo o novo conceito de diretrizes curriculares.

Naquele período, já havia mais de 20 anos que o extinto Conselho Federal de Educação editara a Resolução CFE nº 48/1976, que instituiu um novo currículo mínimo para os cursos de graduação em Engenharia. Data também dos anos 1990 uma importante iniciativa para renovação da formação de engenheiros – o Projeto REENGE –, responsável pela difusão de conceitos como a crítica à especialização nos cursos de graduação, já tendo como referência as rápidas mudanças no desempenho profissional em função da revolução tecnológica em curso.

Essa mudança de regime legal é muito relevante: o currículo mínimo, com seu conteúdo fortemente prescritivo, detalhado e rígido, pertence a um mundo que considera que o processo formativo dos egressos para cada área é essencialmente único, admitindo pouquíssimas variações, e suficiente para prover os instrumentos para o exercício profissional ao longo de toda a carreira. As diretrizes curriculares, por seu lado, são fundamentadas em princípios distintos, como flexibilidade para fixação de currículos em cada Instituição de Educação Superior e ênfase na formação generalista dos egressos, em oposição à especialização precoce e à artificialidade de múltiplas habilitações.

Ao operacionalizarem as diretrizes curriculares para os cursos de graduação, na sequência da edição das leis mencionadas, a Secretaria de Educação Superior do Ministério da Educação e o Conselho Nacional de Educação deram impulso a um amplo debate na comunidade acadêmica, que teve a virtude de desencadear um processo de mudança parcial da mentalidade prevalente, mesmo dentro de um ambiente majoritariamente conservador como o das Instituições de Educação Superior, o dos órgãos de avaliação e regulação ou o das categorias profissionais. A contradição entre a mobilização para a instituição das diretrizes curriculares e a cultura amplamente enraizada do modelo único para formação produziu um conjunto importante de novas normas, ao mesmo tempo em que vinculou a sua interpretação e a sua implantação aos velhos moldes dos currículos mínimos. Algumas áreas de formação, como a área da Saúde, deram passos mais ousados, unificando as competências gerais relativas a diferentes cursos de graduação e implantando projetos de cursos organizados de forma não convencional.

Para a área da Engenharia, as diretrizes curriculares foram estabelecidas pela Resolução CNE/CES nº 11/2002, editada em decorrência da aprovação do Parecer CNE/CES nº 1.362/2001, mais de 25 anos após a Resolução do currículo mínimo de 1976. Esta norma representou uma inovação significativa das referências para a organização de projetos de formação de engenheiros, tratando de competências e habilidades gerais, de conteúdos curriculares de forma ampla, de algumas orientações metodológicas e da importância da avaliação da aprendizagem e do próprio projeto de curso. No entanto, foram pouco numerosos os registros de propostas mais alinhadas ao quadro conceitual das diretrizes curriculares, persistindo os currículos estruturados como meras adaptações dos anteriormente vigentes.

A implantação de mudanças na formação depende diretamente de docentes e dirigentes das Instituições de Educação Superior, bem como dos processos avaliativos aplicados pelo Ministério da Educação e das relações com os órgãos de controle do exercício profissional. A combinação desses fatores, desde a aprovação da Resolução de 2002, mais contribuiu para inibir iniciativas inovadoras do que para estimulá-las. Novos fatores, no entanto, surgiram, como novas gerações de docentes e dirigentes, que se aliaram aos que já atuavam em linha com o novo paradigma de formação. E mais: o cenário da inovação como determinante fundamental da dinâmica da economia e da sociedade, transformando significativamente papéis profissionais e fixando novas exigências de formação e de experiência, em detrimento da simples certificação burocrática. Nos países líderes no campo da inovação, os processos de formação superior são fortemente influenciados por esse fator, assim como a relação entre os profissionais e a sociedade, que perde o seu componente protecionista.

Esse é o cenário em que o Brasil desenvolveu um amplo debate sobre a formação de engenheiros e, quase 18 anos após a edição das diretrizes de 2001/2002, aprovou uma nova versão em 2019. Desta vez, com a participação de um relevante setor relacionado com o mercado de trabalho – a Mobilização Empresarial pela Inovação, criada pela Confederação Nacional da Indústria. A nova Resolução (CNE/CES nº 1/2019), baseada no Parecer CNE/CES nº 1/2019, aborda os parâmetros formativos na linguagem e no âmbito conceitual próprios de diretrizes curriculares, com alguns poucos resquícios conceituais dos extintos currículos mínimos, tratando ainda da formação e do desenvolvimento profissional do corpo docente e dos processos de avaliação da aprendizagem.

De pouco servirão as novas diretrizes se a dinâmica de sua implantação nas Instituições de Educação Superior não observar a mais relevante prerrogativa institucional: a autonomia para a prática de atos acadêmicos por excelência, como a livre fixação de projetos de formação, dentro do quadro bastante flexível que a norma estabelece. Mais ainda, o comprometimento das instituições com os projetos de formação deve incluir a preparação dos docentes para as funções mais complexas que estes deverão exercer e os encargos com a aprendizagem dos estudantes.

O intercâmbio de experiências, a valorização da atividade docente, a compreensão aprofundada dos processos de aprendizagem (e de metodologias para desenvolvê-los e de processos de avaliação para aferi-los e corrigir rumos) e a criação de fóruns para formação continuada de docentes são alguns dos mecanismos necessários para a materialização desse comprometimento institucional.

Este livro contém material importante para alimentar o desenvolvimento profissional docente e inspirar instituições em seu caminho para transformar a formação de engenheiros. São apresentados o histórico dos cursos de Engenharia no país, a comparação analítica entre as diretrizes curriculares de 2019 e de 2001/2002, a atenção dedicada aos estudantes, a formação docente e discussões sobre metodologias ativas de aprendizagem e sobre avaliação em diferentes abordagens e perspectivas, além da experiência da Mobilização Empresarial pela Inovação com a formulação das diretrizes.

Além de servir como roteiro para percursos institucionais no cenário das transformações em curso, o livro deve estimular mais inovação na formação de engenheiros, contribuindo para o que Brasil forme recursos humanos de alta qualidade e em consonância com os caminhos da economia e da sociedade baseadas em inovação.

Paulo Barone
Secretário de Educação Superior

Sobre os autores

Adriana Maria Tonini Graduada em Engenharia Civil pela Universidade Federal de Minas Gerais (UFMG, 1992), em Licenciatura Plena pela Fundação de Educação para o trabalho de Minas Gerais (1995), mestra em Tecnologia (Modelos Matemáticos e Computacionais) pelo Centro Federal de Educação Tecnológica de Minas Gerais (1999) e doutora em Educação pela Universidade Federal de Minas Gerais (UFMG, 2007). Atualmente é diretora de Engenharias, Ciências Exatas, Humanas e Sociais do Conselho Nacional de Desenvolvimento Científico e Tecnológico (CNPq). Avaliadora institucional Externa do SINAES/BASis/INEP/MEC (Sistema Nacional). Professora-associada da Universidade Federal de Ouro Preto (UFOP), lotada no Centro de Educação Aberta e a Distância, Departamento de Educação e Tecnologias (DEETE). Coordenadora-geral do Pacto Nacional pela Alfabetização na Idade Certa (PNAIC) na UFOP. Vice-coordenadora-geral do Programa Escola de Gestores na UFOP. Coordenadora dos Cursos de Especialização em Coordenação Pedagógica e Mídias da Educação na UFOP. Professora do mestrado em Educação Tecnológica do CEFET-MG. Diretora de Ciências Exatas e Tecnologias (UNI-BH). Editora da *Revista de Ensino de Engenharia* da Associação Brasileira de Educação em Engenharia (ABENGE), membro da comissão técnica de ensino de engenharia da Sociedade Mineira de Engenheiros (SME). Experiência na área de Ensino, Pesquisa, Extensão e Gestão, atuando principalmente nos seguintes temas: Formação Profissional e Tecnológica, Educação a Distância, Formação de Professores, Educação em Engenharia, Mulheres na Ciência, Tecnologia e Inovação.

Afonso Lopes Graduado em Relações Internacionais pelo Centro Universitário Instituto de Ensino Superior de Brasília (IESB) e em Ciência Política pela Universidade de Brasília (UnB) com especialização em Relações Internacionais pela UnB. Ocupou cargo de gerente no Ministério da Fazenda de 2010 a 2016. Atualmente, é mestrando no Programa de Pós-Graduação em Propriedade Intelectual e Transferência Tecnológica na UNB e ocupa o cargo de Analista de Desenvolvimento Industrial na Diretoria de Inovação da Confederação Nacional da Indústria.

Angelo Eduardo Battistini Marques Graduado em Engenharia Elétrica pela Escola de Engenharia Mauá (1988), mestre em Engenharia de Materiais pela Universidade de São Paulo (USP, 1997), doutor em Engenharia Elétrica pela Universidade de São Paulo (USP, 2003) e pós-doutorado pela Pontifícia Universidade Católica de São Paulo (PUC-SP). Experiência na área de Microeletrônica, com ênfase em Materiais e Componentes Semicondutores. Professor da Escola de Engenharia Mauá. Foi pesquisador e professor titular da Universidade São Judas Tadeu de 1990 a 2019, onde atuou como coordenador de curso de Engenharia (2018-2019) e responsável pelos projetos interdisciplinares (de

2015 a 2018). Com aperfeiçoamentos em Educação no Ensino Superior e em Formação de Professores pela Universidade de Tampere (Finlândia), a principal linha de pesquisa atualmente é em Ensino e Aprendizagem, voltadas para o Ensino Superior.

Carlos Eduardo Laburú Físico, doutor em Educação (Área de Concentração: Didática) pela Faculdade de Educação da Universidade de São Paulo (USP). Pesquisador Produtividade em Pesquisa CNPq nível 1C. Professor associado C, no Departamento de Física da Universidade Estadual de Londrina. Linha de pesquisa na área de Educação Científica: busca de elementos teóricos na área de estudos da semiótica que ajudem a entender a natureza, as causas e os efeitos das dificuldades dos estudantes em dar sentido às representações simbólicas científicas e como superá-las; problemas de ensino e aprendizagem relacionados com multimodalidade representacional e atividades experimentais no ensino de Ciências como a relação teoria e evidência, a questão da medida, a formulação de hipóteses.

Débora Mallet Pezarim de Angelo Licenciada em Letras pela Faculdade de Filosofia, Letras e Ciências Humanas (FFLCH-USP). Mestra e doutora em Educação pela Faculdade de Educação (FEUSP). Coordenadora de Gestão da Aprendizagem no Insper. Assessora em projetos de formação docente para a Fundação Carlos Alberto Vanzolini. Autora de materiais didáticos, impressos e digitais, para Fundação Padre Anchieta, Instituto Eldorado, Editoras Saraiva e Moderna. Coordenadora do curso de Pós-Graduação em Docência no Ensino Superior do Centro Universitário SENAC. Docente em cursos superiores de Pedagogia e Letras, em disciplinas de Metodologia de Ensino e Avaliação da Aprendizagem.

Edilene Amaral de Andrade Adell Graduada em Engenharia pelo Instituto Mauá de Tecnologia (IMT, 1990), mestra em Engenharia de Alimentos pela Faculdade de Engenharia de Alimentos da Unicamp (1995) e doutoranda na área de Consumo e Qualidade de Alimentos na mesma instituição. Professora, desde 1996, das disciplinas Fundamentos de Engenharia, Estatística e Análise Sensorial dos cursos de graduação e de pós-graduação do Centro Universitário do IMT. Responsável pelo Programa de Tutoria do Centro Universitário do IMT (Administração, Design e Engenharia). Engenheira responsável pelo Laboratório de Análise Sensorial e Estudos de Consumidores do IMT.

Eduardo Ferro dos Santos Graduação em Engenharia Mecatrônica (FPT/AEDU) e Fisioterapia (UniSalesiano). Especialização em Qualidade e Produtividade pela Universidade Federal de Itajubá (UNIFEI) e Engenharia de Segurança do Trabalho pela Universidade Cândido Mendes (UCAM). Mestre em Engenharia de Produção pela UNIFEI e doutor em Engenharia de Produção pela Universidade Metodista de Piracicaba (UNIMEP). Pós-doutorado com pesquisa na área de Inovação e Tecnologias no Ensino (FEG/UNESP). Professor da Universidade de São Paulo na Escola de Engenharia de Lorena (EEL/USP). Professor visitante na Universidade de Twente, na Holanda (2018-2019). Na EEL/USP está atualmente como chefe do Departamento de Ciências Básicas e Ambientais (DEBAS) e diretor executivo da Fundação de Apoio à Pesquisa e Ensino (FAPE). Em pesquisa, atua nas áreas relacionadas com Engenharia de Fatores Humanos e Desenvolvimento Sustentável.

Fábio do Prado Graduado em Física pela Universidade Presbiteriana Mackenzie, mestre em Ciências pelo Instituto Tecnológico de Aeronáutica (ITA) doutor em Geofísica Espacial pelo Instituto Nacional de Pesquisas Espaciais (INPE), onde atuou no grupo de pesquisa básica em plasmas no Laboratório Associado de Plasma. Possui publicações em anais de congressos e periódicos nacionais e internacionais na área de Instabilidades geradas por interação de feixe de elétrons e plasma quiescente. Docente do Centro Universitário FEI e atua, desde 1998, em regime de dedicação integral na Instituição. Foi também professor Colaborador da Universidade de Taubaté de 1995 a 2001, onde participou da reestruturação das atividades práticas do Laboratório de Física. Chefiou o Departamento de Física da FEI no período de 1998 a 2001, e desde então se dedica integralmente à gestão universitária, tendo exercido a Vice-reitoria de Ensino e Pesquisa de janeiro de 2002 a junho de 2010, quando então assumiu a função de Reitor da FEI. Especializou-se em 2012-2013 em liderança acadêmica para instituições de educação superior católica por meio do programa para gestores *Leading Catholic Universities in the 21st Century*, orientado pela Leadership Foundation for Higher Education de Londres, e organizado pela Federação Internacional de Universidades Católicas (IFCU). É membro da Sociedade Brasileira de Física (SBF) e da Associação Brasileira de Ensino de Engenharia (ABENGE). Membro do Conselho de Curadores da Fundação Fé e Alegria do Brasil vinculada à Companhia de Jesus e conselheiro do Conselho Superior de Inovação e Competitividade (CONIC) da Federação das Indústrias do Estado de São Paulo (FIESP). Atualmente é vice-presidente do Conselho de Reitores das Universidades Brasileiras (CRUB), coordenador suplente do Fórum das Instituições de Educação Superior Confiadas à Companhia de Jesus no Brasil (FORIES), primeiro vice-presidente da Associação das Universidades confiadas à Companhia de Jesus na América Latina (AUSJAL), membro do Conselho Fiscal da Associação Brasileira das Universidades Comunitárias (ABRUC).

Fabrício Maciel Gomes Graduado em Engenharia Industrial Química pela Escola de Engenharia de Lorena (EEL/USP, 2001), mestre em Engenharia Química pela EEL/USP (2003) e doutor em Engenharia de Produção pela Faculdade de Engenharia de Guaratinguetá (FEG/UNESP, 2015). Atualmente é professor da Escola de Engenharia de Lorena (EEL/USP). Experiência na área de Engenharia Química e Engenharia de Produção, atuando principalmente nos seguintes temas: Qualidade, Simulação e Otimização de Processos e Controle Estatístico da Qualidade e do Processo.

Gianna Sagazio Mestra em Desenvolvimento Econômico pela Universidade Católica de Brasília (UCB), certificada pela Wharton School University of Pennsylvania em Estratégia e Inovação. Diretora de Inovação da Confederação Nacional da Indústria (CNI), responsável pela coordenação executiva da Mobilização Empresarial pela Inovação (MEI). Membro do Conselho Diretor do Fundo Nacional de Desenvolvimento Científico e Tecnológico (FNDCT); membro Conselho Consultivo da Financiadora de Inovação e Pesquisa (FINEP); membro do Conselho de Administração do Centro de Gestão e Estudos Estratégicos (CGEE); membro do Comitê Gestor da Sala de Inovação, do Ministério da Economia (ME) e membro da Comissão Nacional de Coordenação do Projeto Diálogos pelo Brasil da Academia Brasileira de Ciências (ABC). Trabalhou também no Banco Nacional de Desenvolvimento (BNDES), Nações Unidas e Fundação Dom Cabral.

Gustavo Henrique Bolognesi Donato Graduado em Engenharia Mecânica pelo Centro Universitário FEI. Doutor em Engenharia pela Escola Politécnica da Universidade de São Paulo (USP) e pós-graduado em Administração de Empresas pela FGV-SP EAESP. Professor titular e pesquisador do Centro Universitário FEI, onde atua desde 2008. Atualmente, é responsável pela Plataforma de Inovação FEI. Nos anos anteriores, atuou como chefe de departamento e coordenador do curso de Engenharia Mecânica, como coordenador do programa de Iniciação Científica e como membro do Conselho de Ensino, Pesquisa e Extensão (CEPEx) da mesma instituição. Tem experiência nas áreas de Educação, Inovação, Engenharia Mecânica e de Materiais.

Hector Alexandre Chaves Gil Graduado em Química pelo Instituto de Química da Universidade de São Paulo (IQ-USP, 1989), mestre e doutor em Ciências pelo IQ-USP (1993,1998). Atuou na área da Espectroscopia Molecular Raman e no Infravermelho, Radiações de Alta Energia e Materiais Poliméricos. Grande experiência com a Educação no ensino superior nas áreas de Físico-química, Química Orgânica, Química Geral e na gestão em cursos de Química, Farmácia e Bioquímica, e Engenharia. Atualmente é coordenador do ciclo básico dos cursos de Engenharia do Instituto Mauá de Tecnologia – IMT.

Irineu Gustavo Nogueira Gianesi Graduado em Engenharia Mecânica pela Escola Politécnica da Universidade de São Paulo (Poli-USP), com especialização em Administração pela EAESP da Fundação Getulio Vargas. Mestre em Engenharia de Produção pela Poli-USP e doutor em Administração pela Cranfield University, Reino Unido. Diretor de Assuntos Acadêmicos do Insper, responsável pelo Centro de Desenvolvimento de Ensino e Aprendizagem (DEA) do Insper, além das áreas de Gestão do Corpo Docente, Regulação e Relações Internacionais. Foi responsável pelo projeto e implantação dos novos cursos de engenharia (de 2012 a setembro de 2015). Anteriormente, e por oito anos, esteve à frente da direção de programas de pós-graduação *lato sensu*, incluindo os programas de MBA Executivo, Certificate e LL.M. Master of Laws, coordenando também os processos de acreditação internacional da escola. É Chair do Latin America and Caribbean Advisory Council da AACSB International e membro do Continuous Improvement Review Committee da mesma instituição de acreditação internacional de escolas de negócio. Professor do Insper nos programas de MBA Executivo, Graduação e Educação Executiva. É autor de artigos publicados em periódicos nacionais e internacionais e de três livros na área de Operations Management. Foi consultor de empresas como Embraer, Natura, 3M, Unilever, Copersucar, Souza Cruz, Monsanto, Cargill, Rhodia, Tubos Tigre, Accenture, PriceWaterhouse, Ceras Johnson, Itautec-Philco, Hewlett-Packard, Embraco, entre outras.

José Aquiles Baesso Grimoni Graduado em Engenharia Elétrica pela Universidade de São Paulo (USP, 1980), mestre em Engenharia Elétrica pela mesma instituição (1989) e doutor em Engenharia Elétrica (1994) e livre-docente (2006) pela Escola Politécnica da USP (Poli-USP). No período de 1981 a 1989 trabalhou nas seguintes empresas: ASEA Industrial Ltda.; CESP; BBC Brown Boveri S/A; ABB - Asea Brown Boveri e FDTE - Fundação para o Desenvolvimento Tecnologia da Engenharia. Desde 1989 atua como professor de disciplinas de graduação do curso de engenheiros eletricistas opção Energia da Poli-USP no Departamento de Engenharia de Energia e Automação Elétricas e de disciplinas de pós-graduação do mesmo departamento a partir de 1994. Entre abril de 2003 e abril de 2007 exerceu o cargo de vice-diretor do Instituto de Eletrotécnica e Energia da USP, hoje denominado Instituto de Energia e Ambiente da USP e no período de 2007 a 2011 exerceu o cargo de diretor deste mesmo instituto. É coordenador de curso de graduação de Engenharia Elétrica, com ênfase em Energia e Automação Elétricas da Epusp desde 2012, coordenador do Programa Permanente para o Uso Eficiente dos Recursos Hídricos e Energéticos na Universidade de São Paulo (PUERHE-USP) desde 2015 e diretor adjunto da Fundação e Apoio a Universidade de São Paulo (FUSP) a partir de 2016.

Laurete Zanol Sauer Professora titular na Universidade de Caxias do Sul (UCS), onde atua, desde 1989, na área de Matemática, com ênfase em disciplinas de Cálculo Diferencial e Integral e Equações para cursos de Engenharia e Licenciatura em Matemática. Professora do corpo permanente, desde 2013, no Programa de Pós-Graduação em Ensino de Ciências e Matemática da UCS. Experiência em EAD, tendo coordenado o Núcleo de Educação a Distância da UCS, durante o período 2011-2014. Ministrou Seminários de Formação Pedagógica para atuação em EAD junto ao Núcleo de Formação para Professores da UCS, no período 2007-2014. Participou do projeto Tuning América Latina, no período 2005-2013. Suas pesquisas concentram-se nos seguintes temas: Educação Matemática, Educação Matemática para Engenharia e Ambientes de Aprendizagem Ativa, apoiados por tecnologias de informação e comunicação, com projetos desenvolvidos na Área do Conhecimento de Ciências Exatas e Engenharias, da UCS. Integra o Observatório Docência, Inclusão e Cultura Digital da UCS e pertence ao corpo de avaliadores do SINAES - MEC, desde 2006.

Lilian de Cássia Santos Victorino Graduada em Engenharia de Alimentos pelo Centro Universitário do Instituto Mauá de Tecnologia (CEUN-IMT, 2004), mestra em Tecnologia de Alimentos pela Universidade Estadual de Campinas (Unicamp, 2008). Professora do CEUN-IMT desde 2006, atua nas disciplinas de Tecnologia de Alimentos e Processos de Fabricação, dos cursos de graduação de pós-graduação em Engenharia de Alimentos e do Ciclo Básico do curso de Engenharia, com grande envolvimento com os temas de Educação em Engenharia e Educação Matemática. Atuou em disciplinas como Geometria Analítica, Álgebra Linear, Matemática Computacional e Química Geral. Atualmente, é responsável pela disciplina Matemática Computacional e Coordenadora do Programa de Recepção e Integração dos Calouros do Instituto Mauá de Tecnologia (PRINT MAUÁ).

Marco Antonio Carvalho Pereira Graduado em Engenharia Química pela Faculdade de Engenharia Química de Lorena (FAENQUIL, 1982). Mestre em Engenharia de Materiais pela mesma instituição em 1996. Doutor em Engenharia de Produção pela

Escola Politécnica da Universidade de São Paulo (Poli-USP, 2007). Foi diretor na FAENQUIL e, na Escola de Engenharia de Lorena (EEL) da USP, presidente da Comissão de Graduação, coordenador do Curso de Graduação de Engenharia Química e coordenador do Curso de Graduação de Engenharia de Produção. Atualmente é professor doutor na EEL-USP e coordenador do Polo da Agência USP de Inovação na EEL-USP. Na graduação, coordena as disciplinas de Projeto Integrado de Engenharia de Produção I, II e III, nas quais aplica Project-Based Learning em projetos com parcerias com empresas da região, além de ministrar as disciplinas de Empreendedorismo, Processos da Indústria de Serviços, dentre outras, no curso de Engenharia de Produção e as disciplinas de Gestão Estratégica e Gestão da Qualidade no Curso de Especialização de Engenharia da Qualidade. Na pós-graduação, atua no PPGPE (Programa de Pós-Graduação em Projetos Educacionais de Ciências) como orientador e professor da disciplina de Projetos Especiais. Em pesquisa, atua nas áreas de Educação Empreendedora e Educação em Engenharia, com ênfase no desenvolvimento de competências por meio de metodologias ativas de aprendizagem com maior foco em Project-Based Learning. Em extensão, coordena o Fórum Lean Six Sigma Lorena voltado para difusão de temas de Lean Six Sigma para a comunidade profissional que atua na área. Professor Conselheiro da Enactus e coordena projetos com alunos em indústrias da região do Vale do Paraíba Paulista.

Mauro Kern Graduado em Engenharia Mecânica pela Universidade Federal do Rio Grande do Sul (UFRGS, 1982). Atuou por 13 anos em várias posições técnicas e gerenciais na área de Engenharia de Sistemas Mecânicos e Trem de Pouso do jato de combate CMX, na Embraer. Foi engenheiro-chefe e gerente do programa EMBRAER 190, assumindo a seguir a posição de diretor de Programas da Aviação Comercial. Integrou a diretoria executiva da empresa, ocupando posições de vice-presidente executivo para o mercado de aviação comercial, vice-presidente executivo de engenharia e vice-presidente executivo de operações. Atualmente é vice-presidente na Integração de Engenharia na Parceria Embraer-Boeing. É membro do conselho curador do CPqD, membro do comitê de líderes da CNI/MEI, membro do conselho consultivo da ANPE e membro do conselho de inovação da FEI.

Messias Borges Silva Graduado em Engenharia Industrial Química pela Faculdade de Engenharia Química de Lorena (FAENQUIL, 1981), mestre em Engenharia Mecânica pela Universidade Estadual Paulista Júlio de Mesquita Filho (Unesp, 1992) e doutor em Engenharia Química pela Universidade Estadual de Campinas (Unicamp, 1996). Livre-docente em Engenharia da Qualidade pela Unesp (2008), certificou-se como Certified Quality Engineer pela American Society for Quality (ASQ, 1989). Criou, em 1990, o Curso de Pós-Graduação em Engenharia da Qualidade da EEL-USP Lorena e o coordena até hoje. Em 2012 fez parte do grupo de docentes do Massachusetts Institute of Technology (MIT), ministrando curso internacional de Lean Enterprise na América do Sul. Foi Visiting Scientist na Harvard School of Engineering and Applied Sciences em 2013, 2015 e 2019. Publicou 115 trabalhos em periódicos, mais de 100 trabalhos em congressos. Orientou 17 teses de doutorado, 15 dissertações de mestrado, 11 supervisões de pós-doutorado, mais de 100 monografias voltadas para a Qualidade em cursos *lato sensu* e 11 trabalhos de Iniciação Científica. Foi diretor-geral da antiga FAENQUIL, atual EEL-USP. Tem experiência nas áreas de Engenharia Química e Engenharia de Produção, com ênfase em Engenharia da Qualidade/Métodos Quantitativos, atuando principalmente nos seguintes temas: Qualidade, Método de Taguchi, Processos Oxidativos Avançados, Otimização e Planejamento de Experimentos, Lean Six Sigma, Lean Healthcare, Inovação no Ensino de Engenharia. Atualmente, é professor da Unesp e docente da Escola de Engenharia de Lorena-USP e acadêmico da Academia Brasileira da Qualidade (ABQ).

Octavio Mattasoglio Neto Graduado em Física pelo Instituto de Física da Universidade de São Paulo (USP, 1983), mestre em Ensino de Ciências (Modalidade Física) pela Universidade de São Paulo (1989) e doutor em Educação pela Faculdade de Educação da USP (1998). Pós-doutorado em Ensino Baseado em Projetos pelo Centro Algoritini, do Departamento de Produção e Sistemas da Universidade do Minho, Portugal. Professor doutor, do Centro Universitário Fundação Santo André (CUFSA). Avaliador de cursos da área de Física do Conselho Estatual de Educação do Estado de São Paulo (CEE-SP). Professor titular em tempo integral do Instituto Mauá de Tecnologia (IMT), onde leciona e desenvolve trabalho no ensino de Física junto a alunos ingressantes no curso de Engenharia. Na mesma escola, é presidente da Academia de Professores, órgão de apoio à reitoria, responsável pela formação de professores em temas educacionais e inovação curricular, com foco no uso de estratégias pedagógicas inovadoras e ferramentas tecnológicas. Atualmente desenvolve pesquisas sobre formação de professores, estratégias ativas para aprendizagem, aprendizagem baseada em projetos e inovação curricular, e tem especial interesse em mudanças conceituais do professor. É diretor de Comunicação da Associação Brasileira de Educação em Engenharia (ABENGE). É membro do comitê gestor do Consórcio STHEM Brasil – Ciência, Tecnologia, Humanidade, Engenharia e Matemática. Editor do *International Journal on Active Learning*, uma revista do consórcio STHEM Brasil.

Paulo T. M. Lourenção Graduado e mestre em Engenharia Aeronáutica pelo Instituto Tecnológico de Aeronáutica (ITA, 1977, 1981). Doutor em Ciências Aeroespaciais pelo INPE/DLR (Alemanha, 1988) e MBA em Gestão do Conhecimento, Tecnologia e Inovação pela Universidade de São Paulo (USP, 2003). Atualmente é coordenador técnico do Programa de Especialização em Engenharia da Embraer, atuando no recrutamento e seleção de novos engenheiros, e na gestão das atividades acadêmicas do Mestrado Profissional em Engenharia Aeronáutica em parceria com o ITA. Conta com experiência profissional nas áreas de aerodinâmica experimental (CTA, 1975-1980), dinâmica de controle de veículos aeroespaciais (INPE, 1980-1986 e AVIBRAS, 1986-1989), capacitação avançada de engenheiros (Embraer, 1989-1996) e cooperações tecnológicas (Embraer, 1998-2007). É também professor visitante da Universidade Federal de São Paulo.

Paulo Sérgio de Camargo Filho Físico, doutor em Ensino de Ciências e Educação Matemática pela Universidade Estadual de Londrina (UEL), pesquisador associado em Física Aplicada (Mazur Group) na Universidade de Harvard. Professor adjunto

2, Departamento de Física da Universidade Tecnológica Federal do Paraná (UTFPR), Londrina. Linhas de pesquisa na área de Educação Científica e Tecnológica: STEM Education, Makerspaces, Peer Instruction, Flipped Classroom, Project-Based Learning,

Renato das Neves Graduado em Engenharia Civil pela Universidade Federal do Pará (UFPA, 1990), especialização em Gerente da Qualidade (TQC - Total Quality Control) pela Fundação Christiano Ottoni (1993), especialização em Formação Básica em Dinâmica dos Grupos pela Sociedade Brasileira de Dinâmica dos Grupos (2005), mestre em Engenharia de Produção pela Universidade Federal de Santa Catarina (UFSC, 1996), doutor em Engenharia Civil pela Universidade Federal do Rio Grande do Sul (UFRGS, 2005) e pós-doutorado em Ensino da Engenharia na Universidade do Minho, em Guimarães, Portugal (2015). Atualmente é professor associado III da Faculdade de Engenharia Civil da UFPA. Atua na área de Gerenciamento na Construção Civil, principalmente nos seguintes temas: projeto e gestão de sistemas de produção, gestão da segurança do trabalho, gestão de resíduos, aprendizagem organizacional e desenvolvimento de competências. E na área de Educação em Engenharia, com aprendizagem baseada em problemas. Integrante do grupo de pesquisa do Laboratório de Inovação Didática em Física (LIDF) que lida com inovação no ensino de Física com interfaces para as engenharias a partir da introdução de novas práticas de ensino-aprendizagem e de novos recursos instrucionais de caráter didático-pedagógico investigativo em diversos formatos. Atualmente é coordenador do grupo de pesquisa do Núcleo de habitação da Amazônia (NUHAM) que atua na área de Gerenciamento na Construção Civil.

Renelson Ribeiro Sampaio Graduado em Física pela Universidade Federal de Minas Gerais (UFMG, 1973), pós-graduado em Física-Matemática pela Universidade de Brasília (UnB, 1974-75), mestre em History and Social Studies of Science pela University of Sussex, Inglaterra (1979), doutor na área de Economia da Inovação Tecnológica no Science Policy Research Unit - SPRU, University of Sussex (1986) e pós-doutorado no Departamento de Sociologia da University of Wisconsin-Madison, Estados Unidos (2010-2011). Pesquisa nas áreas de Geração e Difusão de Conhecimento em Processos de Inovação nas Organizações; Estudos na competitividade de aglomerados industriais (Sistemas Locais de Produção) com base na Metodologia da Dinâmica de Sistemas. Atualmente é professor associado no Centro Universitário Senai Cimatec, Salvador, Bahia.

Roberto Baginski Batista Santos Doutor em Ciências na área de Física pela Universidade de São Paulo (USP, 2003). No Centro Universitário FEI, é professor em regime de dedicação integral, chefia o Departamento de Física, atua na Comissão Própria de Avaliação (CPA) e na Comissão do Processo Seletivo, além de ser membro do Conselho de Ensino, Pesquisa e Extensão. Suas principais áreas de interesse incluem Ensino e Aprendizagem de Física na Engenharia (Aprendizagem Ativa e Avaliação), Nanotecnologia (Efeitos da Radiação em Dispositivos Eletrônicos e Fotônicos) e Mecânica Quântica (Sistemas Abertos e Computação Quântica).

Sayonara Nobre de Brito Lordelo Graduada em Pedagogia pela Universidade Federal da Bahia (UFBA, 1995), mestra na área de Educação e Trabalho pela – UFBA (2006), doutora na área de Educação e Trabalho pela UFBA (2011). Pós-doutorado (em curso) pelo Centro Universitário SENAI CIMATEC e pós-graduação (em curso) em A Moderna Educação pela – Pontifícia Universidade Católica do Rio Grande do Sul (PUCRS). Professora adjunta no Centro Universitário SENAI CIMATEC, Salvador, além de pesquisadora nas áreas de Educação e Trabalho, Educação a Distância e Formação Docente.

Suely Lima Pereira É mestranda em Gestão Estratégica de Organizações pelo Instituto de Educação Superior de Brasília, com MBA em Gestão de Projetos e em Educação a Distância, pela Universidade Católica de Brasília. Gerente Executiva de Inovação da Confederação Nacional da Indústria (CNI). Foi consultora do Programa das Nações Unidas para o Desenvolvimento (PNUD) na área de Planejamento e Orçamento do Instituto Nacional de Estudos e Pesquisas Educacionais Anísio Teixeira (INEP). Atuou também em projetos de educação profissional e continuada no Serviço Nacional de Aprendizagem Industrial (SENAI).

Tatiana Gesteira de Almeida Ferraz Graduada em Engenharia Civil pela Universidade Federal da Bahia (UFBA, 1998) e Formação Pedagógica pela Universidade do Sul de Santa Catarina (Unisul, 2009). Mestra em Engenharia Civil (Engenharia de Estruturas) pela Universidade de São Paulo (USP, 2001) e MBA Executivo em Gestão Empresarial da Construção (2008). É doutoranda em Gestão e Tecnologia Industrial no Centro Universitário SENAI CIMATEC, desenvolvendo pesquisa sobre o tema construção e avaliação de competências no ensino de engenharia. Pró-reitora administrativo-financeira do Centro Universitário SENAI CIMATEC. Já atuou como professora em cursos de graduação e pós-graduação *lato sensu*, e em atividades de consultoria e gestão.

Terezinha Severino da Silva Graduada em Pedagogia pela Faculdade de Educação Antônio Augusto Reis Neves (FEAARN, 1995). Especialista em Docência Superior pela Universidade Federal do Triângulo Mineiro e em Didática pela Faculdade São Luís. Mestra e doutoranda em Educação pela Universidade de Uberaba (UNIUBE). Tem experiência em Educação, como professora da Educação Básica, Educação Superior e Gestão Escolar. Atualmente ocupa o cargo de Técnico em Assuntos Educacionais da Universidade Federal do Triângulo Mineiro (UFTM), desenvolvendo atividades de assessoria pedagógica, junto a cursos de graduação em Engenharia, no Instituto de Ciências Tecnológicas e Exatas – ICTE da UFTM.

Valquíria Villas-Boas Graduada em Física pela Universidade de São Paulo (USP), mestra em Física da Matéria Condensada e doutora em Ciências também pela USP. É professora titular da Universidade de Caxias do Sul (UCS). É diretoria acadêmica em exercício da Associação Brasileira de Educação em Engenharia (ABENGE) e coordenadora do Grupo de Trabalho em Aprendizagem Ativa na Educação em Engenharia da mesma instituição. É Chairperson do Steering Committee da rede Active Learning in Engineering Education (ALE). É membro do Consultative Committee for the Aalborg

Centre for PBL in Engineering Science and Sustainability, do Editorial Board of the European Journal of Engineering Education e do Governing Board da Research in Engineering Education Network. Como docente da UCS, ministra disciplinas básicas de Física para os cursos de Engenharia, disciplinas específicas do curso de Licenciatura em Física e as disciplinas Fundamentos de Aprendizagem Ativa, Experimentação no Ensino de Ciências e Matemática e Projetos Interdisciplinares no Programa de Pós-Graduação em Ensino de Ciências e Matemática. Tem trabalhado nas áreas de Aprendizagem Ativa para o Ensino de Física e de Engenharia, de Formação Profissional de Professores de Ensino Superior e de Formação Continuada de Professores de Ciências e Matemática.

Vanderli Fava de Oliveira Graduado em Engenharia Civil pela Universidade Federal de Juiz de Fora (UFJF), Mestre e doutor em Engenharia de Produção pelo Instituto Alberto Luiz Coimbra de Pós-Graduação e Pesquisa de Engenharia (COPPE/UFRJ), pós-doutorado em Educação em Engenharia pela Universidade Estadual de Campinas (Unicamp). Atualmente é professor titular convidado da UFJF, presidente da Associação Brasileira de Educação em Engenharia (ABENGE) e avaliador de cursos e de instituições do Instituto Nacional de Estudos e Pesquisas Educacionais Anísio Teixeira (INEP/MEC). Foi membro da Comissão Técnica de Acompanhamento da Avaliação (CTAA INEP/MEC, 2009/2015), membro da Comissão do Enade-INEP/MEC em 2005, 2008, 2011 e 2014. Foi homenageado pelo Diretório Acadêmico no centenário da Faculdade de Engenharia da UFJF. Foi homenageado por serviços prestados à Engenharia de Produção Mineira no VIII EMEPRO realizado na UNIFEI em 2012. Foi também agraciado com a "MENÇÃO HONROSA ABEPRIANA" no ENEGEP 2012 realizado em Bento Gonçalves (RS). Foi homenageado no dia 11 de dezembro de 2017 com o prêmio Personalidade do Ano da Tecnologia 2017, área de Educação, pelo Sindicato dos Engenheiros do Estado de São Paulo (SEESP).

Wagner Tavares de Andrade Graduado em Engenheira Mecânica pela Universidade Federal de Pernambuco (UFPE, 1988), especialista em Gestão de Projetos e Produtos pelo Grupo FIAT em Turim, Itália, em 1999, especialista em Gestão de Negócios e Empreendedorismo pela Fundação Getulio Vargas (FGV, 2001), mestre em Educação Tecnológica pelo Centro Federal de Educação Tecnológica de Minas Gerais (CEFET-MG, 2015). Atuou na área industrial como engenheiro de processos, aplicações e logística na White Martins e Texaco. Desde 1996 vem atuando na FCA - Fiat Chrysler Automobiles nas seguintes áreas: Marketing, Desenvolvimento de Produto, Desenvolvimento de Negócios para Exportação, Desenvolvimento Estratégico de Produto e Gestão de Portfólio, da América Latina.

Zil Miranda Graduada em Sociologia, mestra e doutora pela Universidade de São Paulo (USP). Atua como especialista em Desenvolvimento Industrial na Confederação Nacional da Indústria (CNI), tendo trabalhado anteriormente no Observatório de Inovação e Competitividade da USP, no Centro Brasileiro de Análise e Planejamento (Cebrap) e na Agência Brasileira de Desenvolvimento Industrial (ABDI). É autora do livro *O voo da Embraer: a competitividade brasileira na indústria de alta tecnologia.*

Sumário

Introdução, 1
Luiz Roberto Liza Curi

Evolução da organização do curso de Engenharia no Brasil, 8
Vanderli Fava de Oliveira

A mobilização empresarial pela inovação (MEI) e a defesa da modernização do ensino de Engenharia, 33
Mauro Kern
Gianna Sagazio
Paulo Lourenção
Suely Pereira
Zil Miranda
Afonso Lopes

Aspectos relevantes em cursos considerados de ponta no exterior e as novas DCNs, 44
Messias Borges Silva
Marco Antonio Carvalho Pereira
Eduardo Ferro dos Santos
Fabricio Maciel Gomes

As inovações nas atuais diretrizes para a Engenharia: estudo comparativo com as anteriores, 66
Vanderli Fava de Oliveira

O projeto pedagógico para as novas diretrizes curriculares de Engenharia, 86
Debora Mallet Pezarim de Angelo
Irineu Gustavo Nogueira Gianesi

Visão, protagonismo e domínio do processo inovador como forças motrizes do processo de aprendizado, 104
Fábio do Prado
Gustavo Henrique Bolognesi Donato

As competências profissionais do engenheiro nas situações de trabalho e os modelos organizacionais, 115
Adriana Maria Tonini
Wagner Tavares de Andrade

Criatividade e inovação em *makerspaces*, 133

Paulo Sérgio de Camargo Filho
Messias Borges Silva
Carlos Eduardo Laburú

Aprendizagem ativa na educação em Engenharia em tempos de indústria 4.0, 146

Valquíria Villas-Boas
Laurete Zanol Sauer

Acolhimento do aluno ingressante nos cursos de Engenharia, 182

Hector Alexandre Chaves Gil
Octavio Mattasoglio Neto
Edilene Amaral de Andrade Adell
Lilian de Cássia Santos Victorino
Renato Martins das Neves

Avaliação dos estudantes: o que muda e como se adequar às novas diretrizes?, 198

Tatiana G. de Almeida Ferraz
Sayonara Nobre de Brito Lordelo
Renelson Ribeiro Sampaio

Novas DCNs dos cursos de graduação em Engenharia e a perspectiva da avaliação centrada em competências, 219

Fábio do Prado
Roberto Baginski B. Santos

Formação de professores de Engenharia para além da sala de aula, 227

Octavio Mattasoglio Neto
Angelo Eduardo Battistini Marques
José Aquiles Baesso Grimoni
Terezinha Severino da Silva

Anexo, 244

Índice, 283

Introdução

O capital humano, sem dúvida, é um dos fatores críticos para o desenvolvimento econômico e social, sendo responsável em grande parte pelas diferenças de produtividade e competitividade entre os países. Por esse motivo, é fundamental buscar a melhoria constante da formação e da qualificação dos recursos humanos disponíveis (Parecer CES/CNE 02 de 2019).

As novas Diretrizes Curriculares Nacionais (DCNs) de Engenharia se constituem em especial estímulo às políticas institucionais acadêmicas. Organizadas e mobilizadas pelo Conselho Nacional de Educação, as DCNs receberam suporte e apoio direto da Confederação Nacional da Indústria (CNI), por meio do Movimento Empresarial pela Inovação (MEI), que, por sua vez, constituiu grupos de trabalho com acadêmicos, especialistas e empresários dedicados ao tema. Por outro lado, a Associação Brasileira de Educação em Engenharia (ABENGE) foi a principal demandante ao Conselho Nacional de Educação para a renovação curricular dos cursos de Engenharia.

A partir desse grupo de atores foram mobilizadas Instituições de Educação Superior, coordenadores de cursos, docentes, empresários, especialistas, estudantes e conselhos profissionais.

Houve, igualmente, nessa fase, um amplo esforço de órgãos governamentais, notadamente a Secretaria de Educação Superior do Ministério da Educação, que atuou desde o início, como agente público, provocando e interagindo com as demandas e as propostas iniciais.

À parte essa imensa e continuada mobilização, a CAPES e a Fundação Fulbright integraram o suporte aos estudos realizando projetos e financiamentos de fomento à inovação da graduação, a exemplo de visitas monitoradas aos melhores centros de Engenharia dos EUA e do, já em andamento, Programa de Modernização das Engenharias que aporta recursos para a cooperação entre instituições brasileiras e americanas.

A atualização das Diretrizes Curriculares Nacionais do Curso de Graduação em Engenharia, embora tenha gerado positiva polêmica em parte da comunidade acadêmica da área, alcançou total consenso e já era esperada pelas instituições e, especialmente, pelas lideranças industriais comprometidas com os processos de inovação e com a necessidade de atualizar a formação em Engenharia no país, visando preencher as demandas futuras por mais e melhores engenheiros.

De fato, os números expressam uma baixa condição de competitividade e de inovação incorporada à indústria brasileira diante do mercado internacional. Como mostra o Índice Global de Inovação (IGI), elaborado pelas Universidade Cornell, INSEAD e Organização Mundial da Propriedade Intelectual (OMPI), o país perdeu 22 posições no ranking entre 2011 e 2016, situando-se em 69º lugar entre os 128 países avaliados, posição que manteve em 2017. Segundo o IGI, o fraco desempenho brasileiro deve-se, entre outros fatores, à baixa pontuação obtida no indicador relacionado com os recursos humanos e a pesquisa, em especial com aquela que diz respeito aos graduados em Engenharia.

Analisando a quantidade de engenheiros por habitante, observa-se que o Brasil, de acordo com a Organização para a Cooperação e Desenvolvimento Econômico (OCDE, 2016), ocupava uma das últimas posições no ranking. Em 2014, enquanto Coreia do Sul, Rússia, Finlândia e Áustria contavam com a proporção de mais de 20 engenheiros para cada 10 mil habitantes, países como Portugal e Chile dispunham de cerca de 16 engenheiros para cada 10 mil habitantes, enquanto o Brasil registrava somente 4,8 engenheiros para o mesmo quantitativo (MEI, ABENGE, 2018). Toda essa circunstância amplia a repercussão do padrão de produtos de exportação e perspectiva de crescimento econômico brasileiro.

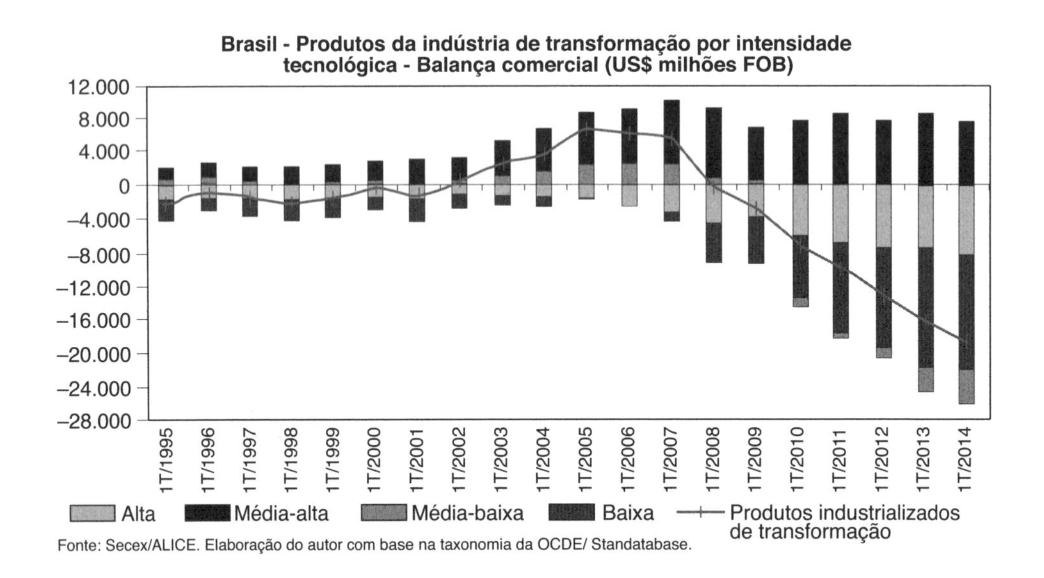

Fonte: Secex/ALICE. Elaboração do autor com base na taxonomia da OCDE/ Standatabase.

Do ponto de vista da expansão da graduação em Engenharias, alguns gargalos ou limites podem ser identificados a partir dos dados fornecidos pelo Censo da Educação Superior do INEP. O primeiro trata da concentração da matrícula na Região Sudeste, quase 50 %, em detrimento dos 9 % na Região Centro-Oeste e 8 % da Norte. De outro lado está a imensa concentração das matrículas, em quase 40 %, em cursos como Direito, Administração, Pedagogia e Ciências Contábeis.

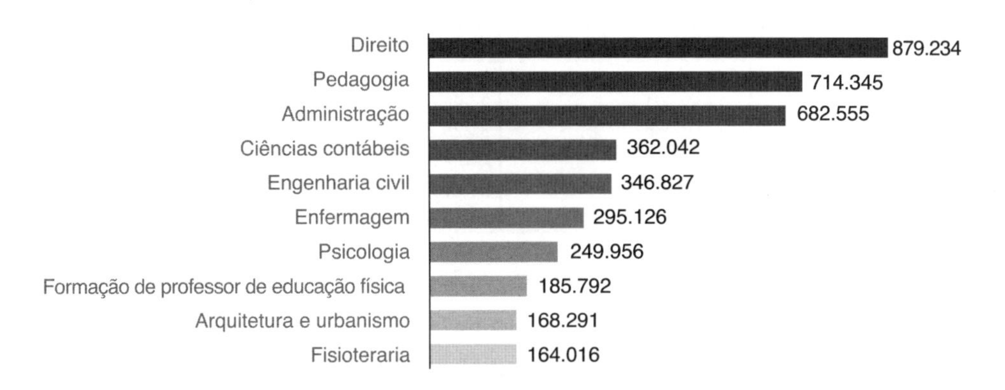

Seguem os limites da expansão com o grau de desistência, medido em coorte de turmas pelo INEP desde 2010 até 2015, de 53 %. Há ainda o fator da dispersão do diploma em Engenharia que, embora tenha diminuído nos últimos anos, alcança os 65 %. Segundo dados do INEP e da ABENGE, foi possível expandir significativamente o número de matriculados e concluintes dos cursos de Engenharia em todo o país. Somente em 2016, cerca de 100 mil bacharéis, por exemplo, graduaram-se em cursos presenciais e a distância. Essa expansão, no entanto, se desfaz em desinteresse à matrícula, desistência, evasão ou dispersão do diploma.

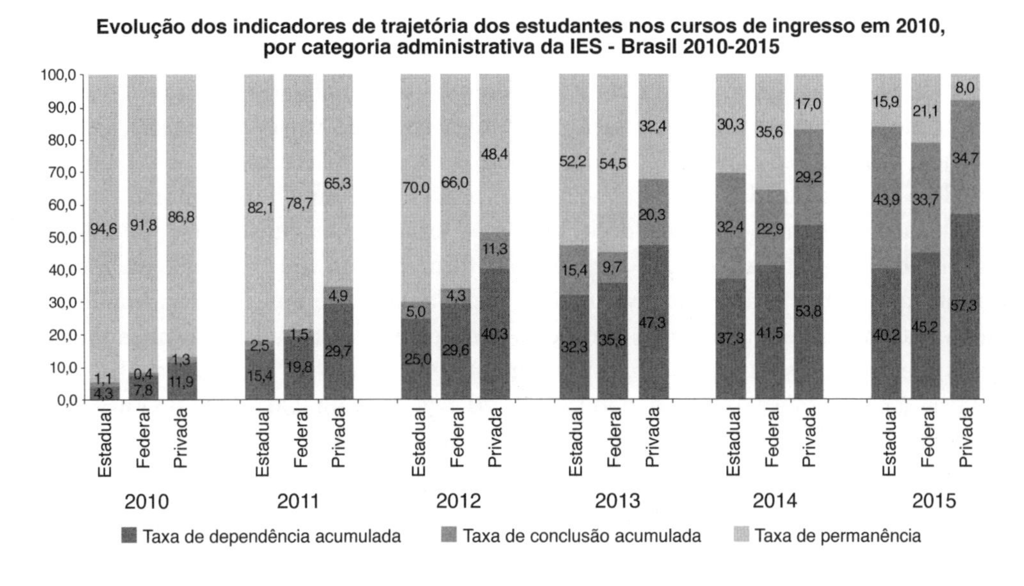

Outro fator associado ao processo de expansão é a não ocupação das vagas ofertadas. Especialmente impulsionado pela autonomia de Universidades e Centros Universitários, o processo atinge a grande maioria dos cursos superiores e expõe a ausência de planejamento ou a construção de agendas institucionais formativas, em que a estrutura curricular deveria ser a maior diferença ou característica da vocação institucional das instituições de educação superior.

Mod./Dep./ano	Vagas oferecidas	Vagas ocupadas	Ocupação de vagas %
2015	8.531.655	2.920.222	34
2016	10.662.501	2.985.644	28
2017	10.779.086	3.226.249	29
EAD 2015	2.781.480	639.519	23
EAD 2016	4.482.250	843.181	19
EAD 2017	4.703.834	1.073.043	22

A tabela acima indica um padrão de ocupação menor que 30 % das vagas oferecidas.

Não há dados finais sobre as motivações da alta evasão dos cursos de Engenharia ou referentes à busca pelo curso. De qualquer forma o desfecho, fica evidenciado, se relaciona com o despreparo original dos estudantes e a ausência de políticas adequadas de acolhimento ou nivelamento pelas instituições, bem como pela organização curricular, muitas vezes não atraente, que, entre outros desestímulos, não aproxima os estudantes dos ambientes profissionais nem estabelece diálogos ativos com o emprego. Os currículos também, via de regra, encaçapam os estudantes numa trajetória predeterminada por anos de "experiência" escolar, que não corresponde nem à dinâmica eficaz de aprendizado e muito menos aos desafios de cobertura do curso diante dos requisitos de emprego, modernidade, inovação e inclusão social. Enfim, o currículo era, geralmente, tratado como um conjunto de partes que não conseguia, sequer, estabelecer ou visualizar competências aos estudantes.

Esse quadro de dificuldades, relacionadas com o ingresso e a permanência, deve ser, inclusive, analisado do ponto de vista da oferta da modalidade a distância. Embora com a mesma repercussão em relação à obsolescência de vagas e à evasão, cursos a distância passam a se constituir como uma forma de expansão crescente das matrículas e podem ser visualizados como relevantes ao processo de equilíbrio regional da oferta de educação superior. Essa realidade impõe às formulações curriculares uma imensa responsabilidade em adequar a organização formativa ao aprendizado, de modo a garantir que a mediação mais profunda de tecnologias a ele aplicada seja qualificadamente estruturada em relação ao perfil e às competências esperadas e alcance todas as dimensões previstas na formação, especialmente em relação ao processo avaliativo, às práticas, à pesquisa e à extensão. No final de 2018 já existiam 290 cursos de Engenharia na modalidade EaD em funcionamento em 91 instituições de educação superior, em diversas habilitações. Embora perfaçam menos de 5 % do total de cursos (presenciais e EaD), a modalidade EaD já oferece cerca de 40 % das vagas para Engenharia (ABENGE, INEP, 2018, *apud* Resolução CES/CNE 2 de 2019).

Por outro lado, as novas DCNs não dinamizam apenas o ordenamento dos conteúdos, mas antes propõem uma nova organização institucional do currículo. Isso significa um novo estímulo à diversidade das formas de aprendizado; a superação da sala de aula e das práticas conservadoras de ensino com ela relacionada; a interação de conteúdos com metodologias de pesquisa e de extensão como forma de aprendizado; a busca de novas metodologias ativas; a ampliação das atividades práticas e novos formatos de avaliação, sempre priorizando o reforço ao aprendizado.

Ao manter o foco na formação de competências esperadas, as novas DCNs incluem uma série de descritivos que apoiam a caracterização do egresso aos desafios contemporâneos da profissão, do ponto de vista de sua inserção na sociedade e, especialmente, do ponto de vista estratégico dos setores mais dinâmicos da economia, que passam a ser incorporados no perfil de competências e habilidades e excedem em muito o mero aprendizado de conteúdos. As competências estabelecidas foram, assim, construídas com a participação de empresários e especialistas e com o exemplo das grandes escolas mundiais de Engenharia, como MIT, Olin College, Yale e Stanford, transformando o escopo tradicional do perfil dos egressos de modelos anteriores em novos profissionais aptos aos processos de inovação e à qualificação das práticas produtivas e de serviços.

O conhecimento e o perfil dos Engenheiros do futuro do país está, assim, associado aos desafios dramáticos em que foi colocada a indústria e a economia brasileira. Embora essa situação seja a consequência de anos seguidos de ausência de políticas industriais e produtivas, a presença de novas gerações de Engenheiros, formados em currículos inovadores, certamente irá favorecer positivamente as políticas de inovação e a ampliação da competitividade brasileira.

A indústria brasileira caminha, em 2019, da segunda para a terceira revolução industrial. Muito distante das manufaturas complexas e da organização inovadora que já caracteriza os países desenvolvidos. Nossa capacidade de converter insumos em produtos, a partir da inovação, ainda é muito baixa. Estamos, nesse quesito, em 99ª colocação, abaixo de países como Senegal, Malauí e Argentina.

A necessidade de uma formação convergente com as expectativas da indústria 4.0, com as transformações digitais e as novas formas de organização da indústria, fez com que, pela primeira vez, um grupo de atores não educacionais participasse ativamente do processo de construção de diretrizes curriculares. Como já indicado, a MEI representou esse grupo de atores industriais, organizado em ativo grupo de trabalho que interagiu cotidianamente com o Conselho Nacional de Educação (CNE) e com outros atores educacionais. A presença da liderança da indústria brasileira foi determinante no processo de construção das competências e da flexibilização nas formas de aprendizado.

Para além da diversidade das atividades práticas, as DCNs dinamizam, também, um novo processo de capacitação e qualificação docente, relevando a experiência profissional e técnica não acadêmica de modo a preservar a necessidade de interação permanente dos cursos com os ambientes profissionais. As diversas flexibilidades propostas reorganizam as atividades acadêmicas e estimulam as instituições a inovarem seus cursos a partir, principalmente, de atividades práticas; da interação entre estudantes; de estímulos de atividades de leitura, pesquisa, extensão e produção intelectual por meio de monografias e artigos e, especialmente, por um novo ordenamento do aprendizado na relação discente com os docentes.

Um destaque deve ser dado ao espaço das DCNs voltado para o processo avaliativo. A avaliação dos estudantes foi organizada como um reforço em relação ao aprendizado e ao desenvolvimento das competências. O processo avaliativo passa a ser diversificado e adequado às etapas e às atividades do curso, distinguindo o desempenho em atividades teóricas, práticas, laboratoriais, de pesquisa e extensão. Deve estimular a produção intelectual dos estudantes, de forma individual ou em equipe, e se dar distintamente em atividades de interação, leitura, seminários e produção intelectual escrita. Um destaque relevante é a avaliação dos egressos, realizada sob a forma de cooperação das instituições de educação superior com os empregadores e com os conselhos profissionais.

É mais relevante a ideia das Diretrizes Curriculares de propor e estimular novas políticas institucionais curriculares do que, propriamente, a de representar mais um conjunto de regras burocráticas de regulação. Essa é uma questão central, dada a relação das instituições de educação superior públicas e particulares com o sistema de regulação e avaliação da educação superior, do qual, além das agências e secretarias do MEC, o próprio CNE é um dos protagonistas.

Sabe-se que as Instituições de Educação Superior, em graus variados, em função da forma da organização acadêmica e da vinculação administrativa, dependem da avaliação do Instituto Nacional de Estudos e Pesquisas Educacionais Anísio Teixeira, o INEP. Os resultados dessas avaliações repercutem diretamente sobre atos regulatórios autorizativos e, ainda, sobre a reputação pública de cursos e instituições, podendo, inclusive, indicá-los a longos e desgastantes processos de supervisão. Todas essas ações são construídas a partir de um conjunto de regras regulatórias e baseadas em instrumentos de avaliação ou exames nacionais, de cursos ou instituições, organizados, muitas vezes, a partir de currículos desatualizados ou em um conjunto de conteúdos e itens censitários e obrigatórios para a oferta da educação superior. O modelo desses instrumentos foi desenvolvido há bem mais de uma década, sendo eles, desde então, atualizados em termos de intensidade ou, simplesmente, aditivados com um ou outro indicador. O processo se dá por visitas *in loco* realizadas por docentes escolhidos e capacitados no instrumento vigente ou em exames nacionais, cujas questões contam ainda com suporte de especialistas e também se baseiam em currículos antigos ou conteudistas. Hoje esses docentes somam cerca de 6000.

A questão que nos percorre é justamente a do impacto desse processo regulatório avaliativo em torno das novas DCNs dos Cursos de Engenharia. A própria dinâmica que levou o conjunto amplo de atores ao consenso em torno das novas Diretrizes impõe outro passo significante ao processo avaliativo e regulatório. Não basta ou não é mais suficiente a verificação de quesitos acadêmicos censitários ou prediais ou sanitários nas visitas avaliativas. É necessária agora uma atenção mais ampla e profunda às políticas acadêmicas, com foco nas políticas institucionais curriculares que devem ser organizadas a partir das Diretrizes.

Essa ação implica uma nova e profunda alteração nos instrumentos de avaliação, especialmente daqueles que orientam a autorização e o reconhecimento dos cursos de engenharia, bem como de exames nacionais. Esse processo já está articulado com a direção do INEP, que receberá, de todos os participantes desse processo, a colaboração e a participação adequada. Para tanto foi recentemente realizado o X Fórum de Gestores das Instituições de Educação em Engenharia, voltado para o acompanhamento da implantação das novas DCNs de Engenharia, constituído pelo CNE, MEI e ABENGE, para o qual foram convidados o sistema CREA e CONFEA e Instituições de Educação Superior, além do INEP, SERES, CAPES e SESU. É relevante que o processo avaliativo possa identificar, para além dos requisitos acadêmicos censitários e legais, as políticas institucionais; o envolvimento de docentes e discentes no processo; o perfil adequado de docentes; as práticas pedagógicas curriculares; as articulações com a pesquisa; e a extensão e a infraestrutura adequada a todo esse processo. Assim, o sistema regulatório avaliativo do MEC passará a estimular a implantação das novas Diretrizes e, ainda, a organização de políticas acadêmicas e agendas de desenvolvimento institucional das IES focadas nos interesses da sociedade.

Essa é, agora, a contribuição do sistema público que coordenou e participou ativamente do processo de estabelecimento das novas diretrizes e culminou na Resolução do Conselho Nacional de Educação homologada pelo ministro da Educação. Ao homologá-la, o ministro também passou a comandar um procedimento cognato de inovação e transformação da graduação para o país. É relevante destacar as positivas manifestações e as ações do ministro em relação ao aperfeiçoamento do processo regulatório e avaliativo. Tanto a Secretaria de Regulação e Supervisão da Educação Superior (SERES) quanto o INEP vêm se organizando para realizar as alterações indicadas.

Os desafios continuam. A fase de implantação de uma política pública é sempre a mais complexa e demanda acompanhamento e contínua mobilização. A mobilização agora dos atores institucionais é da maior relevância. As instituições devem, por fim, ser estimuladas a cumprir a mais relevante autonomia – que é a da geração de compromissos com o adensamento cultural e bem-estar da sociedade e da educação como bem econômico capaz de ampliar o emprego, estimular a inovação e transformar o país.

Luiz Roberto Liza Curi
Presidente
Conselho Nacional de Educação – CNE

Evolução da organização do curso de Engenharia no Brasil

VANDERLI FAVA DE OLIVEIRA

1 Introdução

O objetivo deste capítulo é apresentar um breve retrospecto sobre a organização do curso de Engenharia no país, considerando as alterações gerais que ocorreram desde a criação da primeira escola de Engenharia no Rio de Janeiro, em 1792, até os dias atuais. Para tanto, foi consultada a bibliografia disponível, principalmente as publicações dos Professores Silva Telles (1994a, b) e Pardal (1985), além de documentos históricos e da legislação pertinente, que culmina com as Diretrizes Curriculares Nacionais (DCNs) do Curso de Graduação em Engenharia, que constam da Resolução nº 2 da Comissão de Educação Superior do Conselho Nacional de Educação (CNE/CES), publicada em 24 de abril de 2019 (BRASIL, 2019a, 2019b).

2 O que é Engenharia

Para melhor orientar este estudo é necessário caracterizar o que é Engenharia. Uma das definições mais antigas é a do inglês Thomas Tredgold (1788-1829): "Engenharia é a arte de dirigir as grandes fontes de energia da natureza para o uso e conveniência do homem". Esta definição foi usada pelo citado autor em 1828, na elaboração dos estatutos do Institution of Civil Engineers (ICE), em Londres.

Até o século XVIII, a maioria dos engenheiros eram militares, ou seja, a formação em Engenharia era concomitante com a formação militar. Conforme registra Telles (1994b), "o nome engenheiro civil teria sido usado, pela primeira vez, pelo engenheiro inglês John Smeaton (1724-1792), um dos descobridores do cimento Portland – que assim se autodenominou em fins do século XVIII – para distinguir-se dos engenheiros militares". No Brasil, somente a partir da segunda metade do século XIX, houve a separação entre a Engenharia Civil e a Militar. Até a segunda metade do século XX, a imagem do engenheiro esteve sempre vinculada à capacidade de cálculo e, principalmente, execução de obras, ou seja, a habilidade na aplicação da Matemática era entendida como a principal característica do engenheiro.

As definições mais atuais vão desde o entendimento da Engenharia como uma ciência que estuda as transformações de recursos naturais e tecnológicos para o desenvolvimento de benefícios para a humanidade até a visão da Engenharia como aplicação de conhecimento científico e tecnológico para a solução de problemas, por meio de projetos para viabilização de produtos (bens e serviços) e empreendimentos. Com a evolução do contexto da Engenharia, considera-se que estes entendimentos são cabíveis e permeiam o projeto de soluções da concepção, passando pela gestão, manutenção e, ainda, levando em conta o descarte ou a reciclagem de produtos, processos e empreendimentos.

De acordo com a proposta encaminhada à CES/CNE pela Abenge e pela MEI/CNI em 7 de março de 2018 (ABENGE, 2018), os desafios da Engenharia para o século XXI impõem que alguns elementos sejam adequadamente considerados na formação dos engenheiros. Um dos elementos importantes é o fator humano, a pessoa como agente, usuário e destinatário das ações de engenharia. O ser humano, antes considerado nas suas interações com as soluções de engenharia do ponto de vista fisiológico e ergonômico, agora precisa ser considerado como usuário, interveniente, ator que interage, modifica, aceita ou rejeita as soluções de engenharia. Seus desejos, comportamentos, hábitos e costumes, assim como os aspectos fisiológicos, precisam ser adequadamente levados em conta.

Outro desafio fundamental do século XXI é a sua complexidade. Uma análise mais cuidadosa de sua natureza permite concluir que estes desafios não se limitam às disciplinas tradicionais de Engenharia, eles perpassam suas fronteiras e incluem a Biologia, a Medicina, a Psicologia, a Sociologia, a Economia, a Arte, a Ética e o Direito, entre outros. Trazem também certa urgência, não somente em buscar soluções, mas em levar essas soluções de forma viável a bilhões de pessoas no globo, para que de fato os desafios sejam vencidos (ABENGE, 2018).

3 Origens dos cursos de Engenharia

No início do seu livro, *História da Engenharia no Brasil*, o Professor Pedro Carlos da Silva Telles (1994b) registra:

> A engenharia quando considerada como arte de construir é evidentemente tão antiga quanto o homem, mas, quando considerada como um conjunto organizado de conhecimentos com base científica aplicado à construção em geral, é relativamente recente, podendo-se dizer que data do século XVIII.

Concordando com a assertiva do Professor Telles (1994b), considera-se a *École Nationale des Ponts et Chaussées*, fundada em Paris, em 1747, como a primeira instituição de ensino de Engenharia que se organizou com características semelhantes às atuais, se dedicando ao ensino formal de Engenharia e diplomando profissionais com o título de engenheiro. Basicamente, essa escola formava construtores e, se assim for, o ensino de Engenharia iniciou-se pela engenharia hoje conhecida como Engenharia Civil, sendo os primeiros engenheiros diplomados os precursores do engenheiro civil atual.

Ainda em Paris, foi fundada, em 1783, a *École des Mines* e, em 1794, a *École Polytechnique*, um curso com duração de três anos que contava com professores de alto nível, como Monge, Lagrange, Lacroix, Cauchy, Prony, Fourrier, Poisson, entre outros. Os concluintes deste curso eram depois encaminhados para a *École des Ponts et Chaussées* e para a *École des Mines*. Uma das razões para a criação da *École Polytechnique* foi a constatação da dificuldade da maioria dos estudantes dessas escolas em desenvolver os conteúdos profissionalizantes, por insuficiência de conhecimento dos chamados conteúdos básicos que, até então, deveriam ter sido aprendidos antes do ingresso nesses cursos.

O modelo de separação entre o básico e o profissionalizante influenciou a organização dos cursos das escolas que se expandiram mundo afora, e somente no final do século passado começou a ser substituído. No Brasil, esse modelo ainda perdura em várias instituições, ou seja, o ingresso se dá no básico, que dura em média dois anos, e somente após concluí-lo o estudante escolhe a área de Engenharia que pretende cursar.

Outros cursos regulares de Engenharia foram constituídos em vários outros países, destacando-se a Academia Real de Artilharia, Fortificação e Desenho, em 1790, em Lisboa (Portugal), que serviu de modelo para a primeira escola de Engenharia do Brasil.

4 Evolução da organização dos cursos de Engenharia

4.1 A primeira escola de Engenharia no Brasil Colônia (período até 1822)

A Real Academia de Artilharia, Fortificação e Desenho, instalada na cidade do Rio de Janeiro, em 17 de dezembro de 1792, é considerada a primeira escola de Engenharia do Brasil, com seu curso organizado à semelhança das escolas francesas e espelhado na Academia Real de Artilharia, Fortificação e Desenho, que foi criada em Lisboa em 1790. A Real Academia é a precursora, em linha direta e contínua, da atual Escola Politécnica da Universidade Federal do Rio de Janeiro (UFRJ) e do Instituto Militar de Engenharia (IME) (Quadros 1 e 2).

Antecedendo a Real Academia, houve a Aula de Fortificação, criada por carta régia de 1699, voltada para o ensino militar, que incluía conhecimentos de engenharia, depois consolidado em 1738 na Aula do Terço de Artilharia. Não se conhece regulamento nem programa deste ensino, sabendo-se apenas que durava cinco anos (PARDAL, 1986), ressaltando-se que os autores aqui estudados não o classificam como curso de Engenharia.

Quadro 1 Conteúdos iniciais e formação na Real Academia de Artilharia, Fortificação e Desenho (1)

<table>
<tr><th>Ano</th><th>Conteúdo</th></tr>
<tr><td>1º</td><td rowspan="2">Curso de Belidor (2) – Tópicos da obra:
(1) Como usar os princípios da mecânica para dar as dimensões que são adequadas para as coberturas das obras de fortificação, para estar em equilíbrio com o impulso das terras que eles têm de suportar. Da teoria da alvenaria; (2) A mecânica das abóbadas, para mostrar como o empuxo e o modo de determinar a espessura de seus pilares são; (3) O conhecimento dos materiais, sua propriedade, seus detalhes e a maneira de implementá-los; (4) Construção de edifícios militares e civis; (5) Tudo o que pode pertencer à decoração dos edifícios; (6) Fazer estimativas para a construção das fortificações e das construções civis.
Aula prática 2º ano: Desenho e Topografia.</td></tr>
<tr><td>2º</td></tr>
<tr><td>3º</td><td>Teoria de Artilharia, das Minas e Contraminas e sua aplicação ao ataque e defesa das Praças.
Aula prática: Manejo de bocas de fogo.</td></tr>
<tr><td>4º</td><td>Fortificação regular, ataque e defesa das Praças e princípios fundamentais de qualquer fortificação.
Aula prática: Fortificação regular.</td></tr>
<tr><td>5º</td><td>Fortificação irregular, Fortificação efetiva e Fortificação de Campanha.
Aula prática: Fortificação de campanha; castrametação.</td></tr>
<tr><td>6º</td><td>Arquitetura Civil, Corte de pedras e madeiras, Orçamento dos Edifícios, e tudo o mais que for relativo ao conhecimento dos materiais que entram na sua composição; métodos de construção dos Caminhos e Calçadas; Hidráulica, Arquitetura das pontes, canais, portos, diques e compotas.
Aula prática: obra sobre os conteúdos do 6º ano.</td></tr>
</table>

(1) Completam seus cursos: militares da cavalaria e infantaria – fim do 3º ano; militares da artilharia – fim do 5º ano; engenheiros – final do 6º ano. Os engenheiros ainda deveriam servir mais um ano no Regimento de Artilharia como Primeiro-Tenente.

(2) Considerado o primeiro livro "em que se sistematizou o que havia até então na ciência do engenheiro", foi publicado em 1729 (*La Science des Ingénieurs*) pelo engenheiro militar francês General Bernard Forrest Belidor (1697-1761) (TELLES, 1994b).

Fonte: Estatutos da Real Academia de Artilharia, Fortificação e Desenho anexados em Pardal (1985).

Para ingressar no curso da Real Academia, os candidatos precisavam mostrar conhecimentos das quatro operações da aritmética e também de francês, nos três primeiros anos. Os dias letivos foram previstos para segunda, quarta e sexta-feira, com duas horas pela manhã e mais uma hora e um quarto de desenho. As férias ocorriam de 21 de dezembro até 6 de janeiro. Os estatutos estabeleciam ainda os cargos de secretário, porteiros e guardas.

Quadro 2 **Evolução histórica da primeira escola de Engenharia do Brasil**

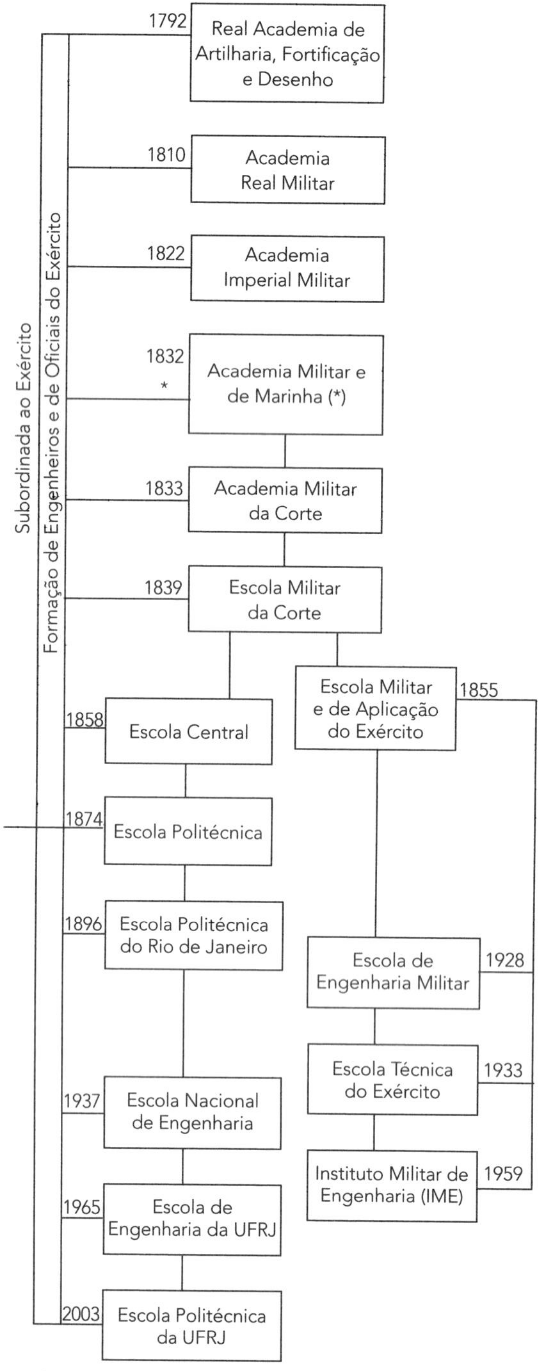

(*) Resultado da fusão da Academia Militar e de Guardas-Marinha, que voltaram a separar-se em 1833.

Fonte: Adaptado da *Revista de Ensino de Engenharia*, Brasília, 10(3), nov. 1983, com correções baseadas em Pardal (1986, 1996), Telles (1994a, b) e na legislação encontrada.

A primeira escola de Engenharia do Brasil, a Real Academia de Artilharia, Fortificação e Desenho, formava oficiais para o Exército, conforme afirmou Telles:

> Os oficiais de infantaria e de cavalaria faziam apenas os três primeiros anos, os de artilharia os cinco primeiros, e os de engenharia o curso completo. O sexto ano era dedicado exclusivamente à engenharia civil (TELLES, 1994b).

Em 1810, foi criada no Brasil a Academia Real Militar pela "Carta de Lei de 4 de dezembro de 1810" (BRASIL, 1810), por D. João VI, Príncipe Regente de Portugal, que iniciou suas atividades em 11 de março de 1811. O Professor Paulo Pardal (1985) constatou que os professores e estudantes da Real Academia foram transferidos para essa recém-criada escola, que iniciou suas atividades com alunos matriculados em todos os seus anos, ou seja, foi fundada para suceder a escola anterior.

Esta Carta de Lei estabelecia que a escola estaria vinculada ao setor militar do reino e seria dirigida por uma junta militar. Esta Lei previa o curso regular de ciências exatas e estudos militares não só para formar oficiais de artilharia, engenharia, e ainda engenheiros geógrafos e topógrafos, mas também dirigir objetos administrativos de minas, de caminhos, portos, canais, pontes, fontes e calçadas. Estabelecia também curso completo de ciências matemáticas, de ciências de observações, tais como Física, Química, Mineralogia, Metalurgia e História Natural, e das ciências militares em toda a sua extensão.

O curso de Engenharia da Academia Real Militar tinha duração de sete anos. O ano letivo era de nove meses, de primeiro de abril até a véspera do Natal, sendo o mês de janeiro dedicado aos exames. Os estudantes ingressavam na Academia mediante exame, tendo um mínimo de 15 anos e conhecendo as quatro operações aritméticas, sendo admitidos como "obrigados" (ingresso na carreira militar) ou "voluntários" (os civis). Os quatro primeiros anos do curso eram dedicados à Matemática e à Física (Quadro 3). Estabeleceu-se que haveria um "lente" (professor) para cada um dos quatro primeiros anos e dois para cada um dos seguintes três anos. São também estabelecidas as condições de contratação, de atuação e de progressão dos professores e, ainda, os respectivos salários.

Em termos metodológicos, a Lei estabelecia como deveriam ser os "exercícios diários e semanais e o formato dos exames do fim do ano letivo, assim como dos que são obrigados a seguir estes estudos". A Lei previa, ainda, que "Os Lentes serão obrigados a sair ao campo com os seus discípulos, para os exercitar na prática das operações que nas aulas lhes ensinam". Ainda dispôs sobre a disciplina na Academia, "lembrando-se sempre, que o olho ativo e vigilante do seu soberano está sempre pronto para premiar os que satisfazerem as suas paternais vistas, e para castigar os que não corresponderem a um tão louvável fim". Sobre privilégios e prerrogativas estabeleceu-se que os "lentes" (professores) e os "discípulos" (estudantes) teriam o mesmo tratamento que os correspondentes da Universidade de Coimbra, que foi fundada em 1290, tida como a mais antiga universidade de Portugal.

Quadro 3 Conteúdos previstos para cada ano do curso de Engenharia da Academia Real Militar (1810)

Ano	Lente	Conteúdos
1º	1	Aritmética; Álgebra; Geometria; Trigonometria Retilínea e Esférica (noções); e Desenho.
2º	1	Álgebra; Geometria Analítica; e Desenho. Cálculo Diferencial e Integral; Geometria Descritiva; e Desenho.
3º	1	Estática, Dinâmica e Hidrodinâmica (hidrostática e hidráulica); Balística; e Desenho.
4º	1	Trigonometria Esférica; Princípios de Ótica; Topografia; Cartas Geográficas; Mecânica Celeste; Física; Noções de Mineralogia e Desenho.
5º	2	1º Prof.: Tática; Estratégia; Castrametação; Fortificação de Campanha; e Reconhecimento de Terreno. 2º Prof.: Topografia; Química; e Conhecimento de Minas.
6º	2	1º Prof.: Fortificação Regular e Irregular; Ataque e Defesa das Praças; Princípios de Arquitetura Civil; Traço e Construções de Estradas; Pontes; Canais; Portos; Orçamento de Obras; Corte de Pedras; Força e Estabilidade dos Arcos; e Força das terras para derrubarem os edifícios ou muralhas. 1º Prof.: Mineralogia; e Desenho.
7º	2	1º Prof.: Artilharia Teórica; Minas; e Geometria Subterrânea. 1º Prof.: História Natural (reinos animal e vegetal).

Fonte: Baseado na Carta de Lei, de 4 de dezembro de 1810 (BRASIL, 1810).

São também previstas nesta Lei premiações para os melhores alunos e para os que realizarem descobertas. Por fim, foram definidas condições gerais para o secretário, o guarda-livros da Academia, o guarda-instrumentos, os guardas e o porteiro. Trata-se de uma lei completa denominada Estatuto, que versa sobre todos os tópicos que regulavam a Academia.

4.2 A primeira escola de Engenharia no Brasil Império (1822-1889)

No livro do Professor Telles (1994b) consta que, com a independência do Brasil em 7 de setembro de 1822, o nome da Academia Militar passou a ser Academia Imperial Militar. Também registra que, em 1831, uma lei permitiu a anexação da Academia de Marinha, alterando sua denominação para Academia Militar e de Marinha a partir de 1832. Essa anexação durou até 1833, quando as duas Academias se separaram.

Em 1839, com o Decreto nº 25, de 14 de janeiro de 1839 (BRASIL, 1839), a denominação da Academia passou a ser Escola Militar, continuando com a missão de formar oficiais do Exército e oficiais engenheiros militares. Destaca-se neste Decreto a seguinte recomendação: "[...] servindo-lhe de norma os que se acham presentemente em vigor na Escola Politécnica, e na da aplicação de Metz, em França, em tudo que for adaptável ao plano dos Estatutos [...]". Isso indica que esta escola continuava tendo como base as escolas francesas.

As condições de ingresso continuavam as mesmas, ou seja, ter conhecimento das quatro operações aritméticas e idade mínima de 15 anos, tendo sido estabelecido o máximo de 20 anos. No entanto, a duração do curso de Engenharia passou a ser de cinco anos.

Novamente, houve mudanças na Escola Militar com o Decreto nº 140, de 9 de março de 1842 (BRASIL, 1842). O curso de Engenharia voltou a ser de sete anos, com 16 "cadeiras" (Quadro 4) a cargo de 16 "lentes", oito substitutos e três ajudantes preparadores.

Quadro 4 Conteúdos previstos para cada ano do curso de Engenharia da Escola Militar (1842)

Ano	Conteúdos
1º	1ª Cadeira: Aritmética, Álgebra elementar, Geometria e Trigonometria plana. 2ª Cadeira: Desenho.
2º	1ª Cadeira: Álgebra superior, Geometria analítica, Cálculo diferencial e integral. 2ª Cadeira: Desenho.
3º	1ª Cadeira: Mecânica racional e aplicada às máquinas. 2ª Cadeira: Física experimental. 3ª Cadeira: Desenho.
4º	1ª Cadeira: Trigonometria esférica, Astronomia e Geodésia. 2ª Cadeira: Química e Mineralogia. 3ª Cadeira: Desenho. Obrigação de ir ao Observatório Astronômico.
5º	1ª Cadeira: Topografia, Tática, Fortificação passageira, Estratégia e História Militar. 2ª Cadeira: Direito militar das gentes e civil. 3ª Cadeira: Desenho.
6º	1ª Cadeira: Artilharia, Minas, Fortificação permanente, Ataque e defesa de praças. 2ª Cadeira: Botânica e Zoologia. 3ª Cadeira: Desenho.
7º	1ª Cadeira: Arquitetura civil, hidráulica e militar. 2ª Cadeira: Geologia, Montanhística e Metalurgia. 3ª Cadeira: Desenho.

Fonte: Decreto nº 140, de 9 de março de 1842 (BRASIL, 1842).

Em 1855, foi criada a Escola de Aplicação do Exército pelo Decreto nº 1.536, de 23 de janeiro de 1855 (BRASIL, 1855). Com isso, a formação militar em dois anos foi transferida para essa escola, ficando na Escola Militar a formação em Matemática e em Engenharia. De acordo com Telles (1994b), a Escola Militar continuou no Largo de São Francisco, e a nova escola foi instalada na Fortaleza de São João, ambas no Rio de Janeiro.

O Decreto nº 1.534/1855 retirou parte da formação militar dos cursos que ficaram na Escola Militar, com o sétimo ano passando a ser o quinto "[...] ficando desligadas destas as doutrinas militares do quinto e do sexto ano [...]" (BRASIL, 1855) e adequando-se as cadeiras não militares aos demais anos do curso. Assim, o curso de Engenharia passou a ter duração de cinco anos.

O Decreto nº 2.116, de 1º de março de 1858 (BRASIL, 1858), aprovou o regulamento da Escola Militar alterando a sua denominação para Escola Central "[...] destinada ao ensino das matemáticas e ciências físicas e naturais e também ao das doutrinas próprias da engenharia civil". A Escola Central ficou com os cursos de Matemática e Ciências Físicas e Naturais com quatro anos de duração e o de Engenharia Civil com mais dois anos, tendo sido introduzidas três "aulas preparatórias" para os ingressantes (Quadro 5).

Quadro 5 Conteúdos para cada ano do curso de Engenharia da Escola Central (1858)

Curso	Ano	Conteúdos
Ensino preparatório		1ª Aula: francês e latim (gramática, tradução e leitura). 2ª Aula: História, Geografia e Cronologia. 3ª Aula: Aritmética e metrologia; Elementos de álgebra (equações do 1º grau, inclusive); e Geometria.
Matemática e ciências físicas e naturais	1º	1ª Cadeira: Álgebra (continuação, inclusive álgebra superior), Trigonometria plana, Geometria analítica. 2ª Cadeira: Física experimental e Meteorologia; aula de Desenho linear, Topográfico e de Paisagem.
	2º	1ª Cadeira: Geometria descritiva; Cálculo diferencial, integral, das probabilidades, das variações e diferenças finitas. 2ª Cadeira: Química. Aula de desenho de máquinas.
	3º	1ª Cadeira: Mecânica racional, aplicada às maquinas em geral; Máquinas de vapor e suas aplicações. 2ª Cadeira: Mineralogia e Geologia. Aula de desenho de máquinas.
	4º	1ª Cadeira: Trigonometria esférica; Óptica; Astronomia; e Geodésia. 2ª Cadeira: Botânica e Zoologia. Aula de desenho geográfico.
Engenharia civil	5º	1ª Cadeira: Mecânica aplicada; Arquitetura civil, construção de obras de pedra, madeira e ferro; estudo dos materiais correspondentes e suas aplicações; Abertura, calçamento, conservação e reparação de estradas; Vias férreas; Aterros e dessecação de pântanos. 2ª Cadeira: Montanhista e Metalurgia. Aula de desenho de arquitetura e execução de projetos.
	6º	1ª Cadeira: Canais navegáveis, estudo de materiais empregados nesta espécie de obras; Regime e melhoramento de portos, rios e barras e sua desobstrução; Derivação e encanamentos de águas; Aquedutos, fontes e poços artesianos; Construções relativas a portos marítimos, molhes, diques, faróis, obras de segurança das costas contra a força e velocidade dos ventos e das águas. Aula de desenho de construções e de máquinas hidráulicas.

Fonte: Adaptado do Decreto nº 2.116, de 1º de março de 1858 (BRASIL, 1858).

A Escola Central admitia tanto militares quanto civis. Os alunos "[...] que concluírem os quatro anos do curso matemático e que forem aprovados na prática do observatório e operações geodésicas serão considerados engenheiros geógrafos". Assim, a Escola Central, mesmo conservando o regime militar, separou a formação em Matemática, Ciências e Engenharia da formação militar.

O Decreto nº 5.600, de 23 de abril de 1874 (BRASIL, 1874), altera a denominação da Escola Central para Escola Politécnica, oferecendo os seguintes cursos: Ciências Físicas e Naturais; Ciências Físicas e Matemáticas; Engenheiros Geógrafos; Engenharia Civil; Minas; e Artes e Manufaturas. Com este Decreto, a Escola Politécnica deixa de ser militar para vincular-se ao Ministério do Império, separando-se em definitivo o ensino militar do ensino civil (Quadro 6). Esta escola concedia também o título de doutor mediante defesa de tese e regeu-se por este Decreto até a proclamação da República, em 1889. A denominação Escola Politécnica perdurou até 1937.

Quadro 6 Conteúdos para cada ano do curso de Engenharia Civil da Escola Politécnica (1874)

Curso	Ano	Cadeiras / conteúdos
Curso geral (comum a todos os cursos)	1º	1ª Cadeira: Álgebra, compreendendo a teoria geral das equações e a teoria e uso dos logaritmos; Geometria no espaço; Trigonometria retilínea; e Geometria analítica. 2ª Cadeira: Física experimental e Meteorologia. Aula: Desenho geométrico e topográfico.
	2º	1ª Cadeira: Cálculo diferencial; Cálculo integral; Mecânica racional e aplicada às máquinas elementares. 2ª Carteira: Geometria descritiva (primeira parte); Trabalhos gráficos a respeito da solução dos principais problemas de geometria descritiva. 3ª Cadeira: Química inorgânica; Noções gerais de Mineralogia, Botânica e Zoologia.
Engenharia civil	3º	1ª Cadeira: Estudo dos materiais de construção e de sua resistência; Tecnologia das profissões elementares; e Arquitetura civil. 2ª Cadeira: Geometria Descritiva, aplicada à perspectiva, sombras e estereotomia. Aula: Trabalhos gráficos e concursos.
	4º	1ª Cadeira: Estradas ordinárias; Estradas de ferro; Pontes e viadutos. 2ª Cadeira: Mecânica aplicada. Aula: Trabalhos gráficos e concursos.
	5º	1ª Cadeira: Estudo complementar da hidrodinâmica aplicada; Canais; Navegação de rios; Portos de mar; Hidráulica agrícola e motores hidráulicos. 2ª Cadeira: Economia política; Direito administrativo; Estatística. Aula: Trabalhos gráficos e concursos.

Fonte: Decreto nº 5.600, de 25 de abril de 1874 (BRASIL, 1874).

4.3 Fundação da segunda escola de Engenharia do Brasil (1876)

A Escola de Minas de Ouro Preto pode ser considerada a segunda escola de Engenharia do Brasil e também a única fundada durante o Império. A sua fundação contou com o empenho pessoal do Imperador D. Pedro II, que contratou, em 1874, por indicação do cientista francês Auguste Daubrée, então diretor da *École des Mines* de Paris, o engenheiro francês Claude Henri Gorceix (1842-1919), na época com 32 anos de idade, para organizar o ensino de Geologia e Mineralogia no Brasil (TELLES, 1994b).

A Escola de Minas de Ouro Preto foi instituída pelo Decreto nº 6.026, de 6 de novembro de 1875 (BRASIL, 1875), para "[...] preparar engenheiros para a exploração das minas e para os estabelecimentos metalúrgicos", em um curso gratuito com duração de dois anos. Inicialmente, foram oferecidas dez vagas e o ingresso nesta escola se dava mediante concurso, devendo os candidatos ter, no mínimo, 18 anos. As matérias do exame (prova oral e escrita) eram:

> aritmética; geometria elementar completa, compreendendo a agrimensura; geometria analítica (linha reta, círculo, curvas do 2º grau); álgebra até as equações do 2º grau inclusive, e uso das tábuas de logaritmos; trigonometria retilínea; geometria descritiva (linha reta e planos); física elementar; noções de química relativas aos metaloides; noções de botânica e zoologia; desenho linear e de imitação; língua francesa, ou inglesa, ou alemã (BRASIL, 1875).

O Decreto nº 6.026/1875 (BRASIL, 1875) trata em detalhes dos trabalhos e exames. O calendário escolar era semelhante ao francês, com as aulas iniciando-se em 15 de agosto e indo até 15 de junho. Os que concluíssem o curso recebiam o diploma de Engenharia de Minas.

Este Decreto ainda previa que:

- Os professores de Mineralogia e Geologia, de Metalurgia e Exploração das Minas habitarão na Escola, se for possível.
- Alunos pobres poderão receber "pensão" para frequentar a escola.
- Até três concluintes do curso poderão ser enviados pelo governo a um distrito mineiro da América do Norte ou da Europa.
- Os concluintes do curso poderão ser contratados pelo governo.

Segundo Telles (1994b), o regulamento da escola ainda estabelecia:

- Tempo integral para os professores e alunos, inclusive com parte de sábados e domingos.
- Limitação do número de alunos, no máximo dez por turma.
- Ensino eminentemente objetivo, com intensa prática de laboratórios e viagens de estudos, acompanhadas por professores.
- Ênfase especial nas matérias básicas, como Matemática, Física e Química, e também nos trabalhos de pesquisa.

Quadro 7 Conteúdos previstos para o curso da Escola de Minas de Ouro Preto (1876)

Ano	Conteúdos
1º	Física, química geral, mineralogia; Exploração das minas, noções de topografia, levantamento de planos das minas; Trigonometria esférica, geometria analítica, complementos de álgebra, mecânica; Geometria descritiva, trabalhos gráficos, desenho de imitação; Trabalhos práticos: manipulações de química; determinação prática dos minerais; excursões mineralógicas.
2º	Geologia; Química dos metais e docimasia, metalurgia, preparação mecânica dos minérios; Mecânica: estudo das máquinas, construção; Estereotomia, madeiramento, trabalhos gráficos; Legislação das minas; Trabalhos práticos: ensaios metalúrgicos, manipulações de química, explorações geológicas, visitas de fábricas.

Fonte: Decreto nº 6.026, de 6 de novembro de 1875.

Telles (1994b) registrou que a primeira turma da Escola de Minas contou com sete alunos (havia dez vagas) e enfrentou uma série de dificuldades no seu início. Em 1882, o curso passou para três anos, encampando conteúdos mais voltados para a Engenharia Civil. Em 1885, o curso completo passou para seis anos, dividido em geral e superior, cada um com três anos. Em 1891, sob a égide da reforma de Benjamin Constant, então Ministro da Instrução Pública do governo provisório da recém-proclamada República, o curso geral passou para quatro anos, o de Engenharia de Minas e Metalurgia completava-se com mais três anos e o de Engenharia Civil, com mais quatro anos.

Além da Real Academia e da Escola de Minas de Ouro Preto, nenhuma outra iniciativa de criação de escola de engenharia prosperou até o advento da República. Em 1835, na província de São Paulo, foi formado o gabinete topográfico na cidade de São Paulo, o que seria o segundo estabelecimento de ensino de engenharia no Brasil. Este estabelecimento funcionou até 1838, reabriu em 1840 e fechou novamente em 1850 (TELLES, 1994b).

4.4 Mudanças na primeira escola de Engenharia do Brasil na República Velha (1889-1930)

Em 15 de novembro de 1889, foi proclamada a República no Brasil, o engenheiro militar Benjamin Constant assumiu o Ministério da Guerra e, no ano seguinte, assumiu o Ministério da Instrução Pública. Em 1890, houve a primeira reforma nos estatutos da Escola Politécnica, propondo-se um curso fundamental de quatro anos e cursos especiais (Engenharia Civil e Engenharia Industrial) com quatro anos, totalizando oito anos para conclusão dos cursos de Engenharia. Essa reforma suprimia os cursos científicos de Física e Matemática e também os cursos de Minas. O curso de artes e manufatura foi transformado em curso industrial. A escola reagiu e a sua congregação, em 1894, emitiu um documento explicando por que não havia implantado a reforma. A reforma só foi aprovada em 1896, ficando o curso geral com três anos e os cinco cursos especiais completados com mais três anos (Quadro 8).

Por esta reforma, os cursos de Engenharia passaram a ter seis anos de duração, em vez de cinco anos. Em 1901, houve nova reforma, mantendo-se os mesmos cursos e voltando a duração de cinco anos para os cursos de Engenharia. O curso geral continuou com três anos e os cursos especiais, a ser frequentados depois do geral, passaram a ser completados com mais dois anos.

Em 1911, foi publicado o Decreto nº 8.659, de 5 de abril de 1911 (BRASIL, 1911), que aprovou a Lei Orgânica do Ensino Superior e do Fundamental na República, também conhecida como Lei Rivadávia Corrêa. Entre outros, estabeleceu que "os institutos, até agora subordinados ao Ministério do Interior, serão, de ora em diante, considerados corporações autônomas, tanto do ponto de vista didático, como do administrativo". Esta Lei foi considerada um grande avanço para a época e dela decorreu o novo formato do curso em cinco anos (Quadro 9).

Quadro 8 Conteúdos para cada ano do curso de Engenharia Civil da Escola Politécnica (Reforma de 1896)

Curso	Ano	Cadeiras / conteúdos
Curso geral (comum a todos os cursos)	1º	1ª Cadeira: Geometria analítica; Cálculo diferencial e integral. 2ª Carteira: Geometria descritiva. 3ª Cadeira: Física; e Meteorologia. Aula: Desenho geométrico, aguadas e sombras.
	2º	1ª Cadeira: Cálculo das variações; e Mecânica racional. 2ª Cadeira: Topografia; Legislação de terras; Princípios de colonização. 3ª Cadeira: Química geral e inorgânica; e Análise Química.
	3º	1ª Cadeira: Trigonometria esférica; Astronomia; e Geodésia. 2ª Cadeira: Mecânica aplicada às máquinas. 3ª Cadeira: Mineralogia e Geologia. Aula: Desenho de cartas geográficas e de máquinas.
Engenharia civil (*)	1º	1ª Cadeira: Materiais de Construção; Tecnologia das profissões elementares; Resistência dos materiais; Estabilidade das Construções; e Grafostática. 2ª Cadeira: Hidráulica; Abastecimento de águas; Esgotos; Hidráulica agrícola. Aula: Trabalhos gráficos da 2ª cadeira.
	2º	1ª Cadeira: Estradas de ferro e rodagem; Pontes e viadutos. 2ª Cadeira: Navegação interior; Portos de Mar; e Faróis. 3ª Cadeira: Economia política e finanças.
	3º	1ª Cadeira: Arquitetura; Higiene das construções; e Saneamento. 2ª Cadeira: Máquinas motrizes e operatrizes; e Motores. 3ª Cadeira: Direito constitucional e administrativo; e Estatística. Aula: Desenho de Arquitetura.

(*) Além do curso de Engenharia Civil, estavam previstos: Engenharia de Minas, Engenharia Mecânica, Engenharia Industrial e Engenharia Agronômica.
Fonte: Adaptado de Telles (1994b).

Quadro 9 Conteúdos para cada ano do curso de Engenharia Civil da Escola Politécnica (Reforma de 1911)

Ano	Cadeiras / conteúdos
1º	Geometria Analítica e Cálculo infinitesimal. Geometria Descritiva; e Física. Desenho de aguadas e aplicações à topografia e geometria descritiva.
2º	Cálculo das Variações; e Mecânica racional. Química Inorgânica; e Noções de Química Orgânica. Topografia; Medições; e Legislação de terras. Aula: Desenho de topografia.
3º	Trigonometria Esférica; Astronomia; e Geodésia. Mecânica Aplicada; Teoria da Resistência dos Materiais; e Grafostática. Mineralogia; Geologia; e Noções de Metalurgia. Desenho de cartas geográficas e de máquinas.
4º	Materiais de Construção; Estabilidade das Construções; Tecnologia das Profissões Elementares Hidráulica; Abastecimento de águas; e Esgotos. Estradas; Pontes e Viadutos. Trabalhos gráficos de estradas e hidráulica.
5º	Arquitetura; Higiene das Construções; e Saneamento. Máquinas Motrizes e Operatrizes. Rios; Canais; Portos de Mar; e Faróis. Economia Política; Direito Administrativo; e Estatística. Projetos de Arquitetura; Obras Hidráulicas; e Máquinas.

(*) Além do Curso de Engenharia Civil, estavam previstos Engenharia Mecânica e Elétrica, e Engenharia Industrial.
Fonte: Adaptado de Telles (1994b).

A razão principal pela qual se destaca o curso de Engenharia Civil da Escola Politécnica, neste estudo, é para mostrar a evolução do formato curricular dos cursos de Engenharia no período de 1810 a 1911 e contribuir nas análises dessa evolução, visto que, este curso serviu de modelo para a criação da maioria dos cursos do país.

4.5 Outras escolas de Engenharia criadas na República Velha

Após a proclamação da República em 1889, ainda no século XIX, foram fundadas mais cinco escolas de Engenharia. Novas escolas só foram instituídas entre 1909 e 1913, registrando-se mais cinco (Quadro 10), sendo três em Minas Gerais. Entre 1914 e 1930, período que coincide com a Primeira Guerra Mundial (1914-1918), nenhuma outra escola de engenharia foi criada no país.

Quadro 10 Escolas de Engenharia no Brasil até 1930

Ano fund.	Local	Denominação inicial	Denominação atual
1792	Rio de Janeiro (RJ)	Real Academia de Artilharia, Fortificação e Desenho	Escola Politécnica (POLI) Univ. Fed. do Rio de Janeiro (UFRJ)
1874	Ouro Preto (MG)	Escola de Minas	Escola de Minas Univ. Fed. de Ouro Preto (UFOP)
1893	São Paulo (SP)	Escola Politécnica de São Paulo	Escola Politécnica (POLI) Univ. de São Paulo (USP)
1895	Recife (PE)	Escola de Engenharia de Pernambuco	Centro de Tecnologia e Geociências (CTG) Univ. Fed. de Pernambuco (UFPE)
1896	São Paulo (SP)	Escola de Engenharia Mackenzie	Centro de Ciências e Tecnologia (CCT) Univ. Presbiteriana Mackenzie (UPM)
1896	Porto Alegre (RS)	Escola de Engenharia de Porto Alegre	Escola de Engenharia Univ. Fed. do Rio Grande do Sul (UFRGS)
1897	Salvador (BA)	Escola Politécnica da Bahia	Escola Politécnica (POLI) Univ. Fed. da Bahia (UFBA)
1909	Juiz de Fora (MG)	Instituto Politécnico de Juiz de Fora	Faculdade de Engenharia Univ. Fed. de Juiz de Fora (UFJF)
1911	Belo Horizonte (MG)	Escola Livre de Engenharia	Escola de Engenharia Univ. Fed. de Minas Gerais (UFMG)
1912	Curitiba (PR)	Faculdade de Engenharia do Paraná	Setor de Engenharia Univ. Fed. do Paraná (UFPR)
1912	Recife (PE)	Escola Politécnica de Pernambuco	Escola Politécnica de Pernambuco (POLI) Univ. de Pernambuco (UPE)
1913	Itajubá (MG)	Instituto Eletrotécnico de Itajubá	Universidade Federal de Itajubá Univ. Fed. de Itajubá (Unifei)

Fonte: Organizado pelo autor, a partir de Telles (1994a, b) e Pardal (1986, 1993) e nos *sites* das instituições (abr. 2019).

Das 12 escolas existentes no país até 1930, sete concentravam-se na Região Sudeste, sendo uma no Rio de Janeiro, quatro em Minas Gerais e duas em São Paulo. Três escolas estavam na Região Nordeste (duas em Pernambuco e uma na Bahia) e duas na Região Sul (uma no Paraná e outra no Rio Grande do Sul).

Das escolas deste período deve-se esclarecer o caso da Escola de Juiz de Fora. Até recentemente acreditava-se que a Faculdade de Engenharia da UFJF tinha sua origem na Escola de Engenharia de Juiz de Fora, fundada em 17 de agosto de 1914. Em 2013, a arquiteta Anna Elisa Martins, em sua dissertação de mestrado orientada pelo Professor Marcos Martins Borges e aprovada no Programa de Mestrado da Ambiente Construído da UFJF (MARTINS, 2013), mostrou que os primeiros alunos dessa escola tinham iniciado o curso no então Instituto Politécnico de Juiz de Fora, fundado em 1909 e que funcionou no Colégio Academia de Juiz de Fora até 1917. A primeira turma de engenheiros dessa escola formou-se em 10 de outubro de 1914, menos de dois meses após a sua fundação. Os professores desta escola eram professores do Instituto Politécnico. Este fato é semelhante ao verificado na Academia Real Militar de 1810, comprovando que a Real Academia de 1792 foi a antecessora da Academia de 1810.

4.6 Formação em Engenharia na "Era Vargas" (1930-1945)

Em 1930, com a derrubada do governo Washington Luís, iniciou-se a era Vargas, cujo governo provisório durou até 1934, seguido do período constitucional, que vigorou até 1937, quando Getúlio Vargas deu um golpe de Estado e implantou o chamado Estado Novo, que durou até 1945. Na era Vargas, que coincidiu com a Segunda Guerra Mundial (1939-1945), foi criada apenas uma escola de engenharia, a do estado do Pará, localizada na sua capital Belém.

No período Vargas, foi regulamentada a profissão de engenheiro pelo Decreto nº 23.569, de 11 de dezembro de 1933 (BRASIL, 1933), que "Regula o exercício das profissões de engenheiro, de arquiteto e de agrimensor" e criou o Conselho Federal de Engenharia, Arquitetura e Agronomia (Confea) e os Conselhos Regionais de Engenharia, Arquitetura e Agronomia (CREA). Neste Decreto, estavam previstos os seguintes títulos:

> Engenheiro Civil; Arquiteto ou Engenheiro-Arquiteto; Engenheiro Industrial; Engenheiro Mecânico Eletricista; Engenheiro Eletricista; Engenheiro de Minas; Engenheiro-Geógrafo ou Geógrafo; Agrimensor; Engenheiros Agrônomos, ou Agrônomos.

No período Vargas, houve ainda a chamada "Reforma Capanema", com a edição das Leis Orgânicas do Ensino, conduzida pelo Ministro da Educação e Saúde, Gustavo Capanema, a partir 1942. Os seguintes decretos foram promulgados:

- Decreto-lei nº 4.073, de 30 de janeiro de 1942, que organizou o ensino industrial.
- Decreto-lei nº 4.048, de 22 de janeiro de 1942, que instituiu o Senai.
- Decreto-lei nº 4.244, de 9 de abril de 1942, que organizou o ensino secundário em dois ciclos: o ginasial, com quatro anos, e o colegial, com três anos.
- Decreto-lei nº 6.141, de 28 de dezembro de 1943, que reformou o ensino comercial.

A mudança mais significativa foi a profissionalização do hoje denominado ensino médio, que antes era apenas preparatório para o ensino superior. Na legislação encontrada, não foi identificada mudança significativa na educação superior neste período.

4.7 Formação em Engenharia no período democrático (1945-1964)

Entre 1945 e 1950, mais duas escolas de Engenharia foram fundadas, as duas confessionais – a Escola Politécnica da PUC-Rio e a Faculdade de Engenharia Industrial (FEI), em São Paulo. Com isso, chega-se à primeira metade do século com 16 escolas de Engenharia em funcionamento. Estas escolas estavam concentradas nas capitais do litoral brasileiro, exceto em Minas Gerais, que tinha, inclusive, as únicas Escolas em cidades do interior (Ouro Preto, Juiz de Fora e Itajubá). Durante a década de 1950, foram criadas mais 12 escolas de Engenharia e de 1961 a 1963, mais dez. No final de 1963, havia 38 escolas de Engenharia no país (OLIVEIRA, 2010).

Destaque-se que, na década de 1950, houve o desenvolvimento da computação, que possibilitou o início da automação industrial. Em 1950, foi fundado o Instituto Tecnológico de Aeronáutica (ITA), vinculado ao Ministério da Aeronáutica, com o curso de Engenharia Aeronáutica, oferecido desde 1939 pela Escola Técnica do Exército, atual IME. Em 1947, esse curso passou para a responsabilidade do Ministério da Aeronáutica (criado em 1941), embora continuasse sendo oferecido no IME. Em 1951, foi criado o curso de Engenharia Eletrônica, um dos primeiros a incorporar disciplinas relacionadas com a computação no país.

Em 1961, entrou em vigor a Lei nº 4.024, de 20 de dezembro de 1961 (Quadro 11), que fixou as Diretrizes e Bases da Educação Nacional. Esta Lei começou a ser discutida logo após a promulgação da Constituição de 1946, que delegou à União a competência para legislar sobre Diretrizes e Bases da Educação Nacional. Em termos de organização, fixou a divisão em ensino primário (quatro anos), médio ou secundário, que foi subdividido em ginasial (quatro anos) e colegial, magistério ou técnico (três anos), além do ensino superior.

Em seu artigo 70, esta Lei estabeleceu:

> O currículo mínimo e a duração dos cursos que habilitem à obtenção de diploma capaz de assegurar privilégios para o exercício da profissão liberal serão fixados pelo Conselho Federal de Educação.

Foi o previsto neste artigo 70 que possibilitou a criação das Diretrizes Curriculares Nacionais (DCNs) dos diversos cursos.

4.8 Formação em Engenharia no período ditatorial (1964-1985)

Durante este período, foram fundadas mais 85 escolas de Engenharia, totalizando 123 em funcionamento no final de 1984. Em 1964, quando teve início o período militar, mais de 80 % das escolas de Engenharia eram públicas. No final de 1984, quase 60 % das escolas já eram privadas (OLIVEIRA, 2010).

Em termos de legislação relacionada com a educação superior, destaca-se o Decreto-lei nº 477, de 26 fevereiro de 1969 (BRASIL, 1969), que proibiu professores, alunos e funcionários das escolas de realizar ou participar de manifestação de caráter político, entre outros.

A Lei nº 5.540, de 28 de novembro de 1968 (BRASIL, 1968), que fixou normas de organização e funcionamento do ensino superior e sua articulação com a escola média, estabeleceu em seu artigo 26:

> O Conselho Federal de Educação fixará o currículo mínimo e a duração mínima dos cursos superiores correspondentes a profissões reguladas em lei e de outros necessários ao desenvolvimento nacional.

Até o advento da Lei nº 5.540/1968, os cursos eram predominantemente organizados na forma seriada, ou seja, a cada ano correspondia um conjunto de matérias, semelhante à organização das primeiras escolas. O estudante para "passar de ano", via de regra, tinha que ser aprovado em todas as matérias previstas para o ano, e não por disciplinas como ocorre atualmente. A partir dessa nova Lei, em sua maioria, os cursos passaram a ser organizados de forma semestral, como ocorre atualmente.

A Resolução CFE nº 48/1976, de 27 de abril de 1976 (BRASIL, 1976), do Conselho Federal de Educação fixou "os mínimos de conteúdos e de duração do curso de graduação em Engenharia e definiu suas áreas de habilitações". As áreas estabelecidas foram: Civil; Eletricidade; Mecânica; Metalurgia e Minas; e Química. Estabeleceu também que "a parte comum do currículo compreenderá matérias de formação básica e de formação profissional geral e de formação profissional específica". Esta Resolução definiu ainda quais seriam os conteúdos de cada área (Quadro 11) e as respectivas ementas destes.

Quadro 11 Áreas e respectivos conteúdos previstos na Resolução CFE nº 48/1976

Currículo	Áreas	Conteúdo	Obs.
Formação básica	Todas	Matemática, Física, Química, Mecânica, Processamento de Dados, Desenho, Eletricidade, Resistência dos Materiais, Fenômenos de Transporte.	
Formação geral	Todas	Ciências Humanas, Economia, Administração, Ciências do Ambiente.	
Formação profissional	Civil	Topografia, Mecânica dos Solos, Hidrologia Aplicada, Hidráulica, Teoria das Estruturas, Materiais de Construção Civil, Sistemas Estruturais, Transportes, Saneamento Básico, Construção Civil.	
	Eletricidade	Circuitos Elétricos, Eletromagnetismo, Eletrônica, Materiais Elétricos, Conversão de Energia, Controle e Servomecanismos.	
	Mecânica	Mecânica Aplicada, Termodinâmica Aplicada, Materiais de Construção Mecânica, Sistemas Mecânicos, Sistemas Técnicos, Sistemas Fluidomecânicos, Processos de Fabricação.	
	Metalurgia	Físico-Química, Ciências dos Materiais, Mineralogia e Tratamento de Minérios, Metalurgia Física, Metalurgia Extrativa, Processo de Fabricação.	
	Minas	Topografia, Geologia Geral, Geologia Econômica, Mineralogia e Petrologia, Sistemas Mecânicos, Pesquisa Mineral, Lavra de Minas, Tratamento de Minérios.	
	Química	Química Analítica, Química Descritiva, Físico-Química, Materiais, Química Industrial, Operações Unitárias, Processos Químicos.	

Fonte: Resolução CFE nº 48/1976 (BRASIL, 1976).

A Resolução nº 48/1976 estabeleceu, também, que "habilitações específicas do curso de Engenharia, correspondentes a especializações profissionais já existentes ou que venham a ser criadas, deverão ter origem em uma ou mais áreas da Engenharia". Em termos de duração e carga horária, ficou definido:

> Os currículos plenos do curso de Engenharia serão desenvolvidos no tempo útil de 3.600 horas de atividades didáticas, que deverão ser integralizadas em tempo total variável de 4 a 9 anos letivos, com termo médio de 5 anos.

Para o estágio supervisionado, foi previsto um mínimo de 30 horas. A Resolução permitia, também, habilitações específicas que foram reguladas pela Resolução CFE nº 50, de 9 de setembro de 1976, que previu "ênfases estabelecidas pelas próprias instituições de ensino".

4.9 Formação em Engenharia a partir de 1985

Com a eleição, embora ainda indireta, de um presidente civil para a Presidência da República em março de 1985, encerrou-se o período militar no Brasil e iniciou-se o atual período democrático. Em 1 de fevereiro de 1987, foi instalada a Assembleia Nacional Constituinte, que elaborou a atual Constituição Federal, promulgada em 5 de outubro de 1988.

Com a aprovação da Lei nº 9.394, de 20 de dezembro de 1996, que estabeleceu as novas Diretrizes e Bases da Educação Nacional, houve também a necessidade de se definir novas diretrizes curriculares para o curso de Engenharia. A Associação Brasileira de Educação em Engenharia (ABENGE) discutiu e formulou uma proposta de DCNs em uma Comissão composta por 11 professores de diferentes Institutos de Ensino Superior (IES) e um representante do Conselho Federal de Engenharia, Arquitetura e Agronomia (Confea), a partir de recomendação do Congresso Brasileiro de Ensino de Engenharia (Cobenge) de 1997. Esta Comissão teve a seu cargo a sistematização de uma proposta e, para tanto, participou de vários seminários em IES de diversas regiões do país. Esta proposta foi publicada no Boletim da Abenge Número 010, de agosto de 1998.

Por seu turno, o Ministério de Educação e Cultura (denominação do MEC à época) nomeou uma "comissão de especialistas de ensino de engenharia" (Portaria SESu/MEC nº 146/1998), composta por seis professores, que elaborou um "anteprojeto de resolução", versão de 5 de maio de 1999. Esse anteprojeto incorporou diversos aspectos da proposta da Abenge e serviu de base para a elaboração da proposta final da CES/CNE, que foi publicada como Resolução CNE/CES nº 11, de 11 de março de 2002 (OLIVEIRA, 2010).

Em uma comparação entre a Resolução CFE nº 48/1976, de 27 de abril de 1976, e a Resolução CNE/CES nº 11/2002, podem ser verificadas alterações significativas no que tange, principalmente, ao caráter das duas resoluções (Quadro 12). Enquanto a Resolução do CFE era impositiva, até mesmo no que se refere ao ementário das "matérias", a Resolução CNE/CES nº 11/2002 tem característica mais de diretrizes e de recomendações, deixando em aberto não só as áreas de engenharia, bem como a

Quadro 12 Comparação entre as Resoluções CFE nº 48/1976 e CNE/CES nº 11/2002

Tópico	CFE nº 48/1976	CNE/CES nº 11/2002
Característica predominante	Impositiva.	Diretiva.
Áreas de engenharia	Seis áreas.	Não estabelece.
Habilitações	Estabelece várias.	Não estabelece.
Perfil do egresso	Não estabelece.	Sólida formação técnico-científica e profissional geral etc. Desenvolver competências e habilidades.
Projeto de curso	A principal exigência era a grade curricular.	O projeto pedagógico é uma exigência e deve deixar claro como as atividades acadêmicas levam à formação do perfil profissional delineado.
Currículo	Currículo mínimo – grade de disciplinas com pré-requisitos.	Fim do currículo mínimo – flexibilização curricular, nova concepção de currículo.
Estrutura curricular	Parte comum – formação básica e formação geral. Parte diversificada – formação profissional geral e específica. Disciplinas exigidas por legislação específica.	Núcleo de conteúdos básicos (30 %). Núcleo de conteúdos profissionalizantes (15 %). Extensões e aprofundamentos dos conteúdos do núcleo profissionalizante (demais 55 %).
Foco do currículo	Centrado no conteúdo.	Tenta centrar em Habilidades e competências, mas recai nos núcleos de conteúdos.
Projetos integralizadores	Não previa.	Prevê realização de trabalhos de integralização de conhecimentos, sendo obrigatório o Trabalho Final de Curso.
Duração do curso	4 a 9 anos (média de 5 anos), com um mínimo de 3600 horas de atividades.	Não estabelece.
Estágio	Obrigatório, com o mínimo de 30 horas.	Obrigatório, com o mínimo de 160 horas e supervisão sob responsabilidade da IES.
Metodologia de ensino aprendizagem	Não menciona.	Prevê que o curso deve utilizar metodologias de ensino/aprendizagem, capazes de garantir o desenvolvimento de habilidades e competências.
Foco do processo de ensino aprendizagem	Centrado no professor.	Centrado no aluno.
Avaliação	Não menciona.	Determina que os cursos devem possuir métodos e critérios de avaliação do processo de ensino/aprendizagem e do próprio curso.
A instituição de ensino	Administração com foco em documentação e registro acadêmico.	Administração de caráter mais pedagógico, prevendo avaliação e acompanhamento, inclusive psicopedagógico.
	Órgão de referência para o aluno era o departamento.	O principal órgão, pelas atribuições, é a coordenação do curso.
Papel do aluno	Predominantemente passivo.	Para atender as exigências da Resolução, o papel do aluno deve ser predominantemente ativo.

Fonte: Adaptado de Oliveira, Pinto e Portela (2003).

duração e a carga horária. A duração e a carga horária foram posteriormente definidas pela Resolução CNE/CES nº 2, de 18 de junho de 2007 (BRASIL, 2007), que estabeleceu o mínimo de cinco anos e de 3600 horas de carga horária.

Enquanto a Resolução nº 48/1976 tinha como cerne a grade curricular com matérias predefinidas, a Resolução nº 11/2002 previa a existência de um projeto pedagógico, decretando o fim do currículo mínimo para o curso de Engenharia. Além disso, aumentou a carga horária mínima do estágio de 30 para 160 horas.

5 Considerações finais

A organização da educação nacional, de uma maneira geral, pode ser considerada recente. O Decreto nº 8.659, de 5 de abril de 1911 (BRASIL, 1911), que contém a Lei Orgânica do Ensino Superior e do Fundamental na República, também conhecida como Lei Rivadávia Corrêa, foi a primeira legislação que tratou da educação superior de uma forma mais abrangente. Até então, as instituições de educação superior tinham decretos próprios, como os que elaboraram e reformaram os estatutos da Real Academia de Artilharia, Fortificação e Desenho e suas sucessoras e da Escola de Minas de Ouro Preto (Quadro 13).

O Ministério da Educação foi criado na Era Vargas como Ministério da Educação e da Saúde Pública, em 14 de novembro de 1930, mas a profissão de engenheiro só foi regulada em 1933 (BRASIL, 1933). Ainda no período Vargas, conduzida pelo Ministro da Educação e Saúde, Gustavo Capanema, houve a chamada "Reforma Capanema", que ocorreu em 1942, por meio das chamadas Leis Orgânicas do Ensino que trataram do ensino fundamental e do ensino médio.

No período pós-Vargas, foram aprovadas as novas Diretrizes e Bases da Educação Nacional (BRASIL, 1961), tendo sido estabelecido que caberia ao Conselho Federal de Educação fixar o currículo mínimo e a duração mínima dos cursos superiores correspondentes às profissões reguladas em lei e de outros necessários ao desenvolvimento nacional. Isso permitiu que fosse implementada a Resolução nº 48/1976 (BRASIL, 1976), que estabeleceu as diretrizes curriculares para o curso de Engenharia.

Com a redemocratização do país em 1985, foi promulgada a nova Constituição em 1986 e, em 1996, aprovada a nova Lei de Diretrizes e Bases da Educação Nacional (BRASIL, 1996). A partir da aprovação desta Lei, foram elaboradas e homologadas as novas Diretrizes Curriculares Nacionais (DCNs) dos Cursos de Graduação em Engenharia. As DCNs da engenharia entraram em vigor em 2002 (BRASIL, 2002).

Somente em 2019 foram aprovadas novas DCNs para o curso de Engenharia. As rápidas mudanças que a formação em Engenharia experimentou na primeira década deste século, principalmente nos países desenvolvidos, já indicavam a necessidade de novas DCNs no início da atual década. As DCNs recém-aprovadas (BRASIL, 2019) apresentam uma grande oportunidade para modernizar os cursos de Engenharia do país. No Capítulo 12, essas novas DCNs serão abordadas, a partir de um estudo comparativo com a Resolução CNE/CES nº 11/2002 (BRASIL, 2002).

Quadro 13 Principais dispositivos legais relacionados com a organização do curso de Engenharia a partir de 1792

Período	Ano	Documento legal	Objetivo
Colônia (até 1822)	1792	Estatutos da Real Academia de Artilharia, Fortificação e Desenho da cidade do Rio de Janeiro, 17/12/1792.	Cria a primeira escola de Engenharia do Brasil.
	1810	Carta de Lei de 04/12/1810	Cria uma Academia Real Militar na Côrte e cidade do Rio de Janeiro.
Império (1822-1889)	1839	Decreto nº 25 de 14/01/1839	Dá nova organização à Academia Militar.
	1842	Decreto nº 140 de 09/03/1842	Aprova os estatutos da Escola Militar.
	1855	Decreto nº 1.536 de 23/01/1855	Cria uma Escola de Aplicação do Exército.
	1858	Decreto nº 2.116 de 01/03/1858	Aprova o Regulamento, reformando os da Escola de Aplicação do Exército e do curso de infantaria e cavalaria da província de S. Pedro do Rio Grande do Sul, e os estatutos da Escola Militar da Corte.
	1874	Decreto nº 5.600 de 23/04/1874	Dá estatutos à Escola Politécnica.
	1875	Decreto nº 6.026 de 06/11/1875	Cria uma Escola de Minas na província de Minas Gerais, e dá-lhe Regulamento.
República Velha (1889-1930)	1911	Decreto nº 8.659 de 05/04/1911	Aprova a Lei Orgânica do ensino superior e do fundamental na República.
Era Vargas (1930-1945)	1933	Decreto nº 23.569 de 11/12/1933	Regula o exercício das profissões de engenheiro, de arquiteto e de agrimensor.
Democracia (1945-1964)	1961	Lei nº 4.024 de 20/12/1961	Fixa as Diretrizes e Bases da Educação Nacional.
Período ditatorial	1968	Lei nº 5.540 de 28/11/1968	Fixa normas de organização e funcionamento do ensino superior e sua articulação com a escola média.
	1976	Resolução CFE nº 48 de 27/04/1976	Fixa os mínimos de conteúdo e de duração do curso de graduação em Engenharia e define suas áreas de habilitações.
Atual (a partir de 1985)	1996	Lei nº 9.394 de 20/12/1996	Estabelece as Diretrizes e Bases da Educação Nacional
	2002	Resolução CNE/CES nº 11 de 11/03/2002	Institui as Diretrizes Curriculares Nacionais do Curso de Graduação em Engenharia.
	2007	Resolução CNE/CES nº 2 de 18/06/2007	Dispõe sobre carga horária mínima e procedimentos relativos à integralização e duração dos cursos de graduação, bacharelados, na modalidade presencial.
	2019	Parecer CNE/CES nº 1 de 24/04/2019	Diretrizes Curriculares Nacionais do Curso de Graduação em Engenharia.
	2019	Resolução CNE/CES nº 2 de 24/04/2019	Diretrizes Curriculares Nacionais do Curso de Graduação em Engenharia.

Fonte: Organizado pelo autor.

Sobre a organização dos cursos, uma das questões que foi objeto de questionamento, a partir do instante em que a CES/CNE apresentou a sua proposta para consulta pública em agosto de 2018, foi a duração e a carga horária dos cursos. A proposta da CES/CNI em consulta propunha (BRASIL, 2018):

> Os cursos de Engenharia terão carga horária referencial de 3600 (três mil e seiscentas) horas de efetivas atividades acadêmicas e o tempo de integralização referencial de 5 (cinco) anos.

Com isso, a proposta em consulta pública não tornava obrigatórios os cinco anos e a carga horária de 3600 horas. Após audiências públicas, entendeu-se por bem remeter a questão para a CNE/CES nº 02/2007 (BRASIL, 2007), ou seja, continuam obrigatórios o mínimo de cinco anos de duração e a carga de 3600 horas. O Quadro 14 mostra como a questão da duração e carga horária tem sido tratada ao longo do tempo.

Quadro 14 Retrospecto sobre duração e carga horária dos cursos de Engenharia

Período	Duração	Carga horária
1792 (1)	6 anos	Dias letivos: segunda, quarta e sexta-feira, com duas horas pela manhã e mais uma hora e um quarto de desenho.
1810 (1)	7 anos	O tempo de cada lição durará uma hora e meia, e a manhã se dividirá em duas ou três lições, das sete e meia ou oito horas até às onze ou meio-dia.
1942 (1)	7 anos	Não encontrado.
1855 (1)	5 anos	Não encontrado.
1858 (1)	6 anos	Não encontrado.
1874 (1)	5 anos	Não encontrado.
1876 (2)	2 anos	Estabelece a carga de cada disciplina em "ditas" e "lições" semanais.
1882 (2)	3 anos	Não encontrado.
1885 (2)	6 anos	Não encontrado.
1891 (2)	7 anos	Não encontrado.
1896	6 anos	Não encontrado.
1901	5 anos	Não encontrado.
1976	De 4 a 9 anos	3600 horas
2002	Não especifica	Não especifica.
2007	5 anos	3600 horas
2019	5 anos	3600 horas

(1) Refere-se à primeira escola de Engenharia do país (Rio de Janeiro), que tinha formação militar no curso até 1874 e durava cerca de dois anos.

(2) Refere-se à Escola de Minas de Ouro Preto.

Fonte: Organizado pelo autor.

Ao se analisar o Quadro 14, verifica-se que o curso de Engenharia, após ter sido separado da formação militar em 1874, teve a duração mínima de cinco anos como predominante. No final do século XIX, com a proclamação da República, o então Ministro da Instrução Pública, Benjamim Constant, propôs que a duração passasse a ser de oito anos, mas a Escola Politécnica não acatou, permanecendo com seis anos de duração. Em 1901, o curso voltou a ter cinco anos. Embora conste da Resolução nº 48/1976 que os cursos pudessem ser "integralizados em tempo total variável de quatro a nove anos letivos com termo médio de cinco anos", não se tem notícia de curso com duração menor do que cinco anos enquanto esteve em vigor. Havia o entendimento, em certos casos, de que a integralização do curso podia ocorrer em quatro anos, por aqueles estudantes que conseguissem "adiantar matérias", mas a grade curricular do curso tinha que ser formatada para ser integralizada em cinco anos.

Após aprovada a LDB de 1996, que revogou a Resolução nº 48/1976, começaram a surgir cursos com quatro anos de duração. Como a Resolução nº 11/2002 não tratava da duração e carga horária, o número de cursos com quatro anos de duração aumentou. Com a entrada em vigor da Resolução nº 2/2007, todos os cursos voltaram a ter cinco anos de duração. Ressalte-se que, desde as discussões que culminaram com a Resolução nº 11/2002, ainda no final da década de 1990, a proposta de cursos de Engenharia com duração mínima de quatro anos, como ocorre em alguns países, tem sido debatida, mas tem predominado a proposta de duração mínima de cinco anos.

Quanto à estruturação atual do curso de Engenharia, verifica-se que ainda predomina o mesmo modelo das antigas escolas. Os projetos pedagógicos dos cursos têm seus currículos organizados, na maioria dos casos, considerando-se a divisão entre básico e profissionalizante, e com disciplinas organizadas a partir de conteúdos isolados, como ocorria na França do final do século XVIII. Este formato dificulta a integração e contextualização do conhecimento inerente à formação em Engenharia. O estudante tem dificuldades para ver a relação prática que existe entre as disciplinas no desenvolvimento de um projeto ou execução de determinado empreendimento. Isso sem mencionar os aspectos didáticos que acabam por agravar a "aprendizagem", em razão de metodologias de ensino que consideram muito mais a questão do "como ensinar" do que o "como aprender" (FELDER; PORTER, 1994).

A necessária integração entre as diversas disciplinas do curso, fundamental para o desenvolvimento de atividades projetuais, pouco avança além dos praticamente burocráticos sistemas de correquisitação e de pré-requisitação. Aliás, esta hierarquização entre as disciplinas acaba por transformar-se em mera formalidade, dadas as possibilidades regradas de quebra e da ausência de continuidade entre, até mesmo, as disciplinas que são divididas em mais de um período letivo (OLIVEIRA, 2000).

A reação a este cenário pode ser verificada pelo crescente movimento em torno da "Educação em Engenharia", conforme pode ser avaliado pela intervenção de diversos estudiosos que publicam na Revista da Abenge e participam do Congresso Brasileiro de Ensino de Engenharia (Cobenge), entre outros, que vêm procurando formular proposições para os cursos de Engenharia, para torná-los mais adequados às necessidades atuais de formação profissional, em atendimento às demandas da sociedade.

De uma maneira geral, a maioria destes estudos requer melhorias, ou mesmo superação do modelo atual de organização dos cursos de Engenharia, e muitos destes aspectos foram incorporados às atuais DCNs (BRASIL, 2019a, 2019b), que serão abordadas no Capítulo 12.

BIBLIOGRAFIA

ASSOCIAÇÃO BRASILEIRA DE EDUCAÇÃO EM ENGENHARIA. Evolução Histórica da primeira escola de Engenharia do Brasil. **Revista de Ensino de Engenharia**, Brasília, v. 10, n. 3, nov. 1993.

ASSOCIAÇÃO BRASILEIRA DE EDUCAÇÃO EM ENGENHARIA. Associação Brasileira de Educação em Engenharia e Mobilização Empresarial pela Inovação da Confederação Nacional da Indústria. **Proposta de Diretrizes para o Curso de Engenharia**. Brasília: Abenge, 7 mar. 2018. Disponível em: <http://www.abenge.org.br/file/Minuta%20Parecer%20DCNs_07%2003%202018.pdf>. Acesso em: 31 maio 2019.

BRASIL. **Carta de Lei**, de 4 de dezembro de 1810. Coleção de Leis do Império do Brasil, p. 232, 1810. v. 1. Disponível em: <https://www2.camara.leg.br/legin/fed/carlei/anterioresa1824/cartadelei-40009-4-dezembro-1810-571420-publicacaooriginal-94538-pe.html>. Acesso em: 31 maio 2019.

BRASIL. **Decreto nº 25**, de 14 de janeiro de 1839. Coleção de Leis do Império do Brasil, 1839. Disponível em: <http://bd.camara.gov.br/bd/bitstream/handle/bdcamara/18468/colleccao_leis_1839_parte2.pdf?sequence=2>. Acesso em: 31 maio 2019.

BRASIL. **Decreto nº 140**, de 9 de março de 1842. Diário das Leis. Disponível em: <https://www.diariodasleis.com.br/legislacao/federal/201993-approva-os-estatutos-da-escola-militar-em-virtude-do-art-15-u-2u-da-lei-de-15-de-novembro-de-1831.html>. Acesso em: 31 maio 2019.

BRASIL. **Decreto nº 1.536**, de 23 de janeiro de 1855. Coleção de Leis do Império do Brasil, p. 40, 1855. v. 1. Disponível em: <https://www2.camara.leg.br/legin/fed/decret/1824-1899/decreto-1536-23-janeiro-1855-558364-publicacaooriginal-79560-pe.html>. Acesso em: 31 maio 2019.

BRASIL. **Decreto nº 2.116**, de 1 de março de 1858. Coleção de Leis do Império do Brasil, p. 108, 1858. v. 1. Disponível em: <https://www2.camara.leg.br/legin/fed/decret/1824-1899/decreto-2116-1-marco-1858-556897-publicacaooriginal-77090-pe.html>. Acesso em: 31 maio 2019.

BRASIL. **Decreto nº 5.600**, de 23 de abril de 1874. Coleção de Leis do Império do Brasil, p. 393, 1874. v. 1. Disponível em: <https://www2.camara.leg.br/legin/fed/decret/1824-1899/decreto-5600-25-abril-1874-550207-publicacaooriginal-65869-pe.html>. Acesso em: 31 maio 2019.

BRASIL. **Decreto nº 6.026**, de 6 de novembro de 1875. Coleção de Leis do Império do Brasil. Disponível em: <http://www.planalto.gov.br/ccivil_03/Decreto/1851-1899/D6026.htm>. Acesso em: 31 maio 2019.

BRASIL. Decreto nº 8.659, de 5 de abril de 1911. **Diário Oficial [da] República Federativa do Brasil**, Brasília, DF, Seção I, p. 3983, 6 abr. 1911. Disponível em: <https://www2.camara.leg.br/legin/fed/decret/1910-1919/decreto-8659-5-abril-1911-517247-publicacaooriginal-1-pe.html>. Acesso em: 31 maio 2019.

BRASIL. **Decreto nº 23.569**, de 11 de dezembro de 1933. Diário Oficial [da] República Federativa do Brasil, Brasília, DF, 15 dez. 1933, retificado em 16 jan. 1934 e em 13 mar. 1936. Disponível em: <http://www.planalto.gov.br/ccivil_03/decreto/1930-1949/D23569.htm>. Acesso em: 31 maio 2019.

BRASIL. **Decreto-lei nº 477**, de 26 fevereiro de 1969. Revogado pela Lei nº 6.680, de 1979. Disponível em: <http://www.planalto.gov.br/ccivil_03/decreto-lei/1965-1988/del0477.htm>. Acesso em: 31 maio 2019.

BRASIL. Lei nº 5.540, de 28 de novembro de 1968. Diário Oficial [da] República Federativa do Brasil, Brasília, DF, Seção I, p. 10369, 29 nov. 1968. Disponível em: <https://www2.camara.leg.br/legin/fed/lei/1960-1969/lei-5540-28-novembro-1968-359201-publicacaooriginal-1-pl.html>. Acesso em: 31 maio 2019.

BRASIL. Conselho Federal de Educação. **Resolução nº 48**, de 27 de abril de 1976. Fixa os mínimos de conteúdo e de duração do curso de graduação em Engenharia e define suas áreas de habilitações. Disponível em: <http://www.eletrica.ufpr.br/mehl/reforma2000/b.avaliacao.pdf>. Acesso em: 31 maio 2019.

BRASIL. Conselho Nacional de Educação. Resolução CNE/CES nº 11, de 11 de março de 2002. Institui as Diretrizes Curriculares Nacionais do Curso de Graduação em Engenharia. Diário Oficial [da] República Federativa do Brasil, Brasília, DF, Seção 1, p. 32, 9 abr. 2002. Disponível em: <http://portal.mec.gov.br/cne/arquivos/pdf/CES112002.pdf>. Acesso em: 31 maio 2019.

BRASIL. Conselho Nacional de Educação. Resolução CNE/CES nº 2, de 18 de junho de 2007. Dispõe sobre carga horária mínima e procedimentos relativos à integralização e duração dos cursos de graduação, bacharelados, na modalidade presencial. **Diário Oficial [da] República Federativa do Brasil**, Brasília, DF, Seção 1, p. 6, 19 jun. 2007. Disponível em: <http://portal.mec.gov.br/cne/arquivos/pdf/2007/rces002_07.pdf>. Acesso em: 31 maio 2019.

BRASIL. Conselho Nacional de Educação. Consulta Pública: **Diretrizes Curriculares Nacionais para o Curso de Graduação em Engenharia**. Brasília, ago. 2018. Disponível em: <http://portal.mec.gov.br/index.php?option=com_docman&view=download&alias=93861-texto-referencia-dcn-de-engenharia&category_slug=agosto-2018-pdf&Itemid=30192>. Acesso em: 31 maio 2019.

BRASIL. Conselho Nacional de Educação. Parecer CNE/CES nº 1, de 23 de janeiro de 2019. Diretrizes Curriculares Nacionais do Curso de Graduação em Engenharia. **Diário Oficial [da] República Federativa do Brasil**, Brasília, DF, Seção I, p. 109, 23 abr. 2019a. Disponível em: <http://portal.mec.gov.br/index.php?option=com_docman&view=download&alias=109871-pces001-19-1&category_slug=marco-2019-pdf&Itemid=30192>. Acesso em: 31 maio 2019.

BRASIL. Conselho Nacional de Educação. Resolução CNE/CES nº 2, de 24 de abril de 2019. Diretrizes Curriculares Nacionais do Curso de Graduação em Engenharia. **Diário Oficial [da] República Federativa do Brasil**, Brasília, DF, Seção I, p. 43, 26 abr. 2019b. Disponível em: <http://www.in.gov.br/web/dou/-/resolu%C3%87%C3%83o-n%C2%BA-2-de-24-de-abril-de-2019-85344528>. Acesso em: 31 maio 2019.

FELDER, R. M.; PORTER, R. L. **Teaching Effectiveness for Engineering Professors**. Coletânea de trabalhos dos autores publicada pelo Collegge of Engineering, North Carolina State University, 1994.

MARTINS, Anna E. **PARTEC**: O primeiro Parque Científico e Tecnológico de Juiz de Fora e Região. 2013. 143 f. Dissertação (Mestrado em Ambiente Construído) – Universidade Federal de Juiz de Fora, Juiz de Fora, 2013.

OLIVEIRA, Vanderli Fava. **Uma proposta para melhoria do processo de ensino/aprendizagem nos cursos de Engenharia Civil**. 2000. Tese (Doutorado em Engenharia de Produção) – Coppe/UFRJ, Rio de Janeiro, 2000.

OLIVEIRA, Vanderli Fava. Crescimento, Evolução e o Futuro dos Cursos de Engenharia. **Revista de Ensino de Engenharia**, Brasília, v. 24, p. 3-12, 2006.

OLIVEIRA, Vanderli Fava. Diretrizes inovadoras para a educação em engenharia: um salto de qualidade na formação em engenharia no Brasil. In: **Aseguramiento de la calidad y mejora de la educación en ingeniería**: experiencias en América Latina. Bogotá: Acofi, p. 131-145, 2018.

OLIVEIRA, Vanderli Fava; PINTO, Danilo Pereira; PORTELA, Júlio Cesar da Silva. Diretrizes curriculares e mudança de foco no curso de Engenharia. **Revista de Ensino de Engenharia**, Brasília, v. 22, p. 31-37, 2003.

OLIVEIRA, Vanderli Fava et al. (org.). **Trajetória e Estado da Arte da Formação em Engenharia, Arquitetura e Agronomia**. Brasília: INEP/MEC, p. 304, 2010. (Volume I: Engenharias.)

PARDAL, P. **Brasil, 1972**: Início do Ensino da Engenharia Civil e da Escola de Engenharia da UFRJ. Rio de Janeiro: UFRJ, 1985.

PARDAL, P. **140 anos de doutorado e 75 de livre docência no ensino de Engenharia no Brasil**. Rio de Janeiro: UFRJ, 1986.

TELLES, P. C. S. **História da Engenharia no Brasil**: século XX. 2. ed. Rio de Janeiro: Clavero, 1994a.

TELLES, P. C. S. **História da Engenharia no Brasil**: séculos XVI a XIX. 2. ed. Rio de Janeiro: Clavero, 1994b.

A mobilização empresarial pela inovação (MEI) e a defesa da modernização do ensino de Engenharia

MAURO KERN
GIANNA SAGAZIO
PAULO LOURENÇÃO
SUELY PEREIRA
ZIL MIRANDA
AFONSO LOPES

1 Introdução

As tecnologias que estão conquistando o mercado – como inteligência artificial, *big data*, *machine learning* – prometem acarretar mudanças profundas na economia e na sociedade. Batizada pelos alemães de quarta revolução industrial (ARBIX ET AL., 2017), a nova onda tecnológica não deixa dúvidas quanto ao papel de destaque que cabe à educação nesse processo. Recursos humanos qualificados, flexíveis e inovadores serão cada vez mais necessários nessa corrida tecnológica. E, aqui, compete aos profissionais de Engenharia um papel especial, por sua capacidade de desenvolver soluções para termos um planeta melhor, com maior bem-estar para a humanidade.

Mas como preparar a mão de obra e os empreendedores para liderar esses processos?

A resposta não é simples, pois não há uma receita a seguir. Ao contrário, vemos diversas universidades ao redor do mundo buscando maneiras de se reinventar a fim de atender aos desafios do século XXI, a exemplo do Massachusetts Institute of Technology (MIT).

O Brasil, apenas o 64º colocado no Índice Global de Inovação de 2018 (CORNELL UNIVERSITY, INSEAD; WIPO, 2018), enfrenta uma realidade particularmente dura: grande parcela da indústria nacional se quer migrou para a terceira revolução industrial, e um elevado número de egressos em Engenharia são formados por escolas de níveis insatisfatórios. Desenhado o cenário, a discussão sobre o ensino das engenharias é ainda mais urgente.

Neste capítulo, buscou-se abordar a necessidade de modernização do ensino de Engenharia no país sob o ponto de vista empresarial e das mudanças tecnológicas em curso. Há tempos as entidades nacionais do Sistema Indústria[1] demandam a atualização do ensino de Engenharia oferecido nas escolas brasileiras. Essa bandeira foi assumida pela Mobilização Empresarial pela Inovação (MEI), movimento de grandes empresas no Brasil coordenado pela Confederação Nacional da Indústria (CNI). Em sintonia com essa agenda e com as tendências internacionais, a MEI tem defendido a necessidade de (re)adequação dos currículos às demandas do mercado, que exige crescentemente dos profissionais habilidades como *soft skills*, ainda hoje subvalorizadas em muitas escolas.

Naturalmente, o país conta com inúmeras universidades de alta qualidade, que oferecem excelente formação aos alunos. Mas, mesmo nesses casos, há espaço para melhorias. As Diretrizes Curriculares Nacionais (DCNs) para o Curso de Graduação em Engenharia, recém-homologadas pelo Ministério da Educação, foi um passo importante para estimular um processo de revisão de métodos e conteúdos priorizados. O desafio, como se sabe, será implementar a nova regulamentação.

Na sequência, apresentaremos a MEI e o trabalho que a mobilização tem realizado em parceria com universidades e governo em favor do fortalecimento da área de Engenharia; as mudanças que se avizinham e que demandam atenção; e as janelas de oportunidades que vislumbramos nas novas DCNs para a indução das necessárias mudanças no nosso cenário de ensino.

2 A MEI

A Mobilização Empresarial pela Inovação (MEI) foi criada em 2008 por iniciativa de lideranças da indústria, que perceberam a necessidade, de um lado, de priorizar a inovação como estratégia principal para enfrentar a competição global e, de outro, de trabalhar em parceria com o governo para a construção de um ambiente favorável à atividade inovadora das empresas. A iniciativa foi concebida no âmbito da CNI, responsável pela coordenação técnica do movimento.

Olhando em retrospecto, vemos que a MEI nasceu no bojo de mudanças importantes que o Brasil atravessava desde 2003, com grande ênfase à inovação na agenda

[1] Aqui estão considerados a Confederação Nacional da Indústria (CNI), o Serviço Nacional de Aprendizagem Industrial (SENAI), o Serviço Social da Indústria (SESI DN) e o Instituto Euvaldo Lodi (IEL NC).

pública. Sob esse aspecto, vale lembrar os avanços observados com a aprovação da Lei de Inovação[2] e da Lei do Bem,[3] a Política Industrial, Tecnológica e de Comércio Exterior (Pitce) e o Plano de Ação em Ciência e Tecnologia (Plano CTI). Se o ambiente se tornava mais amigável ao debate, a crise financeira que irrompeu em 2008 foi um segundo fator de peso para impulsionar a organização da MEI, por deixar ainda mais claro a importância da inovação para superar os desafios que estavam impostos.

O manifesto "Inovação: A Construção do Futuro", lançado em 2009, é o marco fundador, que traz os dois pilares do movimento: a mobilização do sistema empresarial e a articulação com o governo, uma vez que se reconhece que o protagonismo empresarial precisa estar combinado com a política governamental. Nessa chave, foram destacadas algumas dimensões que deveriam receber atenção prioritária tanto do governo quanto do setor privado, entre elas a educação. "Aprimorar nosso modelo educacional, para criar uma cultura inovadora e empreendedora" (MEI/CNI, 2009) foi apontado como um objetivo primordial, tendo em vista a baixa qualidade do ensino ofertado, o perfil inadequado dos egressos e as deficiências acumuladas em cursos de engenharias e ciências. Desse prisma, as engenharias foram alçadas ao primeiro plano, em razão do papel preponderante que os profissionais da área desempenham nos processos inovativos.

A agenda de Recursos Humanos para Inovação da MEI teve seu escopo ampliado, mas as engenharias continuam ocupando um espaço estratégico. Como parte das ações de promoção dessa agenda, foi constituído, em 2016, o Grupo de Trabalho (GT) para o Fortalecimento das Engenharias. O GT é coordenado pela Embraer, responsável pela agenda de Recursos Humanos para Inovação da MEI, e conta com representantes do setor empresarial, do governo, da academia e de profissionais da área. Entre seus objetivos, estão debater e propor ações que levem à melhoria da qualidade do ensino de Engenharia no País, à redução da evasão e ao aumento do número de mulheres na engenharia.

Um dos resultados da iniciativa foi a elaboração do documento *Destaque de inovação: recomendações para o fortalecimento e modernização do ensino de engenharia no Brasil* (CNI, 2018b). Nele, foram elencados três eixos prioritários para ação: (i) a modernização da estrutura curricular e das metodologias de ensino; (ii) o aprimoramento do sistema de avaliação de cursos; (iii) e a necessidade de repensar as formas de contratação, capacitação e avaliação/promoção docente.

Em outra frente, o grupo colaborou para a revisão das DCNs de Engenharia, em parceria com a Associação Brasileira de Educação em Engenharia (ABENGE). Antes de nos aprofundarmos nesse tema, a próxima seção retoma aspectos que têm motivado o setor empresarial a defender a modernização das engenharias no país.

[2] Lei nº 10.973, de 2 de dezembro de 2004.

[3] Lei nº 11.196, de 21 de novembro de 2005.

3 Por que discutir a modernização do ensino de Engenharia?

Há mais de uma década, as unidades do Sistema Indústria têm defendido a necessidade de melhoria do ensino de engenharia no país. O programa "Inova Engenharia – Propostas para a modernização da educação em engenharia no Brasil", lançado em 2006, ainda hoje é referência para as discussões que se seguiram. Como o próprio nome sugere, já se manifestava a preocupação em modernizar a educação em Engenharia no Brasil e em favorecer a atualização dos profissionais que atuavam no mercado. Tal esforço seria essencial diante das mudanças tecnológicas então em curso, que tornavam os conhecimentos rapidamente obsoletos. "Sem um contingente expressivo de engenheiros bem formados e capazes de se atualizar constantemente", alertava, "o País não será capaz de fazer frente ao desafio de incorporar tecnologia na velocidade necessária para se tornar competitivo". (IEL; SENAI, 2006). Em outras palavras, a disponibilidade de engenheiros com boa formação era apontada como fator crítico para ampliar a capacidade tecnológica do País.

Outros documentos se seguiram com uma abordagem similar, propondo uma série de recomendações para que o Brasil superasse as defasagens identificadas no ensino superior de Engenharia, a fim de alavancar a capacidade de inovação das empresas. O Quadro 1 traz algumas das propostas apresentadas.

Quadro 1 Documentos elaborados pelo Sistema Indústria como subsídio ao debate sobre engenharias

Publicações	Exemplos de recomendações
Mercado de trabalho para o engenheiro e tecnólogo no Brasil (2007)	• Melhorar as *soft skills*. • Dar maior atenção às necessidades do mercado. • Aumentar o quadro de docentes com experiência em empresas. • Diversificar currículos (gestão, responsabilidade ambiental, regulamentação etc.). • Oferecer mais programas de intercâmbio e parceria com empresa.
Engenharia para o desenvolvimento (2010)	• Reestruturar os cursos de engenharia, consolidando a educação tradicional e complementando-a com uma estrutura curricular que amplie a competência do profissional para agir e sua visão dos desafios sociais e de sua responsabilidade.
Recursos humanos para inovação: engenheiros e tecnólogos (2014)	• Introduzir, desde o início do curso, disciplinas que explorem conhecimentos práticos da Engenharia e intensifiquem o trabalho em laboratórios com resolução de problemas. • Intensificar os estágios profissionais e a formação acadêmica em cooperação com empresas, bem como estimular a criação de novos cursos de mestrado profissionalizante em Engenharia. • Ampliar o número de bolsas para alunos e priorizar iniciativas que integrem o conhecimento acadêmico com os problemas concretos da Engenharia no setor industrial. • Inserir novas disciplinas que desenvolvam a criatividade, a inovação e o empreendedorismo nos currículos. • Estimular que os trabalhos de conclusão dos cursos de mestrado e doutorado nas Engenharias sejam em colaboração com empresas.
Fortalecimento das engenharias (2015)	• Internacionalizar as escolas de engenharia. • Ampliar o número de estudantes em programas de pós-graduação em STEM. • Contratar professores com experiência acadêmica e profissional. • Estimular a cooperação entre universidades e mercado industrial. • Incentivar a atualização dos cursos de Engenharia.

Fonte: Elaborado pelos autores a partir de CNI (2007, 2014, 2015) e Senai (2010).

Grande parte das demandas aqui listadas continua válida. Até porque sabemos que várias delas exigem tempo para dar resultado e outras porque devem ser ações permanentes, uma vez que o conhecimento está sempre avançando e exigindo que os modelos de ensino sejam constantemente repensados para acompanhar as mudanças.

Todavia, o contexto distinto exige respostas mais rápidas para essas questões. O que queremos dizer?

Até recentemente, podíamos considerar que as tecnologias evoluíam de forma gradual – em décadas, o que permitia um tempo maior de resposta. Mas agora estamos transitando para uma era onde as mudanças ocorrem em um ritmo mais acelerado – em questão de anos (GATES, 2019). Daí decorre a emergência de uma nova indústria, chamada por muitos de Indústria 4.0, conforme denominada pelos alemães.

Na base das transformações, estão a digitalização e uso intensivo da internet, a integração de materiais avançados e tecnologias de informação, a automação e o surgimento de sensores de alto desempenho. As tecnologias digitais, como fica claro, ocupam um lugar de destaque. Com efeito, os avanços obtidos com as Tecnologias de Informação e Comunicação (TICs) abriram caminho para o desenvolvimento de diversas outras tecnologias, como inteligência artificial, *big data*, robótica, impressão em 3D, que, por sua vez, permitiram o surgimento dos sistemas inteligentes em casas, indústrias, no campo, nas cidades. Dada a extensão das aplicações, as novas tecnologias terão impactos profundos na forma como as sociedades se comunicam, consomem, produzem – ou seja, no modo como vivemos.

E o que isso significa ou está relacionado com a formação em Engenharia? O ponto central é que um dos maiores desafios para ser competitivo nesse novo ambiente está associado à capacitação de recursos humanos. Por mais que as máquinas sejam inteligentes, são pessoas que concebem e projetam o produto, que determinam as regras e parâmetros da produção, que definem as instruções para os sistemas computacionais, que propõem planos de produção adequados e otimizados (GOMES, 2016). Ou seja, a disponibilidade de capital humano bem preparado constitui um fator-chave, com destaque para os profissionais de Engenharia.

Em *The Future of Jobs: employment, skills and workforce strategy for the fourth industrial revolution* (WEF, 2016), o Fórum Econômico Mundial reforça a necessidade de valorizarmos a mão de obra ao discutir as implicações das mudanças em curso para o mercado de trabalho. O documento realça duas tendências: de um lado, a extinção de postos de ocupações que demandam ações mais repetitivas, mais facilmente substituíveis por máquinas e robôs; de outro, o surgimento de novas ocupações para lidar com as tecnologias disruptivas e os serviços emergentes. Neste caso, as estimativas apontaram que 65 % das crianças ingressantes nas escolas em 2016 provavelmente viriam a trabalhar em atividades ou profissões ainda inexistentes.

A única forma de evitar o desemprego em massa ou a perda de espaço no mercado, destaca o mesmo documento, seria preparando as pessoas para atuar nesse novo cenário. Para tanto, seria preciso uma iniciativa conjunta entre o governo e o setor empresarial:

> Se não houver uma ação direcionada, hoje, para gerenciar a transição de curto prazo e formar uma força de trabalho com as habilidades do futuro, os governos terão que lidar com o crescente desemprego e desigualdade, e as empresas, com uma base de consumidores cada vez menor (WEF, 2016: 10-11, tradução livre dos autores)

Ou seja, o alinhamento entre governo e empresas acerca das demandas necessárias para fazer frente aos desafios futuros é um aspecto indispensável para acompanhar as mudanças.

Nessa linha, o Grupo de Trabalho da MEI fez duas sondagens junto às empresas do movimento no que concerne a suas demandas para as engenharias. Na primeira delas, foi realizada uma reunião na qual cinco empresas de diferentes setores comentaram as principais habilidades demandadas dos engenheiros. Em todos os casos, foi enfatizada a importância do domínio de *soft skills*, tais como capacidade de trabalhar em grupo, comunicar-se com clareza, ser criativo, liderar projetos, demonstrar flexibilidade e disposição para aprendizagem contínua.

Em uma segunda rodada, já partindo do princípio de que o domínio de *soft skills* é um pré-requisito para todos, perguntou-se quais seriam as competências técnicas mais frequentemente requeridas dos profissionais de Engenharia. Participaram da enquete 20 empresas da MEI, todas de grande porte, pertencentes a diversos setores (alimentos, automotivo, aeroespacial, farmacêutico, eletro-metal-mecânico, máquinas e equipamentos, químico, cosméticos) e com diferentes origens de capital (nacional, estrangeiro e misto). O resultado é apresentado no Gráfico 1.

Gráfico 1 Principais competências técnicas que os profissionais das áreas de Engenharia devem possuir (considerando *soft skills* como pré-requisito)

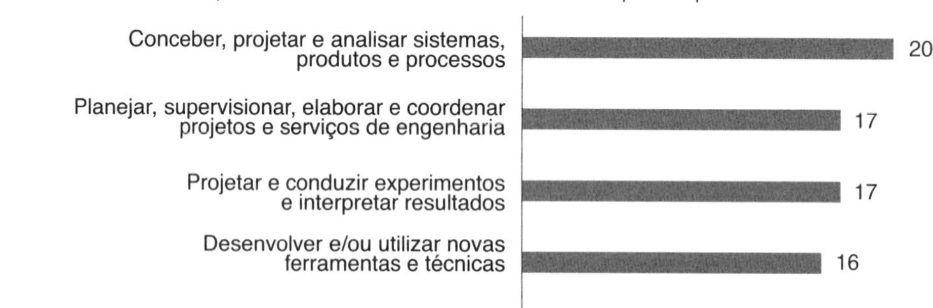

Fonte: Consulta realizada a 20 empresas do setor industrial, no âmbito da agenda de Recursos Humanos da MEI (CNI, 2017).

Como é possível observar, foram priorizadas as competências associadas ao planejamento, à concepção e ao desenvolvimento de projetos. O resultado certamente não é muito diferente do observado em outros levantamentos. O que muda é que essas competências, já importantes anteriormente, tornam-se ainda mais relevantes no cenário atual. As empresas insistem que as universidades poderiam explorar mais esses conhecimentos, a fim de que os engenheiros chegassem mais bem preparados para atuar em projetos.

Isso é chave do ponto de vista da inovação. Além do ímpeto empreendedor, é preciso dedicar atenção ao planejamento e à execução das atividades, para evitar problemas que possam inviabilizar o alcance dos resultados esperados. Uma formação que dê oportunidade aos alunos, desde os primeiros anos da graduação, de ser desafiado a encontrar soluções para problemas reais – que sejam viáveis em termos técnicos, econômicos e também ambientais – constitui um desafio real para muitas instituições. Muitas se questionam não apenas qual engenheiro devem formar, mas também como melhor prepará-los para esse futuro incerto.

As tendências sugerem que um ensino de vanguarda nas engenharias se traduz cada vez mais em currículos abertos e balizados pelas necessidades sociais. Nesses programas, a ênfase é dada às preferências estudantis, ao aprendizado multidisciplinar e às experiências no mundo real. O foco principal consiste na busca do aprendizado centrado na experiência do aluno, onde ele tenha a oportunidade de participar de projetos integrados, multidisciplinares que combine teoria e prática, mundo acadêmico e profissional.

Essas tendências são discutidas no relatório *The global state of the art in engineering education*, encomendado pelo MIT, em 2018. Uma das principais conclusões aponta que, entre as características comuns às instituições líderes (sejam elas tradicionais ou emergentes), estão boas práticas de ensino, que, em geral, incluem "*user-centered design, technology-driven entrepreneurship, active project-based learning and a focus on rigor in the engineering 'fundamentals'*" (GRAHAM, 2018).

A consultoria Ernst & Young e a Federação das Câmaras de Comércio e Indústria da Índia (FICCI, na sigla em inglês), em sua publicação *University of the Future: bringing education 4.0 to life* (EY/FICCI, 2018, p. 9), vão um pouco além em sua leitura e avaliam que, na esteira da Indústria 4.0, estaríamos também diante de uma Educação 4.0, assim definida:

> Educação 4.0 é um fenômeno que redefine o cenário educacional, colocando o aluno no centro do ecossistema e mudando o foco do ensino para o aprendizado. Os alunos agora estão dispostos a questionar como recebem sua educação, as fontes de aprendizado e como avaliam seu progresso, em vez de apenas se adequar ao sistema existente de credenciamento, carga horária e avaliação padrão (tradução livre dos autores).

Essa mudança de enfoque, que confere maior empoderamento aos estudantes, é necessária para que os jovens assegurem seu espaço no mercado de trabalho. Conforme apontado no mesmo texto (EY/FICCI, 2018, p. 6):

> Com a indústria em rápido processo de mudança, há uma necessidade maior de que a academia seja capaz de articular os resultados de aprendizagem dos alunos às demandas do setor industrial. Os alunos de hoje precisam ser munidos de habilidades empregatícias que sejam aplicáveis a uma ampla gama de oportunidades e que os auxiliem a resolver problemas em ambientes dinâmicos da indústria (tradução livre dos autores).

Em resumo, na era de profundas transformações que o mundo atravessa, o modelo de educação não ficará imune às mudanças. É importante proporcionar condições para que os jovens saiam dos cursos mais bem preparados para empreender por conta própria, para empreender no interior das empresas, para competir com as máquinas cada vez mais inteligentes que conquistam os mercados. Universidades ao redor do mundo, mesmo aquelas com elevado padrão internacional, como o MIT, estão em busca de modelos educacionais com maior potencial de desenvolver o talento, as competências e as habilidades dos alunos.[4] Conforme descrito por Graham (2018), de modo geral, as diferentes estratégias têm buscado incluir:

- currículos flexíveis e centrados no aluno;
- ênfase em projetos socialmente relevantes (desafios da sociedade e do mercado);
- colaboração universidade-empresa;
- programas multidisciplinares (aprendizado aplicado e contextualizado);
- aprendizado fora da sala de aula;
- combinação de atividades em sala de aula e a distância;
- cursos de curta duração (aprendizagem contínua).

Como veremos a seguir, esse pano de fundo foi considerado na elaboração das novas DCNs.

4 A proposta de novas DCNs

As novas Diretrizes Curriculares Nacionais para o curso de graduação em Engenharia foram homologas em 22 de abril de 2019, como resultado de um esforço coletivo que reuniu o governo, a academia – aqui considerada também a Abenge – e empresas, por meio do GT da MEI/CNI. Esse processo conjunto de construção já foi por si só um saldo importante, pois aproximou o setor empresarial do setor acadêmico, em uma interlocução valiosa para definir com mais assertividade trajetórias educacionais.

Embora as DCNs anteriores compartilhassem princípios que norteiam o documento atual, alguns pontos merecem ser realçados, ou por serem novidade ou por assumirem uma importância distinta na nova versão. São eles:

---

[4] O MIT lançou o programa *New Engineering Education Transformation* (NEET), em 2017, com a proposta de oferecer uma aprendizagem mais integrada, centrada em projetos multidisciplinares, e capaz de desenvolver nos alunos as habilidades e conhecimentos para enfrentar os desafios do século XXI.

- ênfase nas competências esperadas dos egressos;
- destaque para o Projeto Pedagógico de Curso (PPC) e a gestão do processo de aprendizagem;
- incentivo à adoção de metodologias ativas de aprendizagem, com exposição dos alunos à aplicação do conhecimento;
- estímulo à elaboração de políticas de acolhimento aos alunos;
- valorização da atividade docente;
- flexibilidade para as instituições inovarem na implementação de seu projeto de ensino.

Além disso, diferentemente das diretrizes aprovadas em 2002, o novo texto explicitou, no Capítulo III – Da organização do curso de graduação em engenharia, a necessidade de maior aproximação dos cursos de Engenharia com as empresas, ao estabelecer:

> Art. 6º
>
> § 2 Deve-se estimular as atividades que articulem simultaneamente a teoria, a prática e o contexto de aplicação, necessárias para o desenvolvimento das competências, estabelecidas no perfil do egresso, incluindo as ações de extensão e a **integração empresa-escola** (BRASIL, 2019:39, *grifo nosso*).

Essa menção é importante, pois reconhece que o fortalecimento do relacionamento entre a universidade e a sociedade – e, em especial, com as empresas – é fundamental para a formação mais contextualizada dos alunos. Ao trabalhar com problemas concretos e propor soluções, os diferentes conteúdos e conhecimentos passam a ter mais sentido para os alunos, facilitando a mediação entre teoria e prática e tornando mais rápido o aprendizado. Além disso, essa aproximação pode beneficiar ambos os lados em termos de atualização de tecnologias e conhecimento.

Logo, somando todos estes aspectos, entende-se que as novas DCNs podem induzir um movimento de modernização dos currículos de Engenharia, com maior incentivo ao desenvolvimento da cultura *maker* nas universidades, da oferta de cursos mais atrativos aos alunos e alinhados às necessidades da sociedade e do mercado, contribuindo, consequentemente, para a redução das taxas de evasão.

5 Considerações finais

Neste texto, buscou-se demonstrar que a discussão sobre o ensino de Engenharia há mais de uma década é problematizada pela CNI, e, por sua relevância, foi incorporada à agenda da MEI desde sua criação, em 2008. Isso porque, para aumentar a capacidade tecnológica das empresas, elevar a produtividade, gerar empregos de maior qualidade e melhores salários, é fundamental investir em educação de forma ampla, e nas engenharias, em particular. Afinal, a engenharia tem um papel crucial no desenvolvimento científico e tecnológico e na construção de um mundo melhor.

Os trabalhos produzidos pela CNI têm insistido na necessidade de que nossas escolas revejam seus currículos e metodologias de ensino, de forma a melhor preparar os egressos para atuar no mercado. Segundo as empresas, seria importante assegurar uma formação que combine *soft skills* e *hard skills*, com forte abordagem *hands-on.*

Muitas universidades ao redor do mundo já estão passando por processos de transformação, a fim de atender aos desafios impostos pelas novas tecnologias e, também, aos desafios sociais e ambientais do século XXI (como envelhecimento da população e aquecimento global). Conforme os estudos sugerem, os planos pedagógicos tendem crescentemente a dar mais protagonismo aos alunos e ao desenvolvimento de projetos integrados ou multidisciplinares. Busca-se oferecer aos alunos a oportunidade de trabalhar na resolução de problemas dos mais simples aos mais complexos.

Essas tendências guiaram o debate em torno da revisão das DCNs de Engenharia, que contou com a participação ativa do Grupo de Trabalho para o Fortalecimento das Engenharias da MEI. O texto aprovado apresenta alguns avanços importantes em relação ao anterior e espera-se que estimule a intensificação de atividades que combinem teoria e prática, incentive a cooperação entre as universidades e o setor industrial, desenvolva nos alunos a noção do aprendizado como um processo contínuo, em síntese, que assegure uma formação mais contextualizada e capaz de preparar os jovens para buscar soluções para os problemas do mundo real.

BIBLIOGRAFIA

ARBIX, Glauco et al. O Brasil e a nova onda de manufatura avançada: o que aprender com Alemanha, China e Estados Unidos. **Novos estudos CEBRAP**, v. 36, n. 3, 2017. Disponível em: <http://www.scielo.br/scielo.php?script=sci_abstract&pid=S0101- 33002017000300029&lng=pt&nrm=iso&tlng=pt>. Acesso em: 1 jun. 2019.

BRASIL. Conselho Nacional de Educação. Resolução CNE/CES nº 2, de 24 de abril de 2019. Diretrizes Curriculares Nacionais do Curso de Graduação em Engenharia. **Diário Oficial [da] República Federativa do Brasil**, Brasília, DF, Seção I, p. 43, 26 abr. 2019. Disponível em: <http://www.in.gov.br/web/dou/-/resolu%C3%87%C3%83o-n%C2%BA-2-de-24-de-abril-de-2019-85344528>. Acesso em: 2 jun. 2019.

CONFEDERAÇÃO NACIONAL DA INDÚSTRIA. **A MEI e o desafio da inovação no Brasil**: um balanço de dez anos de avanço. Brasília: CNI, 2018a.

________. **Destaque de inovação**: recomendações para o fortalecimento e modernização do ensino de Engenharia no Brasil. Brasília: CNI, 2018b.

________. **Fortalecimento das engenharias**. Brasília: CNI, 2015.

________. **Mercado de trabalho para o engenheiro e tecnólogo no Brasil**. Brasília, CNI, 2007.

________. **Recursos humanos para inovação**: engenheiros e tecnólogos. Brasília: CNI, 2014.

DUTTA, Soumitra; LANVIN, Bruno; WUNSCH-VINCENT, Sacha (ed.). **Global Innovation Index 2018** – Energizing the World with Innovation. 11. ed. Ithaca, Fontainebleau, Geneva: Cornell University/INSEAD/WIPO, 2018.

ERNST & YOUNG; FICCI. **University of the future**: bringing education 4.0 to life. India: EY/FICCI, 2018.

FORMIGA, Manuel M. M. (org.). **Engenharia para o desenvolvimento**: inovação, sustentabilidade, responsabilidade social como novos paradigmas. Brasília: Senai/DN, 2010.

GATES, Bill. 10 technologies that will make headlines in 2019. **MIT Technology Review**, march/april, 2019.

GOMES, Jefferson. **Manufatura avançada ou industrie 4.0 (Alemanha) ou smart manufacturing (EUA)**. Apresentação no Senai Cimatec, 2016.

GRAHAM, Ruth. **The global state of the art in engineering education**. Cambridge, MA: MIT, 2018.

INSTITUTO EUVALDO LODI; **Inova Engenharia** – Propostas para a modernização da educação em engenharia no Brasil. Brasília: IEL. NC/Senai.DN, 2006.

MOBILIZAÇÃO EMPRESARIAL PELA INOVAÇÃO; CONFEDERAÇÃO NACIONAL DA INDÚSTRIA. **Inovação**: a construção do futuro. Brasília: MEI/CNI, 2009. Disponível em: <https://criatividadeaplicada.com/wp-content/uploads/2009/08/Manifesto_MEI.pdf>. Acesso em: 1 jun. 2019.

WORLD ECONOMIC FORUM. **The future of jobs**: employment, skills and workforce strategy for the fourth industrial revolution. Cologny/Geneva Switzerland: WEF, 2016. Disponível em: <http://www3.weforum.org/docs/WEF_Future_of_Jobs.pdf>. Acesso em: 2 jun. 2019.

Aspectos relevantes em cursos considerados de ponta no exterior e as novas DCNs

MESSIAS BORGES SILVA
MARCO ANTONIO CARVALHO PEREIRA
EDUARDO FERRO DOS SANTOS
FABRICIO MACIEL GOMES

1 Introdução

Neste capítulo, será feita uma abordagem do ensino, principalmente relacionando-se aspectos da Aprendizagem Baseada em Problemas, Projetos PBL (*Problem-Based Learning* e *Project-Based Learning*) e Aprendizagem Ativa (*Active Learning*) de uma maneira geral, com base na experiência de professores da Escola de Engenharia de Lorena da Universidade de São Paulo (EEL-USP) e Faculdade de Engenharia do campus de Guaratinguetá da Universidade Estadual Paulista "Júlio de Mesquita Filho" (FEG-Unesp). Esta experiência resultou de uma série de prospecções feitas por esses professores em universidades de ponta como Harvard University, Massachusetts Institute of Technology (MIT), Olin College, Northeastern University, Stanford University, California Polytechnic University (Cal Poly), San Jose University, Minerva University, 42 University, nos Estados Unidos, e Aalborg University, Maastricht University e University of Twente na Europa (Dinamarca e Holanda).

Direcionadas pela Associação Brasileira de Educação em Engenharia (ABENGE), as discussões sobre a necessidade de melhoria da qualidade do ensino, da pesquisa e da extensão em busca de um padrão classe mundial são muito oportunas, no

Brasil, e tem norteado a condução de debates nacionais e em importantes universidades de pesquisa com liderança internacional, como é o caso da Unesp-Guaratinguetá e USP-Lorena, cujas experiências serão aqui compartilhadas.

2 As instituições visitadas

2.1 Harvard University

A abordagem aqui se relaciona com as atividades lideradas e executadas na School of Engineering and Applied Sciences (SEAS) pelo professor Eric Mazur, criador do método *Peer Instruction*, e sua relação com as DCNs. Neste contexto, as atividades podem ser encontradas em DCNs I-a; II-a; II-b / II-c / II-d; III-a; VI-a / VI-d. Mais detalhes sobre a abordagem de Eric Mazur podem ser obtidos em Araújo e Mazur (2013).

Peer Instruction é um método de ensino de aprendizagem ativa desenvolvido em 1991. Pode ser traduzido como “instrução entre pares” ou “instrução pelos colegas”, e consiste em uma forma de ensino baseada no estudo prévio do conteúdo (*Flipped Classroom*) disponibilizado pelo professor. No caso do professor Mazur, em uma plataforma gratuita denominada Perusall (https://perusall.com/) e apresentação de questões conceituais, em sala de aula, para que os alunos discutam entre si e solucionem os problemas dentro de uma plataforma conhecida por *Learning Catalytics*.

O objetivo do *Peer Instruction* consiste em promover, por meio da interação entre os estudantes, a aprendizagem dos conceitos fundamentais dos conteúdos em estudo nas disciplinas.

Esse método focaliza a atenção nos conceitos subjacentes sem sacrificar a habilidade dos estudantes em resolver problemas (MAZUR, 1997; CROUCH, 1998).

Em vez de usar o tempo em sala de aula para explicar detalhadamente as informações presentes nos livros-texto, nesse método, o professor estrutura as suas aulas a partir de pequenas séries de apresentações orais, com foco nos conceitos principais a serem trabalhados, seguidas pelas apresentações de questões conceituais para os alunos responderem primeiro individualmente e, depois, discutirem com os colegas.

Para Mazur (1997), “este processo (i) força o aluno a pensar e desenvolver seus argumentos, e (ii) proporciona-lhes (“como professores”) uma nova forma de avaliarem se estão compreendendo o conceito”. Em seu livro *Peer Instruction: A User's Manual*, o autor ainda sugere um formato geral a ser seguido para as questões conceituais:

- Professor propõe a questão (1 minuto).
- Tempo para o aluno pensar (1 minuto).
- Alunos votam em uma resposta individualmente.
- Alunos convencem seus colegas sobre respostas (1-2 minutos).
- Alunos votam em uma nova resposta após discussão.

- *Feedback* para professor: registro das respostas.
- Explicação da resposta correta.

Segundo Araujo e Mazur (2013),

> mais recentemente, sistemas de resposta envolvendo quaisquer dispositivos com acesso a internet, tais como *notebooks*, *smartphones* e *tablets*, vêm se mostrando uma alternativa promissora, tanto por se valerem de aparelhos que os próprios estudantes já possuam, quanto por viabilizar o envio de respostas para questões abertas.

Um exemplo desses novos sistemas de resposta envolvendo um dispositivo com acesso à internet é o aplicativo *Learning Catalytics* (https://www.pearson.com/us/higher-education/products-services-teaching/learning-engagement-tools/learning-catalytics.html), que permite aos alunos, em um teste conceitual sobre ótica, traçarem em seus aparelhos a orientação de um raio de luz incidente em uma combinação de dois espelhos planos perpendiculares. O aluno visualiza o enunciado da questão no *smartphone* e pode traçar com os dedos o vetor em azul (sua resposta), que, automaticamente, é visualizada pelo professor na tela de seu computador – o professor ainda pode visualizar a distribuição de todas as respostas enviadas. O aplicativo realiza a correção automaticamente, informando o percentual de acertos ao professor.

Uma melhor visualização desse método na prática pode ser encontrada em <https://www.youtube.com/watch?v=–I6J59V1i0>, que é a descrição da disciplina *Applied Physics 50* ministrada pelo professor Mazur em Harvard, usando o método *Peer Instruction*. O ambiente, espaço de aprendizagem ou sala de aula utilizada pelo professor Mazur é bem flexível, projetado por ele mesmo, conforme pode ser visto na Figura 1.

Figura 1 Sala de aula do professor Mazur

Durante as aulas, os alunos utilizam um sistema de votação para escolha da resposta das questões conceituais apresentadas. Independentemente do dispositivo escolhido para fazer a votação, a partir do mapeamento das respostas o professor, sem indicar a correta, escolhe entre as opções abaixo de acordo com o percentual de acerto na resposta correta, conforme sugerido por Araujo e Mazur (2013):

- Votação superior a 70 % na resposta correta: explicar a questão, reiniciar o processo de explanação e apresentar uma nova questão conceitual sobre um novo tópico.
- Votação entre 30 % e 70 % na resposta correta: agrupar alunos em pequenos grupos (no máximo cinco pessoas), preferencialmente que tenham escolhido respostas diferentes, solicitando que tentem convencer uns aos outros usando as justificativas pensadas ao responderem individualmente. Abrir novamente o processo de votação e explicar a questão. O professor, se achar pertinente, pode apresentar novas questões sobre o mesmo tópico, ou passar diretamente para a exposição do próximo tópico, reiniciando o processo.
- Votação inferior a 30 % na resposta correta: explicar novamente o conceito para esclarecê-lo e apresentar outra questão conceitual ao final da explanação, recomeçando o processo.

A Figura 2 ilustra o processo de aplicação do método descrito, no qual a parte destacada em sombreado representa a essência do *Peer Instruction.*

Figura 2 Diagrama do processo de aplicação da *Peer Instruction*

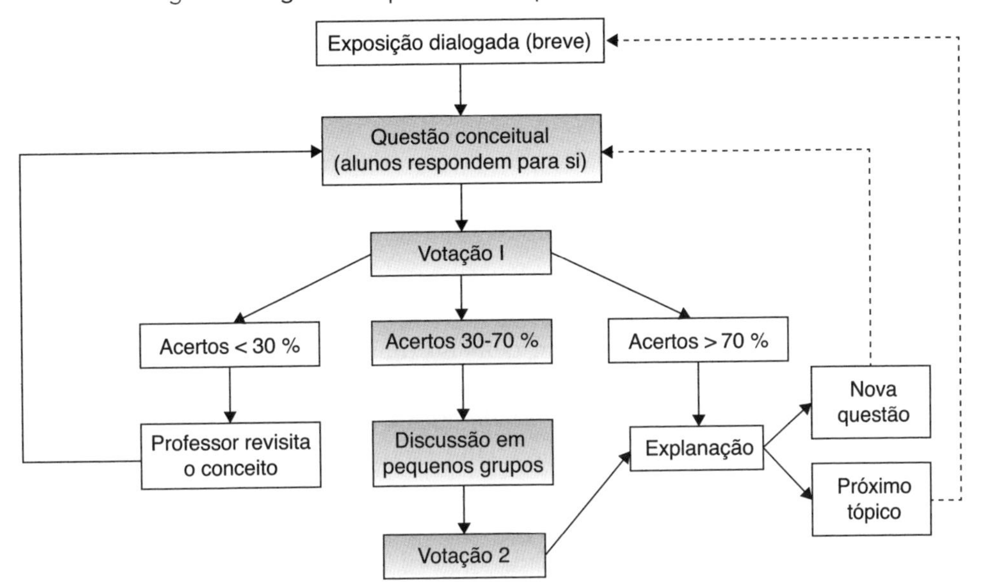

Fonte: Araujo e Mazur (2013).

Para constatar a efetividade da metodologia de ensino baseada no *Peer Instruction*, inúmeros trabalhos (MAZUR, 1997; HAKE, 1998; CROUCH; MAZUR, 2001; FAGEN; CROUCH; MAZUR, 2002; FAGEN, 2003) demonstram a melhoria na aprendizagem conceitual dos estudantes e no desenvolvimento de suas habilidades de comunicação, argumentação e de trabalho colaborativo (DCN VI-a / VI-d).

2.2 Massachusetts Institute of Technology (MIT) e a Iniciativa CDIO (*Conceive – Design – Implement – Operate*)

Fundado em 1865, o Massachusetts Institute of Technology (MIT) é uma conceituada e tradicional instituição de ensino superior dos Estados Unidos, voltada para a promoção do conhecimento e a educação dos estudantes em ciência, tecnologia e outras áreas de conhecimento que melhor sirvam aos Estados Unidos e ao mundo no século XXI.

Após a Segunda Guerra Mundial, foi detectada uma lacuna crescente entre a educação em Engenharia e as exigências reais dos engenheiros, à medida que, à época, a educação em Engenharia enfatizava a ciência da Engenharia em detrimento de sua prática. Neste sentido, no final do século XX, o MIT se tornou o primeiro a adotar um novo modelo de educação em Engenharia, com ênfase nos fundamentos e na prática da Engenharia em um contexto muito próximo da vida profissional de um futuro engenheiro. Nasceu o CDIO (*Conceiving – Designing – Implementing – Operating*), uma iniciativa de colaboração entre diversas universidades ao redor do mundo, buscando educar estudantes para conceber, projetar, implementar e operar produtos, processos e sistemas complexos em um moderno ambiente de trabalho em equipe.

No momento da elaboração deste livro, em 2019, no Brasil, apenas três universidades são oficialmente consideradas CDIO *universities*: Unesp-Guaratinguetá (a única representante das universidades públicas), o Centro Universitário Salesiano de São Paulo (Unisal) e o Centro Universitário Toledo (Unitoledo), em Araçatuba, São Paulo. Uma quarta universidade, a USP-Lorena, já teve seu projeto analisado e aprovado pelo comitê regional do CDIO, aguardando apenas a inserção de um documento para finalização do processo.

Implantada inicialmente no ano de 2000, no MIT e em três universidades da Suécia (Royal Institute of Technology, Chalmers Institute of Technology e Linköping University), a iniciativa tem como foco muito bem definido uma série de resultados de aprendizagem relacionados com o desenvolvimento técnico e pessoal do futuro engenheiro. Desde então, várias outras universidades aderiram a esta iniciativa e, atualmente, mais de 160 universidades adotam o modelo CDIO ao redor do mundo.

A primeira etapa (Conceber) tem como objetivo o desenvolvimento dos planos conceituais, técnicos e de negócios a partir de necessidades dos clientes. A segunda etapa (Projetar) concentra-se na elaboração detalhada do projeto, em planos de ação, desenhos e algoritmos que descrevam o que será implementado. Na terceira etapa (Implementar), o projeto é transformado em um produto ou sistema tangível. Por fim, a última etapa (Operar) destina-se à operação real, durante o ciclo de vida útil, do produto ou sistema implementado.

A característica essencial da iniciativa CDIO é criar experiências de aprendizagem que tenham impacto duplo, promovendo um aprendizado profundo de conceitos técnicos e um conjunto de habilidades práticas.

O CDIO *Syllabus* constitui um dos pilares da iniciativa CDIO e estabelece as competências que um aluno de Engenharia deve obter ao longo de seu curso de graduação; consiste em uma detalhada lista de conhecimentos, habilidades e atitudes relacionadas com as práticas habituais do exercício da Engenharia. Esta lista é periodicamente revisada por especialistas de diversas áreas ligadas à Engenharia, tais como representantes da indústria, professores, pesquisadores, ex-alunos, dentre outros, com o objetivo de satisfazer todas essas instâncias na formação de um futuro engenheiro.

O CDIO *Syllabus* está estruturado em quatro categorias de resultados de aprendizagem:

1) Conhecimento científico e raciocínio lógico.
2) Habilidades pessoais e profissionais.
3) Habilidades interpessoais: comunicação e trabalho em equipe.
4) Conceber, projetar, implementar e operar sistemas em um contexto empresarial, social e ambiental.

O conteúdo do CDIO *Syllabus* é orientado no sentido de que os engenheiros pratiquem a engenharia, ou seja, que estejam aptos para trabalhar com o desenvolvimento de produtos, processos e sistemas, em um ambiente que privilegie o trabalho em equipe.

Os resultados de aprendizagem têm como base fundamental o conhecimento técnico das disciplinas (Categoria 1), mas vão além disso, pois as demais categorias do CDIO *Syllabus* especificam resultados de aprendizagem pessoal, interpessoal e de construção de processos, produtos e sistemas. Os resultados de aprendizagem pessoal (Categoria 2) estão focados no desenvolvimento cognitivo e afetivo de cada aluno, tais como o raciocínio e a resolução de problemas de engenharia, a experimentação e a descoberta do conhecimento, o pensamento sistêmico, criativo e crítico e a ética profissional, dentre outros. As quatro categorias de primeiro nível se desdobram em 19 competências e habilidades no segundo nível, que permitem uma melhor compreensão do que se espera de um profissional de Engenharia.

Por sua vez, este segundo nível, se desdobra em mais dois níveis, terceiro e quarto, nos quais são apresentados, de forma detalhada e bem específica, quais são as competências e habilidades que um engenheiro deve possuir ao final de seu curso de graduação. O primeiro nível de detalhe do *Syllabus* está representado na Figura 3.

O Quadro 1 mostra o desdobramento do primeiro nível do CDIO *Syllabus* em 19 competências e habilidades do segundo nível do CDIO. Neste mesmo quadro, quando foi possível, está registrada a relação entre elas e as novas DCNs da Engenharia no Brasil (BRASIL, 2019).

Figura 3 Nível 1 de detalhe do CDIO *Syllabus*

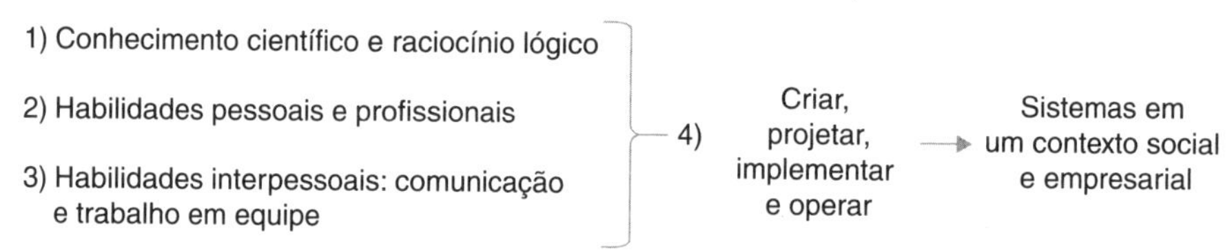

Quadro 1 Desdobramento do primeiro nível do CDIO *Syllabus*

Primeiro nível	Segundo nível
1) Conhecimento científico e raciocínio lógico	1.1 Conhecimento fundamental de matemática e de ciências (DCN II-a). 1.2 Conhecimento fundamental de engenharia (DCN I-a). 1.3 Conhecimento avançado de métodos e ferramentas de engenharia (DCN II-b / II-c / II-d).
2) Habilidades pessoais e profissionais	2.1 Resolução de problemas e raciocínio analítico (DCN II-a). 2.2 Experimentação, investigação e descoberta do conhecimento (DCN II-c). 2.3 Pensamento sistêmico (DCN III-c). 2.4 Atitudes, pensamento e aprendizado (DCN VIII-b). 2.5 Ética, igualdade e outras responsabilidades (DCN VII-a / VII-b).
3) Habilidades interpessoais: comunicação e trabalho em equipe	3.1 Trabalho em equipe (DCN VI-a / VI-d). 3.2 Comunicação (DCN V-a). 3.3 Fluência em línguas estrangeiras.
4) Conceber, projetar, implementar e operar sistemas em um contexto empresarial, social e ambiental	4.1 Contexto social e ambiental em esfera global (DCN I-a / IV-c / VI-d). 4.2 Contexto empresarial e organizacional. 4.3 Concepção e gestão de sistemas (DCN III-a / VI-a / VI-b). 4.4 Projetar (DCN III-a / IV-d). 4.5 Implementar. 4.6 Operar. 4.7 Liderar empreendimentos de engenharia (DCN VI-c / VI-e). 4.8 Empreendedorismo (DCN VI-c / VI-e).

Também no MIT outras ações em busca da melhoria do ensino vêm sendo lideradas pelos professores Peter Dourmashkin e John Belcher, que, desde o final dos anos 1990, vêm promovendo inovações educacionais no ensino da Física para calouros, especificamente por meio de um método chamado engajamento interativo, proporcionando maiores ganhos de aprendizagem do que o formato de aula tradicional. Essas inovações vêm sendo divulgadas com o nome *Technology Enabled Active Learning* (TEAL), que levou, entre outros ganhos para os alunos, ao projeto de construção de uma sala de aula de TEAL-*room*, que custou ao MIT cinco milhões de dólares. Mais detalhes podem ser vistos em <http://groups.csail.mit.edu/mac/projects/icampus/projects/teal.html>, com uma visão panorâmica do TEAL-*room*.

Um detalhe importante é que, apesar de os calouros do MIT terem boas habilidades de Matemática, em muitos momentos mostravam dificuldade para compreender os conceitos do primeiro ano de Física. As aulas tradicionais, embora excelentes para muitos propósitos, não levam os alunos ao aprendizado por causa de sua natureza passiva.

Na linha de Peter Dourmashkin e John Belcher (MIT) e das DCNs I-a; II-a; II-b / II-c / II-d; III-a; VI-a / VI-d; VIII-b, os objetivos do aprendizado educacional devem:

- evoluir da leitura passiva para o aprendizado ativo;
- desenvolver capacidade de comunicação nas ciências fundamentais;
- desenvolver o aprendizado em sistema de cooperação;
- encorajar estudantes de graduação a ensinar;
- desenvolver novos recursos de ensino e aprendizagem baseados nos padrões das pesquisas científicas.

Nesse contexto, é preciso repensar as funções do ensino. O professor não deve simplesmente repassar em aula o material didático, mas concentrar-se no aprendizado do estudante, medindo os resultados do aprendizado, motivando e instilando a paixão pelo aprendizado nos estudantes. Dessa forma, o professor não apenas repassa o conteúdo didático, mas se assegura de que os estudantes o aprenderam. Como colaterais, os monitores e assistentes de ensino da pós-graduação também devem aprender a ensinar, encorajando-os nas atividades de ensino, e os estudantes passam a ser seus próprios instrutores (instrução pelos seus pares: *Peer Instruction*).

2.3 Olin College of Engineering

O Olin College é uma instituição privada com foco em metodologias ativas de ensino e aprendizagem, com maior ênfase em aprendizagem baseada em projetos. É importante conhecer o processo histórico de concepção do Olin College para entender seu foco na inovação da educação superior. Foi fundado em 1997 e, nos primeiros quatro anos, as suas instalações foram construídas em Needham, nas adjacências do Babson College. Os primeiros professores ingressaram em setembro de 2000. A primeira turma, com 75 alunos, ingressou em agosto de 2002 e formou-se em maio de 2006.

O Olin College surgiu como uma resposta aos apelos por uma reforma da educação em Engenharia, por parte da *National Science Foundation*, da *National Academy of Engineering*, de organizações de credenciamento e da comunidade empresarial norte-americana. Visando atender às necessidades da crescente economia global e aos desafios do século XXI, essas entidades recomendavam que a educação em Engenharia deveria ser desenvolvida a partir de aprendizagem baseada em projetos; ensino interdisciplinar; maior ênfase em negócios e empreendedorismo; trabalho em equipe e comunicação; e compreensão dos contextos sociais, ambientais, políticos e econômicos da engenharia. Nesse sentido, tendo como premissa o desenvolvimento de um modelo diferenciado de educação em Engenharia, o Olin College incorporou essas sugestões e, com ideias criativas próprias, elaborou um currículo inovador e prático, que vem atraindo a atenção mundial.

Com o propósito de redefinir a Engenharia como uma profissão de inovação, o Olin College tem como visão liderar a inovação na graduação em Engenharia, formando engenheiros inovadores que contribuam para melhorar o mundo, cujos valores centrais incluem: integridade; respeito pelos outros; paixão pelo bem-estar do Olin; paciência e compreensão; abertura para mudança. Além disso, tem como valores institucionais centrais: qualidade e melhoria contínua; aprendizagem e desenvolvimento do aluno; integridade institucional e senso de comunidade; agilidade institucional e empreendedorismo; administração responsável e espírito de serviço à sociedade.

O currículo acadêmico do Olin se baseia na ideia de que a Engenharia começa e termina com pessoas, sendo importante a valorização do contexto social, partindo do pressuposto em fazer a diferença de forma positiva no mundo. Os estudantes podem escolher entre três áreas principais: Engenharia Elétrica e de Computação; Engenharia Mecânica; ou Engenharia – que engloba bioengenharia, computação, ciência de materiais e sistemas. O currículo acadêmico é desenhado de forma que os alunos sejam incentivados a concluir o bacharelado em quatro anos acadêmicos, ou seja, em oito semestres.

Em contraponto com a maioria das escolas de Engenharia, nas quais os alunos passam os primeiros semestres focados em matemática e ciências como pré-requisitos para as disciplinas técnicas de engenharia, no Olin College os alunos vivenciam desde seu primeiro semestre experiências práticas em diversas áreas da Engenharia. E, ao longo de todo o curso, eles participam de diversos projetos ligados a desafios do mundo real.

O modelo curricular do Olin College (Figura 4) foca nos fundamentos da ciência e engenharia, empreendedorismo e artes liberais.

Figura 4 Modelo do Olin College

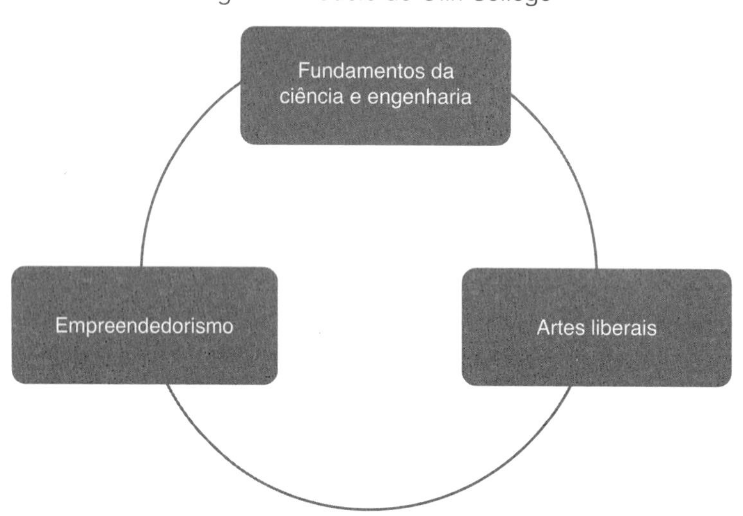

A parte superior da figura representa uma **excelente educação em engenharia**, pois o Olin pretende que seus alunos tenham uma educação de engenharia comparável à das melhores escolas de engenharia dos Estados Unidos e do mundo. Isto significa que seus alunos irão receber uma sólida formação técnica de matemática e ciências, mas de uma maneira não tradicional, pois ocorrerá mediante a participação ativa em projetos, visando à agregação de conhecimento de forma sinérgica, e não pelo modelo tradicional, que consiste no ensino a partir de disciplinas isoladas na grade curricular.

Esse fator está diretamente relacionado com três competências e habilidades que se espera desenvolver por meio das novas DCNs de Engenharia: inciso I (Formular e conceber soluções desejáveis de engenharia, analisando e compreendendo os usuários dessas soluções e seu contexto); inciso II (Analisar e compreender os fenômenos físicos e químicos por meio de modelos simbólicos, físicos e outros, verificados e validados por experimentação); e inciso III (Conceber, projetar e analisar sistemas, produtos (bens e serviços), componentes ou processos) (BRASIL, 2019).

A parte inferior esquerda indica que os alunos do Olin terão uma formação voltada para o *empreendedorismo* a fim de conhecer e entender a linguagem do mundo dos negócios, aprendendo sobre habilidades organizacionais e de equipe, questões financeiras e marketing. E, a partir disso, considerar como uma opção para sua futura carreira de engenharia a abertura de sua própria empresa. Este vértice possui sinergia com as seguintes competências e habilidades que se espera desenvolver a partir das novas DCNs de Engenharia: inciso IV-b (projetar e desenvolver novas estruturas empreendedoras e soluções inovadoras para os problemas); e inciso VI-e (preparar-se para liderar empreendimentos em todos os seus aspectos de produção, de finanças, de pessoal e de mercado).

A parte inferior direita aborda as *artes* visando ao desenvolvimento de criatividade, inovação e *design*. Como o curso tem uma forte ênfase em projetos, a ideia é que não se pode projetar o que não se pode imaginar; portanto, desenvolver e ampliar a criatividade constitui um importante precursor para o sucesso de um projeto. Além disso, o estudo e a prática de artes possibilitam o desenvolvimento de importantes habilidades e capacidades para a vida. Os alunos do Olin normalmente são incentivados a ter pelo menos "uma outra paixão" além de seus interesses de engenharia. Este vértice está relacionado com as competências e habilidades que se espera desenvolver com as novas DCNs de Engenharia, conforme estabelece seu inciso III-a (ser capaz de conceber e projetar soluções criativas, desejáveis e viáveis, técnica e economicamente, nos contextos em que serão aplicadas) (BRASIL, 2019). As Figuras 5 e 6 dão uma ideia geral das instalações de ensino do Olin College.

2.4 California Polytechnic State University (Cal Poly) – San Luis Obispo

A universidade tem uma imensa estrutura de laboratórios didáticos, com grande ênfase na engenharia prática. Os laboratórios são concebidos e gerenciados com fomento de empresas, desde a construção de prédios até a aquisição de modernos equipamentos e insumos. O modelo demonstra uma grande integração da universidade × empresa, que pode ser adotado como referência.

Figura 5 Instalações do Olin College

Figura 6 Espaço para início de projetos no Olin College

Neste modelo, os alunos recebem aulas tradicionais e inovadoras, e são mão na massa (*hands-on*) desde o primeiro ano. Durante a visitação, vimos meninos e meninas, soldando e fazendo peças fundidas já no primeiro ano.

A Cal Poly é impulsionada por sua filosofia básica de aprender fazendo (*Learn by Doing*), uma poderosa combinação de experiência acadêmica e experiência prática.

Na Cal Poly, a maioria das aulas é ministrada por professores em salas de aula pequenas, não em grandes auditórios, e, desde os primeiros momentos no *campus*, a maioria dos alunos é desafiada a colocar em prática o que aprendem em um cenário do mundo real.

Os tópicos mais relevantes das DCNs na Cal Poly são Ia, II-a, II-b, II-c, II-d, III-c, IV-c, V-a e VI-a / VI-d, VIII-b. A Figura 7 mostra alguns detalhes de instalações *hands-on* da Cal Poly.

Figura 7 Instalações *hands-on* da Cal Poly, com equipamentos doados pela iniciativa privada

2.5 42 University – Freemont no Vale do Silício

A universidade apresenta uma prática bem diferenciada dos modelos atuais de ensino das universidades em todo o mundo: há prédio, há alunos, mas *não* há professores. O acesso se dá, inicialmente, fazendo-se um teste de lógica. O aluno não precisa comprovar que terminou o nível médio. Se passar, é convidado para um processo chamado "piscina", em que, trabalhando 15 horas por dia, durante 30 dias, os alunos recebem missões e vão executando. Em um mês, eles conhecem mais de engenharia da computação do que em dois anos de faculdade na França e nos Estados Unidos, por exemplo.

Os "sobreviventes" após um mês ficam para receber a formação, que pode ter tempo variado, e após completada a formação, *não* recebem diploma acadêmico. Os alunos desenvolvem uma série de projetos, em um sistema matricial, com metas e com diferentes níveis crescentes de dificuldade. As atividades são avaliadas por um comitê pedagógico, formado por profissionais e alunos em níveis superiores.

Na 42 University, há um modelo educacional inovador e disruptivo que se propõe a ser o novo lar do talento de engenharia para a indústria digital norte-americana. Com o apoio de muitos dos líderes de tecnologia do Vale do Silício, procura-se sempre novas formas de conexão com o setor produtivo, de forma a manter o currículo em sintonia com as necessidades do setor e oferecer oportunidades desafiadoras para os alunos. A Figura 8 mostra algumas características das instalações.

Figura 8 Instalações da 42 University

2.6 Minerva University – São Francisco

Possui um modelo de ensino baseado em internacionalização, no qual os alunos estudam durante o seu período acadêmico em diversos países, objetivando as práticas em abordagens culturais. É uma universidade com alunos, com professores, mas *sem* prédios.

As aulas são realizadas por modelo a distância, com aulas virtuais por meio de um sistema moderno, onde os alunos e os professores interagem como se estivessem em uma sala de reunião presencial.

Durante os anos em que permanecem na instituição, esses alunos precisam viajar para sete países diferentes e ajudar na solução de grandes problemas daquelas nações.

Na visão da Minerva, o ensino de graduação precisa ser tão multidimensional quanto a pessoa.

Ele deve desafiar o aluno academicamente, expô-lo a uma diversidade de culturas globais e capacitá-lo a desenvolver o amplo conhecimento e as habilidades práticas necessárias para resolver os problemas mais complexos do nosso tempo.

O sistema da Minerva foi projetado intencionalmente para desenvolver o intelecto em várias disciplinas, bem como habilidades essenciais para a vida, capacidades profissionais e aspectos-chave para o caráter pessoal do aluno.

2.7 Stanford University – Palo Alto

Faz jus ao seu atual posicionamento no *ranking* como uma das melhores universidades do mundo, com infraestrutura de altíssima qualidade.

Dentre outras, destacam-se a D-School, berço do *Design Thinking* e altamente recomendado em todos os cursos de Engenharia. Um outro destaque também se dá ao Projeto P5BL (*Problema-Project-Process-Practice-People-Based Learning*) do *Project-Based Learn Laboratory* da professora Renate Fruchter, que entende que a missão é educar a força de trabalho da próxima geração, envolvendo estudantes de graduação e pós-graduação, corpo docente e profissionais do setor em atividades PBL multidisciplinares, colaborativas e geograficamente distribuídas.

Ela embarca uma quantidade grande de tecnologia, como parede digital, sistema Avatar, onde o aluno assume um personagem Avatar dentro de um sistema e vai a reuniões, linhas de produção, mesa digital etc.

Mais detalhes desses sistemas podem ser obtidos em <http://pbl.stanford.edu/index.html>.

Também recomenda-se assistir à entrevista da professora Fruchter dada para a Univesp, sobre os desafios da educação em <https://tvcultura.com.br/videos/33368_desafios-da-educacao-renate-fruchter-eua.html>.

Em Stanford, destacam-se os seguintes tópicos das DCNs: Ia, II-a, II-b, II-c, II-d, V-a e VI-a / VI-d. A Figura 9 mostra um detalhe do PBL Lab da professora Renate Fruchter.

Figura 9 Project-Problem-People-Process-Product Laboratory - P5BL Lab

2.8 Aalborg University – Dinamarca

Esta universidade tem um modelo interessante de não utilizar aulas tradicionais (aulas ministradas somente pelo docente), e sim aulas baseadas em projetos. A graduação em Engenharia é concluída em três anos, sem disciplinas de ciências básicas, pois os conteúdos estão presentes nos projetos.

Na Faculdade de Engenharia e Ciências, formam-se engenheiros para o mercado de trabalho do futuro. Um total de 92 % (2016) de graduados em Engenharia estão empregados normalmente de um a dois anos após a graduação. Dos graduados que se empregam, 83,5 % estão no setor privado.

Semelhante ao restante da Universidade de Aalborg (um dos berços do PBL mundial), os programas de Engenharia adotam uma abordagem baseada em projetos e problemas para o aprendizado. Isso significa que alunos trabalham com outros alunos para analisar problemas específicos. Normalmente, vários projetos ao longo de seus estudos serão realizados em conjunto com empresas ou organizações no sentido de enfrentar um problema específico.

Em Aalborg, destacam-se os seguintes tópicos das DCNs: Ia, II-a, II-b, II-c, II-d, V-a e VI-a / VI-d, III-c, VIII-b.

2.9 Maastricht University – Holanda

A universidade é a grande percursora dos modelos de PBL, com aplicações em todas as áreas.

A Aprendizagem Baseada em Problemas (*Problem-Based Learning* – PBL), na visão da Maastricht, oferece uma maneira diferente de aprender se comparada ao ensino universitário tradicional. Trabalha com pequenos grupos, treinamentos práticos e o aluno assiste (muito) menos aulas tradicionais. Sob a supervisão de um tutor, um grupo de 10 a 15 alunos se reúne para enfrentar desafios da vida real.

O PBL é uma forma ativa de aprendizado que permite ao aluno uma melhor retenção do conhecimento (aprendizagem ativa), aumenta sua motivação e o incentiva a desenvolver habilidades essenciais para o mercado de trabalho no século XXI. O futuro profissional aprende de forma dinâmica, com tutores acessíveis, que ajudam esse profissional a ser assertivo e realmente entender o assunto, aprender verdadeiramente, colaborar com parceiros e equipes, pensar criticamente com vistas a resolver problemas, estudar e trabalhar de forma independente e, ao final, sentir-se confortável em falar em público. A Maastricht possui uma área denominada *Education Lab*, voltada para dar suporte a todos docentes interessados nas novas abordagens em sala de aula.

Na Maastricht, destacam-se os seguintes tópicos das DCNs: Ia, II-a, II-b, II-c, II-d, III-c, IV-c, V-a e VI-a / VI-d, III-c, VIII-b.

2.10 University of Twente – Holanda

A University of Twente (UT) é uma instituição de ensino superior pública, localizada na região de Twente, na cidade de Enschede, última cidade da Holanda a fazer fronteira com a Alemanha.

A universidade possui um dos melhores modelos de interação universidade-indústria de toda a Europa, contando com uma grande quantidade de empresas em todo o mundo que financiam os projetos dos alunos. Tem, também, um interessante modelo de doutorado profissional, de dois anos, que atua diretamente com projetos de cooperação. Na UT, destacam-se os seguintes tópicos das DCNs: Ia, II-a, II-b, II-c, II-d, III-c, IV-c, V-a e VI-a / VI-d, VIII-b.

Uma visão bem inovadora de espaço de aprendizagem da Twente pode ser vista nas Figuras 10 e 11.

Figura 10 *DesignLab* na University of Twente

Figura 11 Sala de produção de protótipos

É um modelo emergente e de sucesso na interação universidade, empresa, governo e sociedade, relação esta denominada *Quadruple Helix* (PARVEEN; SENIN; UMAR, 2015; SANTOS; BENNEWORTH, 2019).

A cidade e a universidade trabalham juntas para o desenvolvimento econômico regional, atraindo empresas de alta tecnologia e gerando diversas outras, por meio de *startup* e *spin-off*.

Empresas como Lucent, Logica e Ericsson, por sua vez, construíram instalações emblemáticas. A Booking.com também foi criada na UT.

A universidade tem um ecossistema empreendedor, alinhado com as necessidades e interesses regionais das indústrias locais, incorporando redes para apoiar e facilitar o empreendedorismo e impulsionar a inovação.

Ações da *Quadruple Helix* se juntam para sugerir um modelo de engajamento urbano, com diversas ações baseadas em aprendizagem de casos reais, com pesquisa financiada de modo público e privado.

A inovação e o empreendedorismo têm sido citados como a natureza da universidade, com um forte compromisso com o impacto social e econômico na região de Twente.

A UT vem se posicionando como um centro de empreendedorismo acadêmico de classe mundial, compartilhando histórias de sucesso, envolvendo funcionários e alunos no processo de melhoria, e projetando um currículo para reforçar uma atitude empreendedora.

Algumas atividades ajudam empresas em fase inicial na aceleração e crescimento, proporcionando facilidades de financiamento e atribuindo espaço de trabalho aos empresários, por meio de instalações partilhadas.

O contato ativo e proativo com a empresa e a sociedade regional impulsiona o desenvolvimento de parceiros estratégicos, estimulando talentos e desenvolvendo novas habilidades em estudantes e parceiros.

No período de setembro de 2018 a janeiro de 2019, com a Bolsa de Pesquisa no Exterior (BPE), financiada pela Fapesp (SANTOS; BENNEWORTH, 2018), o Prof. Eduardo Ferro da EEL-USP retornou à UT e, sob a supervisão do Prof. Paul Benneworth, desenvolveu um projeto intitulado *Industry-based learning as a sustainability strategy: emerging models of university-company cooperation.*

Todo o apoio institucional foi dado pela UT. Não só o local disponibilizado para a realização dos trabalhos, como as oportunidades para participar de eventos e outras pesquisas conjuntas.

O relacionamento se estreitou a outros departamentos, como, por exemplo, o Department of Cognitive Psychology & Ergonomics, que, por meio do chefe de Departamento, professor Willem B. Verwey, houve interesse em estender uma pesquisa conjunta na área. Outros professores, como Frans Kaiser e Renze Kolster, também compartilharam projetos para o desenvolvimento conjunto.

O departamento de Marketing da UT convidou o professor para uma entrevista ao vivo, transmitida para todo o Brasil pelo portal da universidade e disponível em

<https://www.youtube.com/watch?v=nXCq9BSwqis&feature=share>. Neste webinar discorre-se sobre as oportunidades para brasileiros na universidade, bolsas de estudo, cooperação, dentre outros.

Entre as principais atividades desenvolvidas, estão empreendedorismo, inovação e relação universidade-empresa (DCN VI-c / VI-e), além de melhorar o desenvolvimento regional. Detalhes podem ser encontrados em Santos e Benneworth (2019).

Kennispark. É a principal atividade que impulsiona a inovação e o desenvolvimento regional, por meio de um parque tecnológico bem estabelecido, dos mais completos e empreendedores *campus* de inovação de alta tecnologia na Holanda e na Europa. Existem 430 empresas inovadoras, com recursos e instalações inovadoras, ao lado da UT.

O Kennispark ajuda estudantes e pesquisadores em questões legais, burocracia e gestão financeira, além de fornecer financiamento inicial.

Para apoiar o crescimento dos negócios, o acesso é fornecido a investidores de rede e anjos, provedores de capital. Oferece uma parceria de negócios, chamada "Portal para Inovação" e "Loja de Ciências", para o desenvolvimento de ideias inovadoras, para alunos, pesquisadores e sociedade da UT (KENNISPARK TWENTE, 2018).

Novet-T. É a força motriz por trás do Kennispark e de todo o ecossistema da UT voltado para inovação e empreendedorismo. É uma fundação que funciona como suporte, que conecta alunos, professores, empreendedores, investidores, pesquisadores e governo, e pretende tornar o Kennispark o melhor ecossistema de desempenho para inovação e empreendedorismo na Europa.

Oferece aos empreendedores e iniciantes o acesso ao ecossistema, de forma dinâmica, conectando empreendedorismo e inovação de alta tecnologia, com foco na cooperação entre instituições de conhecimento e empresas (NOVEL-T, 2018).

MESA + Nanolab. São laboratórios da UT que desenvolvem pesquisas, notadamente em nanotecnologia, com um faturamento anual de 50 milhões de euros. Em sua história, já foram estabelecidas 50 *spin-offs* de alta tecnologia e gerados cerca de 1000 empregos na região.

Os laboratórios são compartilhados com parceiros da indústria para o desenvolvimento de protótipos, testes e uso de equipamentos, tendo 40 % de seus usuários externos à UT (MESA+INSTITUTE, 2018).

NIKOS. O centro acadêmico de empreendedorismo na Holanda desenvolve atividades de treinamento (cursos, *workshops*) para diferentes grupos e nível de conhecimento.

É um grupo de pesquisa focado em áreas de: empreendedorismo e comportamento empreendedor, estratégia e negócios internacionais, gerenciamento de inovação e *networking*, marketing digital, inovação de modelos de negócios e desenvolvimento de negócios.

As pesquisas do grupo são realizadas em colaboração com universidades e centros do mundo todo (NIKOS, 2018).

CHEPS. O Centro de Estudos de Políticas de Educação Superior é um instituto de pesquisa que oferece pesquisa, treinamento e consultoria sobre vários aspectos da política de ensino superior, a partir de uma perspectiva comparativa internacional.

Há muitos projetos que estão em desenvolvimento. Um deles é o RUNIN, que discute não só o papel das universidades em inovação e desenvolvimento regional, mas também treina pesquisadores sobre como as universidades contribuem para a inovação e o crescimento econômico em suas regiões.

Este projeto procura examinar e entender como as universidades cumprem sua terceira missão sobre a indústria regional e explorar o alcance do envolvimento das universidades com empresas e instituições regionais. Em outro projeto, Iniciativa Holandesa para Pesquisa em Educação (NRO), o CHEPS pesquisa quais os canais existentes no país para disseminar o conhecimento sobre inovações no ensino superior, especialmente no conhecimento científico (CHEPS, 2018).

BTC-Twente. O Centro de Negócios e Tecnologia Twente oferece escritórios flexíveis, instalações comerciais, salas e laboratórios para empresas inovadoras, *start-ups* e empresas em crescimento. Mais de 700 empresas começaram no BTC, uma das maiores incubadoras de empresas do mundo.

Esta primeira incubadora de empresas na Holanda é muito importante para a região de Twente e está em plena expansão. Os interessados no BTC-Twente podem escolher entre quatro edifícios diferentes em Enschede (BTC, 2018).

Programas de pós-mestrado. A UT oferece vários cursos. Um dos destaques no relacionamento universidade-indústria e sociedade é o doutorado profissional em Engenharia (PDEng), que pode ser concluído em dois anos. Juntamente com a vida empresarial, o PDEng treina pessoas que podem produzir *designs* criativos e inovadores de alta qualidade para problemas complexos de *design* em um contexto multidisciplinar.

O PDEng combina pesquisa científica em um contexto industrial com módulos educacionais em uma ampla variedade de tópicos. Está fortemente focado em questões tecnológicas (UT, 2018).

DesignLab. A University of Twente desenvolveu a iniciativa *DesignLab* para alimentar a missão "*high tech, human touch*" da organização. Tem a missão de integrar a *science2design4society*, isto é, o conhecimento de *design* é usado para disponibilizar novas tecnologias para os usuários, que, juntamente com os mais recentes conhecimentos em humanidades e negócios, são usados para lidar com problemas da sociedade contemporânea.

É um espaço onde os professores visitantes ou bolsistas podem trabalhar e se conectar com outros pesquisadores e fazer uso da tecnologia e das oficinas para gerar protótipos rápidos de ideias (EGGINK, 2015; SANTOS; BENNEWORTH, 2019).

3 Considerações finais

Nessa linha de aprendizagem ativa e os vários possíveis formatos de PBL retratados aqui, e usando uma experiência focada em inovação no ensino de Engenharia, adquirida desde 2010, um grupo de professores da USP-Lorena e Unesp-Guaratingetá foi a campo em missões que envolveram visitações à Harvard, MIT, Olin College, Northeastern, Stanford, Minerva, 42, Cal Poly, Aalborg, Maastricht, Twente e Minho, e desde então vem trabalhando com o firme propósito de melhorar de forma significativa o padrão de qualidade do ensino/aprendizagem.

O resultado desse trabalho consta em algumas publicações da mídia especializada, como no programa Janelas de Inovação do Canal Futura – Projeto Sala de Aula Invertida na USP-Lorena –, veiculado em dezembro de 2017, e que convidamos os leitores deste livro a assistir. O *link* é <https://www.youtube.com/watch?v=iaKzy4WzKK4>.

Em 2014, outra reportagem da TV Vanguarda, no Vale do Paraíba no Estado de São Paulo – USP-Lorena, SP, investe em novo método de ensino G1 Vale do Paraíba e Região Jornal Vanguarda –, também retrata um pouco do trabalho que vem acontecendo na USP-Lorena e Unesp-Guaratinguetá. O *link* é <https://www.youtube.com/watch?v=7Ji9XjTrSVk&t=21s>.

As Figuras 12 e 13 fornecem uma ideia dos novos espaços de aprendizagem. Possíveis interessados poderão visitar esses espaços. Contatos com o Prof. Messias: messias.silva@usp.br ou messias.silva@unesp.br

Figura 12 Aula de inovação e empreendedorismo na USP-Lorena

Figura 13 Novos espaços de aprendizagem integrando *Active Learning* e *Design Thinking* na Unesp-Guaratinguetá

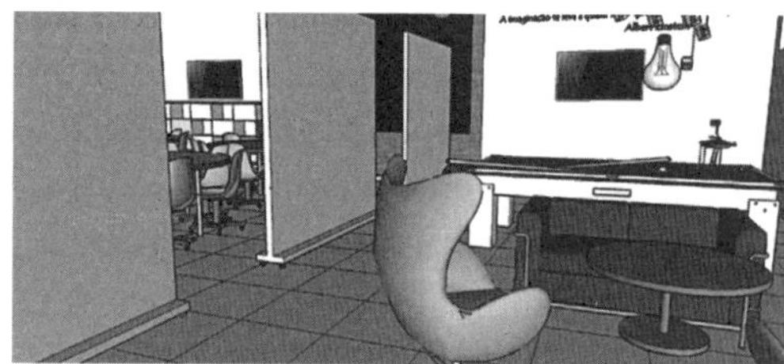

Fonte: Projeto de Messias Borges Silva e da *designer* Meire Marques Gonçalves.

BIBLIOGRAFIA

ARAUJO, Ives Solano; MAZUR, E. Instrução pelos colegas e ensino sob medida: uma proposta para o engajamento dos alunos no processo de ensino aprendizagem de física. **Caderno Brasileiro de Ensino de Física**, v. 30, n. 2, p. 362-384, 2013.

BRASIL. Conselho Nacional de Educação. Resolução CNE/CES nº 2, de 24 de abril de 2019. Institui as Diretrizes Curriculares Nacionais do Curso de Graduação em Engenharia. **Diário Oficial [da] República Federativa do Brasil**, Brasília, DF, Seção I, p. 43, 26 abr. 2019. Disponível em: <http://www.in.gov.br/web/dou/-/resolu%C3%87%C3%83o-n%C2%BA-2-de-24-de-abril-de-2019-85344528>. Acesso em: 31 maio 2019.

BTC TWENTE BV. Disponível em: <https://www.btc-twente.nl/>. Acesso em: 5 out. 2018.

CDIO INITIATIVE. Disponível em: <http://www.cdio.org/>. Acesso em: 19 maio 2019.

CHEPS. Disponível em: <https://www.utwente.nl/en/bms/cheps/>. Acesso em: 5 out. 2018.

CROUCH, C. H. Peer Instruction: An interactive approach for large classes. **Optics and Photonics News**, 9 (9), 37-41, 1998.

DOS SANTOS, E.; BENNEWORTH, P. Makerspace for skills development in the industry 4.0 era. **Brazilian Journal of Operations & Production Management**, 16(2), 303-315, 2019. Disponível em: <https://doi.org/https://doi.org/10.14488/BJOPM.2019.v16.n2.a11>. Acesso em: 17 jun. 2019.

EGGINK, W. Designlab, making space for doing design as a process. 17th International Conference on Engineering and Product Design Education, United Kingdom, 2015. **Anais** [...], UK: E&PDE, 2015. Disponível em: <https://www.scopus.com/inward/record.uri?eid=2=-2s0.84958212476-&partnerID40=&m5da8c1933f933c9a8736f5ac5a29f43606>. Acesso em: 17 jun. 2019.

FAGEN, A. **Assessing and enhancing the introductory science course in physics and biology**: Peer Instruction, Classroom Demonstrations, and Genetics Vocabulary. Cambridge, MA: Harvard University, p. 186, 2003.

FAGEN, A.; CROUCH, C. H.; MAZUR, E. Peer Instruction: Results from a range of classrooms. **Physics teacher**, 40, p. 206-209, 2002.

HAKE, R. R. Interactive-engagement versus traditional methods: A six thousand student survey of mechanics test data for introductory physics courses. **American Journal of Physics**, 66, p. 64-74, 1998.

KENNISPARK TWENTE. Disponível em: <https://www.kennispark.nl/>. Acesso em: 5 out. 2018.

MASSACHUSETTS INSTITUTE OF TECHNOLOGY. **MIT Bulletin 2017-2018**. Massachusetts: MIT, 2017. Disponível em: <http://catalog.mit.edu/archive/mit-bulletin-17-18.pdf>. Acesso em: 17 maio 2019.

MASSACHUSETTS INSTITUTE OF TECHNOLOGY. **Educational Transformation through Technology at MIT**. Disponível em: <http://web.mit.edu/edtech/>. Acesso em: 19 maio 2019.

MAZUR, E. **Peer instruction**: A User's Manual. New Jersey: Prentice Hall, 1997.

MESA+INSTITUTE. **MESA+ Nanolab | NanoLab | MESA+ Institute for Nanotechnology**. Disponível em: <https://www.utwente.nl/en/mesaplus/infrastructure/nanolab/>. Acesso em: 5 out. 2018.

NIKOS. *NIKOS* – **Innovation Entrepreneurship**. Disponível em: <https://www.utwente.nl/en/bms/nikos/>. Acesso em: 5 out. 2018.

NOVEL-T. **Novel-T | innovate & accelerate**. Disponível em: <https://novelt.com/en/>. Acesso em: 5 out. 2018.

OLIN COLLEGE OF ENGINEERING. **Course Catalog 2017-18**. Disponível em: <http://olin.smartcatalogiq.com/~/media/Institution/Olin%20College%20of%20Engineering/2017_18%20Olin%20College%20Academic%20Catalog_final.ashx>. Acesso em: 19 maio 2019.

OLIN COLLEGE OF ENGINEERING. **Curricular Vision**. Disponível em: <http://www.olin.edu/sites/default/files/curricular_vision.pdf>. Acesso em: 19 maio 2019.

OLIN COLLEGE OF ENGINEERING. **Website oficial do Olin College of Engineering**. Disponível em: <http://www.olin.edu/>. Acesso em: 19 maio 2019.

PARVEEN, S.; SENIN, A. A.; UMAR, A. A Quadruple Helix Open Innovation Model Approach. **International Journal of Economics and Financial Issues**, v. 5, n. 5, p. 10-11, 2015.

SANTOS, E. F. dos; BENNEWORTH, P. S. **A aprendizagem baseada na indústria como estratégia de sustentabilidade**: modelos emergentes de cooperação universidade-empresa. Disponível em: <https://bv.fapesp.br/pt/bolsas/179007/a-aprendizagem-baseada-na-industria-como-estrategia-de-sustentabilidade-modelos-emergentes-de-coope/>. Acesso em: 13 fev. 2019.

SANTOS, E. F. dos; BENNEWORTH, P. University-Industry Interaction: characteristics identified in the literature and regional collaboration developed by The University of Twente. **Revista de Administração, Sociedade e Inovação**, v. 5, n. 2, p. 115-143, 2019.

UNIVERSITY OF TWENTE. **PDEng | PDEng at the UT | Twente Graduate School.** Disponível em: <https://www.utwente.nl/en/education/post-graduate/tgs/prospective-candidates/pdeng/>. Acesso em: 5 out. 2018.

As inovações nas atuais diretrizes para a Engenharia: estudo comparativo com as anteriores

VANDERLI FAVA DE OLIVEIRA

1 Introdução

O objetivo deste capítulo é apresentar as principais inovações contidas nas atuais Diretrizes Curriculares Nacionais (DCNs) do Curso de Graduação em Engenharia (BRASIL, 2019b), a partir de um estudo comparativo com as que vigoraram até 24 de abril de 2019. As DCNs anteriores eram regidas pela Resolução CNE/CES nº 11, de 11 de março de 2002 (BRASIL, 2002), e a atual é a que consta da Resolução CNE/CES nº 2, de 24 de abril de 2019 (ver o Anexo deste livro). Espera-se com isso apresentar uma contribuição para aqueles que pretendem atualizar e promover melhorias nos projetos pedagógicos de seus cursos (PPC).

Para realizar este estudo, foi feita uma análise artigo a artigo, comparando cada dispositivo da nova resolução com o correspondente encontrado na resolução anterior. Ao final, organizou-se uma síntese, ressaltando-se os aspectos principais da comparação realizada e, ainda, considerações gerais sobre as inovações encontradas e a implantação destas novas diretrizes.

2 Estudo comparativo

A primeira observação a ser feita refere-se ao objeto das duas resoluções, qual seja: "Institui as Diretrizes Curriculares Nacionais do Curso de Graduação em Engenharia". Por este objetivo, fica claro que ambas tratam o curso de graduação em Engenharia como único. A diversidade é admitida quando versa sobre a área na qual o curso pretende formar os seus egressos.

A Resolução CNE/CES nº 11/2002 denominava "modalidade" de engenharia esta área do curso, ou seja, nos cursos de Engenharia Civil, Engenharia Elétrica e Engenharia Mecânica, as "modalidades" de Engenharia eram, respectivamente, Civil, Elétrica e Mecânica. Na atual Lei de Diretrizes e Bases (LDB) da Educação Nacional (BRASIL, 1996), se refere a "modalidades de educação", quais sejam, educação básica, educação profissional e educação especial, portanto, diferente da forma como modalidade é considerada na Resolução CNE/CES nº 11/2002.

Na Resolução CNE/CES nº 2/2019, o termo "modalidade" foi substituído por "habilitação", retomando o termo usado na Resolução CFE nº 48/1976 (BRASIL, 1976). Esta nova resolução refere-se ainda à ênfase do curso, que pode ser entendida como o terceiro nome do curso, como, por exemplo: Engenharia Civil Ambiental, Engenharia Elétrica Eletrônica, Engenharia Mecânica Automotiva, nos quais as ênfases das habilitações são, respectivamente, ambiental, eletrônica e automotiva.

O artigo 1º (Quadro 1) das duas resoluções trata do objetivo das resoluções. A atual resolução acrescenta como objetivo, além da organização, o desenvolvimento e a avaliação do curso de Engenharia. Este acréscimo é benéfico, pois indica a necessidade de os cursos abordarem tais questões em seus projetos pedagógicos, assim como sinaliza a importância de ajustes nos instrumentos oficiais de avaliação, para o adequado atendimento a estas diretrizes.

Quadro 1 Objetivo das resoluções

Resolução CNE/CES nº 2/2019	Resolução CNE/CES nº 11/2002
Art. 1º A presente Resolução institui as Diretrizes Curriculares Nacionais do Curso de Graduação em Engenharia (DCNs de Engenharia), que devem ser observadas pelas Instituições de Educação Superior (IES) na organização, no desenvolvimento e na avaliação do curso de Engenharia no âmbito dos Sistemas de Educação Superior do País.	Art. 1º A presente Resolução institui as Diretrizes Curriculares Nacionais do Curso de Graduação em Engenharia, a serem observadas na organização curricular das Instituições do Sistema de Educação Superior do País.

Quanto ao artigo 2º (Quadro 2), que estabelece os aspectos tratados nas resoluções, é praticamente igual ao previsto na resolução anterior, inclusive em termos redacionais.

O artigo 3º diz respeito ao perfil do egresso (Quadro 3). Verifica-se que o que consta da atual resolução é significativamente mais abrangente que o previsto na CNE/CES nº 11/2002. Dentre os aspectos que foram acrescentados no perfil do egresso na atual resolução, destacam-se:

- A visão holística, que vem da natureza da própria Engenharia que, em termos gerais, é sabidamente global e não apenas regional.

Quadro 2 Aspectos tratados nas resoluções

Resolução CNE/CES nº 2/2019	Resolução CNE/CES nº 11/2002
Art. 2º As DCNs de Engenharia definem os princípios, os fundamentos, as condições e as finalidades, estabelecidas pela Câmara de Educação Superior do Conselho Nacional de Educação (CES/CNE), para aplicação, em âmbito nacional, na organização, no desenvolvimento e na avaliação do curso de graduação em Engenharia das Instituições de Educação Superior (IES).	Art. 2º As Diretrizes Curriculares Nacionais para o Ensino de Graduação em Engenharia definem os princípios, fundamentos, condições e procedimentos da formação de engenheiros, estabelecidas pela Câmara de Educação Superior do Conselho Nacional de Educação, para aplicação em âmbito nacional na organização, desenvolvimento e avaliação dos projetos pedagógicos dos cursos de graduação em Engenharia das Instituições do Sistema de Ensino Superior.

Quadro 3 Perfil do egresso

Resolução CNE/CES nº 2/2019	Resolução CNE/CES nº 11/2002
Art. 3º O perfil do egresso do curso de graduação em Engenharia deve compreender, entre outras, as seguintes características: I - ter visão holística e humanista, ser crítico, reflexivo, criativo, cooperativo e ético e com forte formação técnica; II - estar apto a pesquisar, desenvolver, adaptar e utilizar novas tecnologias, com atuação inovadora e empreendedora; III - ser capaz de reconhecer as necessidades dos usuários, formular e analisar e resolver, de forma criativa, os problemas de Engenharia; IV - adotar perspectivas multidisciplinares e transdisciplinares em sua prática; V - considerar os aspectos globais, políticos, econômicos, sociais, ambientais, culturais e de segurança e saúde no trabalho; VI - atuar com isenção e comprometido com a responsabilidade social e com o desenvolvimento sustentável.	Art. 3º O curso de graduação em Engenharia tem como perfil do formando egresso/profissional o engenheiro, com formação generalista, humanista, crítica e reflexiva, capacitado a absorver e desenvolver novas tecnologias, estimulando a sua atuação crítica e criativa na identificação e resolução de problemas, considerando seus aspectos políticos, econômicos, sociais, ambientais e culturais, com visão ética e humanística, em atendimento às demandas da sociedade.

- A aptidão para "pesquisar, desenvolver, adaptar e utilizar novas tecnologias, com atuação inovadora e empreendedora", decorrente das necessidades atuais de formação em Engenharia, vai além de buscar "resolução de problemas". Na atualidade, o paradigma é projetar soluções "multidisciplinares e transdisciplinares", visto que os problemas estão cada vez mais complexos.
- A atuação inovadora e empreendedora, que também foi destacada no artigo 5º sobre os campos de atuação, tal a sua importância para a formação em Engenharia na atualidade.
- A atenção ao usuário foi evidenciada, pois as ações da engenharia sempre terão repercussão sobre os respectivos usuários, e cada vez mais há que se dar atenção aos fatores humanos e sociais que envolvem estas ações.
- Por fim, a preocupação com a cidadania e a sustentabilidade, visto que tais questões ocupam cada vez mais espaço nas ações internacionais e no denominado sistema político, econômico e produtivo, de uma maneira geral.

Provavelmente o artigo 4º (Quadro 4) seja o que apresenta a maior diferença entre as duas resoluções. A CNE/CES nº 11/2002, em seu artigo 4º, estabelece que: "A formação do engenheiro tem por objetivo dotar o profissional dos conhecimentos requeridos para o exercício das seguintes competências e habilidades gerais".

Quadro 4 Competências

Resolução CNE/CES nº 2/2019	Resolução CNE/CES nº 11/2002
Art. 4º O curso de graduação em Engenharia deve proporcionar aos seus egressos, ao longo da formação, as seguintes competências gerais: I - formular e conceber soluções desejáveis de engenharia, analisando e compreendendo os usuários dessas soluções e seu contexto: a) ser capaz de utilizar técnicas adequadas de observação, compreensão, registro e análise das necessidades dos usuários e de seus contextos sociais, culturais, legais, ambientais e econômicos; b) formular, de maneira ampla e sistêmica, questões de engenharia, considerando o usuário e seu contexto, concebendo soluções criativas, bem como o uso de técnicas adequadas; II - analisar e compreender os fenômenos físicos e químicos por meio de modelos simbólicos, físicos e outros, verificados e validados por experimentação: a) ser capaz de modelar os fenômenos, os sistemas físicos e químicos, utilizando as ferramentas matemáticas, estatísticas, computacionais e de simulação, entre outras; b) prever os resultados dos sistemas por meio dos modelos; c) conceber experimentos que gerem resultados reais para o comportamento dos fenômenos e sistemas em estudo; III - conceber, projetar e analisar sistemas, produtos (bens e serviços), componentes ou processos: a) ser capaz de conceber e projetar soluções criativas, desejáveis e viáveis, técnica e economicamente, nos contextos em que serão aplicadas; b) projetar e determinar os parâmetros construtivos e operacionais para as soluções de Engenharia; c) aplicar conceitos de gestão para planejar, supervisionar, elaborar e coordenar projetos e serviços de Engenharia; IV - implantar, supervisionar e controlar as soluções de Engenharia: a) ser capaz de aplicar os conceitos de gestão para planejar, supervisionar, elaborar e coordenar a implantação das soluções de Engenharia; b) estar apto a gerir, tanto a força de trabalho quanto os recursos físicos, no que diz respeito aos materiais e à informação; c) desenvolver sensibilidade global nas organizações; d) projetar e desenvolver novas estruturas empreendedoras e soluções inovadoras para os problemas;	Art. 4º A formação do engenheiro tem por objetivo dotar o profissional dos conhecimentos requeridos para o exercício das seguintes competências e habilidades gerais: I - aplicar conhecimentos matemáticos, científicos, tecnológicos e instrumentais à engenharia; II - projetar e conduzir experimentos e interpretar resultados; III - conceber, projetar e analisar sistemas, produtos e processos; IV - planejar, supervisionar, elaborar e coordenar projetos e serviços de engenharia; V - identificar, formular e resolver problemas de engenharia; VI - desenvolver e/ou utilizar novas ferramentas e técnicas; VI - supervisionar a operação e a manutenção de sistemas; VII - avaliar criticamente a operação e a manutenção de sistemas; VIII - comunicar-se eficientemente nas formas escrita, oral e gráfica; IX - atuar em equipes multidisciplinares; X - compreender e aplicar a ética e responsabilidade profissionais; XI - avaliar o impacto das atividades da engenharia no contexto social e ambiental; XII - avaliar a viabilidade econômica de projetos de engenharia; XIII - assumir a postura de permanente busca de atualização profissional.

(*continua*)

Quadro 4 Competências (*continuação*)

Resolução CNE/CES nº 2/2019	Resolução CNE/CES nº 11/2002
e) realizar a avaliação crítico-reflexiva dos impactos das soluções de Engenharia nos contextos social, legal, econômico e ambiental; V - comunicar-se eficazmente nas formas escrita, oral e gráfica: a) ser capaz de expressar-se adequadamente, seja na língua pátria ou em idioma diferente do Português, inclusive por meio do uso consistente das tecnologias digitais de informação e comunicação (TDICs), mantendo-se sempre atualizado em termos de métodos e tecnologias disponíveis; V - comunicar-se eficazmente nas formas escrita, oral e gráfica: a) ser capaz de expressar-se adequadamente, seja na língua pátria ou em idioma diferente do Português, inclusive por meio do uso consistente das tecnologias digitais de informação e comunicação (TDICs), mantendo-se sempre atualizado em termos de métodos e tecnologias disponíveis; VI - trabalhar e liderar equipes multidisciplinares: a) ser capaz de interagir com as diferentes culturas, mediante o trabalho em equipes presenciais ou a distância, de modo que facilite a construção coletiva; b) atuar, de forma colaborativa, ética e profissional em equipes multidisciplinares, tanto localmente quanto em rede; c) gerenciar projetos e liderar, de forma proativa e colaborativa, definindo as estratégias e construindo o consenso nos grupos; d) reconhecer e conviver com as diferenças socioculturais nos mais diversos níveis em todos os contextos em que atua (globais/locais); e) preparar-se para liderar empreendimentos em todos os seus aspectos de produção, de finanças, de pessoal e de mercado; VII - conhecer e aplicar com ética a legislação e os atos normativos no âmbito do exercício da profissão: a) ser capaz de compreender a legislação, a ética e a responsabilidade profissional e avaliar os impactos das atividades de Engenharia na sociedade e no meio ambiente; b) atuar sempre respeitando a legislação, e com ética em todas as atividades, zelando para que isto ocorra também no contexto em que estiver atuando; VIII - aprender de forma autônoma e lidar com situações e contextos complexos, atualizando-se em relação aos avanços da ciência, da tecnologia e aos desafios da inovação: a) ser capaz de assumir atitude investigativa e autônoma, com vistas à aprendizagem contínua, à produção de novos conhecimentos e ao desenvolvimento de novas tecnologias; b) aprender a aprender. Parágrafo único. Além das competências gerais, devem ser agregadas as competências específicas em acordo com a habilitação ou com a ênfase do curso.	

Isso significa que a formação em Engenharia se daria a partir de conteúdos, e que os conhecimentos advindos desses conteúdos permitiriam o exercício das competências e habilidades enumeradas na resolução anterior. Pode não ter sido a intenção dos que contribuíram para esta formulação, mas a realidade dos cursos mostra que a maioria trabalha predominantemente no oferecimento de conteúdo.

De seu lado, a CNE/CES nº 2/2019, em seu artigo 4º, estabelece: "O curso de graduação em Engenharia deve proporcionar aos seus egressos, ao longo da formação, as seguintes competências gerais".

Pelo disposto, fica claro que o objetivo é desenvolver competências e não apenas fornecer elementos para posterior desenvolvimento. Isso determina uma mudança de concepção crucial no processo de formação do engenheiro, indicando que os projetos dos cursos devem ser formulados, não mais em função de conteúdos, mas com foco no desenvolvimento de competências como as determinadas no artigo em estudo. Destaque-se, também, que as competências na nova resolução estão mais detalhadas, indo além da simples listagem como consta das DCNs anteriores.

As DCNs anteriores não tratavam dos campos de atuação do engenheiro previstos no artigo 5º (Quadro 5) da atual resolução. A novas DCNs realçam a atuação do engenheiro como inovador, empreendedor e também como professor. Acerca destes aspectos, a resolução anterior menciona apenas as atividades empreendedoras, assim mesmo a título de recomendação, dentre um conjunto de atividades.

Quadro 5 Campos de atuação – inovador, empreendedor e professor

Resolução CNE/CES nº 2/2019	Resolução CNE/CES nº 11/2002
Art. 5º O desenvolvimento do perfil e das competências, estabelecidas para o egresso do curso de graduação em Engenharia, visam à atuação em campos da área e correlatos, em conformidade com o estabelecido no Projeto Pedagógico do Curso (PPC), podendo compreender uma ou mais das seguintes áreas de atuação: I - atuação em todo o ciclo de vida e contexto do projeto de produtos (bens e serviços) e de seus componentes, sistemas e processos produtivos, inclusive inovando-os; II - atuação em todo o ciclo de vida e contexto de empreendimentos, inclusive na sua gestão e manutenção; III - atuação na formação e atualização de futuros engenheiros e profissionais envolvidos em projetos de produtos (bens e serviços) e empreendimentos.	Não tratou desse aspecto.

O artigo 6º da nova resolução (Quadro 6) aborda o Projeto Pedagógico do Curso (PPC). As DCNs anteriores, pela primeira vez, trataram da necessidade da existência de um PPC, inclusive indicando alguns dos aspectos a serem contemplados. As novas DCNs ampliaram significativamente o previsto na resolução anterior sobre o PPC, definindo quais os seus principais componentes.

Quadro 6 Definição e componentes do PPC

Resolução CNE/CES nº 2/2019	Resolução CNE/CES nº 11/2002
Art. 6º O curso de graduação em Engenharia deve possuir Projeto Pedagógico do Curso (PPC) que contemple todo o conjunto das atividades de aprendizagem que assegure o desenvolvimento das competências estabelecidas no perfil do egresso. Os projetos pedagógicos dos cursos de Graduação em Engenharia devem especificar e descrever claramente: I - o perfil do egresso e a descrição das competências que devem ser desenvolvidas, tanto as de caráter geral como as específicas, considerando a habilitação do curso; II - o regime acadêmico de oferta e a duração do curso; III - as principais atividades de ensino-aprendizagem e os respectivos conteúdos, sejam elas de natureza básica, específica, de pesquisa e de extensão, incluindo aquelas de natureza prática, entre outras, necessárias ao desenvolvimento de cada uma das competências estabelecidas para o egresso; IV - as atividades complementares que se alinhem ao perfil do egresso e às competências estabelecidas; V - o Projeto Final de Curso, como componente curricular obrigatório; VI - o Estágio Curricular Supervisionado, como componente curricular obrigatório; VII - a sistemática de avaliação das atividades realizadas pelos estudantes; VIII - o processo de autoavaliação e gestão de aprendizagem do curso, que contemple os instrumentos de avaliação das competências desenvolvidas e respectivos conteúdos, o processo de diagnóstico e a elaboração de planos de ação para a melhoria da aprendizagem, especificando responsabilidades e governança do processo.	Art. 5º Cada curso de Engenharia deve possuir um projeto pedagógico que demonstre claramente como o conjunto das atividades previstas garantirá o perfil desejado de seu egresso e o desenvolvimento das competências e habilidades esperadas. Ênfase deve ser dada à necessidade de se reduzir o tempo em sala de aula, favorecendo o trabalho individual e em grupo dos estudantes.

Ainda no artigo 6º, as novas DCNs fazem referência às atividades que devem permear o curso (Quadro 7), também ampliando sobremaneira o que estava previsto na resolução anterior. De todo modo, é digno de menção o que o artigo 5º da resolução anterior ressalta sobre o excesso de carga que os cursos tinham à época, qual seja: "Ênfase deve ser dada à necessidade de se reduzir o tempo em sala de aula, favorecendo o trabalho individual e em grupo dos estudantes".

De destaque nas novas DCNs, o estímulo às "atividades que articulem simultaneamente a teoria, a prática e o contexto de aplicação" e, ainda, "o uso de metodologias para aprendizagem ativa". Também importante é a explicitação, no artigo 6º, da necessidade da interação com as organizações, qual seja:

Quadro 7 **Atividades do curso**

Resolução CNE/CES nº 2/2019	Resolução CNE/CES nº 11/2002
Art. 6º [...] § 1º É obrigatória a existência de atividades de laboratório, tanto as necessárias para o desenvolvimento das competências gerais quanto das específicas, com o enfoque e a intensidade compatíveis com a habilitação ou com a ênfase do curso. § 2º Deve-se estimular as atividades que articulem simultaneamente a teoria, a prática e o contexto de aplicação, necessárias para o desenvolvimento das competências estabelecidas no perfil do egresso, incluindo as ações de extensão e a integração empresa-escola. § 3º Devem ser incentivados os trabalhos individuais e em grupo dos discentes, sob a efetiva orientação docente. § 4º Devem ser implementadas, desde o início do curso, atividades que promovam a integração e a interdisciplinaridade, de modo coerente com o eixo de desenvolvimento curricular, para integrar as dimensões técnicas, científicas, econômicas, sociais, ambientais e éticas. § 5º Os planos de atividades dos diversos componentes curriculares do curso, especialmente em seus objetivos, devem contribuir para a adequada formação do graduando em face do perfil estabelecido do egresso, relacionando-os às competências definidas. § 6º Deve ser estimulado o uso de metodologias para aprendizagem ativa, como forma de promover uma educação mais centrada no aluno. § 7º Devem ser implementadas atividades acadêmicas de síntese de conteúdos, de integração dos conhecimentos e de articulação de competências. § 8º Devem ser estimuladas atividades acadêmicas, tais como trabalhos de iniciação científica, competições acadêmicas, projetos interdisciplinares e transdisciplinares, projetos de extensão, atividades de voluntariado, visitas técnicas, trabalhos em equipe, desenvolvimento de protótipos, monitorias, participação em empresas juniores, incubadoras e outras atividades empreendedoras. § 9º É recomendável que as atividades sejam organizadas de modo que aproxime os estudantes do ambiente profissional, criando formas de interação entre a instituição e o campo de atuação dos egressos. § 10 Recomenda-se a promoção frequente de fóruns com a participação de profissionais, empresas e outras organizações públicas e privadas, a fim de que contribuam nos debates sobre demandas sociais, humanas e tecnológicas para acompanhar a evolução constante da Engenharia, para melhor definição e atualização do perfil do egresso. § 11 Devem ser definidas ações de acompanhamento dos egressos, visando à retroalimentação do curso. § 12 Devem ser definidas as ações de ensino, pesquisa e extensão, e como contribuem para a formação do perfil do egresso.	Art. 5º Cada curso de Engenharia deve possuir um projeto pedagógico que demonstre claramente como o conjunto das atividades previstas garantirá o perfil desejado de seu egresso e o desenvolvimento das competências e habilidades esperadas. Ênfase deve ser dada à necessidade de se reduzir o tempo em sala de aula, favorecendo o trabalho individual e em grupo dos estudantes. § 1º Deverão existir os trabalhos de síntese e integração dos conhecimentos adquiridos ao longo do curso, sendo que, pelo menos, um deles deverá se constituir em atividade obrigatória como requisito para a graduação. § 2º Deverão também ser estimuladas atividades complementares, tais como trabalhos de iniciação científica, projetos multidisciplinares, visitas teóricas, trabalhos em equipe, desenvolvimento de protótipos, monitorias, participação em empresas juniores e outras atividades empreendedoras.

> § 9º É recomendável que sejam organizadas atividades de modo a aproximar os estudantes do ambiente profissional, criando formas de interação entre a instituição e o campo de atuação dos egressos.
>
> § 10 Recomenda-se a promoção frequente de fóruns com a participação de profissionais, empresas e outras organizações públicas e privadas, a fim de que contribuam nos debates sobre demandas sociais, humanas e tecnológicas para acompanhar a evolução constante da Engenharia, para melhor definição e atualização do perfil do egresso.

Por fim, deve-se destacar que, dentre as atividades, "devem ser definidas ações de acompanhamento dos egressos, visando à retroalimentação do curso", como disposto no § 11 do artigo 6º.

Ressalte-se, também, a importância que a nova resolução dispensa às chamadas metodologias ativas de aprendizagem. O desenvolvimento de competências, o cerne das novas DCNs, exige a implementação de metodologias adequadas, e as chamadas ativas são as adotadas pelos cursos que já implantaram ou estão implantando os "currículos por competência". Na resolução anterior, as questões referentes às metodologias não foram realçadas.

O acolhimento de ingressantes (Quadro 8) é outra inovação das novas DCNs, conforme previsto em seu artigo 7º. Além do nivelamento de conhecimentos e da preparação do ingressante em termos psicopedagógico e social para acompanhamento adequado das atividades do curso, o previsto neste artigo permitirá que o curso conheça melhor o seu ingressante. A resolução anterior não tratava desses aspectos. Estas ações podem contribuir para a diminuição das taxas de retenção e, também, de evasão nos cursos, cuja média geral é superior a 50 %, conforme disposto no parecer emitido pela CNE/CES (ver Anexo no final do livro).

Quadro 8 Acolhimento de ingressantes

Resolução CNE/CES nº 2/2019	Resolução CNE/CES nº 11/2002
Art. 7º Com base no perfil dos seus ingressantes, o Projeto Pedagógico do Curso (PPC) deve prever sistemas de acolhimento e nivelamento, visando à diminuição da retenção e da evasão, ao considerar: I - as necessidades de conhecimentos básicos que são pré-requisitos para o ingresso nas atividades do curso de graduação em Engenharia; II - a preparação pedagógica e psicopedagógica para acompanhamento das atividades do curso de graduação em Engenharia; III - a orientação para o ingressante, visando melhorar as suas condições de permanência no ambiente da educação superior.	Não tratou desse aspecto.

As DCNs anteriores também não incluíram qualquer determinação sobre a carga horária e a duração do curso (Quadro 9), o que foi regulado posteriormente pela Resolução CNE/CES nº 2/2007 (BRASIL, 2007). Este foi um dos aspectos mais debatidos no processo final de discussão das atuais DCNs, resultando no que se tem hoje: os cursos continuam com carga horária mínima de 3600 horas e duração mínima de cinco anos. Significativa parcela dos defensores dessa proposta acreditava que a não determinação dos mínimos de carga horária e duração do curso contribuía para a diminuição da qualidade dos cursos, entre outros fatores.

Quadro 9 Carga horária e duração do curso

Resolução CNE/CES nº 2/2019	Resolução CNE/CES nº 11/2002
Art. 8º O curso de graduação em Engenharia deve ter carga horária e tempo de integralização estabelecidos no Projeto Pedagógico do Curso (PPC), definidos de acordo com a Resolução CNE/CES nº 2, de 18 de junho de 2007. § 1º As atividades do curso podem ser organizadas por disciplinas, blocos, temas ou eixos de conteúdos, atividades práticas laboratoriais e reais, projetos, atividades de extensão e pesquisa, entre outras. § 2º O Projeto Pedagógico do Curso deve contemplar a distribuição dos conteúdos na carga horária, alinhados ao perfil do egresso e às respectivas competências estabelecidas, tendo como base o disposto no *caput* deste artigo. § 3º As Instituições de Ensino Superior (IES), que possuam programas de pós-graduação ***stricto sensu***, podem dispor de carga horária, de acordo com o Projeto Pedagógico do Curso, para atividades acadêmicas curriculares próprias, que se articulem à pesquisa e extensão.	Não trata desse aspecto.

As novas DCNs, no seu artigo 9º, só listam os conteúdos básicos recomendados (Quadro 10), preservando a flexibilidade que deve ter uma IES para elaborar o PPC do seu curso de Engenharia, em acordo com a habilitação escolhida. A anterior dividia estes conteúdos em três núcleos, listando os básicos e alguns dos denominados profissionais. Das mais de 40 habilitações existentes à época, a resolução anterior só listou conteúdos de algumas habilitações de Engenharia (Civil, Elétrica, Produção, Mecânica, Minas e Química). Hoje, o número de habilitações já passa das 60 listadas no Anexo no final do livro.

Para as DCNs anteriores, as atividades complementares (Quadro 11) deveriam ser estimuladas, enquanto as atuais estabelecem que elas devem contribuir para o desenvolvimento de competências.

As novas DCNs estabelecem que o estágio obrigatório, abordado no artigo 11 (Quadro 12), deve ser realizado em organizações de Engenharia e explicita a necessidade de envolvimento de discentes, de docentes e de profissionais das empresas. A nova resolução também indica que o estágio deve ocorrer "em situações reais que contemplem o universo da Engenharia, tanto no ambiente profissional quanto no ambiente do curso". A carga horária mínima foi mantida em 160 horas.

Quadro 10 Conteúdos

Resolução CNE/CES nº 2/2019	Resolução CNE/CES nº 11/2002
Art. 9º Todo curso de graduação em Engenharia deve conter, em seu Projeto Pedagógico de Curso, os conteúdos básicos, profissionais e específicos diretamente relacionados com as competências que se propõe a desenvolver. A forma de se trabalhar esses conteúdos deve ser proposta e justificada no Projeto Pedagógico do Curso. § 1º Todas as habilitações do curso de Engenharia devem contemplar os seguintes conteúdos básicos, dentre outros: Administração e Economia; Algoritmos e Programação; Ciência dos Materiais; Ciências do Ambiente; Eletricidade; Estatística. Expressão Gráfica; Fenômenos de Transporte; Física; Informática; Matemática; Mecânica dos Sólidos; Metodologia Científica e Tecnológica; e Química. § 2º Além desses conteúdos básicos, cada curso deve explicitar no Projeto Pedagógico do Curso os conteúdos específicos e profissionais, assim como os objetos de conhecimento e as atividades necessárias para o desenvolvimento das competências estabelecidas. § 3º Devem ser previstas atividades práticas e de laboratório, tanto para os conteúdos básicos como os específicos e profissionais, com enfoque e intensidade compatíveis com a habilitação da engenharia, sendo indispensáveis essas atividades nos casos de Física, Química e Informática.	Art. 6º Todo o curso de Engenharia, independente de sua modalidade, deve possuir em seu currículo um núcleo de conteúdos básicos, um núcleo de conteúdos profissionalizantes e um núcleo de conteúdos específicos que caracterizem a modalidade. § 1º O núcleo de conteúdos básicos, cerca de 30% da carga horária mínima, versará sobre os tópicos que seguem: I - Metodologia Científica e Tecnológica; II - Comunicação e Expressão; III - Informática; IV - Expressão Gráfica; V - Matemática; VI - Física; VII - Fenômenos de Transporte; VIII - Mecânica dos Sólidos; IX - Eletricidade Aplicada; X - Química; XI - Ciência e Tecnologia dos Materiais; XII - Administração; XIII - Economia; XIV - Ciências do Ambiente; XV - Humanidades, Ciências Sociais e Cidadania. § 2º Nos conteúdos de Física, Química e Informática, é obrigatória a existência de atividades de laboratório. Nos demais conteúdos básicos, deverão ser previstas atividades práticas e de laboratórios, com enfoques e intensividade compatíveis com a modalidade pleiteada. § 3º O núcleo de conteúdos profissionalizantes, cerca de 15% de carga horária mínima, versará sobre um subconjunto coerente dos tópicos abaixo discriminados, a ser definido pela IES:[1] § 4º O núcleo de conteúdos específicos se constitui em extensões e aprofundamentos dos conteúdos do núcleo de conteúdos profissionalizantes, bem como de outros conteúdos destinados a caracterizar modalidades. Estes conteúdos, consubstanciando o restante da carga horária total, serão propostos exclusivamente pela IES. Constituem-se em conhecimentos científicos, tecnológicos e instrumentais necessários para a definição das modalidades de engenharia e devem garantir o desenvolvimento das competências e habilidades estabelecidas nestas diretrizes.

[1]Na Resolução CNE/CES nº 11/2002 (BRASIL, 1976), estão listados 53 conteúdos profissionalizantes.

As novas DCNs alteraram, em seu artigo 12, a denominação Trabalho Final de Curso, que vinha sendo utilizado até então, para Projeto Final de Curso (Quadro 13), o qual pode ser realizado individualmente ou em grupo. As antigas DCNs secundarizavam o Trabalho Final de Curso ao inseri-lo como um parágrafo do artigo cujo *caput* é o estágio obrigatório. Ressalte-se que, ao alterar a denominação para "Projeto" em substituição a "Trabalho", as novas DCNs pretendem que, de fato, sejam elaborados projetos, pois esta é a atividade intelectual fundamental do engenheiro e que distingue esta atividade profissional.

Quadro 11 Atividades complementares

Resolução CNE/CES nº 2/2019	Resolução CNE/CES nº 11/2002
Art. 10 As **atividades complementares**, sejam elas realizadas dentro ou fora do ambiente escolar, devem contribuir efetivamente para o desenvolvimento das competências previstas para o egresso.	Art. 5º § 2º Deverão também ser estimuladas **atividades complementares**, tais como trabalhos de iniciação científica, projetos multidisciplinares, visitas teóricas, trabalhos em equipe, desenvolvimento de protótipos, monitorias, participação em empresas juniores e outras atividades empreendedoras.

Quadro 12 Estágio obrigatório

Resolução CNE/CES nº 2/2019	Resolução CNE/CES nº 11/2002
Art. 11 A formação do engenheiro inclui, como etapa integrante da graduação, as práticas reais, entre as quais o estágio curricular obrigatório sob supervisão direta do curso. § 1º A carga horária do estágio curricular deve estar prevista no Projeto Pedagógico do Curso, sendo mínima de 160 (cento e sessenta) horas. § 2º No âmbito do estágio curricular obrigatório, a IES deve estabelecer parceria com organizações que desenvolvam ou apliquem atividades de Engenharia, de modo que docentes e discentes do curso, bem como profissionais dessas organizações, se envolvam efetivamente em situações reais que contemplem o universo da Engenharia, tanto no ambiente profissional quanto no ambiente do curso.	Art. 7º A formação do engenheiro incluirá, como etapa integrante da graduação, estágios curriculares obrigatórios sob supervisão direta da instituição de ensino, através de relatórios técnicos e acompanhamento individualizado durante o período de realização da atividade. A carga horária mínima do estágio curricular deverá atingir 160 (cento e sessenta) horas.

Quadro 13 Projeto Final de Curso

Resolução CNE/CES nº 2/2019	Resolução CNE/CES nº 11/2002
Art. 12. O Projeto Final de Curso deve demonstrar a capacidade de articulação das competências inerentes à formação do engenheiro. Parágrafo único. O Projeto Final de Curso, cujo formato deve ser estabelecido no Projeto Pedagógico do Curso, pode ser realizado individualmente ou em equipe, sendo que, em qualquer situação, deve permitir avaliar a efetiva contribuição de cada aluno, bem como sua capacidade de articulação das competências visadas.	Art. 7º Parágrafo único. É obrigatório o trabalho final de curso como atividade de síntese e integração de conhecimento.

A nova resolução estabelece, em seu artigo 13, que a avaliação dos estudantes (Quadro 14) “deve ser organizada como um reforço ao aprendizado e ao desenvolvimento das competências”. Nas DCNs anteriores, estava previsto que a avaliação dos estudantes deveria basear-se também nas competências, mas isso não foi implementado de fato nos cursos.

Quadro 14 Avaliação dos estudantes

Resolução CNE/CES nº 2/2019	Resolução CNE/CES nº 11/2002
Art. 13 A avaliação dos estudantes deve ser organizada como um reforço, em relação ao aprendizado e ao desenvolvimento das competências. § 1º As avaliações da aprendizagem e das competências devem ser contínuas e previstas como parte indissociável das atividades acadêmicas. § 2º O processo avaliativo deve ser diversificado e adequado às etapas e às atividades do curso, distinguindo o desempenho em atividades teóricas, práticas, laboratoriais, de pesquisa e extensão. § 3º O processo avaliativo pode dar-se sob a forma de monografias, exercícios ou provas dissertativas, apresentação de seminários e trabalhos orais, relatórios, projetos e atividades práticas, entre outros, que demonstrem o aprendizado e estimulem a produção intelectual dos estudantes, de forma individual ou em equipe.	Art. 8º § 1º As avaliações dos alunos deverão basear-se nas competências, habilidades e conteúdos curriculares desenvolvidos tendo como referência as Diretrizes Curriculares. § 2º O curso de graduação em Engenharia deverá utilizar metodologias e critérios para acompanhamento e avaliação do processo ensino-aprendizagem e do próprio curso, em consonância com o sistema de avaliação e a dinâmica curricular definidos pela IES à qual pertence.

Pela primeira vez, o corpo docente (Quadro 15) do curso é considerado nas DCNs. O artigo 14 estabelece que o "curso de graduação em Engenharia deve manter permanente um Programa de Formação e Desenvolvimento do seu corpo docente" e, também, definir indicadores de avaliação e valorização do trabalho docente nas atividades do curso.

Quadro 15 Docentes

Resolução CNE/CES nº 2/2019	Resolução CNE/CES nº 11/2002
Art. 14 O corpo docente do curso de graduação em Engenharia deve estar alinhado com o previsto no Projeto Pedagógico do Curso, respeitada a legislação em vigor. § 1º O curso de graduação em Engenharia deve manter permanente Programa de Formação e Desenvolvimento do seu corpo docente, com vistas à valorização da atividade de ensino, ao maior envolvimento dos professores com o Projeto Pedagógico do Curso e a seu aprimoramento em relação à proposta formativa, contida no Projeto Pedagógico, por meio do domínio conceitual e pedagógico, que englobe estratégias de ensino ativas, pautadas em práticas interdisciplinares, de modo que assumam maior compromisso com o desenvolvimento das competências desejadas nos egressos. § 2º A instituição deve definir indicadores de avaliação e valorização do trabalho docente nas atividades desenvolvidas no curso.	Não trata desse aspecto.

As DCNs atuais, assim como as anteriores, preveem avaliação e acompanhamento da implantação e desenvolvimento das DCNs do curso de graduação em Engenharia (Quadro 16).

Ficou estabelecido que os cursos têm prazo de três anos para a implementação das novas DCNs (Quadro 17).

As novas DCNs preveem que os instrumentos de avaliação oficiais devem ser adequados à nova resolução (Quadro 18). Trata-se de uma providência importante, pois abre a oportunidade para que, nesta adequação, sejam estabelecidos indicadores específicos para a Engenharia, de modo que sejam contempladas as suas especificidades.

Quadro 16 Implantação e acompanhamento das novas DCNs

Resolução CNE/CES nº 2/2019	Resolução CNE/CES nº 11/2002
Art. 15 A implantação e desenvolvimento das DCNs do curso de graduação em Engenharia devem ser acompanhadas, monitoradas e avaliadas pelas Instituições de Educação Superior, bem como pelos processos externos de avaliação e regulação conduzidos pelo Ministério da Educação, visando ao seu aperfeiçoamento.	Art. 8º A implantação e desenvolvimento das diretrizes curriculares devem orientar e propiciar concepções curriculares ao curso de graduação em Engenharia que deverão ser acompanhadas e permanentemente avaliadas, a fim de permitir os ajustes que se fizerem necessários ao seu aperfeiçoamento. § 2º O curso de graduação em Engenharia deverá utilizar metodologias e critérios para acompanhamento e avaliação do processo ensino-aprendizagem e do próprio curso, em consonância com o sistema de avaliação e a dinâmica curricular definidos pela IES à qual pertence.

Quadro 17 Prazo para implantação das novas DCNs

Resolução CNE/CES nº 2/2019	Resolução CNE/CES nº 11/2002
Art. 16 Os cursos de Engenharia em funcionamento têm o prazo de 3 (três) anos a partir da data de publicação desta Resolução para implementação destas Diretrizes Nacionais do curso de graduação em Engenharia. Parágrafo único. A forma de implementação do novo Projeto Pedagógico de Curso, alinhado a estas Diretrizes Nacionais do Curso de Graduação em Engenharia, poderá ser gradual, avançando-se período por período, ou imediatamente, com a devida anuência dos alunos.	Não estabeleceu.

Quadro 18 Adequação dos instrumentos de avaliação

Resolução CNE/CES nº 2/2019	Resolução CNE/CES nº 11/2002
Art. 17 Os instrumentos de avaliação de curso com vistas à autorização, reconhecimento e renovação de reconhecimento devem ser adequados, no que couber, a estas Diretrizes Nacionais do curso de graduação em Engenharia.	Não estabeleceu.

O estabelecido no artigo 18 da nova resolução e no 9º da anterior é de praxe. A resolução anterior não revogou as DCNs anteriores (Resolução nº 48/1976), porque estas já tinham sido revogadas pela LDB de 1996 (BRASIL, 1996).

Quadro 19 Vigor das Resoluções

Resolução CNE/CES nº 2/2019	Resolução CNE/CES nº 11/2002
Art. 18 Esta Resolução **entra em vigor a partir da data** de sua publicação, revogadas a Resolução CNE/CES nº11, de 11 de março de 2002 e demais disposições em contrário.	Art. 9º Esta Resolução **entra em vigor na data** de sua publicação, revogadas as disposições em contrário.

Neste artigo 18, chama a atenção o fato de a resolução anterior ter entrado "em vigor na data de sua publicação", enquanto a atual entrou "em vigor a partir da data de sua publicação".

3 Quadro-resumo do estudo comparativo

A comparação entre as DCNs atuais e as anteriores, a partir da análise artigo a artigo, permite apresentar uma síntese consolidada (Quadro 20), com as principais mudanças:

- **Concepção de organização do curso.** Os cursos antes das atuais DCNs eram organizados com base em conhecimentos a serem adquiridos a partir de conteúdos, ao passo que a atual resolução propõe que o curso seja organizado, principalmente, com base em atividades que articulem teoria, prática e contexto de aplicação, ensejando o desenvolvimento de competências.

Quadro 20 Síntese da comparação entre DCNs atuais e anteriores

Tópico	Novas DCNs	DCNs anteriores
Área do curso	Habilitação	Modalidade
Objetivo da resolução	Organização, avaliação e desenvolvimento do curso	Organização do curso
Perfil do egresso	Mais abrangente	Previa
Concepção do curso	Base em competências	Base em conteúdos
Campos de atuação	Engenheiro inovador, empreendedor e "professor"	Não estabelecia
Projeto Pedagógico de Curso	Mais abrangente	Previa
Atividades do curso	Atividades como predominante	Atividades como parte
Metodologia de aprendizagem	Metodologias ativas	Não previa
Acolhimento do ingressante	Nivelamento e apoio psicopedagógico e social	Não previa
Carga e duração	De acordo com a CNE/CES nº 02/2007	Não previa
Conteúdos	Estabelece apenas os básicos	Básicos e profissionalizantes de algumas modalidades
Estágio obrigatório	Previsto (mínimo 160 horas)	Previa (mínimo 160 horas)

(*continua*)

Quadro 20 Síntese da comparação entre DCNs atuais e anteriores (*continuação*)

Tópico	Novas DCNs	DCNs anteriores
Atividade obrigatória de final de curso	Projeto de Final de Curso	Trabalho de Final de Curso
Avaliação dos estudantes	Como parte do processo de aprendizagem	Baseada nas atividades e conteúdos
Corpo docente	Estabelece programa de formação e desenvolvimento; e definição de indicadores de valorização das atividades no curso	Não previa
Implantação e acompanhamento	Prevê	Previa
Prazo para implantação	3 anos	Não previa

- **Substituição da "sala de aula" por "ambiente de aprendizagem".** Isso decorre da mudança de concepção de conteúdos para competências, que exige ambientes apropriados e, também, a adoção de metodologias ativas de aprendizagem.
- **As organizações nas novas DCNs.** Pela primeira vez, as diretrizes para o curso de Engenharia tratam as organizações relacionadas com a Engenharia como parceiras para a realização de estágios e, também, para participar de fóruns que busquem melhorias na formação do engenheiro.
- **Campos de atuação do engenheiro.** Enquanto este aspecto não era previsto na resolução anterior, a atual estabelece a atuação do engenheiro como inovador, empreendedor e professor.
- **Acolhimento do ingressante.** Os alunos que ingressam nos cursos são oriundos de trajetórias distintas, tanto em termos de conhecimentos, inclusive sobre métodos de estudos e de atitudes necessárias para melhor tirar proveito das atividades do curso; por esta razão, hoje, há o estímulo ao acolhimento com base no nivelamento de conhecimentos e de apoio psicopedagógico e social, com vistas à diminuição da retenção e da evasão.
- **Programa de formação do corpo docente.** Pela primeira vez, as DCNs consideram o principal agente de um curso, que é o professor, e identificam a necessidade de formação específica para o exercício na graduação, principalmente para o desenvolvimento de atividades com base em metodologias ativas de aprendizagem.

Pode-se, também, considerar como avanços os seguintes aspectos:

- **Perfil do egresso.** Ao inserir a visão holística, a aptidão para a pesquisa, a atuação inovadora e empreendedora, a atenção ao usuário, além da preocupação com a cidadania e a sustentabilidade, a nova resolução atualizou o perfil do egresso em acordo com as atuais necessidades de formação em Engenharia.
- **Projeto pedagógico de curso.** A explicitação dos tópicos principais que devem compor o PPC reforça sua importância para a estruturação de um curso de Engenharia com qualidade.

- **Avaliação dos estudantes.** Inserindo a avaliação dos estudantes como parte do processo de aprendizagem, em vez de tratá-la como mecanismo de aferição de conhecimentos apenas, agrega mais qualidade ao processo de desenvolvimento de competências no curso.
- **Avaliação do curso.** Além da previsão de avaliação e autoavaliação, ainda foi prevista a adequação dos atuais instrumentos oficias de avaliação, que pode transformar-se em oportunidade de contemplar as especificidades do curso de Engenharia nestes instrumentos de avaliação.

4 Considerações finais

Dos aspectos que compõem as Diretrizes Curriculares Nacionais para o curso de Engenharia, vários foram aprofundados nos capítulos seguintes deste livro. Como considerações finais deste capítulo, vale a pena destacar dois aspectos, por serem fundamentais para a implantação destas novas DCNs nos cursos de Engenharia, quais sejam:

- a **capacitação docente** para a adoção de metodologias ativas de aprendizagem e a gestão e implementação de atividades que permitam o desenvolvimento das competências esperadas do egresso;
- o **projeto pedagógico do curso** que deve ser elaborado, como o projeto de um empreendimento, com todo o detalhamento necessário e entendendo como processuais as atividades de desenvolvimento das competências esperadas do egresso.

4.1 Capacitação docente

A capacitação docente, também em termos didático-pedagógicos, constitui um dos principais fatores para a melhoria da qualidade dos cursos, no entanto, é necessário que, em contrapartida, seja valorizada a atividade docente na graduação. Verifica-se, hoje, que a atividade que agrega valor na docência é a participação na pesquisa e na pós-graduação.

A valorização da docência na graduação com a mesma atenção dispensada à pesquisa (financiamento de projetos de Educação em Engenharia, bolsas de produtividade, programas de pós-graduação etc.) é fundamental para o pleno êxito na implantação das novas DCNs, conforme consta do parecer que encaminhou as atuais DCNs (ver Anexo no final do livro):

> Em outras palavras, é necessário priorizar a capacitação para o exercício da docência, visto que a implementação de projetos eficazes de desenvolvimento de competências exige conhecimentos específicos sobre meios, métodos e estratégias de ensino/aprendizagem.

Sobre a valorização da docência na graduação, destacam-se as ações que estão sendo desenvolvidas na União Europeia para a próxima década. Dentre estas, as recomendações encontradas no Relatório do Grupo de Alto Nível (EU, 2013) que foram traduzidas por Marques (2013) mostram que a formação docente é a diretriz prioritária, quais sejam:

> *Recomendação 2* – Cada instituição deve desenvolver e implementar uma estratégia para apoiar e melhorar de forma contínua a qualidade do ensino e da aprendizagem, dedicando o nível necessário de recursos humanos e financeiros a essa função, e integrando esta prioridade na sua missão geral, dando ao ensino a mesma importância que à investigação.
>
> *Recomendação 4* – Todo o pessoal docente do ensino superior em 2020 deve ter recebido formação pedagógica certificada. A formação profissional contínua dos professores deve passar a ser um requisito para os professores no setor do ensino superior.
>
> *Recomendação 5* – A admissão de pessoal acadêmico, bem como a sua progressão e promoção, devem basear-se em uma avaliação da competência pedagógica, a par de outros fatores.

Neste relatório da União Europeia, ainda é recomendada a instituição de uma Academia Europeia de Ensino Aprendizagem. Para que o Brasil possa avançar na melhoria da qualidade de seus cursos de Engenharia, não resta alternativa exceto o investimento na formação pedagógica dos docentes desses cursos. Esta formação deve ocorrer a partir de programas, como o previsto no artigo 14 das atuais DCNs. Para que sejam eficazes, estes programas devem ser desenvolvidos dentro das próprias escolas de Engenharia, a partir do conhecimento acumulado sobre esta questão, principalmente pelos que trabalham com a Educação em Engenharia.

4.2 Projeto pedagógico de curso (PPC)

As DCNs anteriores estabeleceram que todo curso "deve possuir um projeto pedagógico" e as atuais situaram o PPC no centro da organização do curso, inclusive estabelecendo os tópicos principais que devem ser nele detalhados, conforme tratado no parecer que encaminhou as atuais diretrizes (ver Anexo no final do livro), qual seja:

> O Projeto Pedagógico do Curso de Graduação em Engenharia (PPC) ocupa posição proeminente na proposta das novas Diretrizes Curriculares Nacionais do Curso de Graduação em Engenharia. Nele, portanto, deve ser explicitado como o perfil geral do egresso e da área de Engenharia serão construídos ao longo do curso. Deve também constar as diferentes iniciativas do processo de formação e sua forma de articulação para atingir os resultados esperados, ou seja, o perfil estabelecido do egresso.

Ao se elaborar o PPC com base nas novas diretrizes, é necessário que seja bem analisado o cenário em que este curso vai ser inserido, as condições de oferta e demanda do mercado e da sociedade para a área de Engenharia que o curso pretende atender e a trajetória completa de formação do engenheiro (Figura 1). Para que o PPC tenha melhor efetividade, além do Projeto do Curso, que delineia como será o curso, deve-se estruturar um projeto de como implementar o que for previsto no PPC, à semelhança do chamado Projeto para Produção, que é elaborado no setor industrial.

Sobre o cenário de inserção do curso, deve-se observar que os seus egressos só estarão formados cinco anos depois do seu início, portanto os estudos para a sua criação devem remeter-se ao futuro, e não apenas ao cenário do momento da sua criação. Além disso, deve-se prospectar novas necessidades a serem atendidas pela Engenharia, pois cada vez mais se amplia o espectro de atuação dos engenheiros.

Figura 1 Trajetória da formação do engenheiro

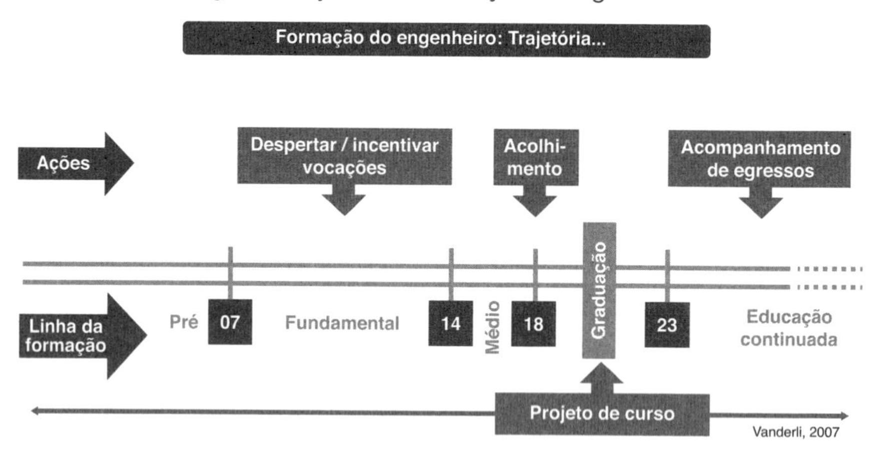

Ainda em termos de cenário, observa-se que, notadamente a partir de 2014, vem ocorrendo uma diminuição do número de candidatos ao curso de Engenharia e, de outro, registra-se um aumento da evasão, como se pode observar nos Gráficos 8 e 12, respectivamente, que constam do Parecer CNE/CES nº 1, de 23 de janeiro de 2019 (BRASIL, 2019a) (ver Anexo no final do livro). Diante deste quadro, visando despertar vocações e diminuir a evasão, é fundamental que o PPC trate de aspectos que envolvem a formação dos futuros engenheiros antes do seu ingresso no curso e, também, acompanhar os seus egressos após a conclusão do curso com vistas a verificar se o preconizado no PPC está sendo alcançado efetivamente.

Para ser de fato efetivo no cenário atual, é necessário que o PPC preveja ações que visem despertar vocações para a Engenharia e, também, para indicar aos potenciais candidatos quais os conhecimentos e em que medida devem ser priorizados na formação na educação básica e pré-universitária. Além do acompanhamento de egressos, que sejam previstas ações de educação continuada, como mais uma forma de interação e de conhecimento sobre esses egressos.

BIBLIOGRAFIA

BRASIL. Decreto nº 477, de 26 de fevereiro de 1969. Revogado pela Lei nº 6.680, de 1979. Disponível em: <http://www.planalto.gov.br/ccivil_03/decreto-lei/1965-1988/del0477.htm>. Acesso em: 31 maio 2019.

BRASIL. Conselho Federal de Educação. **Resolução nº 48**, de 27 de abril de 1976. Fixa os mínimos de conteúdo e de duração do curso de graduação em Engenharia e define suas áreas de habilitações. Disponível em: <http://www.eletrica.ufpr.br/mehl/reforma2000/b.avaliacao.pdf>. Acesso em: 31 maio 2019.

BRASIL. Lei nº 9.394, de 20 de dezembro de 1996. Estabelece as diretrizes e bases da educação nacional. **Diário Oficial [da] República Federativa do Brasil,** Brasília, DF, 23 dez. 1996.

BRASIL. Conselho Nacional de Educação. Resolução CNE/CES nº 11, de 11 de março de 2002. Institui as Diretrizes Curriculares Nacionais do Curso de Graduação em Engenharia. **Diário Oficial [da] República Federativa do Brasil**, Brasília, DF, Brasília, Seção 1, p. 32, 9 abr. 2002. Disponível em: <http://portal.mec.gov.br/

cne/arquivos/pdf/CES112002.pdf>. Acesso em: 31 maio 2019.

BRASIL. Conselho Nacional de Educação. Resolução CNE/CES nº 2, de 18 de junho de 2007. Dispõe sobre carga horária mínima e procedimentos relativos à integralização e duração dos cursos de graduação, bacharelados, na modalidade presencial. **Diário Oficial [da] República Federativa do Brasil**, Brasília, DF, Seção 1, p. 6, 19 jun. 2007. Disponível em: <http://portal.mec.gov.br/cne/arquivos/pdf/2007/rces002_07.pdf>. Acesso em: 31 maio 2019.

BRASIL. Conselho Nacional de Educação. Parecer CNE/CES nº 1, de 23 de janeiro de 2019. Diretrizes Curriculares Nacionais do Curso de Graduação em Engenharia. **Diário Oficial [da] República Federativa do Brasil**, Brasília, DF, Seção I, p. 109, 23 abr. 2019a. Disponível em: <http://portal.mec.gov.br/index.php?option=com_docman&view=download&alias=109871-pces001-19-1&category_slug=marco-2019-pdf&Itemid=30192>. Acesso em: 31 maio 2019.

BRASIL. Conselho Nacional de Educação. Resolução CNE/CES nº 2, de 24 de abril de 2019. Institui as Diretrizes Curriculares Nacionais do Curso de Graduação em Engenharia. **Diário Oficial [da] República Federativa do Brasil**, Brasília, DF, Seção I, p. 43, 26 abr. 2019b. Disponível em: <http://www.in.gov.br/web/dou/-/resolu%C3%87%C3%83o-n%C2%BA-2-de-24-de-abril-de-2019-85344528>. Acesso em: 31 maio 2019.

EUROPEAN UNION. **High Level Group on the Modernisation of Higher Education.** Report to the European Commission on improving the quality of teaching and learning in Europe's higher education institutions. Luxembourg: EU, jun. 2013. Disponível em: <https://publications.europa.eu/en/publication-detail/-/publication/fbd4c2aa-aeb7-41ac-ab4c-a94feea9eb1f>. Acesso em: 31 maio 2019.

MARQUES, J. C. Qualificação pedagógica de docentes do ensino superior – a terceira vaga. 1st International Conference of the Portuguese Society for Engineering Education, Porto, Portugal, 2013. **Anais** [...], Porto, Portugal: CISPEE nov. 2013.

O projeto pedagógico para as novas diretrizes curriculares de Engenharia

DEBORA MALLET PEZARIM DE ANGELO
IRINEU GUSTAVO NOGUEIRA GIANESI

1 Introdução

O objetivo deste capítulo é apresentar um caminho para a elaboração do Projeto Pedagógico a partir da discussão dos principais aspectos das novas Diretrizes Curriculares Nacionais (DCNs) de Engenharia. Partimos do entendimento de que as mudanças propostas pretendem estimular um (re)desenho de currículo organizado para o desenvolvimento das competências previstas para os egressos, assim como a implantação de um processo que garanta o acompanhamento contínuo dos dados relativos aos resultados da aprendizagem dos estudantes e a consequente intervenção no processo em face dos resultados indesejados.

2 Das DCNs de 2002 às novas diretrizes de Engenharia de 2019

É bastante razoável presumir que a definição e publicação de novas diretrizes curriculares em qualquer área gere grande expectativa nos atores educacionais que serão por elas impactados. Um dos primeiros questionamentos que surge pode ser traduzido de forma sintética – e, em alguma medida, simplificadora, dada a complexidade do processo educativo –, pela seguinte sentença: o que há de novo?

Resgatando o Parecer CNE/CES nº 1.362/2001, é preciso ressaltar que há diversos pontos ali postos que estão, em certa medida, resgatados (e, em alguns casos, ampliados) nas Diretrizes de 2019, como veremos mais adiante. Lá, já se falava em "experiências de aprendizado", organizadas em um currículo que "vai muito além das atividades convencionais de sala de aula e deve considerar atividades complementares, tais como iniciação científica e tecnológica, programas acadêmicos amplos, a exemplo do Programa Especial de Treinamento (PET) da Coordenação de Aperfeiçoamento de Pessoal de Nível Superior (Capes), programas de extensão universitária, visitas técnicas, eventos científicos [...]", entre outras.

Também com foco na aprendizagem, o mesmo documento considera que o "aprendizado só se consolida se o estudante desempenhar um papel ativo" e que há "a possibilidade da implantação de experiências inovadoras de organização curricular", que não precisam se limitar à "tradicional grade de disciplinas".

Todas essas premissas parecem fazer sentido em diretrizes curriculares que apontam para competências e habilidades esperadas para o egresso. De fato, as DCNs de 2002 já enumeravam as competências desejadas para os egressos dos cursos de Engenharia, ainda que não enfatizassem a vinculação do currículo e suas experiências de aprendizagem a elas. Importante ressaltar que esses conceitos, apesar de diferentes definições encontradas na literatura, podem ser relacionados com a aprendizagem do estudante, colocando-o como centro do processo, na medida em que as competências (e as habilidades que as suportam) estão centradas na ação do estudante.

Aspecto que também chama a atenção no Parecer CNE/CES nº 1.362/2001 é a constatação de que as Instituições de Ensino Superior (IES) não têm conseguido privilegiar essa formação voltada para um profissional engenheiro "capaz de propor soluções que sejam não apenas tecnicamente corretas", que possa "ter a ambição de considerar os problemas em sua totalidade, em sua inserção numa cadeia de causas e efeitos de múltiplas dimensões".

A conclusão apresentada no Parecer aqui referido afirma, categoricamente, o insucesso das iniciativas das instituições de ensino superior nessa direção:

> As IES no Brasil têm procurado, através de reformas periódicas de seus currículos, equacionar esses problemas. Entretanto, essas reformas não têm sido inteiramente bem-sucedidas, dentre outras razões, por privilegiarem a acumulação de conteúdos como garantia para a formação de um bom profissional.

Esse insucesso, constatado há 18 anos, e que até certo ponto persiste até agora, pode ser uma das causas que levaram à organização das novas Diretrizes Curriculares de Engenharia em 2019. Se assumirmos essa perspectiva como pertinente – com todos os riscos subjacentes à adoção de uma hipótese – o próximo passo é analisar as novas perspectivas do novo documento, que buscam alavancar mudanças que permanecem desejadas, mas ainda não efetivamente conquistadas, na formação dos engenheiros no Brasil, entre outros temas novos que são apresentados nas novas diretrizes.

3 A importância das competências nas DCNs de Engenharia de 2019

A causa indicada como central para a falta de êxito das reformas curriculares das IES é o privilégio dos conteúdos na organização curricular. Importante notar que, na Resolução CNE/CES nº 11, de 11 de março de 2002, que instituiu DCNs do curso de graduação em Engenharia, são indicados 68 tópicos a serem organizados nos currículos: 15 conteúdos denominados básicos e 53 denominados profissionalizantes, compondo um total de 68 conteúdos previamente estipulados. Além disso, aquelas diretrizes estabeleciam percentuais mínimos de carga horária para esses núcleos de conteúdos.

É interessante verificar que as DCNs efetivamente publicadas em 2002 pareceram continuar reforçando o apelo aos conteúdos na organização curricular, apesar de esse aspecto ter sido visto como negativo no Parecer CNE/CES nº 1.362/2001 que as originou.

Essa é uma diferença que chama a atenção na Resolução CNE/CES nº 2, de 24 de abril de 2019, que apresenta as novas DCNs de Engenharia: a menção explícita a conteúdos se faz apenas presente no § 1º do artigo 9º, no qual se lê:

> Todas as habilitações do curso de Engenharia devem contemplar os seguintes conteúdos básicos, dentre outros: Administração e Economia; Algoritmos e Programação; Ciência dos Materiais; Ciências do Ambiente; Eletricidade; Estatística. Expressão Gráfica; Fenômenos de Transporte; Física; Informática; Matemática; Mecânica dos Sólidos; Metodologia Científica e Tecnológica; e Química.

Engana-se quem apressadamente conclui que os conteúdos perderam importância. Eles agora, em vez de dirigirem o desenho do currículo, estão subordinados ao desenvolvimento das competências desejadas para os egressos.

A diminuição substancial do foco em conteúdos parece-nos um passo importante na direção do desenvolvimento de competências. Além disso, agora elas estão organizadas de forma mais completa: além da definição conceitual, foram acrescidas habilidades, que são as ações efetivamente mensuráveis que se espera que os egressos sejam capazes de realizar ao final de seus cursos de graduação em Engenharia, independentemente da especificidade.

O termo "habilidade" não foi assumido no texto oficial das DCNs, e outros termos podem ser associados ao mesmo princípio: ações mensuráveis a serem realizadas pelos estudantes podem ser entendidas como *learning objectives* (Carnegie Mellon University), "objetivos instrucionais" (MAGER, 1997), entre outras possibilidades. Neste capítulo, optaremos por usar o termo habilidade para designar as ações mensuráveis a serem praticadas pelos estudantes que fundamentam o desenvolvimento das competências estabelecidas.

Para que não haja interpretações equivocadas, é preciso ressaltar, de início, que o desenvolvimento de competências, em nosso entender, não exclui o conhecimento de conteúdos. Ao contrário, qualquer ação a ser praticada pelos estudantes terá sempre como pressuposto um arcabouço conceitual. Os conteúdos são as bases fundamentais a partir das quais se desenvolve o conhecimento.

A questão é que, na nova perspectiva apresentada e com a qual concordamos, o entendimento passa a ser de que conteúdos são mobilizados pelos estudantes por meio das ações que praticam no processo de ensino e aprendizagem, e não mais deverão ser apenas expostos pelos docentes.

A organização das competências a partir de ações mensuráveis a serem dominadas pelos estudantes no decorrer dos cursos constitui apenas uma das novidades apresentadas pela nova regulamentação. É, no entanto, um aspecto importante, na medida em que prevê o que os estudantes deverão ser capazes de saber, de fazer, como conviver e, em síntese, que cidadãos serão ao final de seus cursos (DELORS, 1998). Ao dar ênfase às competências e a seus elementos constitutivos, fica evidenciada a importância da aprendizagem, em detrimento da exposição de conteúdos a serem ensinados de forma estanque.

Nas diretrizes anteriores, apesar das menções a competências e habilidades, a quantidade de conteúdos destacados acabou deixando claro que ainda havia uma proposta curricular a ser organizada em torno de conceitos considerados essenciais para a área. Além disso, não havia ali uma necessidade explícita de vinculação dos conteúdos ao desenvolvimento das competências.

No texto das DCNs de 2019, por outro lado, estabelece-se explicitamente (e de forma destacada) a relação das competências com as atividades de ensino e aprendizagem (básica, específicas, de pesquisa, de extensão, incluindo as experiências práticas), bem como as complementares. Todas são norteadas pelo perfil do egresso, que estabelece as competências previstas para o profissional engenheiro a ser formado. Nesse sentido, começam a ser trabalhadas em conjunto com os conteúdos para o desenvolvimento da aprendizagem dos estudantes.

É preciso ressaltar também que, na perspectiva proposta pelas DCNs de 2019, o currículo passa a ser compreendido como uma sequência planejada de experiências de aprendizagem para o desenvolvimento das competências do egresso, seu grande elemento norteador. É o que se lê no artigo 6º: "O curso de graduação em Engenharia deve possuir Projeto Pedagógico do Curso (PPC) que contemple o conjunto das atividades de aprendizagem e assegure o desenvolvimento das competências, estabelecidas no perfil do egresso".

Além de considerar as competências como elementos-chave de organização curricular, as novas diretrizes associam a elas novos aspectos, que podem contribuir para a maior efetividade do desenho e implementação de um currículo voltado ao desenvolvimento da aprendizagem.

Nos desdobramentos do referido artigo 6º da Resolução CNE/CES nº 2/2019, menciona-se que será preciso não apenas organizar os currículos para o desenvolvimento das competências, mas também organizar um processo de gestão de aprendizagem, para que cada IES possa acompanhar a entrega efetiva do aprendizado proposto para os egressos e intervir para a melhoria de resultados indesejados:

> O processo de autoavaliação e gestão de aprendizagem do curso (deverá contemplar) os instrumentos de avaliação das competências desenvolvidas, e respectivos conteúdos, o processo de diagnóstico e a elaboração dos planos de ação para a melhoria da aprendizagem, especificando as responsabilidades e a governança do processo (DCNs 2019, Capítulo 3, Art. 6º, Item VIII).

Ao exigir a autoavaliação institucional da aprendizagem, com responsabilidades e processo de governança, a partir das competências previstas para os egressos, as DCNs de 2019 trazem um elemento novo: passa a ser exigido um processo com evidências sobre a aprendizagem, que será imprescindível para desenvolver competências. Esse desenvolvimento passa a ser medido por meio de suas habilidades mensuráveis, o que permite a cada IES saber se sua proposta curricular de fato desenvolve o aprendizado proposto no perfil do egresso e, consequentemente, identificar como intervir diante de resultados indesejados.

4 O novo projeto pedagógico de curso (PPC) de Engenharia

Com base na discussão anterior, entende-se que os projetos pedagógicos de cursos (PPCs) deverão materializar experiências de aprendizagem organizadas em torno das competências previstas no perfil do egresso, que passam a ser o grande fator de alinhamento do currículo, seja ele organizado por disciplinas ou não. Nessa perspectiva, destacaremos a seguir quatro aspectos que nos parecem especialmente importantes na implementação das novas DCNs de Engenharia.

4.1 Revisão curricular

O primeiro ponto que nos chama a atenção é a necessidade premente de uma revisão curricular de todos os cursos de Engenharia, em menor ou maior profundidade. Como vimos, a tradição da organização curricular pautou-se pela organização de uma matriz de conteúdos, mesmo que as DCNs anteriores já indicassem competências e habilidades a serem desenvolvidas. A divisão curricular por conteúdos, aparentemente, sempre foi um caminho mais seguro para as instituições de ensino superior.

Esse cenário traz, em sua essência, um desafio para cada IES: o que temos, hoje, são currículos organizados por disciplinas centradas em conteúdos, com pouca evidência de um processo de aprendizagem estrutural associado que as articule. Usando de uma analogia simples, é como se as disciplinas fossem "gavetas" de um armário, cada uma a ser aberta e fechada em si mesma, sem uma proposta de desenvolvimento articulado entre as partes, exceto pela eventual presença de restrições de requisitos prévios (em geral, requisito de ter cursado a disciplina anterior e não de ter necessariamente aprendido seu conteúdo. Ao menos até então, dado que não são exigidos dados de avaliação da aprendizagem das competências do egresso, não há evidências objetivas de que esse aprendizado, de fato, aconteça.

O Parecer que institui as novas DCNs afirma: "A Engenharia não pode mais ser vista como um corpo de conhecimento, ou seja, como algo que os estudantes possam adquirir por meio do estudo do conhecimento técnico, ou não técnico, ou pela mera atividade de cursar e ser aprovado em um número de disciplinas que completem o conteúdo desejado. A formação em Engenharia deve ser vista, principalmente, como um processo. Um processo que envolve as pessoas, suas necessidades, suas expectativas, seus comportamentos e que requer empatia, interesse pelo usuário, além da utilização de técnicas que permitam transformar a observação em formulação do problema a ser resolvido, com a aplicação da tecnologia. A busca de soluções técnicas, como parte deste processo, se utiliza do conhecimento técnico da Matemática, das Ciências, das Ciências da Engenharia, para que se alcance o resultado que seja tecnicamente viável e desejável para o usuário final. O processo da Engenharia ainda vai além: requer que a solução, em termos técnicos, seja levada ao usuário, às pessoas, ao mercado; que seja escalável e economicamente viável, para que gere efetiva transformação. Conduzir este processo demanda uma habilidade empreendedora e a capacidade de sonhar, independentemente dos recursos que se tenha sob controle, exigindo que se consiga atrair e engajar diferentes *stakeholders* (interessados) no alcance dos objetivos. O processo da Engenharia não deve ser confundido, portanto, com a necessidade de desenvolver e participar de atividades práticas, presentes em muitas disciplinas de seus currículos".

Dizendo de outro modo, o desafio das IES pode ser explicitado em um questionamento: como um conjunto de disciplinas organizadas temporalmente e, em certa medida, isoladas (mesmo se considerarmos projetos interdisciplinares) pode se tornar uma sequência de experiências integradas, de modo a permitir experiências suficientemente adequadas para o desenvolvimento das competências previstas para os egressos?

Sem essa integração, é provável que, a cada disciplina, o aluno seja inserido em uma proposta que pode ter pouca ou nenhuma relação com as demais vividas no curso (exceto, talvez, pela preocupação em estabelecer relações de requisito prévio ou paralelo entre disciplinas). Mais do que isso, dada a complexidade de desenvolvimento do processo de ensino e aprendizagem das competências, uma proposta desarticulada de disciplinas parece ser uma opção fadada a não atingir os resultados de aprendizagem esperados.

É preciso ressaltar que experiências integradas não devem ser compreendidas e planejadas de forma única, o que acarretaria um engessamento do currículo e, consequentemente, das possiblidades de aprendizagem. Nesse sentido, a integração é compreendida como uma opção institucional de uma IES, uma forma construída pela comunidade acadêmica que faça sentido para os envolvidos, um sistema de ensino e aprendizagem que seja influenciado pela missão, pelos valores e pela cultura da instituição.

Nos itens previstos nos PPCs dos cursos, o necessário alinhamento curricular nem sempre se faz presente. A apresentação do contexto em que o curso se insere regionalmente, não necessariamente se traduz nas competências do egresso que se pretende formar; da mesma forma, a grade curricular de disciplinas (provavelmente, a organização mais comum de currículos de nossas IES) pouco parece se articular com as competências do egresso, fenômeno que também se repete se analisarmos as ementas e objetivos de aprendizagem das disciplinas.

Se os objetivos de um programa e o perfil do egresso são elementos norteadores das disciplinas (ou de qualquer outra forma de organização curricular), para que se possa desenvolver alguma unidade, parece razoável esperar que haja alinhamento entre todas as partes do projeto pedagógico do curso. Uma proposta de alinhamento ou processo metodológico (KULLER; RODRIGO, 2013) que norteie o programa como um todo parece ser um aspecto fundamental para o desenvolvimento da aprendizagem com base em competências.

Nessa direção, as DCNs 2019 estimulam que o currículo se mostre como uma proposta articulada e coletiva, considerando que nela há diversos *stakeholders* envolvidos (professores, alunos, coordenadores, técnicos, apoio acadêmico etc.), que contribuem com partes de uma experiência que será vivida como uma unidade pelo estudante, uma vez que cada aluno passa, *grosso modo*, por uma mesma proposta curricular de curso.

Seja qual for a proposta de cada IES, um de seus desafios centrais é propor uma organização curricular que garanta o alinhamento das experiências em torno do desenvolvimento das competências do egresso. Pode ser que a organização se dê em torno de trilhas de aprendizagem, cada qual sendo um conjunto de disciplinas associadas para o desenvolvimento prioritário de uma dada competência. Seguindo essa proposta, as disciplinas organizadas em trilhas trabalhariam em uma sequência lógica de forma a colaborar com o desenvolvimento do aprendizado.

4.2 A autonomia das IES na organização curricular em face da flexibilidade oferecida pelas DCNs

Aqui já comentamos o segundo desafio: a flexibilidade dada pelas DCNs para a organização curricular. Não há um caminho único a ser percorrido, conforme o que se lê no primeiro parágrafo do artigo 8º das DCNs: "As atividades do curso podem ser organizadas por disciplinas, blocos, temas ou eixos de conteúdo, atividades práticas laboratoriais e reais, projetos, atividades de extensão e pesquisa, entre outras".

Em certa medida, o desafio da revisão curricular impacta no segundo: observando seus projetos pedagógicos de engenharia, as IES podem considerar que uma revisão de disciplinas, para torná-las um processo articulado e eficiente de desenvolvimento da aprendizagem de competências, seja uma ação ineficiente, dada a possível distância que possa existir entre as competências e o que o currículo de fato se propõe a entregar nesse sentido. Pensar e decidir como dar prosseguimento a esse processo, no tempo proposto pelas DCNs para todas as mudanças que se façam necessárias e da forma mais eficiente possível (três anos, a partir da data de publicação do documento), será um desafio a mais para as instituições, sendo a mais imediata conclusão desta constatação: é preciso começar já.

Cabe ressaltar que as competências previstas nas DCNs de 2019 são bastante amplas (e devem ser, considerando-se que precisarão ser adaptadas a cada realidade local e à cultura das instituições) e, para que possam ser organizadas nos projetos pedagógicos dos cursos, será imprescindível adaptá-las, acrescendo as competências específicas de cada modalidade de Engenharia, detalhando-as e desdobrando-as no desenho do currículo. Para tanto, as competências e habilidades previstas devem ser subdivididas e detalhadas nas disciplinas ou estruturas curriculares que vão desenvolvê-las durante o curso.

A título de exemplo, vamos discutir a competência geral I dos egressos de engenharia (Art. 4º):

> I - Formular e conceber soluções desejáveis de engenharia, analisando e compreendendo os usuários dessas soluções e seu contexto:
>
> a) ser capaz de utilizar técnicas adequadas de observação, compreensão, registro e análise das necessidades dos usuários e de seus contextos sociais, culturais, legais, ambientais e econômicos;
>
> b) formular, de maneira ampla e sistêmica, questões de engenharia, considerando o usuário e seu contexto, concebendo soluções criativas, bem como o uso de técnicas adequadas (CNE, 2019).

Inserir essa competência em um projeto pedagógico de curso exigirá da IES desenhar as estruturas curriculares que vão desenvolvê-la no decorrer do programa. Para facilitar, partiremos da premissa que serão disciplinas.

Vamos nos centrar na habilidade (a) reproduzida anteriormente. Para que, ao final do curso, os alunos demonstrem que são capazes de "utilizar técnicas adequadas de observação, compreensão, registro e análise das necessidades dos usuários e de seus contextos sociais, culturais, legais, ambientais e econômicos", será preciso delimitar, de forma mais detalhada, o que os estudantes precisarão saber e saber fazer para terem o domínio esperado. Exemplos de perguntas que precisarão ser respondidas para efetivar o processo de aprendizagem da habilidade:

- O que entendemos por "formular"? Quais são as ações que alguém deve praticar para ser capaz de formular algo? Que conteúdos, conceitos ou técnicas apoiam esta habilidade? Quantas aulas/tempo de estudo serão necessárias para esse desenvolvimento?
- O que é uma "questão de engenharia"? Quais delas vamos focar no curso?
- O que entendemos por "de forma sistêmica"?
- O que entendemos por usuário e seu contexto?
- O que consideramos uma solução criativa para uma questão de engenharia, considerando as que serão focadas no curso?
- Que técnicas de observação, compreensão, registro e análise das necessidades dos usuários e de seus contextos sociais, culturais, legais, ambientais e econômicos serão propostas pelo curso?

Vejamos mais um exemplo. Para tanto, vamos resgatar a competência II prevista no artigo 4º da mesma Resolução:

> II. analisar e compreender os fenômenos físicos e químicos por meio de modelos simbólicos, físicos e outros, verificados e validados por experimentação:
>
> a) ser capaz de modelar os fenômenos, os sistemas físicos e químicos, utilizando as ferramentas matemáticas, estatísticas, computacionais e de simulação, entre outras;
>
> b) prever os resultados dos sistemas por meio dos modelos;
>
> c) conceber experimentos que gerem resultados reais para o comportamento dos fenômenos e sistemas em estudo;
>
> d) verificar e validar os modelos por meio de técnicas adequadas (CNE 2019).

Da mesma maneira que a competência I, a competência II apresenta um texto introdutório, que delimita, em linhas gerais, o que o estudante dever ser capaz de fazer: "analisar e compreender os fenômenos físicos e químicos por meio de modelos simbólicos, físicos e outros, verificados e validados por experimentação" (CNE, 2019).

Para que o estudante seja capaz de analisar e compreender fenômenos físicos e químicos, por meio de modelos, verificados e validados na experiência empírica, cabe às IES delimitarem quais são os fenômenos físicos e químicos a serem estudados, por meio de quais modelos (matemáticos, estatísticos, de simulação ou físicos), como serão os experimentos para verificação e com que técnicas de validação.

Em proposta desenvolvida pelo Insper para seus cursos de Engenharia, essa competência ficou organizada da seguinte forma e ilustrada pela Figura 1:

> Para que possa agir sobre o mundo físico, o engenheiro inicialmente deve ser capaz de compreendê-lo, sendo capaz de prever seu comportamento. Esta previsão é feita a partir de modelos analíticos ou de simulação, desenvolvidos a partir de conhecimentos de matemática, ciências e ciências da engenharia. O engenheiro deve desenvolver esta capacidade de modelagem dos fenômenos e de validar seus modelos pela experimentação (INSPER, 2016).

Figura 1 Competência proposta para os cursos de Engenharia do Insper

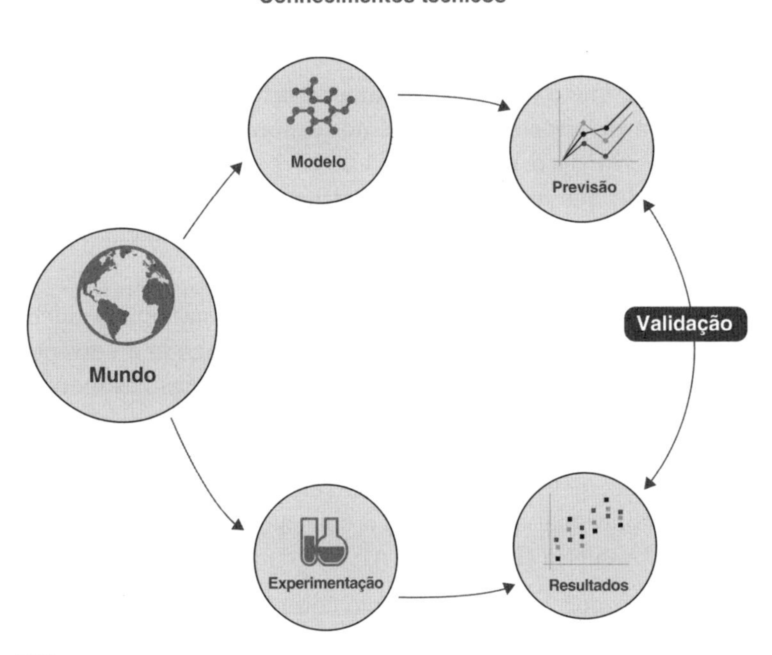

Fonte: Insper, 2019.

Nesse exemplo, já constam algumas opções centrais sobre como os estudantes analisarão fenômenos do mundo físico: por meio das modelagens analíticas e simulações, que pressupõem conhecimentos matemáticos, de ciências e ciências da engenharia, que serão delimitados de forma mais detalhada no planejamento das disciplinas. Essa proposta certamente não é a única forma possível de organizar em um PPC de curso de engenharia a competência II prevista nas DCNs. Foi aqui utilizada apenas como recurso ilustrativo, que explicita escolhas que deverão ser feitas pelas instituições na organização real de suas propostas curriculares.

4.3 Atuação docente

Há, ainda, um terceiro aspecto a ser comentado: a atuação do corpo docente na perspectiva proposta pelas novas DCNs.

Como mencionado anteriormente, a docência no ensino superior exige formação específica alicerçada em pesquisa, elemento fundamental na formação do professor, porém aparentemente insuficiente para o exercício da docência com foco na aprendizagem. Segundo Masetto (2009):

> O docente do ensino superior não está, em regra geral, preparado para trabalhar com um currículo tão diferente do tradicional, no qual está bem definido que ele é o responsável pela matéria de sua disciplina e, praticamente nada mais. Nestas novas propostas

curriculares, ele com seus colegas professores são responsáveis pela formação do novo profissional esperado pela sociedade e suas necessidades. Compreender essas novas propostas curriculares e aprender como assumir suas responsabilidades de formação dos atuais profissionais integram sua formação pedagógica.

É oportuno destacar que o conceito de competências subjacente às DCNs de Engenharia – bem como a diversos documentos norteadores da educação brasileira como a Prova Brasil (INEP, 2018), o Enem (INEP, 2005) e o Enade (INEP, 2004) – parece partir da concepção de que as competências dizem respeito à mobilização de recursos, em dadas situações problematizadoras, para atingir um dado objetivo ou meta (PERRENAUD, 2000).

Destacamos ainda a conceituação de competências que sustenta os documentos norteadores da regulação educacional brasileira mostra-se alinhada à corrente de estudos cognitivos conhecidos como "desenvolvimentalistas", baseados nas teorias de Piaget e Vygotsky, que procuram "descrever o processamento cognitivo e relacioná-lo aos diferentes estágios de desenvolvimento" (PRIMI ET AL., 2001). As correntes de estudos cognitivos ligados à psicometria e ao processamento da informação não parecem fazer parte do arcabouço conceitual que sustenta a concepção de competências previsto no sistema educacional brasileiro (PRIMI ET AL., 2001).

Fizemos essa ressalta, pois esse é um aspecto complexo da docência no ensino superior: suas referências conceituais (bem como da educação brasileira como um todo) têm tido como centro o desenvolvimento da aprendizagem por meio do desenvolvimento de competências, sem que as premissas sobre como se dá esse processo (e todos os desdobramentos que ele implica) sejam conhecidas pelos professores que atuam no ensino superior. Obviamente, não se está falando apenas de conceitos a serem conhecidos, mas dos elementos norteadores da prática docente em todas as suas dimensões.

Os docentes de ensino superior brasileiro (nosso foco nesta discussão) aparentemente não têm conhecimentos e práticas alicerçadas na compreensão sobre como se dá a aprendizagem, uma vez que não receberam formação para atuarem nesse sentido. Esse é um aspecto cuja discussão às novas DCNs de Engenharia estão demandando das IES.

Mesmo se partirmos de níveis cognitivos mais básicos (BLOOM, 1956), relacionados com o domínio do lembrar e do compreender, a aprendizagem não se dá de forma trivial. Não basta uma explanação excelente de um profundo conhecedor do tema para que os estudantes aprendam. A prática de exercícios (ou qualquer outra dinâmica de aprendizagem) também não parece ser, por si só, uma estratégia que garanta o aprendizado.

No processo de aprendizagem, ocorre um desequilíbrio entre o que os estudantes conseguem assimilar (as primeiras informações captadas de qualquer objeto) e o que não compreendem, não sendo capazes de equilibrar em suas mentes as informações e atingir o conhecimento esperado. A aprendizagem, portanto, pode ser entendida como o resultado de um processo que equilibrará conhecimentos prévios com conhecimentos novos (PIAGET, 1987).

Assim, para que os estudantes de Engenharia sejam capazes, ao final do curso, de "Formular e conceber soluções desejáveis de engenharia, analisando e compreendendo os usuários dessas soluções e seu contexto", "Analisar e compreender os fenômenos físicos e químicos por meio de modelos simbólicos, físicos e outros, verificados e validados por experimentação" e "Aprender de forma autônoma e lidar com situações e contextos complexos, atualizando-se em relação aos avanços da ciência, da tecnologia e aos desafios da inovação", para mencionar apenas três das competências previstas para os egressos nas DCNs 2019, será necessário que vivenciem experiências de aprendizagem bem desenhadas, relativamente complexas e desenvolvidas no decorrer do curso, além de receberem *feedback* apropriado em relação ao seu desempenho observado, como ilustra a Figura 2.

Figura 2 Etapas de desenvolvimento para o domínio de uma competência

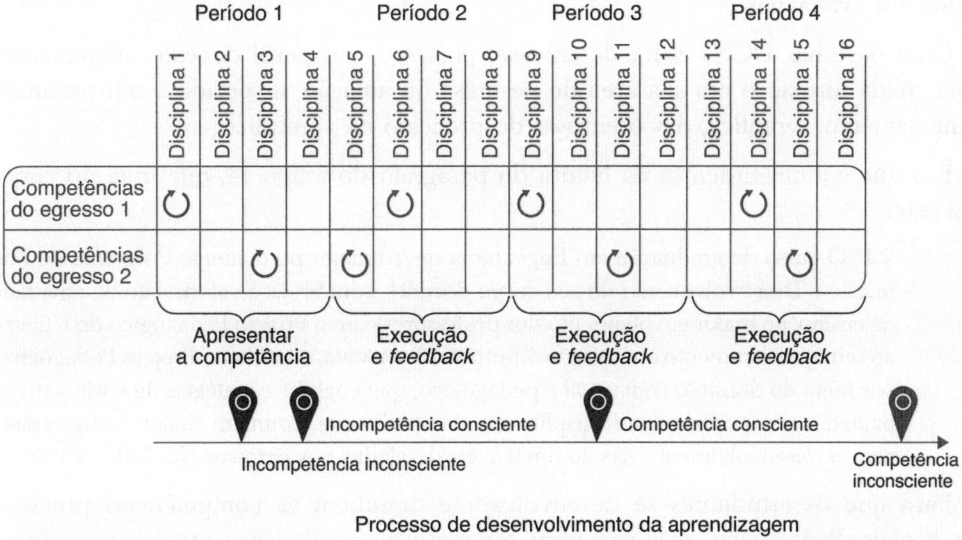

Fonte: NGA Insper, 2017.

Para o desenvolvimento efetivo do que estará previsto nos PPCs dos cursos de Engenharia, o papel dos professores será fundamental, uma vez que eles devem ser os agentes principais na mediação da aprendizagem dos estudantes.

A título de esclarecimento, expliquemos brevemente o que se entende por mediação da aprendizagem: para que os estudantes aprendam, normalmente é preciso que interajam com o professor, com os colegas e outras pessoas que possam estar envolvidas no processo de aprender (VYGOTSKY, 1987). O professor, nesse sentido, é um profissional mais experiente, que, em princípio, tem as condições necessárias para orientar os profissionais em formação, para que o conhecimento efetivamente se consolide.

Nesse processo mediado pelo professor, o estudante sai de um estado de inconsciência de seu desconhecimento, para um estado de conhecimento inconsciente, quando atinge o domínio de um profissional da área, passando pela consciência de que não sabe para a consciência de que sabe (AMBROSE ET AL., 2010), conforme a Figura 2.

Diante desse cenário, percebe-se que a atuação docente em prol da aprendizagem apresenta-se como um desafio importante para as IES. Além dessa concepção macro alinhada das experiências de aprendizagem disciplinares (ou em outro formato), será fundamental também que os docentes selecionem as metodologias mais adequadas ao desenvolvimento das habilidades (e conteúdos a elas associados) necessárias ao domínio das competências previstas, bem como organizem instrumentos avaliativos alinhados às habilidades, que possam gerar evidências de como está a aprendizagem dos estudantes. Com isso, podem ser realizadas intervenções, por meio de *feedbacks*, para auxiliar os estudantes na superação dos *gaps* que forem apontados pelos resultados das avaliações.

Com base nas DCNs 2019, desenha-se, portanto, um perfil docente diferenciado, com sólida formação em sua área de pesquisa ou atuação, associada a um profundo conhecimento, e prática, das premissas do processo de aprendizagem.

É o que compreendemos da leitura do parágrafo do artigo 14, que trata do corpo docente:

> § 1º O curso de graduação em Engenharia deve manter permanente Programa de Formação e Desenvolvimento do seu corpo docente, com vistas à valorização da atividade de ensino, ao maior envolvimento dos professores com o Projeto Pedagógico do Curso e ao seu aprimoramento em relação à proposta formativa, contida no Projeto Pedagógico, por meio do domínio conceitual e pedagógico, que englobe estratégias de ensino ativas, pautadas em práticas interdisciplinares, de modo que assumam maior compromisso com o desenvolvimento das competências desejadas nos egressos (BRASIL, 2019).

Para que os estudantes se desenvolvam e dominem as competências previstas no Projeto Pedagógico, eles precisam ser expostos a situações que proporcionem condições para o seu desenvolvimento, as quais são denominadas experiências de aprendizagem.

De maneira objetiva, compreende-se uma experiência de aprendizagem (NGA INSPER, 2017) como uma proposta de planejamento (P) organizado a partir de objetivos de aprendizagem, compostos por habilidades e conteúdos associados ao desenvolvimento de determinada competência. Desses objetivos de aprendizagem, devem ser desenhadas dinâmicas (D), que permitam aos estudantes vivenciar as etapas necessárias ao domínio das habilidades e conteúdos que mobilizam. Além disso, é preciso que o planejamento contemple momentos de *feedback* (F), para que o professor possa intervir no processo de aprendizagem. Isso acontecerá na medida em que, no planejamento das dinâmicas, haja momentos de avaliação (A), nos quais o docente pode acompanhar o processo e intervir no que for necessário. A Figura 3 ilustra o exposto.

Figura 3 Aspectos envolvidos em experiências concebidas para o desenvolvimento da aprendizagem

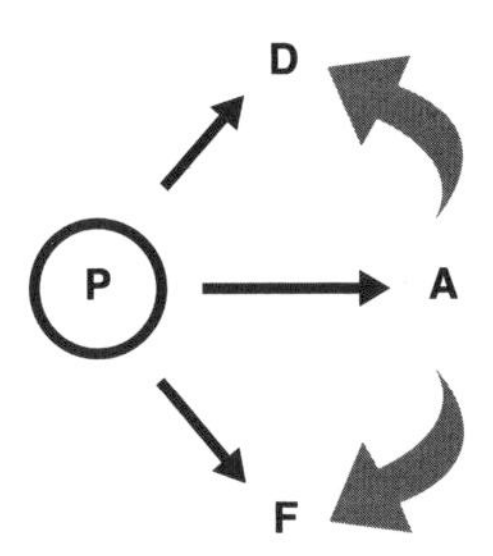

Fonte: Insper, 2018.

Para desenhar experiências de aprendizagem, considera-se importante a seguinte questão: que situações têm potencial para desenvolver o aluno de modo que ele domine as competências desejadas no egresso? Um curso será composto por várias experiências de aprendizagem, mas, independentemente disso, para que atenda aos padrões de excelência, é preciso se certificar de que cada uma delas permite ao aluno:

- expor-se à realidade com uma problemática a ser resolvida, sendo orientado a associar conhecimentos e processos mentais aprendidos anteriormente;
- experimentar e refletir sobre as ações realizadas e seus resultados; essa reflexão resulta na identificação dos elementos envolvidos – conceitos e procedimentos – e na construção de associações, gerando a abstração de teorias e conceitos aplicados;
- fazer comparações de realidades e generalizar regras e princípios, focando a síntese de novos conhecimentos a partir da troca interpessoal e do planejamento de ações para as próximas experiências;
- aplicar os conhecimentos e pensamentos refletidos, abstraídos e generalizados;
- receber *feedbacks* constantes sobre seu processo de aprendizado, a partir de atividades avaliativas inseridas nas dinâmicas propostas.

O Quadro 1 mostra os aspectos fundamentais das quatro dimensões PDAF (Planejamento, Dinâmicas, Avaliação e *Feedback*).

Quadro 1 Quadro-síntese da atuação docente para o desenvolvimento da aprendizagem

Planejamento	Dinâmicas	Avaliação	*Feedback*
Definir habilidades mensuráveis e conteúdos associados para o desenvolvimento de competências previstas para o egresso.	Devem ser escolhidas para facilitar o processo de ensino e aprendizagem das habilidades e conteúdos, com potencial de auxiliar no desenvolvimento da motivação intrínseca dos estudantes.	Elaborar instrumentos para verificar como está a aprendizagem das habilidades e conteúdos previstos, para coletar evidências e intervir para melhorar o aprendizado dos estudantes.	Mediar o processo de aprendizagem, auxiliando os estudantes, individual ou coletivamente, a compreenderem e superarem suas dificuldades de aprendizado.

4.4 Gestão da aprendizagem

Há ainda um quarto aspecto desafiador essencial a destacar, que se refere a como cada IES vai organizar em seus PPCs seu processo de gestão de aprendizagem.

Primeiramente, é preciso esclarecer o conceito. Em nosso entender, no âmbito institucional, a gestão da aprendizagem é o processo que avalia (e qualifica) a eficácia agregada dos cursos em desenvolver as competências propostas para os egressos. Nesse sentido, é um processo estruturado de avaliação do currículo, para a melhoria contínua da aprendizagem dos estudantes.

A gestão da aprendizagem também pode ser vista como um passo em direção à transparência, na medida em que as discussões sobre os resultados de desempenho dos estudantes passam a ser municiadas por evidências objetivas, que devem ser válidas e confiáveis, focadas na aprendizagem que se pretende entregar. Como menciona o Parecer CNE/CES nº 1/2019:

> A transparência do processo tanto interno quanto externo das IES é condição indispensável para a gestão da aprendizagem.
> Nesse contexto, espera-se a demonstração de como se dará a construção do conhecimento, o processo de aprendizagem de conteúdos e o desenvolvimento das competências, explicitando estratégias de articulação dos saberes, o diálogo pretendido e seu resgate em diferentes dimensões, apresentando os modos previstos de integração entre a teoria e a prática, com a especificação das metodologias ativas, que serão utilizadas no processo de formação (BRASIL, 2019).

Cada IES deverá organizar seu processo de gestão de aprendizagem de acordo com sua cultura institucional, não havendo modo único e correto de fazê-lo. No entanto, aqui são consideradas algumas premissas, dadas as expectativas apresentadas pelas DCNs de 2019:

- As competências do egresso são o elemento norteador do processo de ensino e aprendizagem.
- As competências devem ser desdobradas em definidores claros e mensuráveis, ou seja, deve ser possível produzir evidências do aprendizado dos alunos nesses definidores das competências, por meio de instrumentos de avaliação elaborados para este fim.
- O currículo deve organizar experiências de aprendizagem alinhadas e adequadas ao desenvolvimento das competências, isto é, os elementos curriculares (disciplinas ou outros) devem ser desenhados para deliberadamente desenvolver as competências nos alunos.
- É preciso ter instrumentos específicos para avaliar a aprendizagem e o desenvolvimento das competências previstas para o egresso, possibilitados pelas atividades (experiências) de ensino-aprendizagem do currículo.
- Os dados coletados pela aplicação dos instrumentos de avaliação devem ser compreendidos como insumos diagnósticos para organização de planos de melhoria para resultados indesejados.

- Deve haver responsáveis e um modelo de governança para o processo de gestão da aprendizagem, o que implica lideranças voltadas para esse fim.

É fundamental para a efetividade das mudanças que serão propostas nos PPCs dos cursos de Engenharia a serem propostos/revistados nessa nova perspectiva que os efeitos sejam sentidos nas salas de aula, ou nos espaços, virtuais ou presenciais, em que a aprendizagem se der.

Na gestão de aprendizagem dos cursos, o que está sendo acompanhado é o desenvolvimento do currículo; mas as disciplinas (ou qualquer outro formato de organização curricular), como partes integrantes desse processo, precisam estar alinhadas, de alguma forma, às competências propostas. Seus objetivos próprios de aprendizagem, portanto, também precisam ser traduzidos em experiências adequadas, e as avaliações deverão gerar subsídios tangíveis/ relevantes para sanar lacunas de aprendizado detectadas no decorrer de cada disciplina. Caso contrário, o processo de gestão não atingirá seu objetivo principal: ser um recurso para garantir a melhor aprendizagem para os estudantes, com base nas competências propostas.

Como já afirmado, os professores serão agentes fundamentais para o desenvolvimento da aprendizagem. Entendemos que serão necessárias lideranças que possam ajudar nesse processo de mudança na cultura das instituições. Entre outras figuras, os Núcleos Docentes Estruturantes (NDEs) podem ter um papel central nesse sentido, uma vez que fazem parte do corpo docente e são corresponsáveis, como representantes dos professores, pelos caminhos traçados para cada curso em busca da qualidade.

Envolver os professores no processo de (re)desenho, implementação, avaliação e revisão a partir da análise de resultados de aprendizagem das competências do egresso será um grande desafio para as IES, que precisarão de lideranças para auxiliar no engajamento de todos os envolvidos, elemento fundamental para o efetivo e eficaz (re) desenho e implementação dos Projetos Pedagógicos de curso de Engenharia a partir de 2019.

5 Considerações finais

O processo de ensino e aprendizagem anunciado pelas novas Diretrizes Curriculares de Engenharia está inserido em um amplo contexto, que envolve revisão curricular diante de amplas possibilidades, atuação docente com foco na aprendizagem, mediação da aprendizagem, entre outros aspectos.

Como elemento norteador central estão as competências dos egressos propostas nos PPCs, que precisarão ser materializadas nos currículos e passar por um processo institucional de gestão (o que inclui avaliação da aprendizagem e planos de ação de melhoria, que impactam nos currículos) para que se possa garantir a qualidade do aprendizado.

Sem dúvida, está sendo proposto às IES envolvidas com o ensino e aprendizagem de Engenharia um conjunto de desafios que exigirão esforço e disposição para inovar. É importante ressaltar, por outro lado, que a proposta organizada nas DCNs 2019 procura dar ênfase à função educacional das instituições de ensino superior. A função educacional, na perspectiva apresentada, é entendida como sinônimo de uma atuação focada na aprendizagem dos estudantes, para prepará-los para os desafios cada vez mais complexos que a atualidade nos impõe.

Há ainda outro ponto de grande relevância. Os princípios de gestão de aprendizagem indicados nas DCNs 2019 mostram grande preocupação com a qualidade dos processos de ensino e aprendizagem, procurando demonstrar que um Projeto Pedagógico de Curso precisa ser um todo alinhado, a partir das competências do egresso, que considere as demandas de nivelamento, a aprendizagem no decorrer dos cursos, a gestão por evidências, a formação de professores e a busca contínua por melhorias no processo de aprendizagem proposto aos estudantes por meio do desenho do currículo.

Em última análise, considera-se que o teor desafiador das novas Diretrizes Curriculares de Engenharia deve ser entendido como uma grande oportunidade para a formação de engenheiros, no país, mais preparados para lidar com um mundo repleto de problemas a serem resolvidos e oportunidades a serem exploradas, profissionais com competências relevantes e plenamente desenvolvidas por processos de ensino e aprendizagem cada vez mais adequados para formar cidadãos com variadas competências para enfrentar as demandas que se apresentam e vão se apresentar a cada dia com mais velocidade.

BIBLIOGRAFIA

AMBROSE, Susan et al. **How Learning Works**. San Francisco: Wiley, 2010.

BLOOM, B. **Taxonomy of educational objectives, Handbook 1**: Cognitive Domain. 2nd ed. Boston: Addison-Wesley Longman Ltd., 1956.

BRASIL. Conselho Nacional de Educação. Parecer CNE/CES nº 1.362/2001. **Diário Oficial [da] República Federativa do Brasil**, Brasília, DF, Seção I, p. 17, 25 fev. 2002. Diretrizes Curriculares Nacionais dos Cursos de Engenharia. Disponível em: <http://portal.mec.gov.br/cne/arquivos/pdf/CES1362.pdf>. Acesso em: 28 maio 2019.

BRASIL. Conselho Nacional de Educação. Resolução CNE/CES nº 11, de 11 de março de 2002. Institui as Diretrizes Curriculares Nacionais do Curso de Graduação em Engenharia. **Diário Oficial [da] República Federativa do Brasil**, Brasília, DF, Seção 1, p. 32, 9 abr. 2002. Disponível em: <http://portal.mec.gov.br/cne/arquivos/pdf/CES112002.pdf>. Acesso em: 28 maio 2019.

BRASIL. Conselho Nacional de Educação. Resolução CNE/CES nº 2, 24 de abril de 2019. Institui as Diretrizes Curriculares Nacionais do Curso de Graduação em Engenharia. **Diário Oficial [da] República Federativa do Brasil**, Brasília, DF, Seção I, p. 43, 26 abr. 2019. Disponível em: <http://portal.mec.gov.br/index.php?option=com_docman&view=download&alias=109871-pces001-19-1&category_slug=marco-2019-pdf&Itemid=30192>. Acesso em: 29 maio 2019.

CARNEGIE MELLON UNIVERSITY. **Teaching excellence & educational innovation**. Disponível em: <https://www.cmu.edu/teaching/designteach/design/learningobjectives.html>. Acesso em: 29 maio 2019.

DELORS, J. (org.) **Educação**: um tesouro a descobrir. São Paulo: Cortez, 1998.

INSTITUTO NACIONAL DE ESTUDOS E PESQUISAS EDUCACIONAIS ANÍSIO TEIXEIRA.

Relatório SAEB (ANEB e ANRESC) 2005-2015: panorama da década. Brasília: Inep, 2018.

__________. **Sistema Nacional de Avaliação da Educação Superior (Sinaes)**: bases para uma nova proposta da educação superior. Brasília: Inep, 2004.

INSPER. **Design de programas educacionais**, 2018.

__________. **Manual do aluno de Engenharia**. São Paulo: Insper, 2016. Disponível em: <https://www.insper.edu.br/portaldoaluno/wp-content/uploads/2019/07/MANUAL-DO-ALUNO-ENGENHARIA-2019-2-v3.pdf>. Acesso em: 30 jun. 2019.

KULLER, José Antônio; RODRIGO, Natália. **Metodologia de desenvolvimento de competências**. Rio de Janeiro: Senac/DN, 2013.

MAGER, R. **Preparing instructional objectives**: a critical tool in the development of effective instruction. Center for Effective Performance, 1997.

MASETTO, Marcos T. Formação Pedagógica dos Docentes do Ensino Superior. In: **Revista Brasileira de Docência, Ensino e Pesquisa em Administração**, v. 1, n. 2, 4-25, jul. 2009.

NÚCLEO DE GESTÃO DA APRENDIZAGEM (NGA) DO INSPER. **Gestão da aprendizagem**. São Paulo: Insper, 2017.

PERRENAUD, Philippe. **Dez competências para ensinar**. São Paulo: Artmed, 2000.

PIAGET, Jean. **O nascimento da inteligência na criança**. LTC: Rio de Janeiro, 1987.

PRIMI, Ricardo et al. Competências e habilidades cognitivas: diferentes definições dos mesmos construtos. **Psicologia**: Teoria e pesquisa, 17(2), 151-159, maio/ago. 2001.

VYGOTSKY, Lev S. Thinking and speech (N. Minick, Trans.). In: RIEBER, R. W.; CARTON, A. S. (eds.). **The collected works of L. S. Vygotsky**: Volume 1. Problems of general psychology. New York: Plenum Press, p. 39-285, 1987.

Visão, protagonismo e domínio do processo inovador como forças motrizes do processo de aprendizado

FÁBIO DO PRADO
GUSTAVO HENRIQUE BOLOGNESI DONATO

1 Introdução

O presente capítulo discute, à luz dos movimentos de modernização das Diretrizes Curriculares Nacionais (DCNs) dos cursos de Engenharia, os potenciais benefícios de um posicionamento dos cursos de graduação e de ensino-aprendizagem pautado por uma agenda de futuro, na qual o desenvolvimento de visões, combinadas ao domínio do processo inovador e exposição a problemas complexos, mal-estruturados, podem propiciar aos estudantes de Engenharia maior autonomia de aprendizado, pertencimento ao processo e protagonismo profissional. Discute, também, como este itinerário inovador voltado aos grandes temas e tendências do amanhã pode coexistir, de forma sinérgica, com uma sólida formação técnica e humanista.

O domínio dos campos da Engenharia ocupa, sabidamente, posição central para o desenvolvimento econômico, social, produtividade e competitividade das nações e, naturalmente, tal cenário é um resultado direto das políticas de formação na área. Um interessante estudo da Royal Academy of Engineering (RAE) apresentado no final de 2016 detectou evidências quantitativas, de alcance global, da relação entre os investimentos na área de Engenharia e o crescimento econômico das nações (RAE, 2016).

Por meio da análise de 99 países de variados continentes, o estudo demonstrou que os investimentos em Engenharia proporcionam melhores infraestruturas físicas (como de transporte, energia e água) e digitais (como de comunicação e navegação), além da agregação de valor aos produtos e serviços exportados, desencadeando um duradouro e sinérgico impacto nas cadeias produtivas, o que resulta em correlação positiva com crescimento de PIB, competitividade e renda *per capita*. É, também, destacada no estudo a importância do investimento em pesquisa de qualidade na área de Engenharia, o que pressupõe sólida formação e qualidade dos recursos humanos.

O Brasil enfrenta dificuldades em sua inserção e competitividade no cenário internacional, como demonstra a 64ª posição no Índice Global de Inovação (IGI) em 2018, dentre os 126 países avaliados. Desempenho considerado fraco e, em parte, atribuído às deficiências em pesquisa e formação de profissionais em Ciências e Engenharia (CORNELL UNIVERSITY ET AL., 2018). Embora os números de cursos, modalidades e concluintes de Engenharia tenham crescido no país nos últimos anos, o número de matriculados cresceu até 2014 e passou a decrescer a partir de 2015, como demonstram os dados do Censo da Educação Superior até 2017, disponibilizados pelo Instituto Nacional de Estudos e Pesquisas Educacionais Anísio Teixeira (INEP). Questões econômicas e taxas de evasão elevadas (da ordem de 50 %, segundo o Parecer CNE/CES nº 1/2019) contribuem para tal cenário. Como agravante, o levantamento da Confederação Nacional das Indústrias (CNI) de 2014 revelou que aproximadamente 58 % dos egressos de Engenharia não atuam na sua área de formação (CNI, 2014), o que preocupa o setor produtivo, uma vez que limita o potencial de inovação e competitividade do país. Adicionalmente, recente pesquisa da ManpowerGroup (2018) realizada com o setor produtivo revela que existe dificuldade na seleção de profissionais qualificados a atuar na fronteira do conhecimento das engenharias, combinando a técnica com capacidade de aprendizado autônomo, senso crítico, visão de mercado e competências pessoais que resultem em geração de conhecimento, tecnologias e inovações. Uma questão crítica, considerando a alta qualificação cognitiva, comportamental e tecnológica exigida nos novos ambientes de trabalho de uma economia criativa e digital.

As novas DCNs das Engenharias (BRASIL, 2019b) representam uma resposta a tais desafios e um passo na direção da modernização dos cursos para que possam fazer frente às transformações tecnológicas e ao perfil dos profissionais requeridos a atuar em mercados cada vez mais dinâmicos, multidisciplinares e integrados. É digna de nota a indução para uma formação baseada no desenvolvimento de competências, habilidades e atitudes, levando em conta a cognição dos estudantes, metodologias ativas e a exposição a contextos/problemas realistas que demandam soluções que englobam os aspectos técnicos, legais, éticos e sociais – tudo isso em um ecossistema de gestão de aprendizagem. Em um âmbito mais amplo e tangente ao escopo do presente capítulo, as obras de Christensen *et al.* (2011, 2016) e de Johri e Olds (2014) apresentam elementos basilares sobre os movimentos do ensino superior em busca da inovação, sobre as mudanças no aprendizado e sobre as pesquisas em ensino de Engenharia.

2 Cenário de rápidas transformações e os impactos no trabalho e nos profissionais

A humanidade passa por um momento de intensas transformações (e pressões) tecnológicas, econômicas, ambientais e sociais. Os movimentos e desenvolvimentos de maior impacto nas sociedades deixam de ser lineares e evolucionários, tornando-se disruptivos e transformacionais. Fala-se muito sobre a quarta revolução industrial, era exponencial, revolução digital. Independentemente da definição da terminologia, o fato é que as transformações da década atual e das que estão por vir são diferentes de tudo que já foi vivenciado. Como bem define Klaus Schwab (2016), as "novas tecnologias estão fundindo os mundos físico, digital e biológico de forma a criar grandes promessas e possíveis perigos". A economia compartilhada, a Inteligência Artificial (IA), o *blockchain* e as criptomoedas, a mobilidade autônoma, a robótica, as realidades virtual e aumentada, as tecnologias implantáveis e a manufatura aditiva são somente alguns exemplos de tecnologias que vêm trazendo grandes impactos às economias, aos negócios, à sociedade e ao indivíduo.

Esta realidade mutante e desafiadora em termos de velocidade gera inúmeras incertezas sobre o que virá, até porque as transformações são combinatórias – e desafiam os modelos de negócio, como se agrega valor e, centralmente, qual é o papel do ser humano na coexistência com máquinas e algoritmos. Em se tratando de educação, o certo é que o estudante de hoje enfrentará novos problemas, novos desafios e, certamente, precisará dar respostas diferentes – a educação precisa se adaptar, pois o protagonista do amanhã é diferente do de hoje e não mais existe longevidade de atuação profissional lastreada pelo aprendizado restrito ao período de graduação. Recentes pesquisas do Fórum Econômico Mundial (WEF, 2018) demonstram que 50 % das empresas esperam que a automação reduza sua necessidade de mão de obra até 2022, baseando-se no perfil do trabalho atual; por outro lado, o relatório aponta para uma transição dos trabalhadores para atividades de maior valor agregado e indica um aumento líquido das posições de trabalho com a inclusão de novas tecnologias. A mesma publicação indica que, no mínimo, 54 % dos profissionais precisarão de capacitações que os apoiem no desenvolvimento de novas competências. Tais constatações de curto e médio prazos estão de acordo com outro estudo de 2016 do World Economic Forum (WEF), o qual estimou que 65 % das crianças do ensino primário nos dias atuais atuarão, em 2030, em funções ainda não existentes. O raciocínio é análogo se forem pensadas as tecnologias e as demandas por soluções no amanhã.

Neste contexto de uma economia compartilhada e colaborativa, o futuro do trabalho se confunde com um trabalho por demanda, baseado em projetos e governado pelas competências, habilidades, atitudes e pelo valor entregue nas soluções. Ou seja, se apresenta uma tendência de redução do emprego como se conhece hoje e de flexibilização das relações de trabalho, intimamente ligada ao crescimento da atuação temporária, por contrato ou ligada à *gig economy*. Estes conceitos preconizam um mercado de trabalho marcado pela relação entre profissionais *freelancers* especializados, conectados a uma ou mais empresas por relações pontuais e voltadas a tarefas, projetos ou programas específicos. Resultam em ameaças relacionadas com as questões de estabilidade, direitos trabalhistas e com o controle do governo, e por outro lado, emerge um ecossistema mais competitivo, voltado para a meritocracia da atuação e o *talentismo*. Um recente trabalho do Boston Consulting Group (BCG, 2019) traz interessantes estudos e *insights* sobre as tendências, os desafios e as oportunidades para os profissionais e para as empresas, que podem ter mais acesso a competências especializadas de alto nível, mas que terão de se reinventar em termos de políticas de contratação, treinamento, recompensa e gestão.

O futuro dos profissionais e da educação, por consequência, é igualmente impactado ao considerarmos que a formação de talentos não pode prescindir dessas tendências de mercado. As instituições precisam migrar da mentalidade da burocracia para a da gestão da mudança; a construção de currículos rígidos deve dar espaço à construção de comunidades e programas flexíveis e rapidamente adaptáveis; as experiências de aprendizagem devem suplantar a transmissão de métodos e, muito importante, os envolvidos precisam assimilar que, no processo de aprendizado e cognição, as falhas não devem ser evitadas, mas tornam-se importantes elementos para o alcance do sucesso (GOLDBER; SOMERVILLE, 2014). Tratando-se de engenheiros, isso significa um perfil que combine uma sólida formação técnico-científica com competências comportamentais e profissionais que lhes proporcionem maior grau de autonomia, criatividade e capacidade de aprendizado e adaptação às circunstâncias – um caçador (e solucionador) de problemas mal-estruturados, que, pela complexidade e ineditismo, exigem dos estudantes e profissionais a postura de *lifelong learners*. Mas qual é o caminho que devemos percorrer ao longo da graduação para se alcançar o perfil de profissional capaz de se adaptar às rápidas mudanças até aqui discutidas?

3 Megatendências e o poder da visão de futuro no processo de formação

Quando se discute gestão estratégica, a definição dos horizontes temporais de planejamento é elemento-chave de sucesso. As definições de curto, médio e longo prazos, no entanto, são diversas, variando de menos de um ano para o primeiro caso a mais de dez anos para o último. Independentemente disso, é evidente que a formação de estudantes de Engenharia possui objetivos de longo prazo, onde se espera que tais egressos tenham atuação destacada e de alto impacto. Se considerados, portanto, ingressantes de 2019, estes chegarão a 2050 no ápice de sua atuação profissional, por volta dos 50 anos de idade. Portanto, as estratégias para a educação superior devem ter horizontes amplos, e as respostas residem na observação do mercado e do mundo para além dos próximos cinco a dez anos. A demanda corrente e de curto prazo é naturalmente importante, mas não se pode perder de vista a formação que garanta o protagonismo dos profissionais décadas à frente, como em 2050.

Uma nova pergunta então se impõe: como prever 2050? E a resposta vem, não com a precisão de uma previsão (*forecast*), mas sim com um elucidativo horizonte de expectativas – uma visão (*foresight*). Embora distante, como afirma o autor Kevin Kelly (2017) em seu livro *Inevitável – as 12 forças tecnológicas que mudarão nosso mundo*, "muito do que acontecer nos próximos 30 anos é inevitável, definido por tendências tecnológicas que hoje já estão em movimento". Acrescenta-se a estas também tendências demográficas, econômicas, ambientais ou sociais – as chamadas megatendências.

Megatendências são forças de impacto universal e de longo prazo, usualmente décadas, que causam mudanças relevantes na sociedade como um todo, e com energia e força suficiente para definir algumas trajetórias específicas (TSE; ESPOSITO, 2017). Elas representam um valioso guia para o delineamento de cenários futuros, tanto para decisões institucionais estratégicas, como para o delineamento de visões de futuro por parte dos estudantes em busca de seu propósito, protagonismo e inserção. São inúmeras as publicações que discutem megatendências, incluindo de renomadas consultorias, grandes empresas globais e de entidades como WEF, Organizações das Nações Unidas (ONU), Food and Agriculture Organization (FAO), Organização para a Cooperação e Desenvolvimento Econômico (OCDE) e a brasileira CNI. Exemplos de megatendências 2050 que foram eleitas como de interesse para as ações do Centro Universitário FEI, incluem:

- Mobilidade elétrica, autônoma e conectada.
- Demografia: crescimento populacional, longevidade e urbanização.
- Tecnologias para saúde e bem-estar.
- Acesso à água e segurança alimentar.
- Globalização das finanças com redução de barreiras.
- Escassez e competição por recursos naturais – desenvolvimento sustentável.
- Manufatura digital, associada a IoT, técnicas aditivas e robótica avançada.
- Novos materiais e fibras.
- Eficiência energética, incluindo geração e armazenamento.
- Inteligência artificial e a complementariedade às potencialidades humanas.

Para docentes e discentes, o estudo das megatendências permite a identificação de grandes temas do amanhã e o desenvolvimento de visões positivas, inspiradoras e compartilhadas acerca de um futuro sustentável e saudável no qual se pretende viver. O fato de se ter uma visão permite a busca do propósito, possibilita o delineamento dos itinerários formativos preferenciais e representa uma força motriz no processo adequado de aprendizagem. A perspectiva é de que o futuro não somente acontece, mas se constrói, e os engenheiros devem se reconhecer parte essencial desta construção. O conhecimento das megatendências dá a noção do que se vai enfrentar e amplia repertórios, favorece a identificação de eixos de ação e a clara definição dos papéis, potencializando o engajamento dos atores e aumentando as chances de sucesso. Vale mencionar que, em processos de mudanças, não basta a visão; também é necessário o domínio do processo de inovação, entendido aqui como método de como se lidar com o novo e propor soluções aos novos problemas.

4 Domínio do processo de inovação como elemento-chave para o aprendizado e atuação transformadora

As problemáticas e demandas que as décadas futuras reservam aos profissionais de Engenharia contemplam muita novidade, complexidade e incertezas, o que invoca a inovação como resposta. A inovação, independentemente das particularidades das diferentes definições existentes, pressupõe o processo de solução de problemas mal-estruturados (não algorítmicos, com enunciado definido ou solução única) por meio de soluções originais (por vezes, desconhecidas), reconhecidas pelos usuários como úteis, viáveis e disruptivas. Vale a apreciação das reflexões de Keeley *et al.* (2015) acerca do que de fato é inovação, seus tipos, sua relação com invenção, com aquilo que precisa ser novo e com suas propostas de valor. Dentro do interesse do presente trabalho, a criatividade, essencialidade do ser humano potencializada pela imaginação, é o elemento fundamental do processo inovador que pode ser sintetizado em cinco passos (SCHÖLLHAMMER, 2015), a saber:

Passo 1: Formulação/conceituação do problema – Problematização. Dedicar tempo à definição do problema, fazendo as perguntas certas da maneira certa.

Passo 2: Busca de soluções – Criação e ideias. Geração de grande número de ideias, em processo de pensamento divergente, tirando proveito de métodos de criatividade aplicados em grupo e fazendo uso da abordagem de julgamento postergado.

Passo 3: Seleção da melhor solução – Critérios e avaliação. Processo de seleção das melhores ideias em termos de viabilidade, efetividade, eficiência e valor, em processo de pensamento convergente, que emprega tanto técnicas qualitativas como quantitativas.

Passo 4: Desenvolvimento da solução – Projeto e protótipo. Uma vez selecionada uma solução, esta fase pressupõe o desenvolvimento da engenharia de suporte à solução e a prototipação por meios físicos e/ou virtuais, que auxiliam na compreensão da viabilidade técnico-funcional e da interação entre as variáveis da proposta.

Passo 5: Implementação – Introdução no mercado. Trata-se da elaboração de um plano de negócio, muitas vezes baseado em um *Minimum Viable Product* (MVP), que já incorpore avaliações de oportunidade, risco, aceitação do consumidor/usuário, vendas e marketing, competição e posicionamento estratégico, operações e tecnologia, distribuição, projeções financeiras e de crescimento, retorno sobre o investimento, entre outros aspectos, inclusive, estratégias de saída.

Os passos do processo inovador deixam claro que, a despeito das problemáticas tratadas, tal processo pode ser de grande valia a estudantes de Engenharia, docentes e engenheiros que necessitem enfrentar problemas mal-estruturados em busca de soluções originais. Considerando o cenário de rápidas transformações e muitas incertezas, os passos representam uma estrutura mínima de raciocínio e ação que favorece maior assertividade no entendimento das problemáticas, incentiva a criatividade e oferece ferramentas de seleção, desenvolvimento e disponibilização das soluções ao mercado. E é neste arcabouço metodológico que se apoia o novo projeto de ensino-aprendizagem da FEI.

5 A visão em ação – implantação de novo projeto pedagógico para a graduação em Engenharia do Centro Universitário FEI

A partir de 2016, o Centro Universitário FEI, instituição comunitária sediada no estado de São Paulo e com foco nas áreas de tecnologia e gestão, criou o programa institucional Plataforma de Inovação FEI, o qual se soma à indissociabilidade entre ensino, pesquisa e extensão, colocando a inovação como prioridade institucional transversal. A plataforma conta com um conselho (Grupo Orientador de Inovação FEI) composto por altos executivos e acadêmicos destacados e se sustenta em três pilares estruturantes:

1) Fomento à cultura de inovação, por meio da transformação organizacional e cultural em termos de pessoas, espaços e processos.
2) Alinhamento a uma agenda de futuro, que forneça referenciais globais e locais para planejamentos institucionais, curriculares e pessoais, pautados pelas megatendências e potencial de impacto no amanhã.
3) Curricularização da inovação, por meio da reestruturação dos PPCs, favorecendo a flexibilidade, o protagonismo do estudante na construção de suas competências, a cognição e a descoberta, combinando sólida formação conceitual com criatividade frente a problemas mal-estruturados.

Tratando-se dos cursos de engenharia, foram aproximadamente 2,5 anos de trabalho na reestruturação dos projetos pedagógicos, os quais tiveram início no primeiro semestre de 2019, já aderentes às novas DCNs. Não se objetiva detalhar, no presente capítulo, os PPCs implementados, cujos detalhes podem ser encontrados no respectivo *site* institucional (www.fei.edu.br), mas é relevante mencionar algumas das premissas do projeto: reposicionamento da formação em engenharia para a inovação e centralidade do estudante; currículos desenhados e acompanhados por competências (técnicas e atitudinais); inovação e o processo inovador como fios condutores, favorecendo a proximidade com empresas e suas problemáticas; fortalecimento das aplicações e atividades práticas, com problemas realistas e mal-estruturados; maior flexibilidade curricular e incentivo à autonomia, por meio de metodologias ativas e componentes curriculares eletivos e optativos; e foco na formação integral, para a vida, alinhada aos grandes temas do amanhã.

O primeiro pilar do projeto é o de fomento à cultura de inovação e tem proporcionado à instituição novos espaços (como salas para metodologias ativas, laboratórios de fabricação, ensino e pesquisa), além de revisita a processos acadêmicos e administrativos, e capacitações para a inovação que se iniciaram em 2017, envolvendo os docentes, os colaboradores com atuação acadêmico-administrativa e, atualmente, os discentes – constituem-se imersões, na forma de oficinas, capacitando-os para a construção de visões e para o domínio dos passos do processo inovador. Para os docentes, existem eventos semestrais de três dias em que painéis com especialistas externos e internos e novas oficinas proporcionam reflexões, metodologias e ferramentas para o desenvolvimento dos projetos pedagógicos e práticas de ensino-aprendizagem.

No contexto institucional e no que se refere ao segundo pilar estruturante – alinhamento a uma agenda de futuro – é realizado, desde 2016, um congresso anual denominado "Congresso FEI de Inovação e Megatendências 2050", no qual se discute uma grande tendência e suas implicações na sociedade, no aprendizado e na vida da comunidade universitária. Em tais eventos, lideranças empresariais, acadêmicas e de governo compartilham suas visões de futuro com a comunidade acadêmica de docentes, discentes e colaboradores, por meio de painéis, rodas-vivas e atividades técnicas. Costumam participar mais de mil presentes e alguns milhares de internautas de diversos países. A seguir, estão apresentados os temas abordados nos eventos de 2016 a 2019. Mais detalhes podem ser encontrados nas publicações específicas dos eventos (FEI, 2016, 2017, 2018).

- 2016: Inovações e a Internet das Coisas.
- 2017: A cidade e o campo inteligentes para uma melhor qualidade de vida.
- 2018: Trabalho, saúde e bem-estar – tecnologia para uma vida de qualidade além dos 100 anos.
- 2019: Inteligência artificial e o *ser* do humano: complementariedade ou competitividade para aprender, inovar e viver?

A partir de 2017, como forma de manter latente o diálogo com o mercado e com as tendências, são realizados ao longo do ano encontros chamados "diálogos com visionários", nos quais líderes empresariais e acadêmicos compartilham visões e realizam mentoreamento com estudantes.

No contexto do terceiro grande pilar do projeto, são apresentadas a seguir algumas ações constantes dos novos PPCs das engenharias que ilustram como o desenvolvimento de visões e o domínio dos passos da inovação favorecem o processo de aprendizado e quais os impactos imediatos para os estudantes:

- Em seu primeiro dia de atividades na instituição, são surpreendidos por acolhida denominada "Preparando-se para o amanhã", na qual lideranças institucionais recebem os calouros, mas os sensibilizam sobre a velocidade de mudanças, megatendências e como se estruturam os projetos pedagógicos para a inovação.

- A componente curricular de Física I, no primeiro semestre, tem empregado metodologias ativas e feito uso de abordagens da cultura *maker* para a validação de conceitos estudados em sala. Carrinhos movidos a elásticos, foguetes com propulsão a ar comprimido e outras aplicações lúdicas já têm se mostrado de grande utilidade à validação dos fundamentos e a um maior protagonismo e motivação dos estudantes.
- Também no primeiro semestre, uma das componentes curriculares integradoras é denominada Eletrônica Geral, e representa um espaço no qual os estudantes são desafiados a criar, utilizando a plataforma Arduino, sensores, atuadores, outros materiais simples de construção e softwares de criação de aplicativos, soluções a problemas mal-estruturados apresentados. Por exemplo, no primeiro semestre de 2019, os alunos produziram sintetizadores de áudio, sensores de presença, espectrômetros para a identificação dos comprimentos de onda da luz visível usando a câmera do celular, pequenos carros de controle remoto controlados por *apps* desenvolvidos especialmente para tal, entre outros. Resultou em outro exemplo do grau de criatividade e autonomia, mesmo considerando a maturidade de ingressantes, para a implementação de soluções.
- Focando agora nas questões de visão, também no primeiro semestre do curso, os estudantes são apresentados, em diferentes componentes curriculares e de forma integrada (Sociologia, Práticas de Inovação I e Física I, por exemplo), às megatendências 2050, sendo solicitada a elaboração de uma primeira versão de seu *life planning* para 15 anos, o qual deve ser entregue na forma de mini *paper* no final do primeiro semestre. São três etapas, em que o estudante deve pesquisar as megatendências globais das próximas décadas que lhe são de interesse; na sequência, pesquisar megatendências de suas áreas prioritárias; e, por fim, criadas suas visões de futuro, desenvolver seu planejamento de inserção pessoal e protagonismo de alto impacto no amanhã. Discussões sobre a quarta revolução industrial e os impactos na cultura, legislação, entre outros aspectos, enriquecem os desenvolvimentos e a ideia de que, a cada ano de avanço no curso, os estudantes sejam estimulados e apoiados na atualização de seus planos de vida.
- Por fim, também no primeiro semestre do curso, os estudantes são apresentados, centralmente em Práticas de Inovação I, às fases do processo inovador descritas na Seção 4 e são provocados, no mesmo período, à aplicação dos três primeiros passos (problematização, ideação e seleção) a uma grande problemática futura baseada nas megatendências. O processo é totalmente conduzido por meio de metodologias ativas e, ao final do primeiro semestre, cada grupo de estudantes deve apresentar suas ideias a uma banca de avaliadores, como já realizado em maio de 2019 com destacados resultados, que impressionaram os coordenadores de curso pela criatividade e originalidade das soluções em áreas como saúde, recursos naturais, tecnologias assistivas, entre outras. Ao longo do segundo semestre, dando prosseguimento aos demais passos, deverão apresentar uma ideia de *Minimum Viable Product* (MVP), com plano de negócios simplificado. Esta estrutura dos passos do processo inovador vai

se aprofundando ao longo do curso, especialmente nas componentes curriculares integradoras existentes em todos os períodos, culminando no trabalho de conclusão de curso (TCC), que deve ser o grande projeto inovador da graduação do estudante de Engenharia. Incentiva-se que o TCC esteja alinhado às megatendências e verse sobre problemática real em parceria com empresas.

Embora o projeto esteja no início de sua implementação, os primeiros resultados parecem evidenciar que os seus objetivos gerais – garantir a formação integral do indivíduo com maior protagonismo, autonomia e preparo para se adaptar às contínuas mudanças – já começaram a ser atingidos. Recomenda-se ao leitor a visita aos *links* a seguir para a exemplificação, por meio de breves vídeos, do que se apresenta:

- Oficinas de inovação – discentes: <https://bit.ly/2WjJjk4>.
- Eletrônica geral 1º semestre: <https://bit.ly/2wE0YIX>.
- Salas de Metodologias Ativas e Criatividade: <https://bit.ly/2EUhZTW>.

A cultura de inovação e a atitude empreendedora serão desenvolvidas e fortalecidas ao longo dos cursos por meio das componentes curriculares integradoras de inovação, nas quais os estudantes elaborarão soluções cuja complexidade aumenta ao longo dos períodos, de atividades extra-sala e de projetos de competição, bem como estágios e programas internacionais. O estudo dos grandes desafios globais atrelados às megatendências, como água, alimentação, energia, saúde e bem-estar, mobilidade, entre outros, tem sido o referencial e o pano de fundo para as atividades curriculares previstas, no sentido de direcionar os jovens às demandas de alto impacto futuro e ao hábito do *lifelong learning*. A abordagem preserva a solidez da formação técnico-científica, intensificando as atividades práticas no ensino-aprendizagem que fomentam a criatividade e estabelecendo processos eficientes de articulação entre a universidade e as empresas. Essa é a proposta dos novos PPCs de Engenharia da FEI para a formação das competências desejadas aos profissionais do futuro, claramente expressas nas novas DCNs de Engenharia recentemente aprovadas pelo Ministério de Educação.

Como educadores, é nosso dever estarmos abertos às contínuas necessidades da sociedade e formar profissionais qualificados para a plena atuação social e capazes de preservar os seus valores basilares. A vigência do projeto mostrará seus resultados – os acertos e os pontos a melhorar, mas os sinais já se apresentam inspiradores. O brilho nos olhos dos estudantes, resultado de sua motivação e engajamento ao projeto, comprova que visões apropriadas, ambiente inovador e convite ao protagonismo são verdadeiras forças motrizes para a modernização do ensino-aprendizagem em Engenharia.

BIBLIOGRAFIA

BOSTON CONSULTING GROUP. **The new freelancers**: tapping talent in the Gig Economy. BCG, 2019.

BRASIL. Conselho Nacional de Educação. Parecer CNE/CES nº 1, de 23 de janeiro de 2019. Diretrizes Curriculares Nacionais do Curso de Graduação em Engenharia. **Diário Oficial [da] República Federativa do Brasil**, Brasília, DF, Seção I, p. 109, 23 abr. 2019a. Disponível em: <http://portal.mec.gov.br/index.php?option=com_docman&view=download&alias=109871-pces001-19-1&category_slug=marco-2019-pdf&Itemid=30192>. Acesso em: 31 maio 2019.

BRASIL. Conselho Nacional de Educação. Resolução CNE/CES nº 2, de 24 de abril de 2019. Diretrizes Curriculares Nacionais do Curso de Graduação em Engenharia. **Diário Oficial [da] República Federativa do Brasil**, Brasília, DF, Seção I, p. 43, 26 abr. 2019b. Disponível em: <http://www.in.gov.br/web/dou/-/resolu%C3%87%C3%83o-n%C2%BA-2-de-24-de-abril-de-2019-85344528>. Acesso em: 31 maio 2019.

CHRISTENSEN, C. M.; EYRING, H. J. **The innovative university**: Changing the DNA of Higher Education from the Inside Out. 1. ed. San Francisco, CA: Jossey-Bass, 2011.

CHRISTENSEN, C. M.; HORN, M. B.; JOHNSON, C. W. **Disrupting Class**: how disruptive innovation will change the way the world learns. 2. ed. New York: McGraw-Hill, 2016.

CONFEDERAÇÃO NACIONAL DAS INDÚSTRIAS (CNI). 2014. Disponível em: <https://noticias.portaldaindustria.com.br/noticias/inovacao-e-tecnologia/apenas-42-dos-engenheiros-brasileiros-atuam-na-area-em-que-se-formam/>. Acesso em: 25 maio 2019.

CENTRO UNIVERSITÁRIO FEI. **Inovações e a internet das coisas**. 1º Congresso de Inovação e Megatendências 2050. São Bernardo do Campo, SP: FEI, 2016.

CENTRO UNIVERSITÁRIO FEI. **A cidade e o campo inteligentes para uma melhor qualidade de vida**. 2º Congresso de Inovação e Megatendências 2050. São Bernardo do Campo, SP: FEI, 2017.

CENTRO UNIVERSITÁRIO FEI. **Trabalho, saúde e bem-estar** – tecnologia para uma vida de qualidade além dos 100 anos. 3º Congresso de Inovação e Megatendências 2050. São Bernardo do Campo, SP: FEI, 2018.

DUTTA, Soumitra; LANVIN, Bruno; WUNSCH-VINCENT, Sacha (ed.). **Global innovation index 2018** – Energizing the World with Innovation. 11. ed. Ithaca, Fontainebleau, Geneva: Cornell University/Insead/WIPO, 2018.

JOHRI, A.; OLDS, B. M. **Cambridge handbook of engineering education research**. 1. ed. Cambridge, UK: Cambridge University, 2014.

KEELEY, L. et al. **Dez tipos de inovação** – a disciplina de criação de avanços de ruptura. São Paulo: DVS, 2015.

KELLY, K. Inevitável – As 12 forças tecnológicas que mudarão o nosso mundo. São Paulo: HSM, 2017.

MANPOWERGROUP. **Solving the talent shortage** – build, buy, borrow and bridge. Milwaukee, Wisconsin: ManpowerGroup, 2018.

ROBINSON, K. **Out of our minds**: Learning to be Creative. 2. ed. Oxford: Capstone, 2011.

ROYAL ACADEMY OF ENGINEERING. **Engineering and economic growth**: a global view. London: RAE, 2016.

SCHÖLLHAMMER, S. **Fostering students' entrepreneurship and open innovation in university-industry collaboration**. 2015. Disponível em: <http://www.idealab.uns.ac.rs/pub/download/14260692107121_idealab_trainings_-_idea_generation___idea_selection_unistutt_2015-01-30_handout.pdf>. Acesso em: 23 out. 2018.

SCHWAB, K. A quarta revolução industrial. 1. ed. São Paulo: Edipro, 2016.

TSE, T. C. M.; ESPOSITO, M. **Understanding how the future unfolds** – using DRIVE to harness the power of today's megatrends. Lioncrest, 2017.

WORLD ECONOMIC FORUM. **The future of Jobs report**. Centre for the new economy and society. Geneva, Switzerland: WEF, 2018.

As competências profissionais do engenheiro nas situações de trabalho e os modelos organizacionais

ADRIANA MARIA TONINI

WAGNER TAVARES DE ANDRADE

1 Introdução

Nos dias atuais, o termo "competências" passou a ocupar um papel de destaque nos estudos sobre o perfil do engenheiro contemporâneo. Segundo Veraszto *et al.* (2003, p. 5), "novas habilidades e competências (não técnicas) têm sido exigidas tanto pela sociedade como pelo mercado de trabalho, para que um engenheiro possa exercer sua profissão".

Nesse sentido, Resende (2000) abre um leque maior ao conceituar competência, a partir de uma interpretação diferenciada do termo qualificação:

> O significado de competência que tem adquirido forças nos últimos tempos está relacionado com uma condição diferenciada de qualificação e capacitação das pessoas para executar seu trabalho, desempenhar suas atividades. Inicialmente mais aplicado a pessoas, num segundo momento passou a ser usado também como requisitos de bom desempenho de equipes, unidades e da empresa (RESENDE, 2000, p. 33).

Durante décadas, os programas de formação e os processos de seleção e de recrutamento de pessoal nas empresas foram pautados pela noção de "qualificação" profissional. No entanto, no entendimento de alguns, sobretudo dos empresários, a qualificação não se mostra mais suficientemente adequada às atuais transformações do mundo do trabalho, exigindo-se dos trabalhadores um novo perfil profissional.

Para Laudares e Tomasi (2003), nesse contexto de mudanças, o maior desafio dos trabalhadores e dos centros de formação profissional diz respeito às demandas por "competência". Segundo esses autores, nas últimas duas décadas (1980 e 1990), sobretudo na anterior, a noção de competência vem ocupando progressivamente o debate na literatura sociológica e no "chão de fábrica", traduzindo a inquietação de empresários e de empregadores em relação às novas exigências dos postos de trabalho e suscitando inúmeras questões: que transformações estariam ocorrendo que exigiriam uma nova noção? A emergência da noção de competência estaria assinalando o fim da noção de qualificação ou haveria uma possibilidade de coexistência entre elas? Tratar-se-ia de um modismo? A noção de competência estaria relacionada com o desenvolvimento tecnológico e organizacional que caracteriza as últimas três décadas? Ou, ainda, qual seria o papel do desemprego, que tem marcado as últimas décadas do século, no surgimento e no uso do termo competência? (LAUDARES; TOMASI, 2003).

O termo "competência" tem origem, possivelmente, nos meios jurídicos, e, em nenhum momento, foi de uso popular. Conforme Isambert-Jamati (1997), uma certa competência é exigida para julgar a competência de alguém. A partir dos anos 1970, o termo aparece na literatura sociológica e educacional, mas de forma polissêmica, e só a partir de meados dos anos 1980 adquire o sentido conhecido atualmente. Para a citada autora, a competência, no singular, pertence à linguagem jurídica, ao passo que, no plural, comporta, em um mesmo homem, uma marca, um encontro positivo de qualidades (competências possuídas). Tais competências, esclarece a autora, são únicas e pertencem a uma categoria formalizada, ou seja, não podem ser encontradas em todos os indivíduos. Isso significa dizer que a competência não se confundiria com o talento, que pertenceria aos artistas, ou seja, ela não é uma característica individual (LAUDARES; TOMASI, 2003).

A noção de competência está, portanto, associada à execução de tarefas complexas, organizadas, e que exigem uma atividade intelectual importante. E essas tarefas devem ser realizadas por especialistas. Assim, o trabalhador competente não é necessariamente aquele que cria as técnicas, mas aquele que as utiliza adequadamente e está apto a adaptá-las às novas situações de trabalho (LAUDARES; TOMASI, 2003).

A noção de competência, todavia, não apenas se impõe de fora para dentro da sociologia do trabalho, como exige que outros saberes compartilhem da tentativa de construção da noção. Entre esses saberes, se destacam os relativos à cognição. Em outras palavras, é o próprio saber que se apresenta como essencial na análise, embora ele não seja objeto de estudo da sociologia do trabalho (LAUDARES; TOMASI, 2003).

Pode-se dizer que a competência é um campo de conhecimento partilhado com múltiplas disciplinas e profissionais: psicólogos, antropólogos, ergonomistas, linguistas e educadores, entre outros. A competência encontra-se, também, e sobretudo, nos comportamentos, nas atitudes, que têm como característica fundamental não a solução de problemas, mas a capacidade de antecipar-se a eles (ZARIFIAN, 1995).

As discussões mais intensas relativas ao termo competência são relativamente recentes, com estudos mais notáveis, na área profissional, realizados pelo francês Philippe Zarifian. Os estudos sobre o tema, na França, têm origem em meados da década de 1980, em função da crise instaurada nesse período, que forçou uma alteração no modo de trabalho, progressão e gestão das empresas francesas, com consequentes transformações nas relações entre os trabalhadores e as empresas empregadoras. Dava-se, então, o início das mudanças na forma taylorista do trabalho e iniciava-se o denominado "modelo de competências" (ZARIFIAN, 2012).

Zarifian (2012) apresenta três enunciados para o termo competência, com enfoques diferentes. O primeiro enfoque é dado às mudanças na organização do trabalho, em função do recuo da prescrição e com aumento da autonomia. Sob esse aspecto, a competência é definida como "o 'tomar iniciativa' e o 'assumir responsabilidade' do indivíduo diante de situações profissionais com as quais se depara" (ZARIFIAN, 2012, p. 68). Sobre os termos apresentados, o sociólogo complementa com as seguintes definições:

> **Assumir:** a competência "é assumida", resulta de um procedimento pessoal do indivíduo, que aceita assumir uma situação de trabalho e ser responsável por ela. [...] do ponto de vista do ser humano diretamente em causa, esta competência "se assume" ou não se assume. Ninguém pode decidir no lugar do agente implicado. [...]
>
> **Tomar iniciativa:** [...] Tomar iniciativa é uma ação que modifica algo que existe, que introduz algo novo, que começa alguma coisa, que cria [...] o indivíduo deve tomar a iniciativa em face de eventos que excedem, por sua singularidade e/ou por sua imprevisibilidade, o repertório de normas existentes. Tomar iniciativa significa, nesse caso, inventar uma resposta adequada para enfrentar com êxito esse evento. [...] Tem um sentido profundo. Significa que o ser humano não é um robô aplicativo, que possui capacidades de imaginação e de invenção que lhe permitem abordar o singular e o imprevisto, que o dotam da liberdade de iniciar alguma coisa nova, nem que seja de forma modesta. [...]
>
> **Sobre situações:** [...] o comportamento em uma situação não é, nunca, efetivamente prescritível: não se pode prescrever o comportamento que o indivíduo deve adotar porque este comportamento faz intrinsecamente parte da situação (ZARIFIAN, 2012, p. 69-71, *grifo nosso*).

O autor destaca que os termos "tomar iniciativa" e "assumir responsabilidade" estão relacionados com a autonomia que o indivíduo possui no modelo de competência e com as consequências de seu comportamento. Tomar iniciativa é requerido e importante quanto maior for a probabilidade de eventos singulares e/ou imprevisíveis. Já o assumir a responsabilidade é a contrapartida da autonomia, ou seja, o indivíduo é responsável pelas decisões que toma e pelas consequências oriundas de tais decisões.

A segunda abordagem tem como enfoque a dinâmica da aprendizagem, definindo a competência como "um entendimento prático de situações que se apoia em conhecimentos adquiridos e os transforma na medida em que aumenta a diversidade das situações" (ZARIFIAN, 2012, p. 72). Destaca-se, nesse enfoque, que o indivíduo deve ter um entendimento prático, ou seja, precisa analisar e compreender a situação que lhe é apresentada, auxiliado pelos conhecimentos que já possui e que serão mobilizados para tal e, a partir dessa situação singular ou de trabalho, com base na experiência vivenciada, será possível ampliar seus conhecimentos.

Por sua vez, a terceira abordagem traz como enfoque o trabalho em equipe e a corresponsabilidade dos indivíduos, sendo, nesse caso, apresentada a competência como a faculdade de mobilizar uma rede de atores em torno de uma mesma situação, "é a faculdade de fazer com que esses atores compartilhem as implicações de suas ações" e assumam áreas de corresponsabilidade (ZARIFIAN, 2012, p. 74).

É possível deduzir, assim, que a noção de competência está relacionada com o trabalho em grupo, com a comunicação, a responsabilidade e a ética, uma vez que o aumento da complexidade das situações vividas pelo indivíduo, "na maioria das vezes, impossibilita que ele atue de forma isolada, sendo necessária, para alcançar seus objetivos, a atuação em equipe" (CARVALHO, 2014, p. 47).

Deve-se observar, no entanto, a inexistência de um consenso quanto à conceituação do termo competência, havendo, além de divergências de caráter filosófico e ideológico, uma diversidade de modos de compreendê-lo, o que pode ser justificado por sua utilização com diferentes enfoques e em diferentes áreas do conhecimento (MANFREDI, 1999).

Para Manfredi, dentre as diversas construções conceituais de competência, é possível identificar um conjunto de conotações, histórica e socialmente construídas, que poderia ser assim resumido:

- desempenho individual racional e eficiente visando à adequação entre fins e meios, objetivos e resultados;
- um perfil comportamental de pessoas que agregam capacidades cognitivas, socioafetivas e emocionais, destrezas psicomotoras e habilidades operacionais etc., adquiridas por meio de percursos e trajetórias individuais (percursos escolares, profissionais etc.);
- atuações profissionais resultantes, prioritariamente, de estratégias formativas agenciadas e planificadas visando à funcionalidade e à rentabilidade de determinado organismo e ou subsistema social (MANFREDI, 1999).

A solução de problemas com certo grau de complexidade dificilmente pode ser encontrada de forma individual. Nesse aspecto, a atuação em conjunto (a mobilização da rede de atores) requer que todos os envolvidos compartilhem o objetivo proposto e que sejam corresponsáveis pelas ações a serem tomadas, o que, por vezes, não ocorre, em função da segmentação da empresa em vários setores com objetivos distintos, mas com tarefas interligadas (ZARIFIAN, 2012).

> [...] é possível que, cada vez mais, os coletivos se formem e se alterem consideravelmente, por sua própria iniciativa, em função da natureza de implicações com as quais se deparam, das necessidades de avaliação, das oportunidades de estabelecer relações, da diversidade das redes nas quais cada indivíduo pode ser inserido. É provável, por conseguinte, que as fronteiras dos grupos profissionais mudem de lugar (ZARIFIAN, 2012, p. 109).

Observa-se, de forma geral, e com base nas definições apresentadas, que a noção de competência está centrada no indivíduo, pois depende de suas ações perante uma dada situação, bem como de seu conhecimento ou saber a ser utilizado como elemento balizador para sua tomada de decisão, de forma a se ter o resultado desejado ou esperado.

2 Competências profissionais dos engenheiros nas situações de trabalho

Com essa explanação inicial sobre a noção de competência, cabe agora observar que ela está intrinsecamente ligada a uma situação prática, necessitando da ação do indivíduo. Segundo Ropé e Tanguy (1997, p. 16), "a competência é inseparável da ação". Por sua vez, em sua definição, Fleury e Fleury (2000, p. 21) destacam a necessidade de "um saber agir responsável e reconhecido".

O conhecimento também é elemento fundamental para a competência, uma vez que irá apoiar as decisões e ações do indivíduo nas situações práticas, de forma que ele possa obter os resultados almejados para tais situações.

Segundo Zarifian (2012, p. 72), "não há exercício da competência sem um lastro de conhecimentos que poderão ser mobilizados em situação de trabalho". O conhecimento é importante, mas se observa que ele deve ser mobilizado de forma adequada. Ou seja, não basta que o indivíduo tenha grande conhecimento, sendo necessário que se faça a conexão entre o teórico e o prático, de modo a utilizar o conhecimento no momento certo e de forma adequada diante de cada situação.

Para Fleury e Fleury (2001a), o conceito de competência não é recente. Em essência, constitui noção consideravelmente antiga, porém (re)conceituada e (re)valorizada no contexto atual, em decorrência de fatores como os processos de reestruturação produtiva, a imprevisibilidade das situações econômicas e organizacionais, e as sensíveis mudanças no mercado de trabalho, resultantes, em especial, dos quadros de globalização.

Não obstante a ausência de unanimidade conceitual da competência, Barato (1998) destaca a prevalência de duas correntes principais. Uma primeira, de origem anglo-americana, a qual, tomando como referência o mercado de trabalho, centra-se em aspectos ligados a parâmetros de desempenho requeridos pelas organizações. E uma segunda, originária da França, que enfatiza o vínculo entre trabalho e educação, indicando as competências como resultantes de processos sistemáticos de formação e de aprendizagem (SANT'ANNA, 2008).

De modo similar, Steffen (1999), ao analisar a competência de acordo com diversas correntes teórico-filosóficas, identifica modelos que seguem a concepção comportamentalista, típica do pensamento norte-americano, e centrada na definição de atributos individuais capazes de resultar em desempenhos organizacionais superiores; a concepção funcionalista, originada na Inglaterra, que enfatiza a definição de perfis ocupacionais que servirão de apoio para a certificação de competências; e a concepção construtivista, desenvolvida na França, a qual destaca o processo de aprendizagem como mecanismo central para o desenvolvimento de competências profissionais. Esta última perspectiva enfatiza a relevância de programas de formação profissional orientados, sobretudo, para a qualificação das populações menos dotadas das competências requeridas e, portanto, mais suscetíveis de não inserção no mercado de trabalho (SANT'ANNA, 2008).

Para Sant'Anna (2008), apesar das diferentes abordagens sobre o construto da competência, alguns pontos comuns podem ser identificados. Em primeiro lugar, a competência é comumente apresentada como um conjunto de características ou requisitos – saberes, conhecimentos, aptidões, habilidades – indicado como condição capaz de produzir resultados superiores e/ou solução de problemas (SPENCER; SPENCER, 1993; BOYATZIS, 1982; McCLELLAND; DAILEY, 1972).

De acordo com Zarifian (2012), ainda nos dias atuais, a definição do modelo de competência tem como base a definição dos anos 1970, com forte influência do conceito de qualificação do emprego. Nessa perspectiva, para o Conseil National du Patronat Français (CNPF):

> Competência profissional é uma combinação de conhecimentos, de saber-fazer, de experiências e comportamentos que se exercem em um contexto preciso. Ela é constatada quando de sua utilização em situação profissional, a partir da qual é passível de validação (CNPF, 1998, *apud* ZARIFIAN, 2012, p. 66).

As competências profissionais nas situações de trabalho, segundo Le Boterf (2006), apresentam-se a partir de três dimensões: (i) a dimensão dos recursos disponíveis, que se refere aos recursos que o indivíduo pode mobilizar para sua ação; (ii) a dimensão das ações propriamente ditas e dos seus resultados; e (iii) a dimensão da reflexividade, que se constitui no distanciamento do indivíduo das dimensões anteriores, permitindo-lhe a análise das práticas adotadas e o aprendizado por meio da reflexão.

No caso da primeira dimensão, os recursos a serem mobilizados pelo indivíduo, ainda segundo Le Boterf (2006), podem ter sua origem tanto nos atributos pessoais, como, por exemplo, os conhecimentos, o saber-fazer, as capacidades cognitivas, quanto nos recursos oriundos do contexto em que ele se encontra, como as redes de operações, competências de colegas e bases de dados. As ações e resultados, por sua vez, traduzem o saber agir de forma pertinente em relação à situação, acontecimento ou problema apresentado, com base nos recursos mobilizados: "saber agir não pressupõe o domínio de aspectos isolados, implica, sim, ser capaz de combinar diferentes operações", de modo a atingir o objetivo desejado (LE BOTERF, 2006, p. 62). Por fim, a reflexividade, ou distanciamento, refere-se à dimensão em que o indivíduo irá analisar a sua prática em relação a um dado acontecimento e aos resultados obtidos. Ainda para este autor, o indivíduo, no que diz respeito a essa dimensão:

> Deve, pois, possuir uma dupla compreensão: a da situação sobre a qual intervém e a forma como o faz. Esta inteligência das situações e este conhecimento dele próprio pressupõem um distanciamento, necessário para poder melhorar as suas práticas profissionais. [...]

> Este trabalho de reflexividade não leva à simples reprodução de como se agiu ou dos recursos utilizados, mas sim a uma reconstrução da realidade: consiste na construção de esquemas operatórios, de modelos cognitivos, de esquemas de ação que poderão dar lugar a generalizações e que contribuirão para a construção do profissionalismo da pessoa envolvida (LE BOTERF, 2006, p. 63).

No que concerne à discussão dessas várias dimensões, também Isambert-Jamati concorda que o conceito de competência deve considerar o grau de conhecimento do sujeito, pois somente assim ele consegue intervir no processo com segurança. Assim, para ser "competente", o indivíduo deve poder tomar decisões, com base em conhecimentos adquiridos, a fim de obter o resultado desejado, "com eficácia e economia de meios. Para intervir, deve apelar para técnicas definidas, cuja extensão de aplicação ele conhece. Na maior parte das vezes, não as criou, mas tem a possibilidade de modificar um elemento e combinar vários esquemas preexistentes, ajustando ao caso tratado" (ISAMBERT-JAMATI, 1997, p. 104).

Ressalte-se que Isambert-Jamati (1997) também destaca a centralidade do indivíduo, que age em dada situação imprevista, mobilizando os seus saberes, sendo essa a diferença em relação à vertente norte-americana. É preciso considerar, porém, como alerta Carvalho (2014), a dificuldade em encontrar uma visão equilibrada entre as duas vertentes, uma vez que a linha francesa:

> [...] considera a competência como a ação do indivíduo em uma situação de incerteza, no imprevisto, no que está fora do manual, ao tempo que a linha americana define a competência como a ação do indivíduo, dentro da normalidade do processo, possibilitando um desempenho superior ou alta performance. Sob o ponto de vista dessa diferença não haveria possibilidade de uma visão equilibrada entre as duas vertentes (CARVALHO, 2014, p. 47).

Assim, o conceito de competência, na forma estudada pelos franceses, continua polissêmico na contemporaneidade. Para Ropé e Tanguy (1997, p. 16), os usos "da noção de competência não permitem uma definição conclusiva. Ela se apresenta, de fato, como uma dessas noções cruzadas, cuja opacidade semântica favorece seu uso inflacionado em lugares diferentes"; diferentemente, na linha americana, o conceito de competência mostra-se definitivo. De todo modo, nos dias atuais, com possíveis variações, conforme o contexto, a adoção do modelo de competência é crescente nos vários espaços de trabalho e de formação profissional.

Desde a década de 1980, o tema da competência aparece tanto no meio acadêmico quanto no meio organizacional. Para Vieira e Filenga,

> [...] pode-se observar na literatura o estudo do conceito em duas instâncias de compreensão: no nível das pessoas (competência dos indivíduos) e no nível das organizações (competências das organizações). O conceito de competência individual é a dimensão mais conhecida e difundida do conceito de competência (ALMEIDA, 2007); enquanto a noção de competência organizacional ganhou mais atenção após a publicação do artigo "The Core Competence of the Corporation", em 1990, por Hamel e Prahalad, ao proporem o conceito de competências essenciais (VIEIRA; FILENGA, 2012, p. 2).

A competência individual encontra-se nos níveis alcançados pela sociedade e pela área profissional do indivíduo. Para Fleury e Fleury (2001a, p. 187), "as competências são sempre contextualizadas. Os conhecimentos e o *know-how* não adquirem status de competência a não ser que sejam comunicados e trocados". Por isso, a rede de conhecimento é fundamental para que a comunicação seja eficiente e gere a competência.

Para esses autores, a noção de competência aparece associada a ações verbais, tais como: "saber agir, mobilizar recursos, integrar saberes múltiplos e complexos, saber aprender, saber se engajar, assumir responsabilidades, ter visão estratégica".

Para os verbos expressos nesse conceito de competência, segundo o modelo de Fleury e Fleury (2001a), a obra de Le Boterf (1994) propõe as definições referentes às competências para o profissional. *Saber agir* – Saber o que e por que faz. Saber julgar, escolher, decidir; *Saber mobilizar recursos* – Criar sinergia e mobilizar recursos e competências; *Saber comunicar* – Compreender, trabalhar, transmitir informações, conhecimentos; *Saber aprender* – Trabalhar o conhecimento e a experiência, rever modelos mentais; saber se desenvolver; *Saber se engajar e se comprometer* – Saber empreender, assumir riscos, comprometer-se; *Saber assumir responsabilidades* – Ser responsável, assumindo os riscos e consequências de suas ações e sendo por isso reconhecido; *Ter visão estratégica* – Conhecer e entender o negócio da organização, o seu ambiente, identificando oportunidades, alternativas.

Dessa maneira, complementam os pesquisadores, as competências devem "agregar valor econômico para a organização e valor social para o indivíduo" (FLEURY; FLEURY, 2001a, p. 187). Esse aspecto é também abordado por Pelissari (2007), para quem é importante lembrar que o desenvolvimento de competências gerenciais se alinha ao objetivo mais amplo:

> [...] de tornar as organizações melhor preparadas para enfrentar os desafios atuais e futuros, especialmente as de pequeno porte, que são mais suscetíveis às mudanças. Sendo que a competência só efetivamente existirá no momento em que agregar algum valor econômico à organização e ao valor social do indivíduo (PELISSARI, 2007, p. 96).

Com base nessa abordagem, concluem Fleury e Fleury que a competência pode ser definida como "um saber agir responsável e reconhecido, que implica em mobilizar, integrar, transferir conhecimentos, recursos, habilidades, que agreguem valor econômico à organização e valor social ao indivíduo" (FLEURY; FLEURY, 2001a, p. 188).

Assim, da compreensão da competência como uma resultante da combinação de múltiplos saberes e a partir de revisão da literatura anglo-americana (incluindo autores como Spencer e Spencer, 1993; Boyatzis, 1982; McClelland e Dailey, 1972), e francesa (por exemplo, Zarifian, 2001; Stroobants, 1997; Le Bortef, 1994), Sant'Anna (2002) identifica as 15 competências individuais mais requeridas no atual contexto da indústria (Quadro 1).

Quadro 1 Competências individuais requeridas

Competências individuais requeridas	Capacidade de aprender rapidamente novos conceitos e tecnologias.
	Capacidade de trabalhar em equipes.
	Criatividade.
	Visão de mundo ampla e global.
	Capacidade de comprometer-se com os objetivos da organização.
	Capacidade de comunicação.
	Capacidade de lidar com incertezas e ambiguidades.
	Domínio de novos conhecimentos técnicos associados ao exercício do cargo ou à função ocupada.
	Capacidade de inovação.
	Capacidade de relacionamento interpessoal.
	Iniciativa de ação e decisão.
	Autocontrole emocional.
	Capacidade empreendedora.
	Capacidade de gerar resultados efetivos.
	Capacidade de lidar com situações novas e inusitadas.

Fonte: Baseado em Sant'Anna (2002).

Avançando na compreensão do conceito, Fleury e Fleury (2001a) procuraram categorizar o nível da formação das competências do indivíduo em três grandes blocos que envolvem a relação do indivíduo com a empresa, em uma perspectiva sistêmica, assim apresentados no Quadro 2, a seguir:

Quadro 2 Competências referentes à relação do indivíduo com a empresa

Competências técnicas profissionais	Competências específicas para certa operação, ocupação ou tarefa, como, por exemplo: desenho técnico, conhecimento do produto, finanças.
Competências sociais	Competências necessárias para interagir com as pessoas, como, por exemplo: comunicação, negociação, mobilização para mudança, sensibilidade cultural, trabalho em equipes.
Competências de negócio	Competências relacionadas com a compreensão do negócio, seus objetivos no contexto de seu mercado, clientes e competidores, assim como o ambiente político e social; por exemplo: conhecimento do negócio, orientação para o cliente.

Fonte: Baseado em Fleury e Fleury (2000).

Ainda de acordo com Fleury e Fleury (2000), partindo das competências apresentadas no Quadro 2 e relacionando esses conjuntos de competências desenvolvidas pelo indivíduo em seu espaço de atuação com as estratégias do negócio, é possível chegar às competências essenciais para a organização.

Também é importante considerar as competências gerenciais. Segundo Resende (2000), a competência gerencial pode ser entendida como a faculdade de mobilizar diversos recursos cognitivos – que incluem saberes, informações, habilidades e as inteligências – para, com eficácia e pertinência, enfrentar e solucionar uma série de situações ou de problemas relacionados com a gestão de uma empresa. Nesse sentido, destaca-se que a competência gerencial, assim como a individual, é constituída por cinco elementos:

- **Conhecimento explícito.** O conhecimento explícito envolve conhecimento dos fatos e é adquirido principalmente pela informação, quase sempre pela educação formal.
- **Habilidade.** Esta arte de "saber fazer" envolve uma proficiência prática – física e mental – e é adquirida, sobretudo, por treinamento e prática. Inclui o conhecimento de regras de procedimento e habilidades de comunicação.
- **Experiência.** A experiência é adquirida, principalmente, pela reflexão sobre erros e sucessos passados.
- **Julgamentos de valor.** Os julgamentos de valor são percepções do que o indivíduo acredita estar certo. Eles agem como filtros conscientes e inconscientes para o processo de saber de cada indivíduo.
- **Rede social.** A rede social é formada pelas relações do indivíduo com outros seres humanos dentro de um ambiente e uma cultura transmitidos pela tradição (SVEIBY, 1998).

Também no que se refere à questão do desenvolvimento de competências gerenciais, Swieringa e Wierdsma (1992) contribuem para a reflexão sobre o tema, destacando as três dimensões principais que consideram relevantes:

- **O saber** (o conhecimento). Implica questionamentos e esforços voltados à informação que possa agregar valor ao trabalho.
- **O saber fazer** (as habilidades). Centraliza-se no desenvolvimento de práticas e na consciência da ação tomada. As habilidades são o que se deve saber para obter um bom desempenho.
- **O saber agir** (as atitudes). Busca um comportamento mais condizente com a realidade desejada. Nesse momento, realiza-se a união entre discurso e ação. Deve-se saber agir para se poder empregar adequadamente os conhecimentos e as habilidades.

Na realidade, as dimensões *saber*, *saber fazer* e *saber agir*, muitas vezes, se confundem, por frequentemente estarem inter-relacionadas. Para Pelissari (2007, p. 98), trata-se de uma análise múltipla de dimensões que se referem tanto ao indivíduo quanto ao grupo e à organização, uma vez que esses conceitos podem ser amplamente analisados sob diferentes prismas.

Le Boterf (2003) destaca a importância de os gestores compreenderem que os sistemas integrados de produção e a reconfiguração de processos são práticas organizacionais contemporâneas, que demandam a formação de grupos de trabalho que se autorregulem para desenvolver uma eficácia coletiva.

> [...] o desenvolvimento da competência coletiva dessas equipes se torna um desafio para as empresas que buscam melhorar seu desempenho e sua competitividade. Nas equipes autônomas ou semiautônomas, é a eficácia coletiva que é visada: não se busca segmentar as competências por indivíduo, mas fazer delas uma construção coletiva (LE BOTERF, 2003, p. 231).

Desse modo, os gestores têm importante papel na capacidade de fazer o gerenciamento em uma perspectiva transversal, acompanhando, facilitando e desenvolvendo o fluxo das competências nos processos, possibilitando a construção de uma rede de competências, com capacidade para mobilizar e combinar os recursos de competência (FAGUNDES, 2007, p. 55).

3 Modelos organizacionais para a atuação do engenheiro contemporâneo

Para entender que profissionais e que competências são requeridos do engenheiro, é importante, antes de tudo, apreender quais modelos organizacionais têm atendido às demandas do mercado de trabalho, possibilitando-lhe se preparar para enfrentar a competição no mundo dos negócios.

Inicialmente, Zarifian (2002) sugere quatro grandes eixos como proposta de abordagem para se aplicar o modelo de competência:

- as **competências profissionais**, que ele caracteriza como muito técnica e denomina a "tecnicidade" do setor;
- as **competências organizacionais**, desenvolvidas na organização e sobre ela; cita como exemplo as competências comunicacionais exercidas ao longo da linha de produto;
- as **competências de inovação**, como, por exemplo, as competências associadas à condução de projetos e a ações ou lançamento de novos serviços;
- as **competências relacionais** orientadas aos clientes (ou ao público), como, por exemplo, as competências de escuta, de compreensão, de elucidação das soluções propostas para um pedido ou um problema levantado por um cliente (ZARIFIAN, 2002, p. 166-167).

Nessa direção, para fazer frente às características da sociedade moderna, as organizações deveriam ser ágeis, processualmente orientadas aos seus clientes, e suas tarefas deveriam pressupor, por parte de quem as executa, amplo conhecimento do negócio, autonomia, responsabilidade e habilidades para a tomada de decisões em ambientes complexos. Isso requer, portanto, uma revisão completa dos modelos tradicionais de empresa, tanto do ponto de vista estrutural quanto da gestão do negócio e das relações de trabalho (BORGES-ANDRADE ET AL., 2007).

Sobre esse mesmo aspecto, são pertinentes as reflexões de Gonçalves (1997, p. 11), segundo as quais as demandas impostas pelo atual ambiente vivenciado pelas organizações requerem soluções inovadoras, capazes de dotá-las das competências necessárias à superação de novos desafios. Mas, o autor também faz um alerta: "Parece, no entanto, que as armas convencionais e toda a experiência reunida pelo pessoal de recursos humanos não serão suficientes para resolver a questão".

Prosseguindo, Gonçalves (1997) sinaliza a necessidade de se romper com o passado, "deixar de lado algumas experiências tradicionais e criar novidades e soluções criativas para dotar as empresas do futuro dos recursos humanos de que elas irão precisar". Na prática, o grande desafio consiste em desenvolver profissionais com o perfil requerido por esse novo tipo de organização:

> Em princípio, para promover a transformação das empresas como hoje as conhecemos, dentro de organizações, em como elas devem ser é necessário: (i) transformar empregados de tarefas em profissionais de processo; (ii) repensar os papéis dos administradores e dos empregados nas empresas estruturadas por processos; (iii) reinventar os sistemas de gestão de recursos humanos, desde o treinamento até os esquemas de reconhecimento dos esforços; (iv) fazer com que o aprendizado seja parte do dia a dia dos negócios da empresa; (v) moldar uma nova cultura que dê suporte à nova maneira de trabalhar (GONÇALVES, 1997, p. 13).

Sob essa perspectiva, a modernidade, no seu sentido estrito, pode ser compreendida como um redirecionamento do homem para o centro da sociedade, contemplando suas várias dimensões: tecnológica (combinando racionalização e subjetivação); social (na medida em que a subjetivação só é possível por meio do movimento social); política (visto que a democracia é o regime que permite a expressão política do indivíduo); e cultural (uma vez que valores de liberdade e eficácia se encontram em sua origem) (TOURAINE, 1994, *apud* SANT'ANNA 2002).

Também fundamentada nas ideias de Touraine, mas agregando também perspectivas de pesquisadores brasileiros, como Buarque (1994), Zajdsznajder (1993), Faoro (1992) e Motta (1992), Eboli (1996) propõe uma transposição da abordagem daquele filósofo para o contexto organizacional. Como resultado, estabelece um conjunto de indicadores, abrangendo as dimensões cultural, política, social, administrativa, econômica e tecnológica das organizações. Para melhor se entender o paradigma em que se inserem tais dimensões, é oportuno traçar as principais características da modernidade, neste caso, sintetizadas com base em Eboli (1996, p. 14-22):

- a modernidade relaciona-se com um processo complexo, dialético, histórico e revolucionário, abarcando os domínios científico, tecnológico, econômico, cultural e político;
- no aspecto cultural, assinala-se uma profunda ruptura com o sagrado, uma vez que a apreensão do mundo pelo sujeito moderno não mais se apoia na figura perene de Deus, mas sim sobre um processo de contínuo progresso, evidenciando-se a ideia de uma sociedade livre, porém inquieta;
- com essa noção de progresso como evolução, direciona sua preocupação com a construção do futuro;
- envolve a noção de ética e valorização do ser humano;
- envolve a noção de sujeito (indivíduo enquanto ator social);
- evidencia interdependência, inter-relação e coerência entre aspectos econômicos, políticos e sociais;
- caracteriza-se por um "relativismo dos modelos" (o que será radicalizado na pós-modernidade).

A partir dessas características da modernidade, Eboli formula a seguinte compreensão:

> A modernidade tanto organizacional como individual é um processo dialético, complexo e multidimensional, [...] deve ser contemplada em suas várias dimensões: cultural, política, sociopsicológica, administrativa, econômica e tecnológica. A empresa moderna é aquela que apresenta uma qualidade de relações sociais e políticas, que permite ao indivíduo reivindicar seu direito de ser ator social. O sujeito constitui um elemento essencial no processo de desenvolvimento organizacional, e uma organização não pode ser considerada moderna se a maioria dos seus gestores também não o for [...] (EBOLI, 1996, p. 98).
>
> [...] a organização moderna é aquela que reproduz as características de uma sociedade moderna e, ao mesmo tempo, favorece o ingresso e o desenvolvimento de indivíduos igualmente modernos (EBOLI, 1996, p. 54).

Como recurso metodológico, a modernidade organizacional é enfocada por meio de três indicadores: modernidade administrativa e de gestão de pessoas; modernidade cultural; e modernidade política, sendo estas as três dimensões que constituem o índice do "Grau de Modernidade Organizacional (GMO)", conforme Eboli (1996).

1) Dimensão administrativa e de gestão de pessoas

Na dimensão administrativa, é fundamental o planejamento, visando à qualidade e à eficiência organizacional. Entretanto, a ênfase na eficiência está vinculada a uma mudança radical na compreensão sobre a inserção do indivíduo, tanto na sociedade como nas organizações. É inerente à concepção de modernidade o reconhecimento do indivíduo como sujeito de significados e valores. Trata-se, então, de conciliar uma questão estratégica, implícita na ideia de planejamento, com a concepção de sujeito como ator social. A comunicação surge como ingrediente para promover uma ponte entre os objetivos da organização e os meios para sua consecução. O direito, como o meio regulativo e normativo de promover a equidade entre diferentes, permeia a função da comunicação institucional e possibilita a explicitação transparente dos objetivos e das metas da organização, assim como os meios de atingi-los (QUEIROZ, 2008, p. 67).

2) Dimensão cultural

Na dimensão cultural, são centrais como constitutivos de modernidade a valorização da autonomia do sujeito e a ênfase na razão dialógica, que admite três níveis de racionalidade, a saber:

- A racionalidade instrumental, cujo campo é o do progresso técnico-científico.
- A racionalidade instrumental-estratégica, que permeia as relações institucionalizadas ou não, e que são impregnadas por interesses e valores.
- A racionalidade comunicativa, que implica o reconhecimento da intersubjetividade, da reciprocidade e equaliza todos os participantes da relação, que é mediada pela linguagem isenta de dominação (QUEIROZ, 2008, p. 67).

3) Dimensão política

Esta dimensão implica incorporar o regime democrático como valor absoluto às relações organizacionais, ou seja, eximindo possibilidades de contradição entre meios e fins. Para abordar essa dimensão, Queiroz (2008) retoma as reflexões de Anthony Giddens (1991), que vincula a modernidade a instituições específicas, como o Estado-nação, a sociedade civil organizada e a produção capitalista sistemática. Esse sociólogo também especifica duas faces de modernidade política que dizem respeito aos fatores de interesse do presente estudo: a "política emancipatória" e a "política vida".

No caso da política emancipatória, Giddens a define como "uma visão genérica interessada, acima de tudo, em libertar os indivíduos e grupos das limitações que afetam negativamente suas oportunidades de vida". Para o autor, essa face da modernidade envolve dois elementos principais: "o esforço por romper as algemas do passado, permitindo assim uma atitude transformadora em relação ao futuro; e o objetivo de superar a dominação ilegítima de alguns indivíduos e grupos por outros" (GIDDENS, 2002, p. 194, *apud* QUEIROZ, 2008, p. 68).

A segunda face da modernidade, ou seja, a política vida, diz respeito a um estilo de vida que, segundo Giddens, alterou radicalmente os parâmetros da atividade social:

> [...] Nessa arena de atividade o poder é gerador e não hierárquico. [...] Refere-se a questões políticas que fluem dos processos de autorrealização em contextos pós-tradicionais, onde influências globalizantes penetram profundamente no projeto reflexivo do eu, e inversamente, onde os processos de autorrealização influenciam as estratégias globais (GIDDENS, 2002, p. 197, *apud* QUEIROZ, 2008, p. 67).

Para Giddens, os conceitos "política vida" e "política emancipatória" são analiticamente separados e, em certo sentido, complementares. Em outras palavras, política vida, enquanto política de escolhas, implica um grau razoável de emancipação, no sentido de autonomia, igualdade e participação (GIDDENS, 2002).

A dimensão política de modernidade organizacional implica, portanto, a descentralização das decisões, sendo o indivíduo encorajado a expressar-se livre de constrangimentos e de coerção. Trata-se do exercício de cidadania plena.

O Quadro 3 apresenta os indicadores de modernidade organizacional expressos nas dimensões abordadas: modernidade administrativa e das práticas de gestão de pessoas; modernidade política; e modernidade cultural.

A modernidade organizacional demanda, por conseguinte, a participação responsável dos indivíduos nas discussões, nos processos a serem implementados, assim como na vivência do pluralismo. Nesse sentido, a presença de tensão, conflitos e divergências é considerada positiva para a organização, ao incentivar o exercício do diálogo e, portanto, a gestão participativa (QUEIROZ, 2008, p. 69).

Quadro 3 Indicadores de modernidade organizacional

Modernidade administrativa e das práticas de gestão de pessoas	O sistema de remuneração da organização recompensa os atos de competência.
	A organização é fortemente orientada para resultados.
	Há um sistema de avaliação que permite diferenciar o bom e o mau desempenho.
	A organização equilibra adequadamente a preocupação com resultados financeiros, com as pessoas e com a inovação.
	As políticas e práticas de recursos humanos estimulam as pessoas a se preocuparem com a aprendizagem contínua.
	Os principais critérios para promoção são a competência e a produtividade da pessoa.
	A organização combina de forma equilibrada a utilização de tecnologias avançadas com a criatividade das pessoas.
	A tecnologia empregada favorece a interação entre pessoas e áreas.
	As políticas e práticas da organização estimulam a que as pessoas estejam sempre bem informadas e atualizadas.
	A estratégia, missão, objetivos e metas da organização são claramente definidos.
	As políticas e práticas de recursos humanos da organização estimulam o desenvolvimento pessoal e profissional.
	De modo geral, os empregados sabem o que devem fazer para colaborar com os objetivos da organização.
	A organização admite a diversidade de comportamentos e respeita as diferenças individuais.
	O ambiente de trabalho facilita o relacionamento entre as pessoas, mesmo de níveis hierárquicos diferentes.
Modernidade política	O processo decisório na organização é descentralizado.
	A organização favorece a autonomia para a tomada de decisões.
	No que se refere ao aspecto político, o regime que vigora na organização pode ser caracterizado como democrático.
	Os processos de tomada de decisão são participativos e transparentes.
	A organização conta com sistemas de gestão participativos que estimulam a iniciativa e a ação das pessoas.
Modernidade cultural	O clima interno da organização estimula ideias novas e criativas.
	O clima interno da organização estimula a que as pessoas estejam em contínuo processo de aprendizagem, no seu dia a dia de trabalho.
	Na organização há um clima estimulante para que as pessoas realizem suas atividades, buscando se superar.
	A organização encoraja a iniciativa e responsabilidade individual.

Fonte: Sant'Anna (2002), adaptado de Eboli (1996).

Conforme salienta Eboli (1996), estabelecer os indicadores de modernidade organizacional constitui etapa fundamental para a realização de pesquisas nessa área, uma vez que, somente a partir da identificação e da seleção das principais variáveis, se pode avaliar de forma completa e abrangente a modernidade na gestão empresarial e sua relação com as competências requeridas do profissional atuante em uma organização.

4 Considerações finais

A visão do engenheiro que disponha apenas de grande conhecimento técnico já não se aplica ao cenário atual. Estudos como o de Nose e Rebelatto (2001), que realizaram o levantamento do perfil do engenheiro segundo as empresas, mostram que competências como ética e iniciativa são consideradas tão importantes quanto o conhecimento técnico propriamente dito. Ainda segundo as autoras, "as empresas vão moldando o perfil do engenheiro (e de outros profissionais) ao mesmo tempo em que as mudanças vão alterando o seu comportamento e desenvolvimento" diante da velocidade com que as relações sociais, de competitividade e de conhecimentos são modificadas.

Percebe-se que, ao se estabelecer uma relação com as competências requeridas pelos engenheiros no mercado de trabalho, é possível determinar o quão "moderna" ela se apresenta e como as organizações estão sempre buscando novas posturas diante do cenário globalizado contemporâneo.

No Brasil, a Engenharia ganha vulto quando, ao se referir às competências profissionais do engenheiro nas situações de trabalho e aos modelos organizacionais, são consideradas as dimensões técnicas, gerenciais e organizacionais das empresas. Assim, resultados de pesquisas recentes apontam que as competências individuais e as requeridas na situação de trabalho mesclam o modelo de origem anglo-americana, que toma como referencial o mercado de trabalho e centra-se em aspectos relacionados com parâmetros de desempenho requeridos pela organização, e o modelo de origem francesa, que enfatiza o vínculo entre trabalho e educação, indicando competências como resultantes de processos de formação e de aprendizagem.

BIBLIOGRAFIA

BARATO, Jarbas N. **Competências essenciais e avaliação do ensino universitário**. Brasília: UnB, 1998.

BORGES-ANDRADE, Jairo E. et al. **Treinamento, desenvolvimento e educação em organizações e trabalho**. Fundamentos para a gestão de pessoas. Porto Alegre: Artmed, 2007.

BUARQUE, C. **A Revolução das prioridades**: da modernidade técnica à modernidade ética. São Paulo: Paz e Terra, 1994.

CARVALHO, Leonard de A. **Competências requeridas na atuação profissional do engenheiro contemporâneo**. 2014. Dissertação (Mestrado em Educação Tecnológica), CEFET-MG, Belo Horizonte, MG.

EBOLI, Marisa P. **Modernidade na gestão de bancos**. 1996. Tese (Doutorado em Administração), FEA/USP, São Paulo, SP.

FAGUNDES, Patricia M. **Desenvolvimento de competências coletivas de liderança e de gestão**: uma compreensão sistêmico-complexa sobre o processo e organização grupal. 2007. Tese (Doutorado em Psicologia), Faculdade de Psicologia/PUC-RS, Porto Alegre, RS.

FAORO, Raymundo. A questão nacional: a modernização. *Revista de Estudos Avançados*, São Paulo, v. 6, n. 14, jan./abr. 1992.

FLEURY, Afonso; FLEURY, Maria Tereza L. Em busca da competência. In: Encontro Nacional de Estudos Organizacionais, Curitiba, Anpad, 2000. **Anais** [...], Curitiba, Anpad, 2000. Disponível em: <http://www.anpad.org.br/diversos/trabalhos/EnEO/eneo_2000/2000_ENEO24.pdf>. Acesso em: 2 fev. 2015.

FLEURY, Maria Tereza L.; FLEURY, Afonso. Construindo o conceito de competência. **Revista**

de Administração Contemporânea, Curitiba, v. 5, esp., 2001a. Disponível em: http://www.scielo.br/scielo.php?script=sci_arttext&pid=S1415-65552001000500010&lng=en&nrm=iso. Acesso em: 20 nov. 2014.

FLEURY, Afonso; FLEURY, Maria Tereza L. **Estratégias empresariais e formação de competências**: um quebra-cabeça caleidoscópico da indústria brasileira. São Paulo: Atlas, 2001b.

ISAMBERT-JAMATI, Viviane. O apelo à noção de competência na revista L'Orientation Scolaire et Professionnelle: da sua criação aos dias de hoje. In: ROPÉ, Françoise; TANGUY, Lucie (org.). **Saberes e competências**: o uso de tais noções na escola e na empresa. Patrícia Chittoni Ramos e equipe do ILA- PUC/RS. Campinas, SP: Papirus, 1997. p. 103-133.

LAUDARES, João Bosco; TOMASI, Antônio. O técnico de escolaridade média no setor produtivo: seu novo lugar e suas competências. **Educação & Sociedade**, Campinas, v. 24, n. 85, dez. 2003.

LE BOTERF, Guy. Avaliar a competência de um profissional: três dimensões a explorar. **Reflexão RH**, 1(1), 61-63, jun. 2006. Disponível em: <http://www.guyleboterf-conseil.com/Article%20evaluation%20version%20directe%20Pessoal.pdf>. Acesso em: 12 fev. 2015.

_________. **Desenvolvendo a competência dos profissionais**. Porto Alegre: Artmed, 2003.

_________. **De la compétence**: essai sur un attracteur étrange. Paris: Éditions d'Organisation, 1994.

MANFREDI, Silvia Maria. Trabalho, qualificação e competência profissional – das dimensões conceituais e políticas. **Educação & Sociedade**, Campinas, v. 19, n. 64, set. 1999. Não paginado. Disponível em: <http://www.scielo.br/scielo.php?script=sci_arttext&pid=S0101-73301998000300002>. Acesso em: 10 abr. 2014.

McCLELLAND, David C.; DAILEY, Charles. **Improving officer selection for the foreign service**. Boston: McBer, 1972.

MOTTA, Ricardo. A busca da competitividade nas empresas. **Revista de Administração de Empresas**, São Paulo, v. 35, n. 2, p. 12-16, mar./abr. 1992.

NOSE, Michelle Mike; REBELATTO, Dayse Aparecida do Nascimento. O perfil do engenheiro segundo as empresas. In: XXIX Congresso Brasileiro de Ensino de Engenharia, Porto Alegre, RS, 2001. **Anais** [...], Porto Alegre, RS: Cobenge, 2001. Disponível em: <http://<www.abenge.org.br/CobengeAnteriores/2001/trabalhos/DTC007.pdf>. Acesso em: 1 fev. 2013.

PELISSARI, Anderson Soncini. **Processo de formulação de estratégias em pequenas empresas com base na cultura corporativa e competências gerenciais**. 2007. Tese (Doutorado em Engenharia de Produção) – Faculdade de Engenharia, Arquitetura e Urbanismo, Unimep, São Paulo, 2007.

QUEIROZ, Marcos Torres de. **Diagnóstico de modernidade organizacional com ênfase em gestão de pessoas**: uma instituição bancária face à reestruturação no Sistema Financeiro Nacional. 2008. Dissertação (Mestrado em Administração) – FACE/Fumec, Belo Horizonte, MG.

RESENDE, Enio. **O livro das competências**. Desenvolvimento das competências: a melhor autoajuda para pessoas, organizações e sociedade. Rio de Janeiro: Qualitymark, 2000.

SANT'ANNA, Anderson Souza. **Competências individuais requeridas, modernidade organizacional e satisfação no trabalho**: uma análise de organizações mineiras sob a ótica de profissionais da área de administração. 2002. Tese (Doutorado em Administração) – Cepead/UFMG, Belo Horizonte, MG.

SANT'ANNA, Anderson Souza. Profissionais mais competentes, políticas e práticas de gestão mais avançadas? **RAE Eletrônica**, v. 7, p. 1-26, jan./jun. 2008.

SÉGAL, Élodie. Um olhar internacional sobre a "lógica competência": desestabilização dos sistemas produtivos e dos sistemas de formação. Maitre de conférence UAM Cuajimalpa Mexique. Associéau Centre Pierre Naville, France. 2015, 33 p.

SPENCER, Lyle M.; SPENCER, Signe M. **Competence at work**: models for superior performance. New York: Wiley, 1993.

STEFFEN, Ivo. **Tendencias del mercado del trabajo y políticas de educación tecnológica y formación profesional**. Turin: OIT, 1996.

STEFFEN, Ivo. **Modelos e competência profissional**. [S.l.], 1999 (não publicado).

STROOBANTS, Marcelle. A visibilidade das competências. In: TANGUY, Lucie (org.). **Saberes e competências**: o uso de tais noções na escola e na empresa. Tradução de Patrícia Chittoni Ramos e equipe do ILA-PUC/RS. Campinas: Papirus, 1997.

SVEIBY, K. E. **A nova riqueza das organizações**. 6. ed. Rio de Janeiro: Campus, 1998.

SWIERINGA E WIERDSMA (1992).

TANGUY, Lucie (org.). **Saberes e competências**: o uso de tais noções na escola e na empresa. Tradução de Patrícia Chittoni Ramos e equipe do ILA-PUC/RS. Campinas: Papirus, 1997.

TONINI, Adriana Maria. **Novos tempos, novos rumos para a engenharia**. Belo Horizonte: Fundac-BH, 2009.

TONINI, Adriana Maria. O perfil do engenheiro contemporâneo a partir da implementação de atividades complementares em sua formação. In: VIII Encontro Nacional de Engenharia e Desenvolvimento Social, Ouro Preto, MG, 2011. **Anais** [...], Ouro Preto, MG: Enedes, set. 2011.

TOURAINE, Alain. **A crítica da modernidade**. Tradução de Elia Ferreira Edel. Petrópolis: Vozes, 1994.

VERASZTO, Estéfano Viszconde et al. A engenharia e os engenheiros ao longo da história. In: XXXI Congresso Brasileiro de Educação em Engenharia, Rio de Janeiro, 2003. **Anais** [...], Rio de Janeiro: Copende, 2003. Disponível em: <http://www.abenge.org.br/cobenge/arquivos/16/artigos/OUT440.pdf>. Acesso em: 1º fev. 2013.

VIEIRA, Almir Martins; FILENGA, Douglas. Gestão por competências: retórica organizacional ou prática da gestão de pessoas? **Qualitas Revista Eletrônica**, v. 13, n. 1, 2012. Disponível em: <http://revista.uepb.edu.br/index.php/qualitas/article/viewFile/1394/792>. Acesso em: 10 mar. 2015.

ZAJDSZNAJDER, Luciano. Pós-modernidade e tendências da administração contemporânea. **Boletim Técnico do Senac**, v. 19, n. 3, set./dez. 1993.

ZARIFIAN, Philippe. **Objetivo competência**: por uma nova lógica. Tradução de Maria Helena Trylinski. São Paulo: Atlas, 2012.

__________. **Intervention orale sur "compétences, stratégies et organisation"**. 9 abr. 2009. Disponível em: <http://philippe.zarifian.pagesperso-orange.fr/page212.htm>. Acesso em: 25 mar. 2015.

__________. **O modelo da competência**: trajetória histórica, desafios atuais e propostas. Tradução de Eric Heneault. São Paulo: Senac, 2002.

__________. **Le travail et l'événement**. Paris: L'Harmattan, 1995.

Criatividade e inovação em *makerspaces*

PAULO SÉRGIO DE CAMARGO FILHO
MESSIAS BORGES SILVA
CARLOS EDUARDO LABURÚ

Every maker of video games knows something that the makers of curriculum don't seem to understand. You'll never see a video game being advertised as being easy. Kids who do not like school will tell you it's not because it's too hard. It's because it's boring.
(Seymour Papert).

1 Introdução

A arte e a ciência, o artesanato e a engenharia, o pensamento analítico e a expressão pessoal coexistiram desde os primórdios da humanidade nas comunidades, na academia, no comércio, na cultura, na indústria, assim como nas cabeças das pessoas criativas. Ao longo da história houve uma aceitação popular, ainda que intuitiva, de que o ápice do aprendizado resulta da experiência direta (MARTINEZ; STAGER, 2013). Leonardo da Vinci (1452-1519), por exemplo, foi um inventor criativo, artista, escultor, arquiteto, engenheiro, músico, matemático e anatomista que se interessou brilhantemente em dezenas de outros campos. Introduzindo-se no Renascimento Científico, da Vinci usou seus poderes de observação e experimentação, em vez da prática predominante medieval de usar a Bíblia e os escritos gregos clássicos como base para a ciência.

Do Renascimento Científico de Leonardo da Vinci aos tempos atuais passamos por uma série de mudanças disruptivas no modo que produzimos e organizamos o conhecimento. Hoje, estamos imersos em um conjunto de tecnologias que permitem a fusão do mundo físico, digital e biológico – a "Indústria 4.0" (KAGERMANN; WAHLSTER; HELBIG, 2013). Uma das grandes fascinações da Indústria 4.0 é que, pela primeira vez, uma revolução industrial pode ser prevista *a priori*. Isso oferece oportunidades interessantes para empresas, universidades e institutos de pesquisa moldarem ativamente o futuro. Também pode levar a uma mudança disruptiva nos sistemas educacionais, que poderíamos chamar de Educação 4.0 (HUSSIN, 2018; FISK, 2017), como uma resposta às necessidades da nova geração, onde os seres humanos e a tecnologia estão alinhados para moldar novas possibilidades para enfrentar os desafios globais.

Melhorar e fortalecer os sistemas educacionais para as demandas sociais emergentes é um grande desafio para pesquisadores de universidades do Brasil, especialmente em áreas relacionadas com a Inovação em Ciência, Tecnologia, Engenharias e Matemática (STEM, sigla em inglês). Tendo em vista o lugar central ocupado pela Engenharia na geração de conhecimento, tecnologias e inovações, é estratégico considerar as novas Diretrizes Curriculares Nacionais do Curso de Graduação em Engenharia (DCNs) como peças-chave deste processo (BRASIL, 2019). As novas diretrizes foram formuladas pela Mobilização Empresarial pela Inovação, fórum vinculado à Confederação Nacional da Indústria (CNI), em conjunto com a Associação Brasileira de Educação em Engenharia (ABENGE).

Entre as diversas modificações relevantes que trazem as novas DCNs de Engenharia, há o destaque para a organização curricular, que passa a encampar estratégias de ensino e aprendizagem preocupadas com o desenvolvimento das competências, com a integração e exploração dos conteúdos a partir de situações-problema reais ou simuladas da prática profissional (BRASIL, 2019), em contraposição ao tradicional sistema educacional que, segundo constatou Barrett *et al.* (2015), é construído, principalmente, com base em conceitos teóricos, e não em casos reais.

Nessa perspectiva, estudantes de graduação em Engenharia devem desenvolver competências pessoais e profissionais, além do conhecimento técnico. A Iniciativa CDIO (CRAWLEY, 2002), por exemplo, é uma estrutura educacional que enfatiza os fundamentos da Engenharia no contexto de conceber, projetar, implementar e operar sistemas e produtos do mundo real. Estas competências pretendem facilitar aos estudantes a entrada no mundo do trabalho e a evolução nas suas vidas profissionais futuras. Como base para o CDIO, a aprendizagem baseada em projetos (*Project-Based Learning* – PBL) oferece uma maneira de promover a abordagem ativa de aprendizado de estudantes, usando projetos reais e aplicados que introduzem o trabalho prático no currículo (EDSTRÖM; KOLMOS, 2014).

No entanto, conforme destacou Grahm (2010), a concepção e a implementação de um ambiente de aprendizagem apropriado não são uma tarefa fácil, dificultando a inclusão de experiências significativas de PBL na educação em Engenharia. Para Pernía-Espinoza *et al.* (2017), um *makerspace* tem as características mais adequadas e propícias para esse ambiente de aprendizado. Para usar a terminologia do MIT Media Lab, eles tratam átomos como *bits* usando as poderosas ferramentas dos setores de informação e *software* para revolucionar a maneira como fazemos objetos reais.

Makerspaces são espaços físicos de acesso aberto onde uma comunidade compartilha ferramentas, máquinas e conhecimento para dar forma e vida a uma ideia. Projetar, modificar, construir, testar ou reparar são atividades comuns realizadas nesses ambientes. Como resultado, esses espaços podem se tornar um elemento estratégico para a inclusão da aprendizagem autônoma e social, desenvolvendo a competência da criatividade e inovação por meio de pensamentos divergentes (LIU; SCHÖNWETTER, 2004; THOMPSON; LORDAN, 1999).

2 Acepções de inovação e criatividade

De acordo com Cropley e Cropley (2000), a natureza e o papel da criatividade e inovação receberam apenas uma modesta atenção durante um longo período na literatura de educação em Engenharia. Craft (2005, p. 15) aponta que nossa compreensão de inovação e criatividade progrediu e se ampliou ao longo do tempo. No início do século XX, a criatividade era considerada uma qualidade inata e elusiva com a qual os indivíduos nasceram. Inicialmente, a criatividade estava mais intimamente associada às artes, mas cresceu para incluir ciência, tecnologia e outras disciplinas. No século XXI, a criatividade é cada vez mais vista como um processo distribuído e colaborativo de criação de valores e solução de problemas.

O termo "inovação" transformou-se em uma espécie de palavra-chave cuja aplicação é tão ampla e nebulosa que a precisão do uso do termo carece de definição clara e útil. Um levantamento realizado por Nick Skillicorn (2016), baseado em entrevistas com diversos inovadores, apresentou uma série de concepções sobre inovação, tais como listados na Figura 1.

Figura 1 Concepções sobre inovação

Aplicação de ideias novas e úteis

Ótima ideia, executada brilhantemente e comunicada bem

Introdução de novos produtos e serviços que agregam valor a uma organização

Contanto que inclua "novo" e atenda às necessidades do cliente, qualquer variação

Empresas que de maneira fundamental trazem valor constante para seus clientes

Implementação de algo novo

Implementação de ideias criativas para gerar valor

Qualquer coisa nova, útil e surpreendente

É sobre permanecer relevante

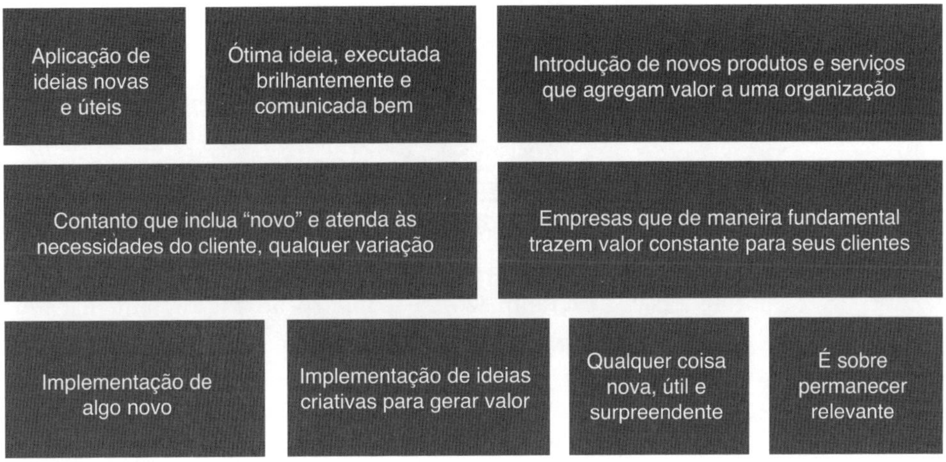

Fonte: Skillicorn (2016).

Existem boas interpretações nessas concepções, mas nenhuma parece atingir o equilíbrio certo de clareza, utilidade e objetividade sobre inovação. Dwyer (2016) acredita que um questionamento fundamental para delimitar o uso do termo deve conter três aspectos explícitos e aplicáveis: a novidade, a relevância da solução e a geração de valores (ver Quadro 1).

Quadro 1 A novidade, a relevância da solução e a geração de valores para definir inovação

É novidade?	A noção de novidade é incorporada diretamente à palavra "inovação". Se não é novidade, provavelmente é mais otimização do que inovação.
Resolve um problema significativo?	Se não, talvez seja arte em vez de inovação. Isso não quer dizer que a arte não é valiosa, mas geralmente não é projetada para resolver um problema. Inovação necessariamente busca solução de um problema real.
Gera valor?	Se não, talvez seja uma invenção e não uma inovação. As invenções podem levar à criação de valor, mas, geralmente, não até que alguém as aplique por meio da inovação.

Fonte: Adaptado de Dwyer (2016).

Dwyer, portanto, define coerentemente inovação como o processo de criação de valor, aplicando novas soluções para problemas significativos, conforme sintetizado na Figura 2.

Figura 2 O que é inovação?

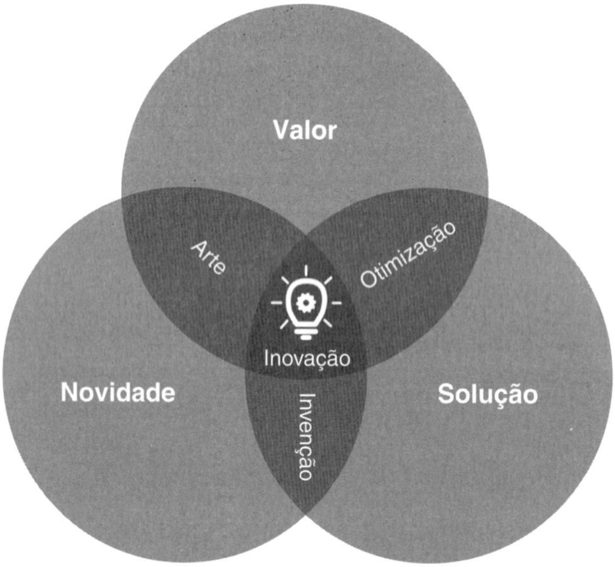

Fonte: Dwyer (2016).

A criatividade, por sua vez, é amplamente reconhecida como vital para os engenheiros. O sucesso dos engenheiros em sua profissão depende, radicalmente, do nível e da quantidade de criatividade e inovação que eles exibem no desenvolvimento de conceitos, componentes e sistemas de engenharia sustentável, projeto de engenharia e sua implementação (PANTHALOOKKARAN, 2011). No entanto, a literatura mostra que a criatividade tem sido estudada por diversas perspectivas e dada uma ampla gama de definições.

Como visto nos trabalhos de Liu e Schoenwetter (2004) e Thompson e Lordan (1999), a definição de criatividade é uma tarefa assustadora, porque há muitas definições publicadas, que variam do muito simples ao altamente complexo. Isso traz dificuldades para os educadores em projetar ou empregar estratégias de desenvolvimento da criatividade. Além disso, estudos sobre criatividade em Engenharia indicam a importância de fornecer aos alunos contextos de solução de problemas no currículo de Engenharia, uma vez que a criatividade é um processo ativo envolvido necessariamente na inovação. Para compreender a criatividade em sua plenitude, é preciso uma definição específica dos contextos em que a criatividade está sendo manifestada. Isso se torna ainda mais relevante, pois há contextos nos quais criatividade e inovação são usadas de forma intercambiáveis. Kaufman e Beghetto (2009, p. 6) desenvolveram quatro categorias de criatividade que ajudam a revelar as nuances entre diferentes níveis e tipos de criatividade, conforme sintetizado no Quadro 2.

Quadro 2 Níveis e tipos de criatividade

Big-C creativity	*Big-C creativity* é reservada para descrever o trabalho de uma pequena elite que transformou sua área com suas invenções. O trabalho é visto e aceito como inovador e disruptivo, mesmo que tenha sido considerado controverso quando foi criado pela primeira vez.
Pro-c creativity	*Pro-c creativity* é um tipo de criatividade que envolve tempo e esforço para se desenvolver (geralmente pelo menos dez anos). Por exemplo, um cientista que trabalha em uma universidade que ensina e realiza pesquisas acadêmicas pode ser classificado nessa categoria.
Little-c creativity	*Little-c creativity* diz respeito a "agir com flexibilidade, inteligência e inovação no cotidiano" (CRAFT, 2005, p. 43). Isso resulta na criação de algo novo que tem "originalidade e significado" (RICHARDS, 2007, p. 5). Esse tipo de criatividade pode ser encontrado na atividade cotidiana de pessoas ao resolverem um problema complexo. Estudantes podem exercitá-la ao se envolverem em uma prática intencional em uma disciplina, por exemplo.
Minic creativity	*Minic creativity* é definida como a "interpretação nova e pessoalmente significativa de experiências, ações e eventos" (BEGHETTO; KAUFMAN, 2007). Este é o tipo de criatividade que acontece quando uma pessoa demonstra "flexibilidade, inteligência e inovação em seu pensamento" (CRAFT, 2005, p. 19). Essa expressão da criatividade pode estar implícita em ideias e conexões mentais criadas pelo estudante. Ela poderia descrever, por exemplo, a conquista de um aluno em encontrar várias maneiras diferentes de abordar um problema de matemática. Também poderia envolver uma nova conexão entre o conhecimento existente e uma nova informação que o ajudasse a entender o assunto de maneira mais completa.

Fonte: Kaufman e Beghetto (2009).

Os limites entre essas categorias podem ser indistintos, além de não ficarem restritos a determinada idade e/ou estágio de desenvolvimento cognitivo.

As duas categorias mais relevantes para serem estimuladas em ambientes de aprendizagem são a *Little-c* e *Minic creativity*. Elas se destacam pelo fato de que ser criativo e inovador não é exclusivo para ideias revolucionárias ou novas invenções que mudam o mundo. Além disso, tais categorias estão mais próximas do crescimento individual alcançado por meio de pequenos *insights* cotidianos.

As abordagens sociais da criatividade enfatizaram os papéis modeladores do ambiente (AMABILE, 1996; TOERNKVIST, 1998). O desenvolvimento da criatividade é afetado por fatores pessoais e situacionais (LIU; SCHOENWETTER, 2004). Como sugerido por Plucker, Beghetto e Dow (2004), criatividade é a interação entre aptidão, processo e ambiente pela qual um indivíduo ou grupo produz um produto perceptível que é ao mesmo tempo novo e útil como definido dentro de um contexto social. Assim, Mitchell (1998) enfatiza que ensinar a criatividade na educação em Engenharia significa construir um ambiente de aprendizagem cooperativo e seguro para que os alunos compartilhem ideias, formem teorias, explorem conceitos e trabalhem de forma colaborativa em equipes.

Kazerounian e Foley (2007) propõem uma lista de máximas da criatividade na educação, tais como manter uma mente aberta, valorizar o processo iterativo que inclui a incubação de ideias, valorizar e recompensar a criatividade, valorizar a liderança, incentivar a correr riscos, aprender a falhar, ser responsável pela própria aprendizagem, entre outros.

Como visto, o ambiente educacional deve ser propício para o exercício das competências de inovação e criatividade no indivíduo, no sentido de incentivar a liberdade para criar a reflexão, o engajamento, a autoconfiança e responsabilidade, tornando-se parte essencial e indissociável do processo de aprendizagem na era da Educação 4.0 e do perfil profissional requerido pela Indústria 4.0.

3 Principais características dos *makerspaces*

Historicamente, Neil Gershenfeld foi um dos pioneiros na construção de ambientes *maker* criando o primeiro FabLab no Massachusetts Institute of Technology (MIT) em 2001 (WALTER-HERRMANN, BÜCHING, 2014). A ideia por trás destes espaços cresceu em harmonia com o movimento *Do It Yourself* (DIY), uma filosofia de código aberto que tem como objetivo democratizar a tecnologia tornando-a acessível a todos (HATCH, 2013).

Makerspaces tornaram-se onipresentes nas escolas de Engenharia de todo o mundo para incentivar os alunos a aplicar a criatividade e pensamento crítico por meio do *design*. Tais ambientes, também conhecidos como *hackerspaces*, *hack labs* e *fab labs*, são espaços de acesso aberto caracterizados pelo foco no aprendizado colaborativo, onde as pessoas se reúnem para compartilhar materiais e aprender novas habilidades, uma vez que oferece oportunidades flexíveis para estudantes aprenderem em seus estilos pessoais.

Conscientes de sua importância, algumas universidades norte-americanas envidam esforços conjuntos no âmbito da *Higher Education Makerspaces Initiatives* (HEMI), para promover, desenvolver e compartilhar melhores práticas em espaços acadêmicos (HEMI, 2017). O estudo desenvolvido por Pernía-Espinoza *et al.* (2017) avaliou os *makerspaces* das dez melhores universidades de Engenharia do mundo, de acordo com o *QS World University Ranking* (QS TOP UNIVERSITIES, 2016) no tópico "Engenharia – Mecânica, Aeronáutica e Fabricação": Massachusetts Institute of Technology (MIT); Stanford University (StfU); University of Cambridge (UCm); University of California-Berkeley (UCB); Imperial College London (ICL); University of Michigan (UMch); Harvard University (HvdU); National University of Singapur (NUS); University of Oxford (UOxf) e Georgia Institute of Technology (GIT). As informações compiladas deste estudo sobre a acessibilidade dos *makerspaces*, pagamentos, equipe envolvida e equipamentos disponíveis estão listadas no Quadro 3, a seguir:

Quadro 3 *Makerspaces*: informações sobre acessibilidade, pagamentos, equipe e equipamentos

	MIT	StfU	UCm	UCB	ICL	UMch	HvdU	NUS	UOxf	GIT
Acesso										
Apenas estudantes de Engenharia	X		X							
Toda comunidade universitária		X		X	X	X	X	X	X	X
Usuários externos										
Pagamento										
Gratuito	X		X	X	X	X	X	X	X	X
Pagamento para tornar-se membro		X								
Pagamento apenas pelo material utilizado	X	X	X	X	X	X	X	X	X	X
Equipe										
Liderada por Estudantes	X			X						X
Liderada por Professores		X	X		X	X	X	X		
Equipe Técnica Específica		X	X		X	X	X	X	X	
Equipamento										
Impressora 3D	X	X	X	X	X	X	X	X	X	X
Cortador a laser	X	X	X		X	X				X
Scanner 3D		X			X	X			X	X
Carpintaria	X	X	X		X	X				X
Serralheria	X	X	X		X	X				X
Eletrônicos	X	X	X	X	X	X	X	X		X
Computador	X	X	X	X	X	X	X	X	X	X
Estande de fotografia	X	X			X		X	X		

Fonte: Adaptado de Pernía-Espinoza *et al.* (2017).

Essas universidades avaliadas por Pernía-Espinoza *et al.* (2017) têm, de fato, *makerspaces* muito bem equipados em seus *campi*, semelhantes à qualidade de seus laboratórios e oficinas técnicas. Descreveremos com mais detalhes os objetivos e projetos desenvolvidos em dois destes ambientes: MIT *MakerWorkshop* (MIT, 2019) e *Harvard Maker Studio* (HARVARD, 2019).

O MIT *MakerWorkshop* (MIT, 2019) é um *makerspace* gerenciado por estudantes do MIT, onde uma comunidade de estudantes, professores e funcionários trabalha em diversos projetos, desde pesquisas e aulas até *hobbies*, fornecendo espaço e equipamento para uma comunidade de inovadores que se concentram no *design* e na resolução de problemas. O espaço surgiu da necessidade de aumentar a experiência prática e exposição a projetos de engenharia robustos, capacitando estudantes para trabalhar em indústrias que dependem de inovação de *hardware* aplicada. O MIT *MakerWorkshop* é aberto à noite, quando os estudantes, livres de demandas curriculares por longos períodos, podem aprender com seus colegas e usar as ferramentas necessárias de modelagem, fabricação e teste para criar produtos robustos. Eventos comunitários no espaço, como o *Fab Fridays* e o *Maker Cup*, promovem o compartilhamento de ideias e melhores práticas, ao mesmo tempo em que oferecem aos usuários perspectivas adicionais durante a solução de problemas.

Situado no complexo *Harvard Innovation Labs* – HIO (HARVARD, 2019), o *Maker Studio* apresenta-se como um recurso para empreendimentos de todos os tipos, especialmente aqueles que precisam de ferramentas de prototipagem e fabricação, e está disponível para estudantes em Harvard matriculados em período integral interessados em inovação e empreendedorismo. Do desenvolvimento de capacetes de bicicleta a braços robóticos e sensores biométricos *wearable* para atletas de elite, o espaço desempenha um papel fundamental no apoio a empreendedores e equipes de *startups* do *Venture Incubation Program* (VIP), projetado para ajudar os atuais alunos e ex-alunos de Harvard a empreender enquanto mergulham profundamente no mundo da inovação.

4 *Makerspaces* e o estímulo à inovação e à criatividade

Por trás de cada ambiente *maker*, há o desenvolvimento de uma cultura que enfatiza o aprendizado por meio do fazer (*learning by-doing*), que promove a aprendizagem em rede, liderada e compartilhada por pares, motivada pela diversão e autorrealização. A essência dessa cultura *maker* foi capturada em dez princípios fundamentais por Hatch (2013) em seu livro *The Maker Movement Manifesto: Rules for Innovation in the New World of Crafters, Hackers, and Tinkerers*, conforme a Figura 3.

Para O'Sullivan (2018), é muito difícil para um professor ser criativo se estiver seguindo um currículo prescrito e tiver pouco ou nenhum espaço para sua própria contribuição criativa em sua prática docente. Os programas de estudo, os livros didáticos e o material de apoio ao professor são extremamente importantes para ajudar a estruturar e apoiar o aprendizado, mas também precisam permitir a criatividade profissional do professor.

Figura 3 *Maker movement* manifesto

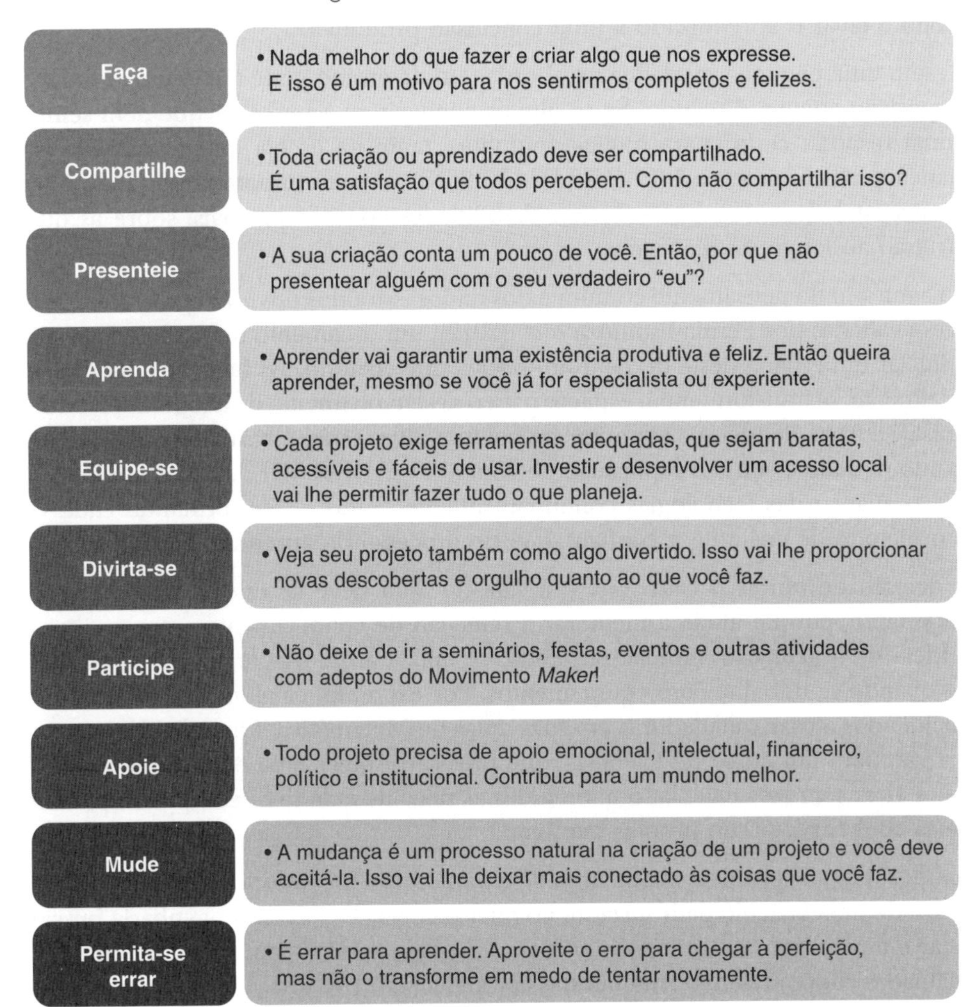

Fonte: Hatch (2013).

Os professores podem apoiar a criatividade e a inovação (O'SULLIVAN, 2018) por meio da modelagem de hábitos criativos, valorizando a importância crítica das perguntas, tanto as próprias quanto as dos alunos, tratando os erros como oportunidades de aprendizado e incentivando os alunos a assumir riscos sensatos na sala de aula, dando aos alunos tempo suficiente para concluir seu trabalho, assim como organizar tarefas cuidadosamente para fornecer o nível adequado de desafio. Para que a aprendizagem baseada em projetos funcione bem, é importante que os objetivos de aprendizagem sejam claros, apoiem o currículo mais amplo e o professor desempenhe um papel ativo no desenvolvimento da compreensão do aluno. Isso pode demandar que o professor permaneça em pé por longos períodos, permitindo que os alunos explorem, experimentem e pensem no problema, mas eles precisam ser ativos para desafiar o pensamento do aluno e levar o aprendizado a uma conclusão produtiva.

Mesmo uma pequena mudança na abordagem de ensino pode trazer uma mudança na disposição criativa do aluno. Se os alunos começarem a perceber que nem sempre há "uma resposta certa" para muitas perguntas, tanto na escola quanto na vida, sua confiança criativa aumentará (O'SULLIVAN, 2018). O mais importante de tudo é que os alunos estabeleçam as bases de suas habilidades criativas pessoais, sobre as quais construirão ao longo de suas vidas.

Ao contrário do pensamento comum e dos dados extraídos dos *makerspaces* nas universidades avaliadas por Pernía-Espinoza *et al.* (2017), um orçamento reduzido é suficiente para iniciar um espaço deste tipo em um *campus* universitário. As salas de aula podem, gradualmente, se transformar em espaços para o desenvolvimento de habilidades, onde a pesquisa e a troca de ideias e experiências colaborativas serão a base do conhecimento, deixando de lado a simples replicação de conteúdo (ANDRADE, 2018). Para Dunwill (2016), o avanço das tecnologias continuará influenciando e transformando cada vez mais o método de ensino e a configuração do processo de aprendizagem.

A decisão de fundir o *makerspace* e a sala de aula deve se estender ao longo do departamento, porque ajuda a melhorar a retenção de conhecimento entre os alunos. Essa ideia de articulação vertical, em geral, se aplica ao currículo, mas é igualmente eficaz quando se trabalha com equipamentos. Por exemplo, os alunos são instruídos e condicionados a usar calculadoras em suas aulas de Matemática. Quando eles saem da aula e vão para um curso de Ciências, que precisa resolver uma equação, é provável que eles alcancem essa calculadora. Se todas as salas de aula tivessem uma impressora 3D, elas também estariam prontas para isso.

Um dos maiores problemas que impede a exploração inovadora em sala de aula é a presença de um currículo padronizado, no qual as novas DCNs em Engenharia buscam avançar e flexibilizar os currículos, incentivando estratégias de ensino e aprendizagem preocupadas com o desenvolvimento das competências (BRASIL, 2019). Com as novas DCNs e a tecnologia *makerspace*, a inovação e a imaginação podem agora complementar e apoiar o currículo, tornando a sala de aula mais empolgante e envolvente tanto para alunos quanto para professores.

Para além dos ambientes *makers*, o inovador currículo de Engenharia de graduação em desenvolvimento no Olin College (2019), por exemplo, faz uso extensivo de métodos de aprendizagem ativos e experienciais. Estes incluem projetos de equipe, estudo independente, pesquisa e atividade empreendedora. Embora muitas outras escolas de engenharia adotem esses métodos em algum grau, o currículo proposto no Olin College as utiliza de forma muito mais abrangente. O atual currículo do Olin propõe um curso de projeto significativo em todos os oito semestres, resultando em um compromisso que é três a quatro vezes maior do que a maioria das outras escolas. Os benefícios que a tecnologia do *makerspace* pode proporcionar ao ambiente de sala de aula são surpreendentes.

É importante ressaltar que os *makerspaces* eliminam despesas adicionais que podem advir dos projetos pela terceirização, prototipagem e fabricação em laboratórios externos, especialmente para as equipes lideradas por alunos que não têm financiamento. A orientação por pares também tem um grande impacto na aprendizagem nos espaços, uma vez que *makerspaces* têm muitos usuários, mas um pequeno número de especialistas disponíveis para o ensino do uso dos equipamentos. Salienta-se, por fim, que estes espaços estreitam laços com a indústria ao trazer notáveis palestrantes para conversar com os estudantes, atualizando-os e capacitando-os com habilidades e conhecimentos em uma ampla variedade de áreas e temas.

5 Considerações finais

Inovação e criatividade são fundamentais para todas as disciplinas acadêmicas e atividades educacionais, não apenas as artes. O processo criativo é um componente crítico para dar sentido às experiências de aprendizado. Colaborar, criar, pesquisar, compartilhar, são conceitos e iniciativas que devem se tornar cada vez mais frequentes no processo de ensino e aprendizagem neste século XXI, onde tudo muda rapidamente. Os alunos terão que desenvolver sua capacidade autodidata logo no início da vida, com a orientação dos professores, a fim de poderem continuar aprendendo ao longo da vida, sem a extrema necessidade de retornar às salas de aula. Como Vygotsky (1967) explica:

> Qualquer ato humano que dê origem a algo novo é chamado de ato criativo, independentemente de o que é construído ser um objeto físico ou algum construto mental ou emocional que vive dentro da pessoa que o criou e é conhecido apenas por ele (Vygotsky, 1967, p. 7).

Os desafios para o Brasil estão no investimento de recursos necessários, que incluem maior acesso ao corpo docente e à equipe, recursos laboratoriais e de oficina, recursos de biblioteca e de computador, assim como legislações mais eficazes para facilitar as implicações comerciais de novas invenções.

Se se espera que os estudantes tenham sucesso em importantes desafios de engenharia, eles precisam ter acesso à tecnologia de ponta nos *makerspaces*. É difícil enfatizar demais o valor da experiência prática de construir um protótipo de trabalho de qualidade profissional de uma nova invenção, em contraste com o desenvolvimento de apenas um modelo conceitual de teste. Como visto nos exemplos da Harvard e do MIT, o aprendizado adicional associado à exposição e à fabricação de precisão e materiais avançados usados em um protótipo de qualidade profissional é fundamental para a vantagem educacional que é possível com o investimento em currículos baseado em projetos.

Em muitas de suas invenções, Leonardo da Vinci estava à frente de seu tempo e, apesar de algumas de suas descobertas científicas ficarem perdidas para a história, podemos dizer com confiança que Leonardo da Vinci foi um *maker* – talvez o maior *maker* de todos os tempos (MARTINEZ; STAGER, 2013, p.16).

BIBLIOGRAFIA

AMABILE, T. M. **Creativity in context**: update to the social psychology of creativity. United States: Westview Press, 1996.

ANDRADE, K. O desafio da Educação 4.0 nas escolas. **Canaltech**, 2018. Disponível em: <https://canaltech.com.br/mercado/o-desafio-da-educacao-40-nas-escolas-109734/>. Acesso em: 22 fev. 2019.

BARRETT, T. et al. A Review of University Maker Spaces. In: 122nd Annual Conference & Exposition ASEE, Seattle, Washington, US, 2015. **Anais** [...], Seattle: ASEE, 2015.

BEGHETTO, R. A.; KAUFMAN, J. C. **Toward a broad conception of creativity: a case for "mini-c" creativity**. In: Psychology of Aesthetics, Creativity and the Arts, v. 1, n. 2, p. 73-79, 2007.

BRASIL. Conselho Nacional de Educação. Resolução CNE/CES nº 2, de 24 de abril de 2019. Diretrizes Curriculares Nacionais do Curso de Graduação em Engenharia. **Diário Oficial [da] República Federativa do Brasil**, Brasília, DF, Seção I, p. 43, 26 abr. 2019. Disponível em: <http://www.in.gov.br/web/dou/-/resolu%C3%87%C3%83o-n%C2%BA-2-de-24-de-abril-de-2019-85344528>. Acesso em: 15 fev. 2019.

CRAFT, A. **Creativity in schools**: tensions and dilemmas. UK: Routledge, 2005.

CRAWLEY, E. Creating the CDIO syllabus, a universal template for engineering education. In: 32nd ASEE/IEEE Frontiers in Education Conference, Boston, 2002. **Anais** [...], Boston, Massachusetts: IEEE, 2002.

CROPLEY, D.; CROPLEY, A. Creativity and innovation in the systems engineering process. In: International Symposium of the International Council on Systems Engineering, Minneapolis, 2000. **Anais** [...], Minneapolis: Incose, 2000.

DIWAN, P. Is Education 4.0 an imperative for success of 4th Industrial Revolution? **Medium**, 2017. Disponível em: https://medium.com/@pdiwan/is-education-4-0-an-imperative-for-success-of-4th-industrial-revolution-50c31451e8a4. Acesso em: 15 fev. 2019.

DUNWILL, E. 4 changes that will shape the classroom of the future: making education fully technological. **e-Learning industry**, 2016. Disponível em: <https://elearningindustry.com/4-changes-will-shape-classroom-of-the-future-making-education-fully-technological>. Acesso em: 30 jan. 2019.

DWYER, J. What is innovation: why almost everyone defines it wrong. **Digitent**, 2017. Disponível em: <https://digintent.com/what-is-innovation/>. Acesso em: 23 abr. 2019.

EDSTRÖM, K.; KOLMOS, A. PBL and CDIO: complementary models for engineering education development. **European Journal of Engineering Education**, v. 39, n. 5, 2014.

FISK, P. Education 4.0 ... the future of learning will be dramatically different, in school and throughout life. **The Genius Works**, 2017. Disponível em: <https://www.thegeniusworks.com/2017/01/future-education-young-everyone-taught-together/>. Acesso em: 30 abr. 2019.

GRAHM, R. **UK approaches to engineering project-based learning**, Report form the Gordon-MIT Engineering Leadership Program. Cambridge, MA: MIT, 2010.

HARVARD UNIVERSITY. **The maker studio**. Cambridge, MA: Harvard, 2019. Disponível em: https://innovationlabs.harvard.edu/maker-space/. Acesso em: 5 abr. 2019.

HATCH, M. **The maker movement manifesto: rules for innovation in the new world of crafters, hackers, and tinkerers**. 1. ed. New York: McGraw-Hill, 2013.

HIGHER EDUCATION MAKERSPACES INITIATIVE. **Developing and sharing best practices for academic makerspaces**. HEMI, 2017. Disponível em: <http://hemi.mit.edu/>. Acesso em: 15 fev. 2019.

HOFFMANN, B.; JØRGENSEN, U.; CHRISTENSEN, H. Culture in Engineering Education CDIO framing intercultural competences. In: 7th International CDIO Conference, Denmark, 2011. **Anais** [...], Denmark: CDIO, 2011.

HUSSIN, A. Education 4.0 made simple: ideas for teaching. **International Journal of Education and Literacy Studies**, 6(3), 91-98, 2018. Disponível em: http://dx.doi.org/10.7575/aiac.ijels.v.6n.3p.92. Acesso em: 15 fev. 2019.

JOHNSON, L. et al. **NMC horizon report**: 2015 higher education edition. Austin, Texas: The New Media Consortium, 2015.

KAGERMANN, H.; WAHLSTER, W.; HELBIG, J. **Recommendations for implementing the strategic initiative Industrie 4.0**. Munich: Acatech, p. 13-78, 2013.

KAUFMAN, J. C.; BEGHETTO, R. A. Beyond big and little: the four C model of creativity. **Review of general psychology**, v. 13, n. 1, p. 1-12, 2009.

KAZEROUNIAN, K.; FOLEY, S. Barriers to creativity in engineering education: a study of instructors and students perceptions. **Journal of Mechanical Design**, v. 129, p. 761-768, 2007.

LIU, Z.; SCHÖNWETTER, D. Teaching Creativity in Engineering. **International Journal of Engineering Education**, v. 20, n. 1, 801-808, 2004.

MARTINEZ, S.; STAGER, G. **Invent to Learn**: Making, Tinkering, and Engineering in the Classroom. Torrance, CA: Constructing Modern Knowledge Press, 2013.

MASSACHUSETTS INSTITUTE OF TECHNOLOGY. **The MIT makerworkshop**, 2019. Disponível em: <http://makerworkshop.mit.edu/>. Acesso em: 5 abr. 2019.

MITCHELL, C. Creativity is about free... **European Journal of Engineering Education**, v. 23, n. 1, p. 23-34, 1998.

OLIN COLLEGE OF ENGINEERING. **OLIN**, 2019. Disponível em: <http://www.olin.edu/>. Acesso em: 4 abr. 2019.

O'SULLIVAN (2018)

PANTHALOOKKARAN, V. Hour of creativity: an agenda to foster creativity and innovation in the students of engineering. In: IEEE Educon 2011, Amman, Jordan. **Anais** [...], Jordan: IEEE, p. 612-617, 2011.

PERNÍA-ESPINOZA, A. et al. Makerspaces in Higher Education: the UR-Maker experience at the University of La Rioja. 3rd International Conference on Higher Education Advances (HEAd'17), Valencia, España, 2017. **Anais** [...], España, 2017.

PLUCKER, J.; BEGHETTO, R.; DOW, G. Why isn't creativity more important to educational psychologists? Potentials, pitfalls, and future. **Education psychology**, v. 39, n. 2, p. 83-96, 2004.

QS TOP UNIVERSITIES. **QS world university rankings by subject 2016** – Engineering – Mechanical, Aeronautical & Manufacturing, 2016. Disponível em: <https://www.topuniversities.com/university-rankings/university-subject-rankings/2016/statistics-operational-research>. Acesso em: 5 abr. 2019.

SKILLICORN, N. What is innovation? 15 experts share their innovation definition. **Idea to value**, 2016. Disponível em: <https://www.ideatovalue.com/inno/nickskillicorn/2016/03/innovation-15-experts-share-innovation-definition/>. Acesso em: 20 abr. 2019.

THOMPSON, G.; LORDAN, M. A review of creativity principles applied to engineering design. **Journal of Process Mechanical Engineering**, v. 213, n. 1, p. 17-31, 1999.

TOERNKVIST, S. Creativity: can it be taught? the case of engineering education. **European Journal of Engineering Education**, v. 213, n. 1, p. 5-12, 1998.

VYGOTSKY, L. Play and its role in the mental development of the child. **Soviet psychology**, v. 5, n. 3, p. 6-18, 1967.

WALTER-HERRMANN, J.; BÜCHING, C. (ed.). **FabLab of machines, makers and inventors**. Hannover, Germany: Majuskel medienproduktion Gmbh, 2014.

WONG, A.; PARTRIDGE, H. Making as Learning: Makerspaces in Universities. **Australian academic & research libraries**, v. 47, p. 143-159, 2016.

Aprendizagem ativa na educação em Engenharia em tempos de indústria 4.0

VALQUÍRIA VILLAS-BOAS
LAURETE ZANOL SAUER

1 Introdução

No capítulo das novas DCNs, que trata da organização do curso de graduação em Engenharia, é estabelecido que deve ser estimulado o uso de metodologias para aprendizagem ativa, como forma de promover uma educação mais centrada no estudante. Por sua vez, no capítulo sobre o corpo docente, sugerimos que os cursos de graduação em Engenharia devem manter permanente Programa de Formação e Desenvolvimento de seu corpo docente, com vistas à valorização da atividade de ensino, ao maior envolvimento dos professores com o Projeto Pedagógico do Curso e ao seu aprimoramento em relação à proposta formativa contida no mesmo. O domínio conceitual e pedagógico, imprescindível aos professores, revela-se no conhecimento e na aplicação de estratégias e métodos de aprendizagem ativa, pautadas em práticas interdisciplinares, além da demonstração de compromisso com o desenvolvimento das competências desejadas nos egressos.

Nesse cenário, aqui são apresentadas considerações sobre o atual contexto, sobre os estudantes que estamos recebendo nas universidades, sobre os fundamentos da aprendizagem ativa e sobre estratégias e métodos de aprendizagem ativa, que podem ser aplicados para promover uma educação mais centrada no aluno, tanto no ensino presencial quanto no ensino híbrido, a saber: *Peer Instruction*, *Just-in-time Teaching*, Desafio em Grupos,

Jigsaw, *In-class Exercises*, Casos de Ensino, *Problem-based Learning* (PBL), *Project-based Learning* (PjBL), entre outros.

Além disso, são apresentadas possibilidades para a concepção de ambientes de aprendizagem ativa na Educação em Engenharia. Nesse cenário, os professores de Engenharia têm um papel ativo de orientadores e, portanto, necessitam de uma formação para planejarem ambientes de aprendizagem que levem os estudantes aos resultados de aprendizagem (isto é, conteúdos conceituais, procedimentais e atitudinais) estabelecidos nas disciplinas e nos seus respectivos cursos.

2 O contexto

Dez anos atrás, Sobrinho analisava as muitas mudanças pelas quais o ensino superior estava passando. Desse texto, destacamos o seguinte:

> A economia de mercado global aumentou, concentradamente, riquezas reais e, sobretudo, virtuais, ao mesmo tempo em que estruturou o desemprego, o trabalho precário, a insegurança e a pobreza. As riquezas mais valiosas passam a ser imateriais. O conhecimento e a informação constituem os pilares centrais da economia. Atropelam-se novos problemas e desafios socioprofissionais, para muitos dos quais ainda não se vislumbram soluções, em razão das aceleradas alterações nos perfis dos empregos e das empresas, da volatilidade epistêmica e das transformações nos modos de produção, distribuição e consumo dos conhecimentos e técnicas. É possível supor que, há dez anos atrás, o volume de conhecimentos disciplinares acumulados ao longo de vinte séculos em algumas áreas era quatro vezes menor que hoje (SOBRINHO, 2009, p. 16).

Mais adiante, Sobrinho apresenta algumas informações retiradas de um texto de Brunner:

> Calcula-se que o conhecimento (de base disciplinar, publicado e registrado internacionalmente) havia demorado 1.750 anos para duplicar-se pela primeira vez, contado a partir da era cristã, para depois dobrar seu volume, sucessivamente, em 150 anos, 50 anos e agora a cada cinco anos, estimando-se que até o ano 2020 se duplicará a cada 73 dias (BRUNNER, 2003, p. 81, apud SOBRINHO, 2009).

O texto de Sobrinho foi escrito na chamada Sociedade da Informação, mas não poderia ser mais atual e adequado para a Sociedade do Conhecimento. Entretanto, cabe acrescentar que o advento das mídias sociais permitiu interações e colaborações entre os indivíduos que eram inimagináveis dez anos atrás. São bilhões de pessoas discutindo questões, refletindo sobre elas, ensinando e aprendendo, umas com as outras, em todas as áreas de conhecimento.

E são bilhões de pessoas vivendo em um mundo disruptivo, no qual novos e novas formas de produtos e serviços vêm quebrando paradigmas e modelos consagrados de negócios. Redes de hotéis e agências de turismo são substituídas por plataformas *on-line* como o Airbnb, dentre outras. Serviços de táxi têm agora a concorrência de aplicativos para telefones celulares como Uber e 99. Carros elétricos e sem motorista, bem como *drones* entregadores de comida, estão circulando nas cidades do Hemisfério

Norte. Turbinas eólicas autorreparáveis estão permitindo a expansão da energia eólica. Filmes orgânicos fotovoltaicos estão levando energia elétrica a regiões inóspitas do globo. Lentes de contato inteligentes estão sendo projetadas para incorporar milhares de biossensores e para captar os indicadores iniciais de câncer e outras enfermidades. Aplicativos e sensores já podem verificar arritmias ou uma pneumonia. Para o tratamento da hipertensão, estão sendo aperfeiçoados sensores que medem de forma ininterrupta a pressão sanguínea (sem uso de braçadeira). Manipulação genética e prototipagem de organismos vivos são outros assuntos sendo amplamente investigados.

Em resumo, no século XXI, as inovações tecnológicas e demandas econômicas e socioambientais têm requerido uma reformulação da formação do perfil dos profissionais deste século e, consequentemente, dos sistemas educacionais. Com efeito, estamos vivendo um momento *disruptivo* na educação, e em particular na Educação em Engenharia, com a aprovação das novas Diretrizes Curriculares Nacionais (BRASIL, 2019). Está havendo uma ruptura de conceitos e de modelos já consolidados, levando os docentes a algumas inquietações e desafios/dilemas complexos para serem equacionados. Dentre essas inquietações, podemos citar:

- Como apresentar saberes de determinado tema em sala de aula, se os estudantes acessam o conhecimento de todo lugar na internet?
- Como conseguir que os estudantes leiam e estudem de forma eficiente, quando estes passam seus dias em um ambiente multimídia?
- Como combinar os conhecimentos e habilidades a serem desenvolvidos pelos estudantes com as tecnologias disponíveis, para que eles construam uma aprendizagem duradoura?

Na realidade, essas inquietações constituem-se em questionamentos muito pertinentes e que estão presentes nas conversas nas salas de professores, nas formações continuadas, em fóruns de discussão, em congressos, dentre outros, mas que não têm uma única resposta. O que podemos afirmar, com certeza, é que novos ambientes de aprendizagem são necessários para atender a essa realidade que tem desafiado educadores e a sociedade. Esses novos ambientes se caracterizam, fundamentalmente, pela motivação do estudante, de tal forma que este se torne mais ativo e senhor de sua própria aprendizagem, em atividades que lhe sejam prazerosas. Por sua vez, o professor continua sendo um ator importante, com papel primordial nos processos de ensino e de aprendizagem, como orientador do estudante. Assim, deixa de ser um transmissor de conhecimento, o detentor único do saber, o super-herói da educação, ideia que está arraigada no senso comum e no imaginário social e que precisa ser transformada!

3 Estudantes em ambientes de aprendizagem ativa

Se os tempos são outros e o contexto é disruptivo, os estudantes também não são os mesmos de 20 anos atrás. Elmôr-Filho *et al.* apontam que:

> Em diversas instituições de ensino superior (IES) as características de um novo estudante vêm sendo motivo de preocupação. Algumas IES têm estudado esse perfil, visando à redução de índices elevados de abandono e insucesso, já constatados no final do século passado, bem como à necessidade imperiosa de se levar em consideração, no planejamento dos currículos dos cursos, o perfil desta nova geração que se apresenta. O comportamento dos estudantes tem mudado radicalmente, o que nos leva a crer que os sistemas educacionais vigentes devem ser (re)pensados, a fim de compreender, criar e utilizar ambientes de aprendizagem com a qualidade necessária (ELMÔR-FILHO ET AL., 2009, p. 11).

Sabemos e entendemos como pode ser difícil a transição do ensino médio para a universidade. A grande maioria dos estudantes que chegam à universidade é conhecida pelas concepções epistemológicas tradicionais e, como não poderia deixar de ser, resistentes a toda e qualquer proposta de modificação. Não faltam argumentos e depoimentos, tanto por parte de professores quanto dos próprios estudantes, que confirmam a falta de interesse, de motivação ou de comprometimento com a aprendizagem. Muitos estudantes não têm hábitos de estudo e não veem nisso motivo de preocupação, justificando que o trabalho e muitos outros compromissos os impedem de estudar. Acostumados a receber informações, passivamente, muitas vezes conscientes da ineficácia do "ensino" assim promovido, declaram abertamente que estão ali para "receber os conhecimentos" que o professor tem e "deve saber transmitir". Muitos estudantes declaram estar interessados, em primeiro lugar, na obtenção do diploma.

Diante dessa realidade, qualquer tentativa de modificação da sala de aula é recebida com desconfiança e resistência. Afinal, no modelo tradicional, basta prestar atenção e preparar-se para as provas que apenas exigem memorização e imitação, possibilitando, portanto, melhores chances de aparente sucesso. Assim, os estudantes, "prudentemente", reagem às mudanças metodológicas que nem sempre são coerentes com os critérios de avaliação (SAUER, 2004). Passam a vida inteira sem compreender o sentido de um texto ou a finalidade de uma fórmula, que utilizam como se fosse mágica, contentando-se com isso, como se o fizessem só para agradar ao professor.

Com efeito, "a aprendizagem começa com o envolvimento do estudante" (BARKLEY, 2010, p. 15). Para a autora, o engajamento está diretamente relacionado com a frequência com que os estudantes participam das atividades promovidas. Em outras palavras, Barkley acredita que os estudantes envolvidos realmente se importam com o que estão aprendendo; querem aprender e até mesmo excedem as expectativas, indo além do que foi solicitado. Muitos professores universitários descrevem o envolvimento dos estudantes com declarações como "os estudantes engajados estão tentando dar sentido ao que eles estão aprendendo" ou "estudantes engajados estão envolvidos nas tarefas e estão usando habilidades de pensamento de ordem superior, tais como análise de informações ou resolução de problemas" (BARKLEY, 2010). Com tais declarações, esses professores demonstram estar relacionando engajamento com aprendizagem ativa. Reconhecem que a aprendizagem é um processo dinâmico que consiste em dar sentido e significado a novas informações, conectando-as ao que já é conhecido. Para Bonwell e

Eison (1991, p. iii), aprendizagem ativa significa "fazer o que pensamos e pensar sobre o que fazemos". Na prática, a aprendizagem ativa tem sido apontada como condição para melhorar a qualidade do envolvimento dos estudantes.

Uma sala de aula repleta de estudantes entusiasmados e motivados é ótima, mas pode tornar-se ineficaz se o entusiasmo não resultar em aprendizagem. Por outro lado, os estudantes que estão ativos, mas agindo com relutância e ressentimento, não estão envolvidos e, consequentemente, a aprendizagem pode não ocorrer. Como consequência, a aprendizagem não ocorrerá se algum desses dois elementos, que constituem o "engajamento", estiver ausente. Este não resulta de um ou do outro sozinho, mas é gerado no espaço que reside na sobreposição da motivação e aprendizagem ativa, como ilustrado na Figura 1.

Figura 1 Diagrama de Venn – motivação e aprendizagem ativa

Fonte: Elmôr-Filho *et al.* (2019).

Outro fator importante, que devemos levar em conta, são os problemas de atenção apresentados pelos estudantes do século XXI. Pesquisas apontam que problemas de atenção de crianças e adolescentes estão diretamente ligados ao uso excessivo da TV, do *videogame* e das mídias sociais (CHRISTAKIS, 2009; LAU, 2017). Já em 2001, Prensky apontou que:

> Os estudantes de hoje – do jardim de infância à universidade – representam as primeiras gerações que cresceram com esta nova tecnologia. Eles passaram a vida inteira cercados e usando computadores, *videogames*, tocadores de música digitais, câmeras de vídeo, telefones celulares, e todos os outros brinquedos e ferramentas da era digital. Atualmente, o egresso universitário médio passou menos de 5000 horas de sua vida lendo, mas acima de 10.000 horas jogando *videogames* (sem contar as 20.000 horas assistindo televisão). Os jogos de computador, *e-mail*, a internet, os telefones celulares e as mensagens instantâneas são partes integrantes de suas vidas (PRENSKY, 2001, p. 1-6).

Nessa época, estávamos longe do advento do Facebook, Instagram, Twitter, Snapchat, YouTube, Messenger, WhatsApp, entre outros. Os efeitos das mídias sociais e do uso de *sites* de redes sociais, na saúde mental e no bem-estar dos adolescentes, têm sido considerados benéficos, no que diz respeito ao apoio pelos pares e à capacidade de estabelecer conexões, mas maléficos no que se refere a uma possível dependência e a problemas de saúde mental (HAVENER, 2016). Mais especificamente, os efeitos do uso da mídia social no desempenho acadêmico de estudantes universitários têm sido estudados (LAU, 2017). Segundo este estudo, o uso de mídias sociais para fins acadêmicos não teve um efeito positivo ou significativo no desempenho acadêmico dos estudantes, ao passo que o uso de mídias sociais para fins não acadêmicos (*videogames*, em particular) e de mídia social multitarefa (Messenger, WhatsApp, Twitter, Facebook e Instagram, entre outros) mostrou efeitos significativamente negativos no desempenho acadêmico dos discentes.

Além de todas as pesquisas tratando sobre a falta de atenção dos estudantes, em razão da influência das mídias sociais e digitais, trazemos aqui um estudo importante, que pode motivar os professores a repensar o planejamento de suas aulas. Poh, Swenson e Picard (2010) desenvolveram um sensor integrado ao pulso, não intrusivo e não estigmatizante, que foi usado por um estudante, por um período de sete dias. O sensor detectou a atividade eletrodérmica, que é uma maneira de avaliar a atividade no sistema nervoso simpático, fornecendo uma medida sensível e conveniente das alterações na excitação simpática, associadas com a emoção, a cognição e a atenção.

Podemos observar, na Figura 2, que os intervalos em que a atividade eletrodérmica se apresentou elevada, frequentemente, estavam relacionados com os períodos em que o estudante estava estudando, fazendo lição de casa ou submetido a uma avaliação. Contudo, nos períodos de aula, a atividade eletrodérmica era quase inexistente, só tendo resultados inferiores nos períodos em que o estudante estava assistindo à televisão.

Posto isso, cabe a pergunta: o que os professores de Engenharia devem fazer para auxiliar essa nova geração de estudantes para que possam desenvolver as competências e habilidades necessárias para os profissionais do futuro e preconizadas nas novas DCNs? Como as escolas de Engenharia estão se organizando para acolher esse “novo” estudante?

Se professores e escolas de Engenharia acreditam que uma resposta possível é planejar currículos e disciplinas à luz de estratégias e métodos de aprendizagem ativa, seria interessante entendermos as bases teóricas da mesma. Este é o tema da próxima seção.

Figura 2 Pesquisa sobre atividade cerebral de um estudante

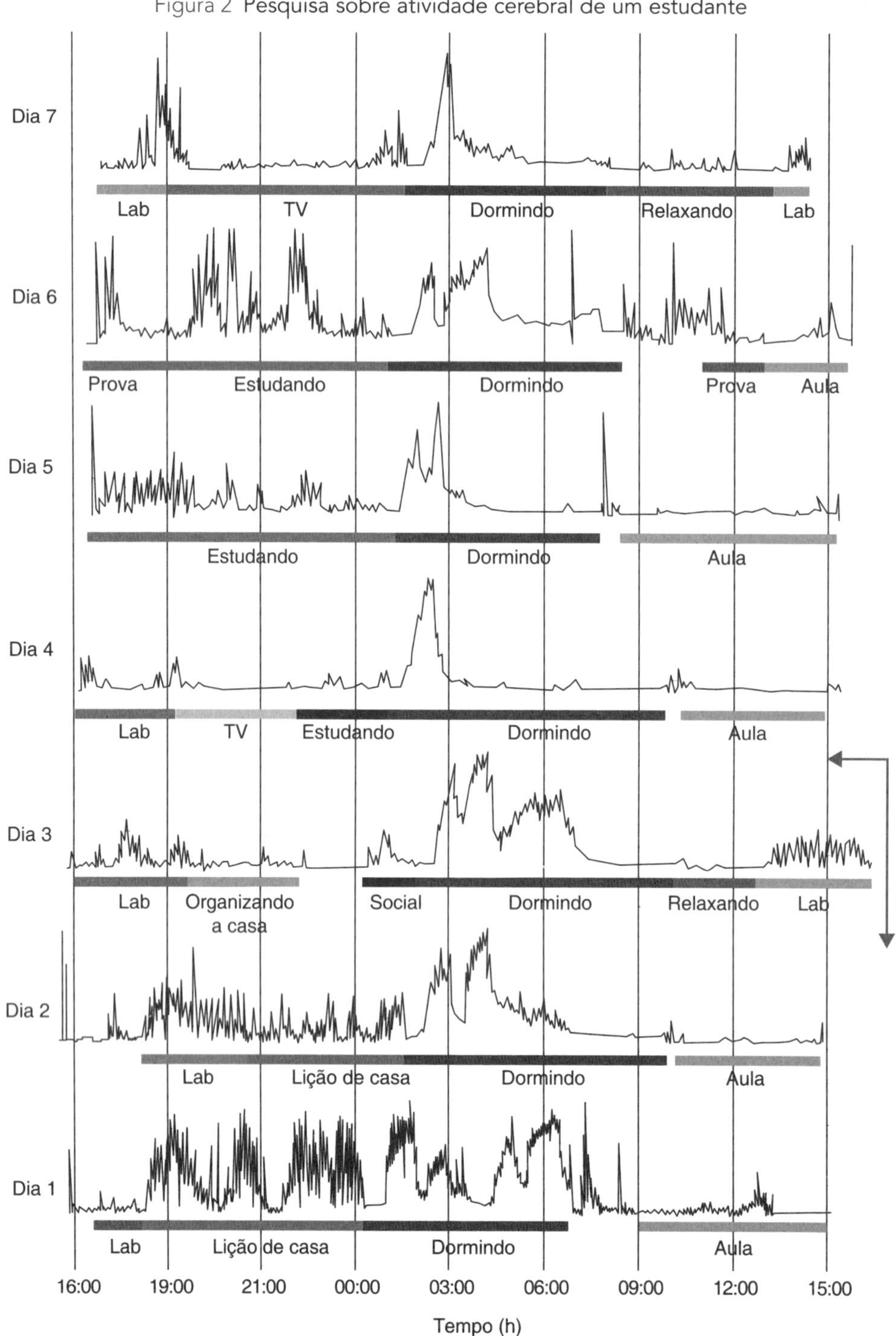

Fonte: Poh, Swenson e Picard (2010). Tradução livre do original.

4 Bases teóricas da aprendizagem ativa

Ainda há, por parte de muitos professores, o entendimento de que a aprendizagem do estudante é responsabilidade, unicamente do professor, ou da escola, ou mesmo, de condições externas ao processo. Por outro lado, também há aqueles que atribuem toda a responsabilidade pela aprendizagem ao estudante, entendendo que ao professor, detentor do conhecimento, compete transmitir o maior número possível de informações. É fato que os processos de ensino e de aprendizagem só se concretizam se ensinar tiver como consequência a aprendizagem. Entretanto, torna-se imprescindível que esteja claro para o professor, comprometido com a boa qualidade de seu trabalho, o que ele entende por aprendizagem, como o ser humano aprende e como ele e os estudantes podem participar satisfatoriamente desse processo. Em outras palavras, é preciso que o professor tenha claro, para si mesmo, se a aprendizagem se resume à memorização de conteúdos fragmentados e não contextualizados, que dependem de capacidades perceptivas, ou se requer a compreensão da realidade, com base em observação questionadora e possibilidade de argumentação, que permita produzir e estimular a capacidade de criar e recriar. Somente com tal clareza, o professor poderá atuar de forma satisfatória, especialmente se tem como objetivo principal de suas ações a aprendizagem dos estudantes. Nas novas DCNs, no capítulo sobre Corpo Docente, sugerimos que os cursos de graduação em Engenharia mantenham permanente Programa de Formação e Desenvolvimento do seu corpo docente, como já foi mencionado no início deste capítulo. Um Programa de Formação é essencial, principalmente para dar apoio ao professor de Engenharia que está iniciando na carreira, pois nas escolas de Engenharia, mais especificamente nos currículos dos cursos de Engenharia, não se prevê formação para o professor de Engenharia, mas sim para engenheiros. A iniciação à docência, que a Capes proporciona aos pós-graduandos, não estimula os futuros professores a pensar sobre o que é ser um professor universitário de fato, qual modelo pedagógico e epistemológico guiará sua prática, entre outras questões. Permite apenas um espaço de prática, no qual o pós-graduando, em geral, dá aulas expositivas repetindo o modelo no qual ele foi educado.

Nesta seção, abordamos as teorias de aprendizagem e os modelos pedagógicos e epistemológicos que estabelecem as bases teóricas da aprendizagem ativa (AA).

Conforme Becker (2016), há três diferentes formas de representar a relação entre ensino e aprendizagem ou, mais especificamente, entre o exercício da docência e as atividades em sala de aula, sendo elas: a pedagogia diretiva, a pedagogia não diretiva e a pedagogia relacional. Cada um desses modelos pedagógicos é sustentado por uma concepção epistemológica, ou seja:

(i) Na **pedagogia diretiva**, as práticas pedagógicas estão centradas no professor e baseiam-se na transmissão de conteúdos e no controle, refletindo mudanças sistemáticas e operacionais no ambiente e na proposta de trabalho, a fim de tornar mais prováveis as respostas desejadas. O estudante é visto como uma tábula rasa, um agente passivo do processo, que atua somente em resposta a estímulos externos, provenientes do professor ou do ambiente. Por sua vez, o conhecimento (conteúdo) e a capacidade de conhecer vêm do meio físico e social. Ensino e aprendizagem são polos dicotômicos. Neste modelo, o professor jamais aprenderá e o estudante jamais ensinará. A concepção epistemológica que sustenta esta pedagogia é o Empirismo.

(ii) Na **pedagogia não diretiva**, se supervaloriza a percepção e se explica a aprendizagem como algo que ocorre de modo súbito, por *insight*, por uma capacidade inata, *a priori*, que o indivíduo traz consigo. As práticas pedagógicas, neste caso, aparentemente centradas no estudante, visam permitir que o *insight* ocorra, a partir de atividades estruturadas de tal forma que os aspectos significativos sejam percebidos. O professor é um facilitador que interfere o mínimo possível, ou seja, o estudante aprende por si mesmo. A concepção epistemológica que sustenta esta pedagogia é o Apriorismo.

(iii) Na **pedagogia relacional**, encontra-se a epistemologia genética de Jean Piaget (PIAGET, 2007), que explica como se dá o desenvolvimento cognitivo, desde o nascimento até a adolescência, quando ocorre a formalização do conhecimento. Analisando os modelos anteriores, Piaget destaca aspectos positivos encontrados em ambos, quando afirma, a partir de suas pesquisas, que a experiência é um dos fatores fundamentais na construção do conhecimento. Também destaca, a favor da pedagogia não diretiva, a importância dos processos internos, da bagagem genética. E aponta um fator comum aos dois, apesar de serem inconciliáveis: a passividade do sujeito. Este é o fator fundamental que distingue a pedagogia relacional das anteriores. Justifica que é pela interação entre ambos, os fatores externos e os internos, que ocorre o desenvolvimento e a formação do conhecimento. Aprendizagem, de acordo com Piaget, só ocorre em ação, isto é, quando o sujeito age sobre os objetos e sofre as influências desta ação sobre si mesmo. Mas é somente a ação motivada que tem sentido, aquela que o estudante sente como necessária, espontânea, que vem de dentro. É a ação que emerge das perguntas, que provoca reflexões e desequilíbrios. A ação que é só do exterior, do outro, e que é apenas observada, mesmo que seja com atenção, não frutifica. O conhecimento nasce toda vez que o ser humano se apropria do seu pensar. De acordo com este modelo, o papel do professor é o de se colocar como mediador dos processos de ensino e de aprendizagem, o estudante como interagente e o conhecimento como resultado das ações e interações. As ações docentes terão sentido desequilibrador, provocando conflitos e situações problemáticas que estimulem o pensamento e levem o estudante a refletir sobre suas ações. A concepção epistemológica que sustenta esta pedagogia é o Construtivismo.

Ambientes de AA devem ser concebidos para privilegiar processos de ensino e de aprendizagem que estejam pautados na pedagogia relacional. Em outras palavras, são ambientes em que o professor se posiciona favoravelmente a uma educação sintonizada com a sociedade contemporânea. De acordo com o que Piaget demonstrou em seus estudos, o professor promove e valoriza a participação do estudante e intervém a partir da formulação de problemas que possam ser discutidos por todos aqueles que estiverem motivados e predispostos a construir o próprio percurso de aprendizagem.

Na realidade, a possibilidade de modificação da tradicional sala de aula, baseada no baixo nível de participação dos estudantes, na ênfase em atividades solitárias, na distribuição do conhecimento e na aprendizagem mecânica de conteúdos, como principal objetivo do ensino, depende de vários fatores, mas o mais importante está relacionado com uma atitude de ambos, professor e estudante, quererem e concordarem com os benefícios dessas modificações. Tais modificações exigem uma ampla revisão do papel do professor, e do papel do estudante, explicitamente discutidos nas novas DCNs.

Abordagens construtivistas, que contemplam estratégias e métodos de aprendizagem ativa, têm sugerido a presença frequente do professor como orientador, questionando, argumentando, aceitando sugestões construtivas, rejeitando atitudes negativas, valorizando todas as respostas, mas, também, atitudes como respeito, generosidade, humildade, coragem, confiança, empatia e tantas outras. Enfim, convertendo o currículo, a partir das questões do estudante, em algo que faça sentido para ele e lhe traga satisfação. Ao estudante caberá, como integrante ativo deste processo, envolver-se e procurar reconhecer os benefícios de sua participação.

Com efeito, a preocupação com a aprendizagem tem provocado mudanças no sentido de promover o estudante em uma dimensão diferente, proporcionando-lhe o desenvolvimento da habilidade de resolver problemas no contexto da vida atual, redimensionando o problema, apresentando soluções, aperfeiçoando-as e utilizando-as em novas situações. O mundo do trabalho pouco tem a oferecer a quem não demonstra capacidade de compreender, criticar, gerar e defender novas ideias. E a velocidade crescente de carências sociais de toda ordem, como trabalho, saúde, segurança, lazer e escola, clama por indivíduos conscientes e comprometidos com a qualidade de seu saber e com valores éticos e morais.

Para Piaget,

> [...] os métodos chamados ativos[1] são os únicos capazes de desenvolver a personalidade intelectual e que pressupõem necessariamente a intervenção de um meio coletivo, ao mesmo tempo formador da personalidade moral e fonte de trocas intelectuais organizadas *pelo professor, visando à participação do estudante* (PIAGET,1975, p. 69, *grifo nosso*).

Com isso, entendemos que uma proposta construtivista, baseada no diálogo, permite a aproximação de Piaget e Freire, com argumentos consistentes para justificá-la. Freire (2001) aponta o diálogo como fenômeno humano, cujos elementos constitutivos comportam a ação e a reflexão e, consequentemente, pode promover a tomada de consciência e a aprendizagem. Para este autor, mesmo que nem sempre seja possível que o professor ouça o estudante, sempre será possível escutá-lo, procurando valorizar seu estudo, respondendo aos seus anseios com respeito e expectativa de sucesso. O estudante, por sua vez, precisa sentir-se desafiado, de forma que aceite envolver-se. De fato, quando isso acontece, também pode ocorrer aprendizagem.

[1] Com relação à expressão "métodos ativos", utilizada na tradução das palavras de Piaget, esclarecemos nossa opção por "estratégias ou métodos de aprendizagem ativa", na introdução da Seção 5 deste capítulo.

Mas é importante lembrar ainda, conforme Freire (2001), que

> [...] não é a partir do que é feito apenas na sala de aula que ele ou ela será capaz de apoiar os alunos e as alunas na reconstrução da posição deles no mundo. É importante que saibamos que o tempo limitado da sala de aula representa apenas um momento da experiência social e individual total do aluno.

E prossegue justificando que o diálogo pode ocorrer também fora da sala de aula, em encontros mediatizados pelo mundo, não apenas na relação professor/estudante. Porém, Freire impõe uma condição de possibilidade desse encontro:

> Se ele é o encontro em que se solidarizam o refletir e o agir de seus sujeitos endereçados ao mundo a ser transformado e humanizado, não pode reduzir-se a um ato de depositar ideias de um sujeito no outro, nem tampouco tornar-se simples troca de ideias a serem consumidas pelos permutantes (FREIRE, 2003, p. 79).

Entendemos, assim, que a pedagogia dialógica de Freire se opõe à concepção tradicional de ensino, ao mesmo tempo em que sugere a reflexão e a ação dos envolvidos no encontro, por meio do diálogo.

Becker, ao promover o encontro entre Piaget e Freire, afirma:

> [...] para que o diálogo realize seu objetivo [...] deve fundar-se sobre o pensar verdadeiro [...] pensar crítico [...] que percebe a realidade como processo em constante mudança; processo que é fruto da ação de sujeitos em diálogo e cujo produto é a transformação da realidade [...] (BECKER, 2011, p. 212).

E ainda: a aprendizagem será uma construção do próprio sujeito ou ela não acontecerá. De fato, o diálogo pode promover aprendizagem, se houver uma postura curiosa, aberta, alegre, crítica, reflexiva, comprometida, fraterna, ética, de todos os envolvidos no processo e dispostos a aceitar o desafio.

Assim, um dos desafios do professor é o de transformar um estudante passivo e ouvinte de informações em um estudante que construa seu conhecimento, que tenha a vontade e a oportunidade de vivenciar uma aprendizagem ativa, que, consequentemente, leve à ocorrência de uma aprendizagem significativa e duradoura. Ou seja, o que acaba de ser apresentado aqui é a mesma ideia de Barkley (2010), quanto à importância do engajamento, tratada na seção anterior.

Há, na literatura, diversos estudos de autores que procuram explicar como ocorre o processo de aprendizagem significativa e duradoura. Entre esses, Ausubel (2003) destaca que a essência do processo de ocorrência de uma aprendizagem significativa está na relação não arbitrária e substantiva (não literal) entre ideias expressas simbolicamente com informações previamente adquiridas. Para este autor, a não arbitrariedade e a substantividade são condições para que o conteúdo não fique isolado na mente do estudante. Ou seja, ele precisa estabelecer ligações entre o novo conhecimento com outros, presentes na sua estrutura cognitiva, os chamados subsunçores. Segundo Moreira (2011), os subsunçores são o ponto de partida mais importante no processo de aprendizagem, pois são âncoras para novos conhecimentos e ideias. Por sua vez, a substantividade se refere a desenvolver uma aprendizagem com sentido, compreendendo o significado do conhecimento. Dessa forma, o processo de ensinar deixa de ser apenas passar informações, conjuntos de palavras, de regras ou de algoritmos (MOREIRA; MASINI, 2006).

Frequentemente, os professores de Engenharia ouvem seus estudantes indagarem sobre o porquê aprender determinado conteúdo e sobre suas aplicações. Essas são algumas perguntas que fornecem evidências sobre a necessidade de se estabelecer relações entre conteúdos e contextos reais para favorecer a compreensão e o significado do conteúdo. Ausubel (2003) contrapõe-se à aprendizagem mecânica, aquela em que geralmente a ação do professor é a de informar aos estudantes itens de conteúdos, ou seja, aquela em que o professor acredita que sua função é transmitir o conhecimento. Este mesmo autor esclarece que, nessa concepção de ensinar, o professor desconhece que, em algumas situações, os estudantes não apresentam subsunçores necessários para ancorar o novo conteúdo.

Ao contrário, quando o professor leva em consideração os conhecimentos prévios, existentes na estrutura cognitiva do estudante, pode instaurar-se o diálogo entre os agentes da aprendizagem: professor/estudante, estudante/estudante, estudante/objeto de estudo e professor/objeto de estudo, que precisa ser constante (COLL ET AL., 2001; MOREIRA, 2011). Dessa forma, o estudante passa a ser ativo no processo, dialogando, questionando, argumentando, pesquisando, construindo o conhecimento, por meio de várias interações com o meio educativo. Quanto a isso, cabe destacar o papel da linguagem e da mediação humana na aprendizagem significativa. Ausubel (1963) situa a linguagem como essencial para a conceitualização com compreensão.

Além dessas características para desenvolver uma aprendizagem duradoura, há outros dois aspectos que também influenciam a ocorrência da aprendizagem significativa: a predisposição do estudante para aprender e a qualidade do material disponibilizado a ele, que precisa ser potencialmente significativo. Assim, o professor, além de mediador, tem a função de motivador, ou seja, precisa orientar e despertar a vontade do estudante para aprender. Além disso, o material didático fornecido pelo professor deve apresentar um potencial para gerar uma aprendizagem duradoura, deve ser bem elaborado e de fácil manuseio, possibilitando ao estudante aprender por meio dele. (AUSUBEL; NOVAK; HANESIAN, 1980). Este material não é para ser copiado ou decorado e depois repetido em provas, mas para ser compreendido e aplicado, como um instrumento de intervenção em problemas reais. A função do professor ou do material não é a de transmitir informações, mas de orientar o processo de aprendizagem e, assim, favorecer a construção de conceitos e o desenvolvimento de competências previstas. Caso os estudantes não apresentem subsunçores necessários, o professor pode utilizar um material introdutório chamado de organizador prévio, que, segundo Moreira (2011), é apresentado antes do material de aprendizagem em si. Conforme este autor, "os organizadores prévios são úteis para facilitar a aprendizagem na medida em que funcionam como pontes cognitivas", servindo como estrutura básica para se alcançar um novo conhecimento. Com essa concepção é possível a criação de um material didático potencialmente significativo (AUSUBEL; NOVAK; HANESIAN, 1980).

De fato, entendemos que a ocorrência de uma aprendizagem significativa e duradoura requer a ação do estudante, ou seja, para que a aprendizagem seja significativa, é necessário que seja ativa.

Alguns autores apresentam definições específicas de aprendizagem ativa, como é o caso de McGrew, Saul e Teague (2000), que se referem a esta como qualquer processo por meio do qual o estudante deixa de ser audiência para ser ator principal do próprio processo de aprendizagem. Dessa forma, ele não é um receptor de informações, mas engaja-se de maneira ativa na aprendizagem dos conceitos, focando seus objetivos, visando à construção do conhecimento.

Entendemos, pois, que estas são as principais características que precisam ser levadas em consideração para que ocorra aprendizagem e que estão presentes nas teorias de Piaget, Freire e Ausubel, constituindo as bases teóricas da AA.

Diante desse contexto, é fundamental participar dos processos de ensinar e de aprender com estratégias e métodos para uma aprendizagem ativa, levando em conta a contextualização e a interdisciplinaridade, onde o diálogo e a reflexão do professor sobre sua prática pedagógica estejam voltados para o desenvolvimento, por parte do estudante, de autonomia e de outras habilidades que sejam estruturadoras.

Na próxima seção, apresentamos estratégias e métodos de aprendizagem ativa, que permitem o planejamento de ambientes de aprendizagem nos quais leva-se em consideração o papel do estudante, o papel do professor e o que ambos pretendem alcançar por meio das ações promovidas. Assim, ao levar em conta, especialmente, as ações dos estudantes, entendemos ser possível falar de aprendizagem ativa, com base nas considerações apresentadas, que permitem o diálogo entre Piaget, Freire e Ausubel, autores que fornecem argumentos para justificá-la.

5 Estratégias e métodos de aprendizagem ativa

Nesta seção, antes de passarmos à discussão propriamente dita, optamos por apresentar os conceitos de metodologia, método e estratégia, no nosso entendimento. Em primeiro lugar, nos referimos à metodologia como o caminho que se traça para desenvolver os processos de ensino e de aprendizagem. Para tal, é no desenvolvimento da metodologia que "estudamos", analisamos e escolhemos os métodos e as estratégias que serão utilizadas. Portanto, a metodologia não pode ser vista como a(s) estratégia(s) ou o(s) método(s) empregado(s). De fato, estes fazem parte da metodologia, mas não a constituem por si só. Por esta razão, não é encontrada, neste capítulo, a expressão metodologias ativas. Ela é famosa no Brasil. Foi a primeira tradução veiculada em alguns artigos da área da Medicina e tem sido muito empregada, mas é uma tradução inadequada para *active learning*, pois *active learning* significa simplesmente aprendizagem ativa. E aprendizagem ativa já diz tudo: o que é ativa é a aprendizagem, como processo, e não as estratégias e os métodos, nem tampouco a metodologia. Acreditamos que aprender ativamente é estar cognitivamente ativo e engajado no ambiente de aprendizagem.

Além disso, empregamos o termo estratégia, em lugar de técnica, de acordo com Portilho (2009), que explica que, diferentemente da aprendizagem passiva, a aprendizagem ativa não possui técnicas, e sim estratégias. Ele ainda esclarece que os dois termos são comumente classificados como sinônimos, mas, na realidade, têm significados distintos. Estratégia é um termo militar utilizado para denominar a arte de dirigir operações, na condução de conflitos, baseado em um conjunto de regras que asseguram uma decisão adequada a cada momento. Por outro lado, a técnica é o conjunto de processos de uma arte ou ainda maneira, jeito ou habilidade especial de executar determinada tarefa. Podemos concluir que, em uma estratégia, os indivíduos envolvidos devem compreender o porquê de estarem desenvolvendo tal atividade. Uma estratégia envolve um conjunto de técnicas, que, por sua vez, podem ser executadas sem que os envolvidos tenham plena consciência do que estão executando.

Quanto ao método, entendemos como um procedimento regular, explícito e passível de ser repetido para alcançar um resultado. No contexto da nossa aula, o método é um possível modo sistemático e organizado, pelo qual o professor desenvolve suas atividades em sala de aula, visando à aprendizagem dos estudantes. São os meios para alcançar resultados de ensino e de aprendizagem, isto é, estão orientados para os resultados e, assim, implicam a sucessão planejada de ações (estratégias) e requerem a utilização de meios (recursos), normalmente demandando mais tempo de aplicação que as estratégias.

Assim, passamos a considerar algumas características dos estudantes do século XXI, bem como as bases teóricas da AA, o que se constituem como argumentos muito importantes para a necessidade da utilização de estratégias e métodos de AA no planejamento de ambientes de aprendizagem em cursos de Engenharia.

E quais são os motivos pelos quais devemos introduzir estratégias e métodos de AA em nossas aulas, disciplinas, cursos de Engenharia? Podemos listar alguns:

- auxiliar na aprendizagem dos conteúdos conceituais, procedimentais e atitudinais (ZABALA, 2015), ou seja, no desenvolvimento de competências;
- engajar ativamente os estudantes em seus processos de aprendizagem;
- diminuir as taxas de evasão e de retenção;
- estimular uma maior autonomia dos estudantes;
- tornar a experiência de sala de aula mais emocionante;
- criar ambientes de aprendizagem onde os estudantes são obrigados a utilizar níveis superiores de pensamento (analisar, sintetizar, criar) (ANDERSON ET AL. (2001));
- contribuir para a formação de engenheiros mais criativos.

Além disso, os estudos de Bajak (2014), Freeman *et al.* (2014) e Prince (2004) mostram que os estudantes preferem a utilização de estratégias de AA a aulas tradicionais. Em particular, Freeman *et al.* (2014) avaliaram o desempenho dos estudantes e demonstraram que muitas estratégias de aprendizagem ativa são comparáveis às aulas tradicionais na promoção do domínio do conteúdo, mas superiores às mesmas na promoção do desenvolvimento das habilidades e competências dos estudantes.

Ainda, algumas pesquisas na área de Neurociências mostraram que um número significativo de indivíduos possui estilos de aprendizagem mais bem contemplados com a utilização de estratégias pedagógicas que não sejam as aulas tradicionais (LAMBERT; McCOMBS, 1998; HALPERN; HAKEL, 2002).

Entretanto, a escolha de quais estratégias e métodos de AA serão incluídos em nossas aulas ou disciplinas em cursos de Engenharia passa pelo planejamento. Limitamos a discussão aqui ao planejamento das aulas, ou seja, aos ambientes de aprendizagem. O planejamento tem uma importância fundamental do ponto de vista pedagógico e operacional, na medida em que tem implicações na forma como o estudante aprende. Ou seja, uma das competências do professor passa, entre outras, por saber planejar.

Ao planejar o ambiente de aprendizagem, o professor levará em consideração:

- os resultados de aprendizagem pretendidos;
- a metodologia de desenvolvimento das aulas;
- os instrumentos de avaliação;
- uma abordagem em que os estudantes sejam os principais atores durante os processos de ensino e de aprendizagem.

Ainda, ao planejar, o professor deverá propor resultados de aprendizagem que possibilitem o desenvolvimento cognitivo dos estudantes em diferentes níveis, bem como o desenvolvimento de habilidades e atitudes.

Se estabelecemos resultados de aprendizagem e os utilizamos de forma apropriada, a unidade de aprendizagem estará alinhada, de forma construtiva, com os estudos propostos, com as atividades propostas tanto para as aulas quanto para fora de aula, com as tarefas de casa e com os instrumentos de avaliação.

E, para finalizar esta seção, listamos algumas estratégias e métodos de AA que têm sido muito utilizados no ensino superior e que têm um grande potencial de utilização nos cursos de Engenharia, a saber:

Estratégias:

- *Flipped classroom*
- *Peer instruction*
- *Just-in-time teaching*
- *Think-pair-share*
- *One-minute paper*

Desafio em Grupos:

- *Jigsaw*
- *In-class exercises*
- *Constructive controversy*
- *Six thinking hats*
- *Cooperative note-taking pairs*

Métodos:

- *Inquiry-based learning*
- Casos de ensino
- *Problem-based learning*
- *Project-based learning*
- *Design thinking*

A seguir, apresentamos uma breve descrição das estratégias *Flipped Classroom*, *Peer Instruction*, *Just-in-time Teaching*, Desafio em Grupos, *Jigsaw*, *In-class Exercises*, e dos métodos Casos de ensino, *Problem-based Learning* (PBL) e *Project-based Learning* (PjBL).

5.1 *Flipped classroom*

A *Flipped Classroom*, também conhecida por *Inverted Classroom*, é uma estratégia de aprendizagem ativa que vem sendo usada há muito tempo na área das Ciências Humanas (WALVOORD; ANDERSON, 1998; LAGE; PLATT; TREGLIA, 2000) e, ultimamente, com muito sucesso na área das Ciências Exatas e Engenharia (BISHOP; VERLEGER, 2013; MASON; SHUMAN; COOK, 2013; VALENTE, 2014; KERR, 2015; VELEGOL; ZAPPE; MAHONEY, 2015; BAYTIYEH; NAJA, 2017; PAVANELO; LIMA, 2017; KARABULUT-ILGU; JARAMILLO CHERREZ; JAHREN, 2018; ELMÔR-FILHO ET AL., 2019; RUPPENTHAL; MANFROI; VIÊRA, 2019).

A Sala de Aula Invertida, como é conhecida em português, teve seu uso ampliado quando Barbara Walvoord, da University of Notre Dame, nos Estados Unidos, e Virginia Johnson Anderson, da Towson State University, também nos Estados Unidos, publicaram, em 1998, um livro intitulado *Effective Grading* (WALVOORD; ANDERSON, 1998). Elas propuseram um modelo em que os estudantes têm um primeiro contato com o assunto antes da aula, quando são orientados a "processar" parte desse aprendizado (sintetizando o assunto, analisando, resolvendo um problema, ou outra tarefa que possa ser realizada previamente ao estudo do conteúdo). Para garantir que os estudantes se preparassem devidamente, a fim de terem uma aula produtiva, elas propunham uma tarefa a ser trazida para a aula (um resumo, respostas a algumas perguntas, um pequeno relatório, um problema resolvido, ou outra tarefa relacionada). Durante a aula, os estudantes recebiam o *feedback* às atividades que tiveram de realizar antecipadamente e isso evitava que o professor tivesse que ficar realizando muita correção de trabalho fora da sala de aula.

Contudo, a Sala de Aula Invertida ficou realmente famosa com o lançamento do livro *Flip your classroom: reach every student in every class every day* (BERGMANN; SAMS, 2012, 2016). Bergmann e Sams (2016), dois professores da área das Exatas em uma escola de ensino médio nos Estados Unidos, começaram a inverter a aula para aumentar a participação dos estudantes e diminuir o índice de reprovação em suas disciplinas de Química e Física.

Wankat e Oreovicz (2015) definiram a Sala de Aula Invertida como uma abordagem pedagógica. Ou seja, como algo mais abrangente do que uma estratégia, pois em uma abordagem podemos lançar mão de estratégias e métodos. Podemos comparar uma abordagem pedagógica com uma sequência didática. No caso da Sala de Aula Invertida, trata-se de uma sequência didática composta de três etapas, denominadas: Pré-aula, Aula e Pós-aula. Assim, a abordagem Sala de Aula Invertida pode ser simplificadamente definida como a abordagem pedagógica na qual os estudantes fazem o **trabalho da sala de aula** em casa e o **trabalho de casa** na sala de aula.

Na Figura 3, apresentamos uma comparação entre a sala de aula tradicional e a abordagem da sala de aula invertida, e ilustramos as três etapas da sala de aula invertida.

Figura 3 Uma comparação entre a sala de aula tradicional e a abordagem da sala de aula invertida

Sala de aula tradicional

Linha do tempo →

	Aula	
Tarefa de casa referente à aula anterior	Primeira exposição ao assunto a ser estudado via aula expositiva	Aprofundamento dos conhecimentos via tarefa de casa

Sala de aula invertida

Linha do tempo →

Pré-aula	**Aula**	**Pós-aula**
Primeira exposição ao assunto a ser estudado via vídeos, leituras, *podcasts*, *games* etc.	Aprofundamento dos conhecimentos via atividades em sala de aula	Alguma tarefa de casa sobre os conhecimentos aprofundados em sala de aula e preparação para a próxima aula

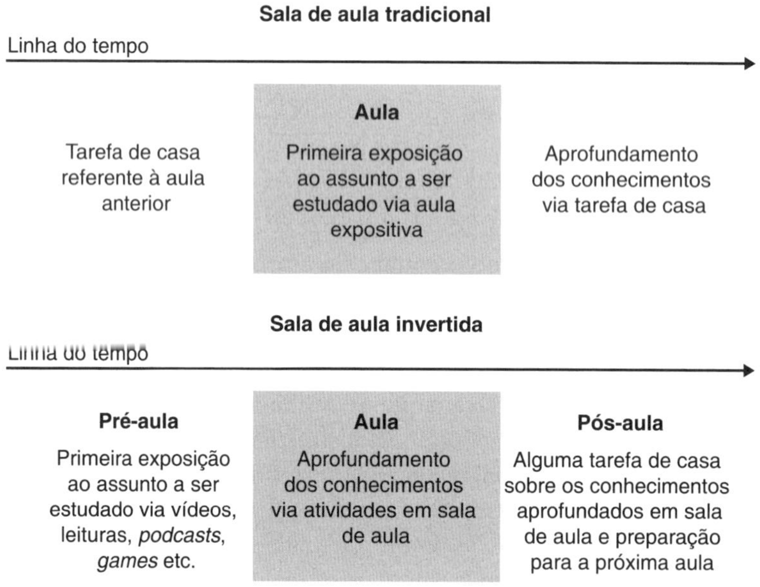

Fonte: Elmôr-Filho *et al.* (2019).

No momento **Pré-aula**, o professor orienta e disponibiliza aos estudantes o material a ser trabalhado em casa. Essa atividade pode ser de forma *on-line* (vídeos, áudios, *podcasts*, *screencasts*, *games*, textos, entre outros) ou física (textos impressos, leitura do livro-texto ou de um artigo científico, ou outros). Muitas videoaulas podem ser encontradas no YouTube,[2] na Khan Academy,[3] na Coursera,[4] nos cursos *on-line* do Massachusetts Institute of Technology,[5] da Univesp,[6] entre outros. Assim, neste momento, os estudantes interagem com o material disponibilizado pelo professor, que deve fornecer as principais orientações para sua utilização. Este material deve auxiliar os estudantes no desenvolvimento de habilidades de pensamento, tais como lembrar, entender e aplicar (ELMÔR-FILHO ET AL., 2019). No caso de videoaulas, cabe ao professor avaliar com muito cuidado o material disponibilizado, pois nem sempre as que estão disponíveis apresentam o rigor necessário na disseminação do conteúdo em questão.

No momento **Aula**, o professor poderá, então, desenvolver as atividades programadas, frequentemente em equipes, procurando estimular habilidades de pensamento de ordem superior, tais como analisar, sintetizar e criar, bem como de trabalho em equipe, pensamento crítico, resolução de problemas, dentre outras. O fato de já poder contar com informações prévias, no mínimo a respeito do conteúdo a ser abordado, possibilita, então, ao professor tornar a aula um momento de verdadeiro aprendizado para todos os interessados (ELMÔR-FILHO ET AL., 2019). E, nesta etapa, o professor poderá utilizar diferentes estratégias e métodos de aprendizagem ativa para auxiliar os estudantes na construção de conteúdos conceituais, procedimentais e atitudinais (ZABALA, 2015).

No momento **Pós-aula**, o estudante revisa o conteúdo e amplia seus conhecimentos por meio de atividades que o professor pode conceber para esta finalidade, considerando o desenvolvimento da aula. Dependendo de quanto foi possível avançar, o estudante pode ser levado a descobrir um fenômeno, a compreender outros conceitos por si mesmo ou a relacionar suas descobertas com seu conhecimento prévio do mundo ao seu redor (BONWELL; EISON, 1991; FINK, 2003; PRINCE, 2004; FELDER; BRENT, 2009). Dessa forma, o conhecimento construído pelo estudante pode ter mais significado do que quando uma informação lhe é transmitida de forma passiva.

A Sala de Aula Invertida tem sido tão valorizada pelos educadores de todo o mundo, que uma comunidade profissional de aprendizagem[7] se formou em torno do tema com o objetivo de coordenar, orquestrar e disseminar os principais elementos requeridos na expansão exitosa da Sala de Aula Invertida em nível internacional e em todos os níveis educacionais.

---

[2] https://www.youtube.com/

[3] https://pt.khanacademy.org/

[4] https://www.coursera.org/

[5] https://ocw.mit.edu/

[6] http://univesptv.com.br/

[7] https://flippedlearning.org/

Com efeito, a abordagem da Sala de Aula Invertida pode fazer a diferença nos processos de ensino e de aprendizagem, pois destinar mais tempo em sala de aula para a aplicação dos conceitos estudados fora da sala de aula proporciona aos professores melhores oportunidades de colaborar na construção do conhecimento de seus estudantes e de promover melhores condições para o desenvolvimento de habilidades de pensamento de ordem superior. A Sala de Aula Invertida quebra o paradigma do ensino tradicional, enfatizando a parcela de responsabilidade do próprio estudante por sua aprendizagem e, ao mesmo tempo, promovendo a conscientização dos professores quanto à permanente necessidade de formação continuada. Além disso, à medida que a Sala de Aula Invertida se torna mais popular, novos recursos surgem para dar apoio às atividades fora da sala de aula e mais estratégias e métodos de aprendizagem ativa podem ser empregados, nos momentos em sala de aula (ELMÔR-FILHO ET AL., 2019).

5.2 *Peer instruction*

Peer Instruction é uma estratégia de aprendizagem ativa concebida por Eric Mazur, da Harvard University, nos Estados Unidos (MAZUR, 1997; CROUCH; MAZUR, 2001; MAZUR, 2015). O uso desta estratégia tem como principais objetivos promover a aprendizagem dos conceitos fundamentais dos conteúdos em estudo, por meio da interação entre os estudantes e, em particular na Física, para desconstruir concepções alternativas. Araújo e Mazur (2013) alcunharam a *Peer Instruction* de "Instrução pelos Colegas", pois o termo colegas, no contexto educacional, se refere a estudantes que estão cursando a mesma disciplina e, portanto, compartilhando as mesmas experiências e dúvidas em sala de aula.

Apesar de ter surgido nas disciplinas de Física ministradas por Mazur, a *Peer Instruction* tem se mostrado uma excelente estratégia para ser usada em disciplinas de várias áreas do conhecimento, e em particular, para as disciplinas de cursos de Engenharia (KOVAC, 1999; GOLDE; McCREARY; KOESKE, 2006; SALEMI, 2009; SIMON; CUTTS, 2012; SCHELL; MAZUR, 2015; VICKREY ET AL., 2015; TEIXEIRA ET AL., 2015; MÜLLER ET AL., 2017; DARIVA ET AL., 2018), principalmente em turmas com muitos estudantes, para ajudar a tornar as aulas mais interativas e fazer com que os estudantes fiquem cognitivamente ativos em sala de aula (ELMÔR-FILHO ET AL., 2019).

Apresentamos, a seguir, uma descrição das etapas de aplicação da *Peer Instruction*:

Etapa 1: estudantes fazem uma leitura de texto/capítulo, ou assistem a uma videoaula, ou ouvem um *podcast*, ou outra atividade que possa ser realizada previamente ao estudo do conteúdo.

Etapa 2: uma breve apresentação oral (preferencialmente uma exposição dialogada) sobre os elementos centrais de um dado conceito, ou teoria, é feita pelo professor por cerca de dez a 20 minutos.

Etapa 3: uma pergunta conceitual, usualmente de múltipla escolha, denominada Teste Conceitual (*Concept Test*), é colocada aos alunos sobre o conceito (teoria) previamente discutido na exposição oral.

Etapa 4: os alunos têm entre um e dois minutos para pensarem individualmente, e em silêncio, sobre a questão apresentada formulando uma argumentação que justifique suas respostas.

Etapa 5: os estudantes, por meio de algum sistema de votação (por exemplo, *clickers*, *flashcards*, Kahoot![8] ou Socrative[9]), informam suas respostas ao professor. De acordo com a distribuição de respostas, o professor pode passar para o passo seis (quando a frequência de acertos está entre 35 % e 70 %), ou diretamente para o passo nove (quando a frequência de acertos é superior a 70 %).

Etapa 6: os estudantes discutem a questão com seus colegas (grupos de 2 a 4 estudantes, mas de preferência em duplas) por cerca de dois a três minutos, tentando chegar a um consenso sobre a resposta correta enquanto o professor circula pela sala (ou auditório) interagindo com os grupos, mas sem informar a resposta correta.

Etapa 7: um novo processo de votação é aberto conforme descrito no passo quatro.

Etapa 8: o professor tem um retorno sobre as respostas dos estudantes, após as discussões, e pode apresentar o resultado da votação. Uma alternativa interessante é chamar alguns grupos para compartilhar suas respostas com o grande grupo.

Etapa 9: o professor, então, discute cada alternativa de resposta para o teste, informando a correta. Na sequência, de acordo com sua avaliação sobre os resultados, o docente pode optar por apresentar um novo teste conceitual, ainda sobre o mesmo tema, ou passar para o próximo tópico (conceito) da aula, voltando ao primeiro passo. Essa decisão dependerá do julgamento do professor sobre a adequação do entendimento atingido pelos estudantes, a respeito do conteúdo abordado nas questões.

Na Figura 4, apresentamos um esquema das etapas de aplicação da *Peer Instruction*.

Em relação ao teste conceitual, vale a pena salientar que ele tem como objetivos a compreensão dos conceitos estruturantes, dos princípios básicos de um dado conteúdo, que servem de fundamento para a solução de problemas, e a promoção da interação entre os estudantes durante a aula. Para tanto, é muito importante que algumas características importantes sejam levadas em consideração quando da elaboração de um teste conceitual, a saber:

- focar em um único conceito;
- ser redigido sem ambiguidade;
- não ser fácil nem difícil demais;

[8] O Kahoot! é uma plataforma de aprendizagem baseada em jogos, que tem sido usada em salas de aula, escritórios e ambientes sociais. Com o Kahoot! o professor pode criar material instrucional para auxiliar na aplicação de estratégias e métodos de aprendizagem ativa. Disponível em: https://kahoot.it/. Acesso em: 15 abr. 2019.

[9] Socrative é uma plataforma de aprendizagem desenhada para auxiliar o professor a engajar seus estudantes nos ambientes de aprendizagem ativa, fornecendo *feedback* imediato das atividades realizadas por meio dela. Disponível em: https://www.socrative.com/. Acesso em: 15 abr. 2019.

Figura 4 Etapas da *Peer Instruction*

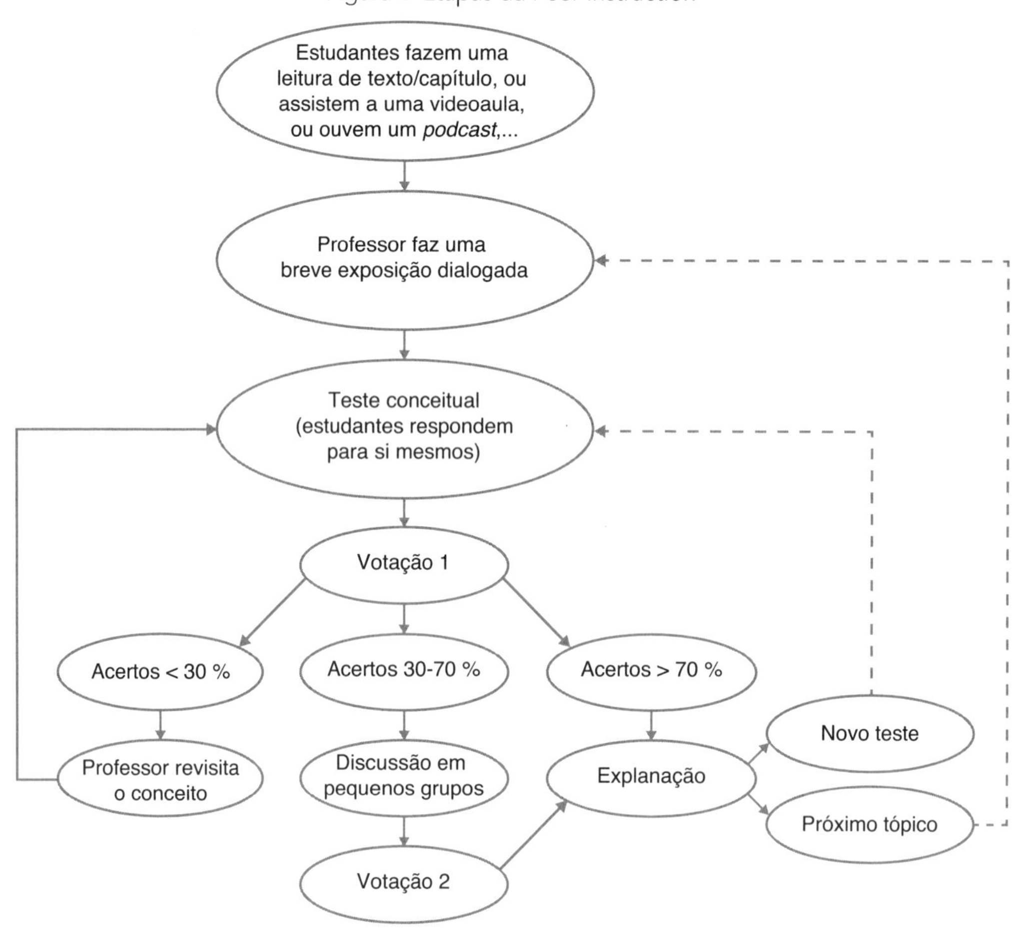

Fonte: Elmôr-Filho *et al.* (2019).

- ter o formato de um teste de múltipla escolha;
- conter respostas que funcionem como distratores,[10] por exemplo, concepções alternativas mais comuns;
- não depender de equações para ser resolvido.

Portanto, a *Peer Instruction* é uma excelente estratégia para ser associada com a abordagem da Sala de Aula Invertida.

[10] Os distratores devem ser muito bem elaborados. Não é recomendável incluir erros óbvios ou alternativas absurdas, para também não induzir a escolha da opção correta.

5.3 *Just-in-time teaching*

Just-in-time Teaching (JiTT) é uma estratégia de aprendizagem ativa concebida por Gregor Novak e seus colaboradores, da Indiana University, nos Estados Unidos, para ser utilizada em disciplinas básicas de Física (NOVAK ET AL., 1999; NOVAK, 2011). Araújo e Mazur (2013) alcunham a *Just-in-time Teaching* de "Ensino sob medida". A JiTT utiliza a internet para promover o engajamento dos estudantes e maiores níveis de aprendizagem mediante uma ligação intencional entre atividades realizadas fora da sala de aula e atividades realizadas em sala de aula. A ideia central da JiTT são os chamados exercícios de "aquecimento", que devem ser realizados utilizando a internet. Inicialmente, fora da sala de aula, os estudantes respondem a um pequeno conjunto de questões, disponibilizadas em um ambiente virtual sobre o tema a ser abordado na aula que está por vir, apresentando suas respostas *on-line*, poucas horas antes do início da aula. O professor estabelece um horário de corte para a apresentação das respostas, pois consultará as mesmas para preparar atividades, exercícios e problemas para a turma, visando preencher as lacunas de aprendizagem, identificadas nas respostas dadas aos exercícios de "aquecimento". Assim, a JiTT apresenta três etapas, a saber:

Etapa 1: tarefas de leitura e "exercícios de aquecimento";

Etapa 2: tarefas em sala de aula considerando as tarefas de leitura e os "exercícios de aquecimento";

Etapa 3: tarefas em grupo envolvendo os conceitos trabalhados nas duas etapas anteriores.

Também pode-se dizer que a JiTT é uma excelente estratégia pedagógica para elaboração de aulas, levando em consideração o conhecimento prévio dos estudantes, além de auxiliá-los no estabelecimento do hábito de estudar antes das aulas. Sem dúvida, a JiTT é uma estratégia que impacta a aprendizagem do estudante, e tão importante quanto, impacta a efetividade do trabalho do professor.

5.4 Desafio em grupos

A estratégia Desafio em Grupos é caracterizada como uma estratégia de aprendizagem ativa, que integra os estudantes em atividade de intensa interação, cooperação e pensamento coletivo. Tem caráter lúdico, com o poder de melhorar a autoestima dos estudantes e promover um ambiente descontraído e envolvente, servindo como estímulo para a interação, pois pode gerar interesse e prazer no relacionamento entre colegas. Libertos de uma situação mais formal de aprendizagem, e contando com o apoio dos colegas, sentem-se mais à vontade para discutir, dizer o que sabem e o que não sabem, para pedir e dar palpites, sugestões e ideias. Com isso, pode-se promover o desenvolvimento de habilidades de comunicação e de condutas para atuar em grupos, como respeito, participação ativa e aprimoramento de conhecimentos, na medida em que estudantes aprendem com os colegas e compartilham o que sabem. A interação entre os estudantes propicia a cooperação, no sentido de atuar, operar com o outro, compartilhando ideias, significados e conhecimentos, seus e do outro, modificando ambos. Um processo de interação e cooperação traz consigo o diálogo, que valoriza todos os tipos de saberes e também o saber do outro, questionando e problematizando a fim de superar dificuldades (LIMA; SAUER, 2015).

São esses os principais fundamentos que dão suporte à estratégia Desafio em Grupos. Como estratégia de aprendizagem ativa, pode ser aplicada em diferentes situações e número de estudantes, conforme pode ser observado na descrição das etapas, a seguir:

Etapa 1: na aula anterior à do desafio, os estudantes são comunicados sobre a atividade de aprendizagem e de avaliação, como um convite a participarem do desafio, com a informação do tema a ser abordado no desenvolvimento do mesmo.

Etapa 2: o professor informa os detalhes da atividade, quais sejam: cada grupo deverá ser representado, no quadro, por dois de seus componentes, que resolverão um exercício/problema a ser sorteado em cada rodada. Todos os componentes deverão ir ao quadro, pelo menos, uma vez. Cada acerto será avaliado em um ponto. No final da aula, a equipe que tiver o maior número de acertos receberá a nota máxima, a critério do professor, nota esta que integrará a nota da avaliação parcial do período (semestre ou ano). Os demais números de acertos são valorizados, proporcionalmente, convertendo-se, assim, os "pontos obtidos" na nota de cada um dos demais grupos. Cada grupo, em sua mesa, pode consultar apontamentos e livros, utilizar calculadora ou computador, para as resoluções. Com tais orientações, a turma é dividida em grupos e o quadro é dividido em partes, em número igual ao número de grupos.

Etapa 3: cada grupo, representado por dois componentes, retira o exercício ou problema de um envelope e apresenta a sua resolução no quadro. Enquanto as resoluções são apresentadas pelos pares representantes dos grupos, os demais têm a tarefa de acompanhar as resoluções, resolvendo-as em seus cadernos. Os participantes dos grupos, que estão resolvendo no quadro, não podem ter, em mãos, nenhum tipo de material. Porém, podem interagir com os seus colegas, na mesa do grupo, e retornar ao quadro, uma só vez, para o aperfeiçoamento ou correção do que está apresentado, novamente sem levar nenhuma forma de consulta.

Etapa 4: feito isto, em sistema de revezamento, outras equipes podem se manifestar e, autorizadas pelo professor, deverão avaliar cada resolução apresentada, tanto quanto ao resultado final como quanto ao desenvolvimento, com argumentos consistentes e cálculos corretos. Se não houver nada a acrescentar, o grupo fica com o "ponto". Caso o outro grupo identifique e corrija algum erro, este é que ficará com o "ponto".

Etapa 5: o professor acompanha todo o processo e discute com todos a apresentação final de cada uma das resoluções, esclarecendo possíveis dúvidas e fazendo o registro do ponto ao grupo que acertou. A partir daqui, novas rodadas são promovidas, até o final da aula.

Algumas variações podem ser consideradas, de acordo com o número de estudantes da classe, com a utilização de papel pardo, fixado nas paredes, e canetas, no caso de o quadro não comportar espaço para todos os grupos. Ainda, como fator de desafio, é possível pontuar diferentemente as resoluções, de acordo com o grau de complexidade das mesmas. Neste caso, cada grupo de questões é disponibilizado em envelopes separados e, em cada rodada, todos os componentes resolvem uma questão de mesmo nível de complexidade.

5.5 *Jigsaw*

A *Jigsaw* é uma estratégia cooperativa de aprendizagem ativa concebida por Elliot Aronson e colaboradores da University of California-Berkeley, nos Estados Unidos (ARONSON ET AL., 1978). Com a *Jigsaw*, os estudantes podem compreender melhor os conceitos estudados e melhorar suas habilidades de comunicação e de trabalho em grupo.

A *Jigsaw* é constituída de várias etapas que podem ser totalmente desenvolvidas em sala de aula ou, a critério do professor, uma das etapas pode ser desenvolvida como tarefa para casa.

Etapa 1: os estudantes são divididos em grupos *Jigsaw* de três a seis componentes. Os integrantes dos grupos *Jigsaw* devem ser bem diversificados (gênero, habilidades ou outras características de interesse) (Figura 5).

Etapa 2: um estudante de cada grupo *Jigsaw* é escolhido para ser o líder. Recomendamos que este estudante seja o mais "maduro" e compromissado do grupo, mas enquanto não conhecemos os estudantes, esta escolha será aleatória.

Etapa 3: o material a ser estudado é dividido em, por exemplo, quatro a oito partes, dependendo do número de componentes dos grupos *Jigsaw*.

Por exemplo, se o tema a ser abordado for "Métodos de integração", na disciplina de Cálculo Diferencial e Integral, podemos formar quatro grupos, um para cada um dos métodos: (1) Simples substituição; (2) Integração por partes; (3) Frações parciais; (4) Substituição trigonométrica.

Etapa 4: cada componente de um grupo *Jigsaw* recebe, como tarefa de leitura e aprendizagem, uma das quatro partes em que foi dividido o assunto.

Etapa 5: os estudantes devem ter tempo suficiente para que leiam o material a eles designado, pelo menos, duas vezes, tomando nota das principais ideias. Memorização não é o objetivo desta estratégia.

Etapa 6: formação de "grupos de especialistas" temporários, com os estudiosos de cada parte, provenientes dos grupos *Jigsaw* originais. Estes devem ter tempo suficiente para discutir os principais pontos, as principais ideias de suas partes e para que pratiquem o que eles vão falar quando voltarem aos grupos *Jigsaw* de origem (Figura 6).

Figura 5 Cada grupo *Jigsaw* (ou grupo de base) terá integrantes que irão estudar um subtópico do tópico a ser tratado em aula

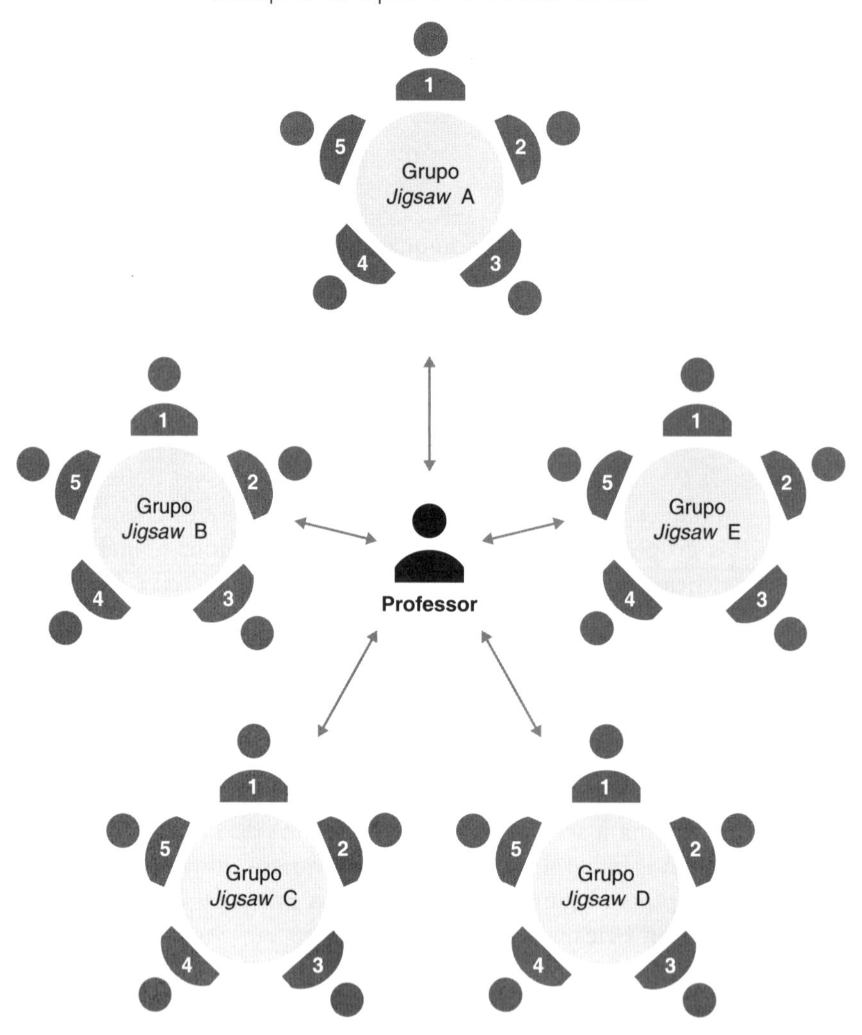

Fonte: Elmôr-Filho *et al.* (2019).

Etapa 7: os estudantes são trazidos de volta aos seus grupos *Jigsaw* de origem (Figura 7).

Etapa 8: cada estudante apresenta sua parte ao grupo *Jigsaw*. O professor encoraja os outros componentes a fazer perguntas para que o assunto fique completamente compreendido.

Etapa 9: o professor se desloca de um grupo para outro, observando o processo. Se algum grupo está tendo problemas (por exemplo, um membro está dominando, ou perturbando, ou se omitindo), deve fazer uma intervenção adequada. A critério do professor, esta pode ser uma tarefa para o líder do grupo. Se esta for a opção, os líderes podem ser instruídos a intervir por meio de uma "dica sussurrada".

Figura 6 Cada estudante estuda e discute o subtópico juntamente com os integrantes de outros grupos *Jigsaw*, formando, assim, um grupo de especialistas

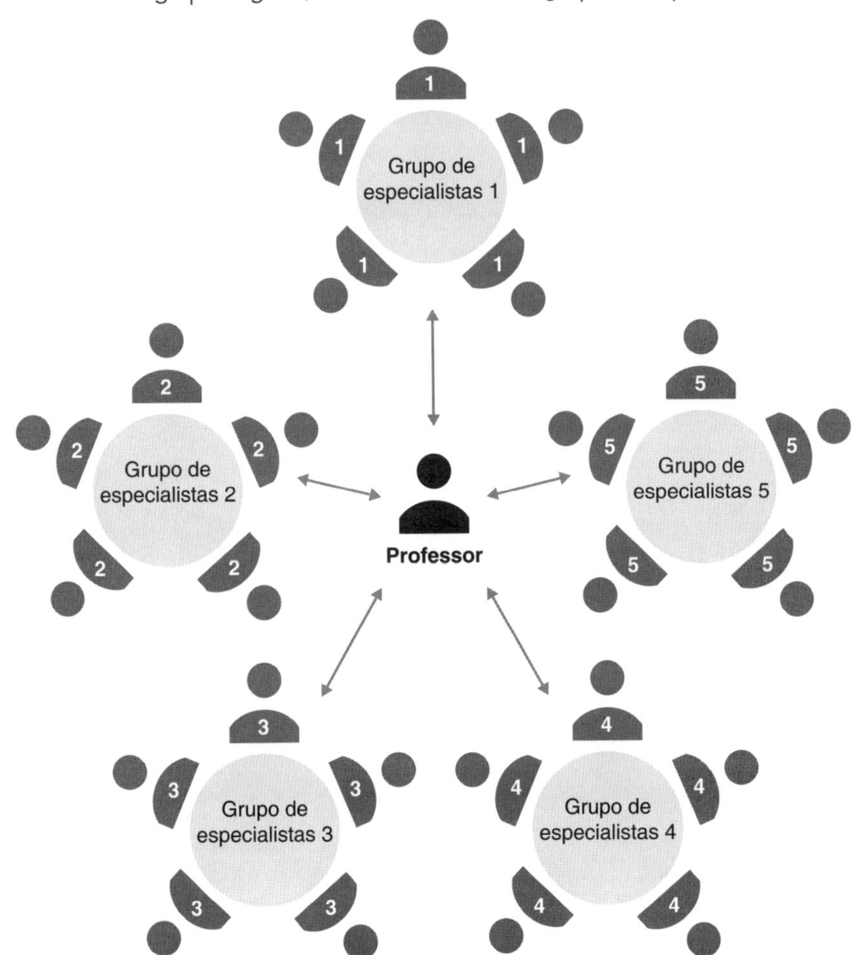

Fonte: Elmôr-Filho *et al.* (2019).

Etapa 10: ao final da aula, o professor aplica um teste rápido sobre o assunto, contemplando as quatro partes. Com isso, os estudantes podem compreender que essas aulas não são apenas para bate-papos e diversão, mas realmente para que aprendam cooperativa e colaborativamente.

Fatareli e colaboradores (2010) fazem uma descrição detalhada da aplicação da *Jigsaw* no ensino de Cinética Química, e Gomes e Da Silva (2015) utilizam a *Jigsaw* para mobilizar estilos de pensamento matemático por estudantes de Engenharia.

Figura 7 Cada estudante volta ao seu grupo *Jigsaw* de origem e apresenta o que aprendeu sobre o subtópico

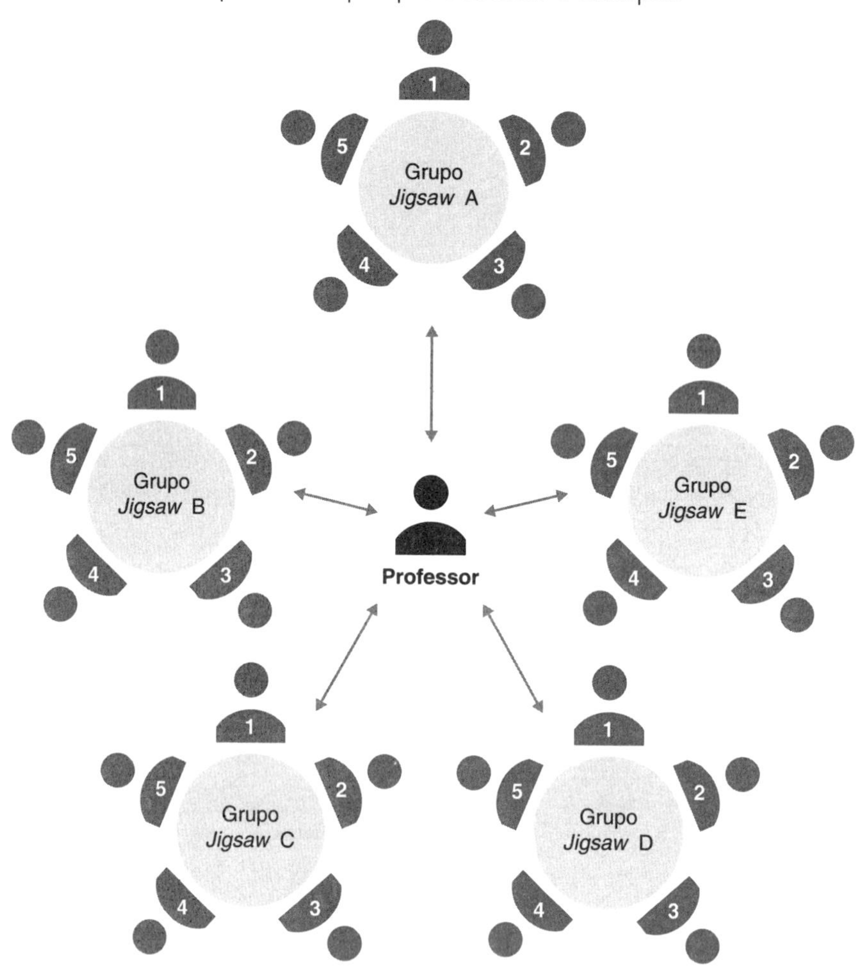

Fonte: Elmôr-Filho *et al.* (2019).

Alguns professores podem argumentar que já tentaram utilizar estratégias cooperativas de aprendizagem porque, ocasionalmente, distribuíram seus estudantes em pequenos grupos, instruindo-os a cooperar. No entanto, a aprendizagem cooperativa requer mais do que sentar os estudantes ao redor de uma mesa e dizer-lhes para compartilhar, trabalhar em conjunto e serem agradáveis uns com os outros. Tais situações pouco estruturadas não contêm os elementos cruciais e os princípios pedagógicos que fazem a *Jigsaw*, e outras estratégias cooperativas de aprendizagem ativa bem estruturadas, funcionarem tão bem.

5.6 *In-class exercises*

A *In-class Exercises* é uma estratégia cooperativa de aprendizagem ativa que foi formalmente apresentada por Richard Felder, da North Carolina State University, nos Estados Unidos, em 1997, na reunião anual da Associação Americana de Educação em Engenharia (FELDER, 1997). Nesta estratégia de aprendizagem ativa, o professor solicita aos estudantes que formem grupos de dois a quatro membros e que indiquem um membro para fazer os registros. O professor determina o tempo necessário para a execução da tarefa, dependendo da complexidade da mesma. Alguns exemplos de tarefas são apresentados a seguir:

- relembrar o assunto estudado na(s) aula(s) anterior(es);
- responder ou gerar uma pergunta;
- iniciar a solução de um problema;
- desenvolver o próximo passo em uma dedução;
- pensar em um exemplo ou aplicação;
- compreender por que determinado resultado pode estar errado;
- gerar uma tempestade de ideias a partir de uma questão (aqui, o objetivo é a quantidade, e não a qualidade);
- resumir o que foi tratado em uma aula.

No final da aula, o professor recolhe alguns ou todos os registros gerados pelos grupos. Esta estratégia é muito adequada para grupos com grande número de estudantes, mas funciona para todos os tamanhos de turmas e em todos os níveis de aprendizagem.

5.7 Casos de ensino

Casos de Ensino é um método de aprendizagem ativa que surgiu na Harvard Business School, na década de 1920 (DeLACEY; LEONARD, 2002; KAPLAN, 2014). Optamos pelo uso de "Casos de Ensino" para nomear este método, em lugar de Estudo de Caso, pois não queremos que seja confundido com a modalidade de pesquisa exploratória conhecida por Estudo de Caso.

Casos de Ensino é considerado uma das variantes do método de *Problem-based Learning* (PBL), o qual foi originalmente desenvolvido na Escola de Medicina da McMaster University (Canadá), no final dos anos 1960. Na maioria das variantes do PBL, como apresentamos mais adiante neste capítulo, os estudantes devem cumprir algumas etapas básicas, tais como: identificação e definição do problema; acesso, avaliação e uso de informações necessárias à resolução do problema; e apresentação da solução do problema. O professor, por sua vez, tem o papel de ajudar o estudante a analisar o problema, a buscar informações sobre o assunto, a considerar suas possíveis soluções e, sobretudo, incentivar a reflexão sobre as consequências das decisões tomadas (SÁ; QUEIROZ, 2009).

Contemplando tais aspectos, o método de Casos de Ensino consiste na utilização de narrativas – os casos propriamente ditos – sobre dilemas vivenciados por indivíduos que necessitam tomar decisões ou buscar soluções para os problemas enfrentados.

Conforme Sá, Francisco e Queiroz (2007, p. 731), nesse "método o aluno é incentivado a se familiarizar com personagens e circunstâncias mencionados em um caso, de modo a compreender os fatos, valores e contextos nele presentes com o intuito de solucioná-lo". A produção de tais narrativas é, portanto, um elemento essencial no funcionamento do método. Segundo Herreid (1997), humanos são animais que contam histórias. Assim, o professor, usando o método de Casos de Ensino, pode ter como vantagem imediata ganhar a atenção dos estudantes.

Herreid (1997, 1998) destaca que um bom caso deve abarcar as seguintes características:

- narrar uma história;
- incluir diálogos;
- ser curto;
- ser atual;
- despertar o interesse pela questão;
- produzir empatia com os personagens centrais;
- ser relevante ao leitor;
- provocar um conflito;
- forçar uma decisão;
- ter utilidade pedagógica;
- possibilitar generalizações.

Segundo Roesch (2007), os principais objetivos de um caso de ensino são os seguintes:

- desenvolver conhecimentos, habilidades e atitudes consideradas fundamentais para o sucesso gerencial;
- familiarizar os estudantes com as organizações e seus ambientes;
- ilustrar aulas expositivas.

Ainda, segundo Böcker (1987, *apud* Roesch, 2007), os Casos de Ensino podem ser classificados em dois grupos, com base na maneira como são utilizados em sala de aula:

1) casos-problema, associados ao Método do Caso, como os concebidos na Harvard University;

2) casos-demonstração, utilizados para ilustrar aulas expositivas.

Salientamos que, na escolha ou criação de um caso de ensino, o professor deve levar em conta que os estudantes, geralmente, ficam mais motivados e intrigados por situações que envolvam problemas e questões atuais. Além disso, o caso deve estar escrito e este texto deve ser compartilhado com todos, acompanhado de um conjunto de questões que auxiliarão na análise. As seguintes questões são sugeridas para o acompanhamento dos casos (McKEACHIE; SVINICKI, 2013): Qual é o problema? O que deve ter causado o problema? Que evidências podem ser reunidas para dar apoio ou descartar as hipóteses levantadas? Que conclusões podem ser tiradas? Que recomendações podem ser dadas? Finalmente, antes de aplicar o método, o professor deve decidir que tipo de produto os estudantes deverão produzir. As possibilidades mais utilizadas são relatório escrito ou apresentação oral (ELMÔR-FILHO ET AL., 2019).

5.8 *Problem-based learning* (PBL)

A PBL, Aprendizagem Baseada em Problemas, é um método instrucional de aprendizagem ativa, que visa levar os estudantes a aprender sobre determinado assunto em um contexto de problemas reais, complexos e multifacetados (SAVIN; HOWELL, 2004; GRAAFF; KOLMOS, 2007; VILLAS-BOAS ET AL., 2016). Trabalhando em equipes, os estudantes identificam o que já sabem, o que precisam saber e como e onde acessar as novas informações que podem levar à resolução do problema. O papel do professor é o de facilitador da aprendizagem, fornecendo a estrutura adequada desse processo, fazendo perguntas de sondagem, provendo os recursos apropriados e conduzindo as discussões em classe, bem como planejando as avaliações dos estudantes. A PBL difere das estratégias educacionais convencionais especialmente por ter como objetivo principal a ação do estudante. Seu propósito é potencializar o desenvolvimento de competências essenciais para o sucesso do estudante, tanto na esfera pública como na esfera privada.

A PBL foi proposta na década de 1970 pela Escola de Medicina da McMaster University, no Canadá, com o objetivo de promover o engajamento do estudante com sua aprendizagem (AKILI, 2011). Naquele contexto, a partir dos casos clínicos apresentados pelos professores, os estudantes construíam seus conhecimentos buscando respostas para os casos apresentados. Conforme Savin e Howell (2004), enquanto os precursores da PBL foram médicos professores, e não psicólogos ou educadores, eles foram influenciados por percepções comuns de como as pessoas aprendem, ou seja, foi o contexto e a cultura da época que levaram à concepção dessa abordagem. Entretanto, o método foi sendo aperfeiçoado e, de acordo com Booth, Sauer e Villas-Boas *et al.* (2016), a PBL pode ser um caminho viável para ampliar a concepção de ensinar e de aprender, compreendendo que ensinar envolve ações para produção de conhecimentos significativos. Assim, os processos de ensino e de aprendizagem, coerentes com esta abordagem, necessitam estar focados, cada vez mais, nas ações dos estudantes, contando com a mediação do professor.

A matriz conceitual do método PBL deriva do pensamento filosófico de John Dewey (1916), que acreditava que a educação deve considerar, no processo de formação, a formulação explícita dos problemas de disposições mentais e morais, em relação às dificuldades da vida social contemporânea. Por isso, para a conquista de propósitos educacionais, o método não descarta a necessidade de aulas "convencionais". Entretanto, a sua principal dinâmica ocorre a partir da discussão dos problemas, responsável pelo desenvolvimento dos estudos sobre um tema específico do currículo. A discussão dos problemas ocorre, principalmente, nas sessões tutoriais, a partir da formação dos grupos tutoriais, que são, em geral, constituídos por um professor tutor e por seis a dez estudantes. Dentre esses estudantes, há a escolha de um para ocupar a função de coordenador e de outros dois para exercerem a função de secretário de quadro e secretário de mesa. Após o coordenador e os secretários serem definidos, o problema a ser trabalhado é apresentado pelo tutor a todos os membros do grupo tutorial e, assim, tem início o processo de produção, apreensão, organização, gestão, representação e difusão do conhecimento. A dinâmica do método PBL é constituída, conforme explica Deslile (1997), por sete passos, que são responsáveis por orientar o GT em direção à solução dos problemas (DESLILE, 1997; BOUD; FELETTI, 1998; DUCH; GROH; ALLEN, 2001; PINTO; BURNHAM; PEREIRA, 2009).

Conforme Ribeiro e Mizukami (2004), há diferentes maneiras de se implementar a PBL, porém, em todas elas, há um conjunto de atividades que partem da apresentação de um problema aos estudantes, que organizam suas ideias em grupo, procurando compreendê-lo e solucioná-lo com o conhecimento que já possuem. A seguir, são destacadas questões com base no que não compreenderam, planejam uma distribuição de tarefas visando esclarecê-las para, então, compartilharem com o grupo, integrando os novos conhecimentos e relacionando-os com o contexto do problema. Finalmente, realizam sua autoavaliação e a avaliação dos colegas e do processo vivenciado.

5.9 *Project-based learning* (PjBL)

A PjBL, Aprendizagem Baseada por Projetos, também conhecida por *Project-organized Learning* (POL), é um método de aprendizagem ativa, no qual grupos de estudantes estão ativamente envolvidos em abordar ou resolver problemas e/ou situações reais da vida profissional. A vantagem desse método é que eles podem aprender a interagir uns com os outros e com a comunidade em torno deles, desenvolvendo habilidades, adquirindo conhecimento, desenvolvendo atitudes e comportamentos que lhes permitam lidar melhor em um cenário de trabalho, após a conclusão de seus estudos (POWELL; WEENK, 2003).

A aprendizagem baseada em projetos, preferencialmente interdisciplinares, surge em função da necessidade de uma mudança da prática pedagógica, centrada no professor, para estratégias e/ou métodos instrucionais de aprendizagem centrados nos estudantes. Na PjBL, os estudantes constroem significados, atitudes, competências (FERNANDES; FLORES; LIMA, 2012). O método enfatiza o trabalho em equipe, a resolução de problemas e a articulação teórica e prática, a partir da realização de um projeto que culmina com uma solução, a partir de um problema real, articulada com o futuro contexto profissional (POWELL; WEENK, 2003).

Quando implementado interdisciplinarmente, demanda uma reestruturação curricular, pois envolve várias disciplinas, ou todas as disciplinas do semestre. O desenvolvimento do projeto pode se dar ao longo do ano letivo ou de um semestre. É coordenado e gerido por uma equipe multidisciplinar, ou seja, inclui todos os responsáveis pelas disciplinas que darão suporte ao projeto, os tutores (docentes e/ou especialistas envolvidos). Segundo Fernandes, Flores e Lima (2012), os professores responsáveis pelas disciplinas, que dão apoio ao projeto, têm como principal função ensinar os conteúdos de apoio técnico ao projeto que facilitarão o desenvolvimento de competências planejadas para cada disciplina.

Os principais objetivos da aprendizagem baseada em projetos são (ALVES ET AL., 2007):

- estimular a motivação dos estudantes;
- promover aprendizagem focada no estudante;
- fomentar o trabalho em equipe;
- desenvolver o espírito de iniciativa e criatividade;
- desenvolver capacidades de comunicação;
- desenvolver o pensamento crítico;
- relacionar conteúdos interdisciplinares de forma integrada.

O envolvimento neste processo de ensino e de aprendizagem proporciona o desenvolvimento de competências essenciais para o futuro engenheiro, como, por exemplo:

- resolver problemas;
- apresentar resultados;
- gerir e liderar pessoas;
- desenvolver pensamento crítico;
- planejamento e organização;
- comunicação interpessoal;
- criatividade.

6 Considerações finais

Finalizamos este capítulo, ressaltando que não existe a melhor estratégia, ou o melhor método no desenvolvimento de ambientes de aprendizagem ativa em cursos de Engenharia. Contudo, esperamos que os argumentos apresentados tenham potencial suficiente para justificar que o uso de estratégias e métodos de aprendizagem ativa, em sala de aula, produz um poderoso impacto na aprendizagem dos estudantes.

BIBLIOGRAFIA

ALVES, A.; MOREIRA, F.; SOUZA, R. O papel dos tutores na aprendizagem baseada em projectos: três anos de experiência na Escola de Engenharia da Universidade do Minho. In: BARCA, A. et al. (ed.). Libro de Actas do Congresso Internacional Galego-Portugués de Psicopedagoxía. **Revista Galego-Portuguesa de Psicoloxía e Educación**, Coruña: Universidade da Coruña, 2007.

AKILI, W. On implementation of problem-based learning in engineering education: Thoughts, strategies and working models. **Frontiers in Education Conference (FIE)**, p. S3B-1-S3B-6, IEEE, 2011.

ANDERSON, L. W. et al. **A taxonomy for learning, teaching, and assessing**: a revision of Bloom's taxonomy of educational objectives. New York: Longman, 2001.

ARAUJO, I. S.; MAZUR, E. Instrução pelos colegas e ensino sob medida: uma proposta para o engajamento dos alunos no processo de ensino-aprendizagem de Física. **Caderno Brasileiro de Ensino de Física**, v. 30, n. 2, p. 362-384, 2013.

ARONSON, E. et al. **The jigsaw classroom**. Beverly Hills, CA: Sage, 1978.

AUSUBEL, D. P. **The psychology of meaningful verbal learning**. Oxford, England: Grune and Stratton, 1963.

AUSUBEL, D. P.; NOVAK, J. D.; HANESIAN, H. **Psicologia educacional**. 2. ed. Rio de Janeiro: Interamericana, 1980.

__________. **Aquisição e retenção de conhecimentos**: uma perspectiva cognitiva. Lisboa: Plátano, 2003.

BAJAK, A. **Lectures aren't just boring, they're ineffective, too, study finds**. 2014. Disponível em: <http://www.sciencemag.org/news/2014/05/lectures-arent-just-boring-theyre-ineffective-toostudy-finds>. Acesso em: 15 jun. 2018.

BARKLEY, E. F. **Student Engagement Techniques**. A Handbook for College Faculty. Higher and Adult Education Series. San Francisco, CA: Jossey-Bass, 2010.

BAYTIYEH, H.; NAJA, M. K. Students perceptions of the flipped classroom model in an engineering course: a case study. **European Journal of Engineering Education**, v. 42, n. 6, p. 1 048-1061, 2017.

BECKER, F. **Educação e Construção do Conhecimento**. Porto Alegre: Penso, 2016.

__________. **O caminho da aprendizagem em Jean Piaget e Paulo Freire**. Da ação à operação. 2. ed. Petrópolis, RJ: Vozes, 2011.

BERGMANN, J.; SAMS, A. **Sala de aula invertida**: uma metodologia ativa de aprendizagem. Rio de Janeiro: LTC, 2016.

__________. **Flip your classroom**: reach every student in every class every day. Eugen, Oregon: International Society for Technology in Education, 2012.

BISHOP, J. L.; VERLEGER, M. A. The flipped classroom: A survey of the research. In: **ASEE National Conference Proceedings**, Atlanta, GA, v. 30, n. 9, p. 1-18, 2013.

BONWELL, C. C.; EISON, J. A. Active learning: creating excitement in the classroom. Washington: The George Washington University, 1991. In: **ASHE-ERIC Higher Education Report**, 2012. v. 1.

BOOTH, I. A. S.; SAUER, L. Z.; VILLAS-BOAS, V. Aprendizagem baseada em problemas: um método de aprendizagem ativa. In: VILLAS-BOAS et al. (org.). **Aprendizagem baseada em problemas**: estudantes de ensino médio atuando em contextos de ciência e tecnologia. 1. ed. Brasília: Abenge, p. 35-63, 2016. v. 1.

BOUD, D.; FELETTI, G. **The challenge of problem-based learning**. London: Kogan, 1998. BRASIL. Conselho Nacional de Educação. Resolução CNE/CES nº 2, de 24 de abril de 2019. Assunto: Diretrizes Curriculares Nacionais do Curso de Graduação em Engenharia. **Diário Oficial [da] República Federativa do Brasil**, Brasília, DF, Seção I, p. 43, 26 abr. 2019. Disponível em: <http://www.in.gov.br/web/dou/-/resolu%C3%87%C3%83o-n%C2%BA-2-de-24-de-abril-de-2019-85344528>. Acesso em: 31 maio 2019.

CHRISTAKIS, D. A. The effects of infant media usage: what do we know and what should we learn? **Acta Paediatrica**, 98(1), p. 8-16, 2009.

COLL, C. et al. **O construtivismo na sala de aula**. Novas perspectivas para a ação pedagógica. Porto: ASA, 2001.

CROUCH, C. H.; MAZUR, E. Peer instruction: ten years of experience and results. **American Journal of Physics**, v. 69, p. 970-977, 2001.

DARIVA, V. T. et al. Desconstrução de Concepções Espontâneas em Física de Estudantes de Engenharia por meio de uma Estratégia de Aprendizagem Ativa. In: XLVI Congresso Brasileiro de Educação em Engenharia, 2018, Salvador. **Anais** [...], Brasília: Abenge, 2018. v. 1.

DeLACEY, B. J.; LEONARD, D. A. Case study on technology and distance in education at the Harvard Business School. **Educational Technology & Society**, 5(2), p. 13-28, 2002.

DESLILE, R. **Use problem-based learning in the classroom**. Virginia: ASCD, 1997.

DEWEY, J. **Democracy and education**. New York: Free Press, 1944. (Trabalho original publicado em 1916.)

DUCH, B.J.; GROH, S. E.; ALLEN, D. E. Why problem-based learning? A case study of institutional change in undergraduate education. In: DUCH, B.; GROH, S. E.; ALLEN, D. E. (ed.). **The power of problem-based learning**. Sterling, Virginia: Stylus Publishing, p. 3-11, 2001.

ELMÔR-FILHO, G. et al. **Uma nova sala de aula é possível**: aprendizagem ativa na educação em Engenharia, 1. ed. Rio de Janeiro: LTC, 2019.

FATARELI, E. F. et al. Método cooperativo de aprendizagem Jigsaw no ensino de cinética química. **Química Nova na Escola**, v. 32, n. 3, p. 161-168, 2010.

FELDER, R. M. Beating the number games: effective teaching in large classes. **ASEE Annual Confe rence**, Milwaukee, WI, 1997.

FELDER, R. M.; BRENT, R. Active Learning: An Introduction. **ASQ Higher Education Brief**, 2(4), 2009.

FERNANDES, S.; FLORES, M. A.; LIMA, R. M. Aprendizagem baseada em projetos interdisciplinares no ensino superior: implicações ao nível do trabalho docente. In: Fourth International Symposium on Project Approaches in Engineering Education (PAEE), 2012, São Paulo. **Anais** [...], São Paulo: PUC-SP, 2012, p. 227-236.

FINK, L. D. **Creating significant learning experiences**: an integrated approach to designing college courses. New York: Jossey-Bass, 2003.

FREEMAN, S. et al. Active learning increases student performance in science, engineering, and mathematics. **Proceedings of the National Academy of Sciences**, 111(23), 8410-8415, 2014.

FREIRE, P. **Pedagogia do oprimido**. 35. ed. Rio de Janeiro: Paz e Terra, 2003.

__________. **Pedagogia da autonomia**: saberes necessários à prática educativa. 18. ed. São Paulo: Paz e Terra, 2001.

GOLDE, M. F.; McCREARY, C. L.; KOESKE, R. Peer instruction in the general chemistry laboratory: assessment of student learning. **Journal of Chemical Education**, 83(5), 804, 2006.

GOMES, E.; DA SILVA, B. A. O Método Jigsaw e a Mobilização de Estilos de Pensamento Matemático por Estudantes de Engenharia. **Revista de Ensino de Ciências e Matemática**, v. 6, n. 1, p. 22-32, 2015.

GRAAFF, E.; KOLMOS, A. **Management of change**: implementation of problem-based and project-based learning in engineering. Netherlands: Sense Publishers, 2007.

HALPERN, D. F.; HAKEL, M. D. Learning that lasts a lifetime: teaching for retention and transfer. **New Directions for Teaching and Learning**, 89:3-7, 2002.

HAVENER, L. **The effects of social media and social networking site usage on the mental health and wellbeing of adolescents**. 2016. Dissertação (Bachelor of Arts) – University of Oregon, Eugene, Oregon, US, 2016. Disponível em: <https://scholarsbank.uoregon.edu/xmlui/handle/1794/20296>. Acesso em: jul. 2019.

HERREID, C. F. What makes a good case? **Journal of College Science Teaching**, v. 27, n. 3, p. 163-169, 1997/1998.

__________. What is a case? **Journal of College Science Teaching**, v. 27, n. 2, p. 92-94, 1997.

KAPLAN, A. European management and European business schools: insights from the history of business schools. In: **Management Research**, UK, Routledge, p. 211-225, 2017.

KARABULUT-ILGU, A.; JARAMILLO CHERREZ, N.; JAHREN, C. T. A systematic review of research on the flipped learning method in engineering education. **British Journal of Educational Technology**, 49(3), 398-411, 2018.

KERR, B. The flipped classroom in engineering education: A survey of the research. In: 18th International Conference on Interactive Collaborative Learning (ICL), Florence, Italy. **Anais** [...], Italy: IEEE, 2015.

KOVAC, J. Student active learning methods in general chemistry. **Journal of Chemical Education**, v. 76, n. 1, p. 120-124, 1999.

LAGE, M.J.; PLATT, G.J.; TREGLIA, M. Inverting the classroom: a gateway to creating an inclusive learning environment. **The Journal of Economic Education**, v. 31, n. 1, p. 30-43, 2000.

LAMBERT, B. L.; McCOMBS, N. M. (ed.). **How students learn**: reforming schools through learner-centered education. Washington, DC: American Psychological Association, 1998.

LAU, W. W. F. Effects of social media usage and social media multitasking on the academic performance of university students. **Computers in Human Behavior,** 68, p. 286-291, 2017.

LIMA, I. G., SAUER, L. Z. Active learning based on interaction and cooperation motivated by playful tone. In: 13th Active Learning in Engineering Education (ALE), 2015, San Sebastian, Spain. **Anais** [...], Spain, 2015.

MASON, G. S.; SHUMAN, T. R.; COOK, K. E. Comparing the effectiveness of an inverted classroom to a traditional classroom in an upper-division engineering course. **IEEE Transactions on Education**, 56(4), 430-435.

MAZUR, E. **Peer instruction**: a revolução da aprendizagem ativa. Porto Alegre: Penso, 2015.

_________. **Peer instruction**: a user's manual. New Jersey: Prentice-Hall, 1997.

McGREW, R.; SAUL, J.; TEAGUE, C. **Instructor's manual to accompany physics for scientists and engineers**. 5. ed. New York: Serway & Beichner, 2000.

McKEACHIE, W.; SVINICKI, M. **McKeachie's teaching tips**. Massachusetts: Cengage Learning, 2013.

MOREIRA, M. A.; MASINI, E. F. S. **Aprendizagem significativa**: a teoria de David Ausubel. São Paulo: Centauro, 2006.

MOREIRA, M. A. **Aprendizagem significativa**: a teoria e textos complementares. São Paulo: Livraria da Física, 2011.

_________. Organizadores Prévios e Aprendizagem Significativa. **Revista Chilena de Educación Científica**, v. 7, n. 2, p. 23-30, 2008. Disponível em: <https://www.if.ufrgs.br/~moreira/ORGANIZADORESport.pdf>. Acesso em: jul. 2019.

MÜLLER, M. G. et al. Uma revisão da literatura acerca da implementação da metodologia interativa de ensino Peer Instruction (1991 a 2015). **Revista Brasileira de Ensino de Física**, São Paulo, v. 39, n. 3, jul./set. 2017.

NOVAK, G. M. et al.. **Just-in-time-teaching**: blending active learning with web technology. New Jersey: Prentice Hall, 1999.

NOVAK, G. M. Just-in-time teaching. **New directions for teaching and learning**, v. 128, p. 63-73, 2011.

PAVANELO, E.; LIMA, R. Sala de Aula Invertida: a análise de uma experiência na disciplina de Cálculo I. **Boletim de Educação Matemática**, v. 31, n. 58, 2017.

PIAGET, J. **Epistemologia genética**. 3. ed. São Paulo: Martins Fontes, 2007.

_________. **Para onde vai a educação?** Tradução Ivette Braga. 3. ed. Rio de Janeiro: José Olympio, 1975.

PINTO, G. R. P. R.; BURNHAM, T. F.; PEREIRA, H. B. de B. Uma interpretação do PBL baseada na perspectiva da complexidade. In: XXXVII Congresso Brasileiro de Educação em Engenharia, 2009, Recife. **Anais** [...], Recife, 2009.

POH, M. Z.; SWENSON, N. C.; PICARD, R. W. A wearable sensor for unobtrusive, long-term assessment of electrodermal activity. **IEEE Transactions on Biomedical Engineering**, 57(5), p. 1243-1252, 2010.

POWELL, P. C.; WEENK, W. **Project-led engineering education**. Utrecht: Lemma Publishers, 2003.

PORTILHO, E. M. L. **Como se aprende?** Estilos, estratégias e metacognição. Rio de Janeiro: WAK, 2009.

PRENSKY, M. R. Digital Natives, Digital Immigrants Part 1. **On the horizon**, v. 9(5), p. 1-6, 2001.

PRINCE, M. Does Active Learning Work? A Review of the Research. **Journal of Engineering Education**, 93(3), p. 223-231, 2004.

RIBEIRO, L. R. C.; MIZUKAMI, M. G. N. Uma implementação da aprendizagem baseada em problemas (PBL) na pós-graduação em Engenharia sob a ótica dos alunos. **Semina: Ciências Sociais e Humanas**, Londrina, v. 25, p. 89-102, 2004.

RUPPENTHAL, S.; MANFROI, L.; VIÊRA, M. M. Experenciando Flipped Classroom na Aprendizagem da Estatística no Ensino Superior. **Anais** [...], Centro de Ciências Sociais Aplicadas (CCSA), v. 6, n. 1, p. 99-110, 2019.

SÁ, L. P.; FRANCISCO, C. A.; QUEIROZ, S. L. Estudos de caso em química. **Química Nova**, v. 30, n. 3, p. 731-739, 2007.

SÁ, L. P.; QUEIROZ, S. L. **Estudo de caso no ensino de química**. Campinas: Átomo, 2009.

SALEMI, M. K. Clickenomics: using a classroom response system to increase student engagement in a large-enrollment principles of economics course. **Journal of Economic Education**, v. 40, n. 4, p. 385-404, 2009.

SAUER, L. Z. **O diálogo matemático e o processo de tomada de consciência da aprendizagem em ambientes telemáticos**. 2004. 197 f. Doutorado (Pós-Graduação em Informática na Educação) – Universidade Federal do Rio Grande do Sul, Porto Alegre, 2004. Disponível em: <https://lume.ufrgs.br/handle/10183/6953>. Acesso em: jul. 2019.

SAVIN-BADEN, M.; HOWELL, M. C. **Foundations of problem-based learning**. New York: McGraw-Hill Education, 2004.

SCHELL, J.; MAZUR, E. Flipping the chemistry classroom with Peer Instruction. In: GARCÍA-MARTÍNEZ, J.; SERRANO-TORREGROSA, E. (ed.). **Chemistry education**: Best practices, opportunities and trends, Chapter 13, p. 319-344, 2015.

SIMON, B.; CUTTS, Q. I. Peer Instruction: a teaching method to foster deep understanding. **Communications of the ACM**, v. 55, n. 2, 27-29, 2012.

SOBRINHO, J. D. Professor universitário: contextos, problemas e oportunidades. In: CUNHA, Maria Isabel da; SOARES, Sandra Regina; RIBEIRO, Marinalva Lopes (org.). **Docência universitária**: profissionalização e práticas educativas. 1. ed. Feira de Santana, BA: UEFS, p. 15-31, 2009.

TEIXEIRA, K. C. et al. Peer instruction methodology for linear algebra subject: a case study in an engineering course. In: **Frontiers in Education Conference** (FIE). IEEE, p. 1-7, oct. 2015.

VALENTE, J. A. Blended learning e as mudanças no ensino superior: a proposta da sala de aula invertida. **Educar em Revista**, n. 4, p. 79-97, 2014.

VELEGOL, S. B.; ZAPPE, S. E.; MAHONEY, E. The evolution of a flipped classroom: evidence-based recommendations. **Advances in Engineering Education**, v. 4, n. 3, p. 1-37, 2015.

VICKREY, T. et al. Research-based implementation of peer instruction: a literature review. **CBE Life Sciences Education**, v. 14, n. 1, p. es3, 2015.

VILLAS-BOAS, V. et al. (org.). **Aprendizagem baseada em problemas**: estudantes de ensino médio atuando em contextos de ciência e tecnologia. 1. ed. Brasília: Abenge, 2016.

WALVOORD, B. E.; ANDERSON, V. J. **Effective grading**: a tool for learning and assessment. San Francisco: Jossey-Bass, 1998.

WANKAT, P. C.; OREOVICZ, F. S. **Teaching engineering**. Indiana, USA: Purdue University Press, 2015.

ZABALA, A. **A prática educativa**: como ensinar. Porto Alegre: Penso, 2015.

Acolhimento do aluno ingressante nos cursos de Engenharia

HECTOR ALEXANDRE CHAVES GIL
OCTAVIO MATTASOGLIO NETO
EDILENE AMARAL DE ANDRADE ADELL
LILIAN DE CÁSSIA SANTOS VICTORINO
RENATO MARTINS DAS NEVES

Novos tempos, novas demandas. Os alunos que chegam, hoje, ao ensino superior têm um perfil muito peculiar. Conectados às redes sociais, com alguma dificuldade para se fixar em exposições prolongadas, apresentam heterogeneidade, tanto cultural quanto de formação prévia, enfim, chegam ao ensino superior alunos que, muitas vezes, encontrarão dificuldades de permanência. O problema acentua-se nos cursos de Engenharia, que trazem uma carga de exigência em conhecimentos específicos que, pela linguagem matemática envolvida, representa uma dificuldade adicional para muitos estudantes. A passagem do ensino médio para o ensino superior acarreta a dificuldade de adaptação, muitas vezes pela distância do espaço familiar, pela liberdade que esse novo espaço de convívio escolar representa e, também, pela forma como é conduzido o processo de ensino aprendizagem. Tal passagem exige mudanças no padrão de comportamento do estudante que não são alcançadas somente com o trabalho docente, havendo a necessidade de se ter um apoio ao estudante, que o estimule a mudar, a ter um comportamento diferente do que viveu na etapa pré-universitária. Tudo isso implica a necessidade de uma adaptação do aluno a esse novo espaço. Em suma: acolhimento.

Nesse sentido, os programas de recepção e integração dos estudantes nos cursos de Engenharia têm ganhado espaço em tempos mais recentes. Esses programas buscam abreviar o tempo de adaptação do estudante ao ensino superior, superando as dificuldades até aqui apresentadas. O que se observa é que os programas vão além de promover a aprendizagem dos pré-requisitos e a superação das dificuldades de conteúdos básicos para que o estudante possa acompanhar o curso. Há, até mesmo, programas de tutorias, que tem como foco o acompanhamento do estudante, de modo personalizado. Esse trabalho tem buscado apoio em profissionais da área de Educação, Psicologia e Psicopedagogia, uma vez que esses profissionais trazem o conhecimento e uma percepção de problemas que, muitas vezes, não podem ser superados apenas com conhecimentos específicos dos profissionais da área de Engenharia ou das ciências básicas, que dominavam, até pouco tempo, o espaço de formação nesses cursos.

O objetivo deste capítulo consiste em apresentar o cenário das dificuldades de adaptação observadas nas séries iniciais dos cursos de Engenharia e discutir caminhos que podem levar à sua superação. Como complemento, serão relatados alguns resultados de experiências de escolas de Engenharia que já estão praticando programas de recepção, integração e nivelamento dos estudantes, bem como de tutoria com consequências interessantes na retenção desses estudantes.

1 Introdução

As novas Diretrizes Curriculares Nacionais (DCNs) para os cursos de Engenharia (BRASIL, 2019) foram recentemente aprovadas pelo Conselho Nacional de Educação/Conselho de Educação Superior (CNE/CES) e homologadas pelo Ministro da Educação. Um de seus pontos de grande importância (item 5.6) faz referência à "Implementação de políticas de acolhimento", um dos principais marcos do ensino por competências na Engenharia, como se segue:

> Para o desenvolvimento apropriado de competências, há a necessidade de utilização de estratégias e métodos que possibilitem a aprendizagem ativa, preferencialmente em atividades que devem ser desenvolvidas no processo formativo em Engenharia.
>
> Neste contexto, considerando a heterogeneidade entre os ingressantes, tanto cultural quanto de formação prévia, torna-se crucial a implementação, pelas IES, de programas de acolhimento para os ingressantes.
>
> Esses programas devem contemplar o nivelamento de conhecimentos, o atendimento psicopedagógico, além de outros, que possam influir no desempenho dos estudantes no curso. Esse acompanhamento e apoio aos estudantes podem contribuir, de maneira decisiva, para o combate a grande evasão verificada nos cursos de Engenharia – aproximadamente de 50 %.
>
> Desse ponto de vista, chama-se a atenção para a contribuição positiva das empresas juniores e grupos especiais (como o PET-Capes), entre outros, para o engajamento dos estudantes com as atividades dos cursos. Iniciativas como essas devem ser especialmente consideradas no projeto de curso e na sua estrutura, evidentemente que preservando a autonomia das atividades/empresas em termos de funcionamento e atuação.

No âmbito escolar, entende-se o acolhimento como o conjunto de ações, pedagógicas ou não, que favorecem a integração de estudantes à instituição educacional, podendo ser mediada por seus próprios pares, pelos professores, gestores e funcionários. Mais do que isso, em sala de aula, e aí sim no âmbito pedagógico, poderíamos expandir o entendimento do "acolher" à dialética docente: "comunicar-se" ou "fazer comunicados" ao discente? Privilegiar o "monólogo" ou o "diálogo" em sala de aula? Dar ênfase ao "indivíduo" ou ao "indivíduo social" que compartilha e aprende com seus pares? De nosso ponto de vista, acolher é comunicar-se, é compartilhar e socializar a sala de aula, o aprendizado e a vida acadêmica. É fomentar a acessibilidade metodológica e atitudinal, e produzir condições para a permanência do estudante na academia.

No contexto atual do ensino superior brasileiro, há poucas ações documentadas especificamente sobre o acolhimento. Quando há, encontram-se geralmente focadas nas ações sociais que favorecem as condições de permanência do estudante no ensino superior e em ações de nivelamento de conhecimentos. As ações sociais, em particular, são exemplares, verdadeiras conquistas no âmbito do acolhimento, contudo, praticamente restritas às instituições públicas, abordando somente uma parte da questão. Há outras formas importantes de acolhimento, por exemplo, as que visam a recepção dos calouros, quase sempre focadas nos primeiros dias de aula, ou os programas institucionais que buscam promover as condições de acessibilidade, entendida como o acesso à educação inclusiva em todo o seu espectro, em particular no que se refere à mudança de atitude diante das diferenças humanas (SILVA, 2019).

Nos cursos de Engenharia, em particular, as ações de acolhimento também são pouco conhecidas e divulgadas. Acrescente-se, aqui, diversas iniciativas institucionais que buscam formas de nivelamento dos conhecimentos dos estudantes ingressantes, com ênfase em Matemática e Física, e que visam a permanência do estudante no curso. É, no entanto, uma forma limitada e controversa de acolhimento, e neste trabalho, buscaremos um melhor esclarecimento sobre o tema.

Há ações institucionais de grande importância que não buscam apenas um nivelamento, mas o desenvolvimento de seus programas por metodologias que conferem protagonismo ao estudante, individual ou coletivamente. Como exemplo, cita-se a utilização de metodologias ativas, que, quando bem planejadas, podem ser efetivas na construção de competências. Dessa forma, o posicionamento do aluno como protagonista de sua formação, suas vivências acadêmicas e sua autoeficácia (convicção do estudante em ser capaz de efetivar uma tarefa), culminarão por consolidar o seu pertencimento ao curso de Engenharia e, assim, determinar a sua permanência na instituição.

Outras ações que se enquadram dentro do escopo das ações de acolhimento, até então mais comuns em nível de pós-graduação, são os programas de tutoria, *mentoring* e *coaching*. Esses têm sido relatados nos cursos de graduação em Engenharia (MATTASOGLIO NETO; GIL, 2015) com diferentes objetivos, tais como: inserção no mundo acadêmico; desenvolvimento de atitudes e competências socioemocionais; inserção no mercado de trabalho; aproximação com o mundo corporativo; e desenvolvimento do empreendedorismo.

Fatores diversos podem influenciar um melhor ou pior acolhimento do estudante na Instituição de Ensino Superior (IES). Dentre tais fatores, pode-se reconhecer alguns com maior ascendência, como o conhecimento de conteúdos prévios específicos para o estudo da Engenharia, fatores vocacionais, sociológicos, psicológicos e psicopedagógicos.

Há necessidade e demanda pela discussão sobre o acolhimento no ensino superior, pois serão essas as primeiras ações de acessibilidade que impactarão na permanência ou não do estudante nos cursos de Engenharia, em particular.

Neste capítulo, o escopo é conceituar, relatar e orientar ações de acolhimento no contexto dos cursos de Engenharia do Brasil. Busca-se uma breve discussão dos temas correlacionados com o acolhimento dos estudantes e a apresentação de boas práticas executadas no Instituto Mauá de Tecnologia (IMT), na Universidade Federal do Pará (UFPA) e na Universidade de São Paulo (USP), que, certamente, representam experiências também de outras instituições de ensino do País.

2 Passagem do ensino médio para o superior

A passagem do ensino médio para o superior é um rito que se caracteriza como um ponto de inflexão entre o conhecimento generalista e o conhecimento específico e profissional da Engenharia. Embora aqui chamado de generalista, o ensino médio já há muito tempo busca um fim em si mesmo. Vítima de sucessivas reformas desde meados do século XX, manteve-se ao longo desse período firmemente com seu caráter propedêutico, preparatório para o ensino superior. Contudo, tal propósito parece falhar em algum ponto, ou em muitos, dadas as grandes dificuldades da educação pública nos níveis fundamental e médio, seja na sua estrutura curricular, falta de investimentos em salários e infraestrutura, como também na preparação adequada dos docentes para esses níveis de ensino. Do contrário, não seria tão relevante falarmos nas questões de acessibilidade dos estudantes ingressantes nos cursos de Engenharia, seja nas escolas públicas ou privadas, nos conteúdos de Matemática. A nova Base Nacional Comum Curricular (BNCC) para o ensino médio, bem como a reforma do ensino médio em si, dão novo alento para que esse encontre seu caminho. Cabe às IES acompanharem com atenção e participação tal processo.

Tal ponto de inflexão é, também, em outro contexto, a passagem da adolescência para a vida profissional adulta. Há uma grande carga de responsabilidade nessa passagem e, naturalmente, o estudante sente tal peso sobre seus ombros. É um momento de questionamento e dúvidas. Terei escolhido a carreira correta? Conseguirei cumprir as exigências desse curso? Terei sucesso em minha vida profissional nessa carreira? Terei a sustentabilidade financeira desejada?

A Figura 1 mostra a linha do tempo na construção do profissional da Engenharia e as ações necessárias para despertar vocações, acolher e acompanhar os egressos.

Figura 1 Linha do tempo da formação do engenheiro

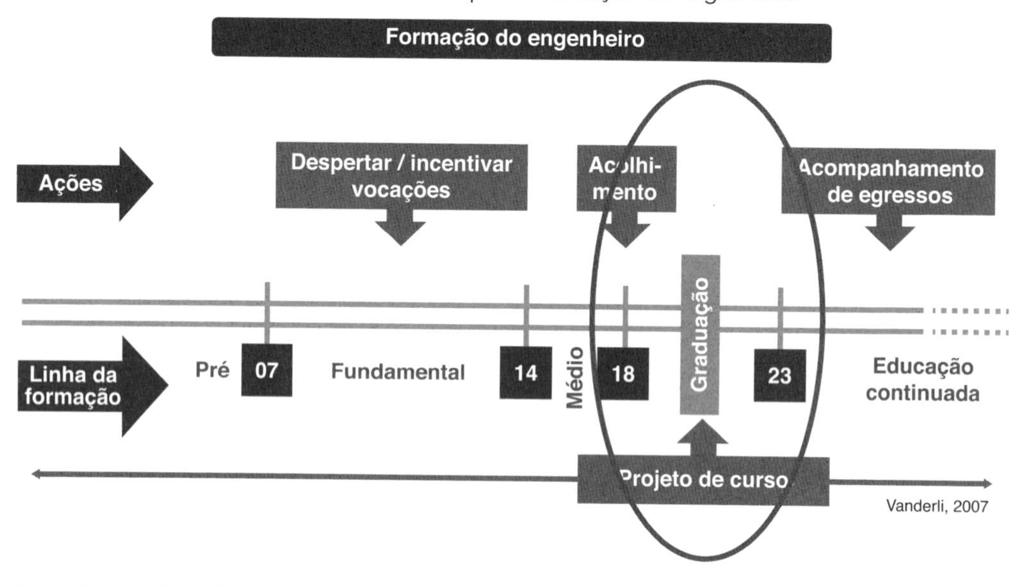

Fonte: Cortesia de Vanderli Fava de Oliveira.

O impacto do início de um curso superior pode afetar tanto a adaptação à vida acadêmica em si, quanto os aspectos intrapessoais, em especial a autoeficácia (MATTA; LEBRÃO; HELENO, 2017). Esta é definida como "as crenças de um estudante em sua capacidade em organizar e executar cursos de ações requeridos para produzir certas realizações, referentes aos aspectos compreendidos pelas tarefas acadêmicas pertinentes ao ensino superior" (GUERREIRO-CASANOVA; POLYDORO, 2011, p. 52).

Alunos ingressantes na universidade, em geral, tendem a apresentar uma menor percepção da autoeficácia e, com isso, maior dificuldade em expressar ideias com clareza e fazer comentários pertinentes perante os professores e demais colegas (ORNELAS ET AL., 2012). Novas práticas educativas, resultantes de pesquisas nessa área, podem levar os discentes a se perceberem mais confiantes e apoiados pelas instituições de ensino e, dessa maneira, possam conquistar seus objetivos relacionados com o ensino superior (TEIXEIRA ET AL., 2008).

As condições de permanência são também drasticamente afetadas por fatores extra-acadêmicos, tais como as condições de alimentação, moradia, transporte e, no caso das instituições particulares, o próprio custo do curso. Há, nos casos das instituições públicas, federais e estaduais, importantes programas de refeições subsidiadas e de qualidade. Excelente exemplo nesse sentido é dado pela Superintendência de Assistência Social (SAS) da USP, que fornece bolsas-alimentação e moradia (no próprio campus) e, em alguns casos, a bolsa-aluguel.

3 Programas de recepção e integração de calouros

Os programas institucionais de recepção aos calouros vêm a ocupar as lacunas anteriormente preenchidas pelos próprios alunos "veteranos" por meio dos conhecidos "trotes". Estes, mesmo quando não violentos, raramente envolvem a participação da IES, que, quando muito, se limita às comunicações de proibição do trote nas dependências da instituição. Tal atitude, no contexto da tolerância, se classifica como uma tolerância branda ou fraca (DROIT, 2017), pois, de forma geral, a IES faz "vistas grossas" a um evento, não institucional, mas de certa forma tradicional, buscando apenas não se comprometer. A evolução da sociedade nos dias de hoje, no entanto, nos permite enxergar tais eventos como um verdadeiro despropósito em qualquer contexto, ou mesmo algo bizarro que não merece espaço no âmbito educacional, devendo ser tratado como o que de fato é: uma forma de humilhação, coação moral ou assédio, cabendo, para tanto, o devido enquadramento legal. É necessária a ocupação desse espaço por parte das IES e dos grupos acadêmicos discentes organizados.

Programas institucionais de recepção de calouros são eventos organizados pela IES, ou pelos centros acadêmicos, associações atléticas, coletivos ou outros órgãos estudantis organizados em parceria com a IES. Tratam a chegada dos novos estudantes com empatia, tornando o processo amigável e quase sempre buscando ações sociais por meio dos "trotes solidários".

Desde 2001, o IMT promove como ação de acolhimento, na primeira semana do ano letivo, atividades diferenciadas com o objetivo de proporcionar a recepção e integração dos calouros. Inicialmente intitulado "Projeto Primeira Semana", tinha como objetivo estimular a solução analítica de problemas de Matemática e Física utilizando conhecimentos anteriormente adquiridos. Desta forma, seus dados poderiam ser utilizados como meio diagnóstico para eventuais programas de nivelamentos, ou mesmo como uma forma de mudança do paradigma do aluno, colocando-o em contexto com problemas de Engenharia que utilizam Ciências Básicas e Matemática.

Não se limitava, contudo, aos aspectos diagnósticos ou de contextualização dos conhecimentos necessários às práticas da Engenharia. Por exemplo, umas das principais atividades era uma visita ao *campus* do IMT em São Caetano do Sul, promovida por meio de um *Trekking* de Regularidade apresentando os setores e serviços no *campus*, com real objetivos de integração entre alunos e professores (SCALCO ET AL., 2010).

A partir de 2018, percebeu-se o grande intervalo de tempo entre o vestibular e o início das aulas, com praticamente nenhum contato entre a IES e o discente, o que se caracterizava como uma atitude muito pouco acolhedora. Com o objetivo de preencher esta lacuna, foi introduzido o Programa de Recepção e Integração dos Calouros (Print), com ações iniciadas logo após o vestibular e que se estendeu até a primeira semana de aulas. Durante este período, o IMT promoveu aos pré-matriculados uma recepção de boas-vindas, visita guiada pelo *campus* e um pacote de benefícios, onde puderam usufruir de todos os recursos e infraestrutura do IMT, tais como: pacote Office 365, *e-mail* Outlook com 50 GB, OneDrive com 1 TB de armazenamento, loja virtual de aplicativos Microsoft Imagine e os *softwares*: SolidWorks e CadWorks, além do acesso a toda infraestrutura da instituição, como centro esportivo, biblioteca, laboratórios de informática e ambiente virtual de aprendizagem (AVA) *Moodlerooms*.

Por outro lado, os professores responsáveis pelas disciplinas da primeira série prepararam vídeos de boas-vindas, nos quais contavam um pouco sobre a dinâmica das disciplinas e contextualizavam os temas a serem estudados de uma forma bem descontraída, com depoimentos dos próprios alunos (veteranos) no AVA *Moodlerooms*.

É objetivo do Print proporcionar esta sensação de "pertencimento" no calouro e, assim, fortalecer o vínculo com a instituição e com o curso de Engenharia.

O primeiro dia do ano letivo reúne diversas atividades conduzidas pelos próprios alunos veteranos, sob a supervisão dos professores. São palestras, dinâmicas e oficinas desenvolvidas pelos alunos integrantes dos grupos acadêmicos – de competições, coletivos e comissões. O aluno veterano, além de proporcionar ao calouro a experiência de usufruir todos os recursos e infraestrutura do IMT, colabora com depoimentos de sua vivência acadêmica, uma vez que já passou por esta transição. Os grupos acadêmicos que participaram da edição de 2019 foram: Kimauánisso (equipe de robótica), Concreto Mauá (projeto e execução de obras de concreto), Mauá Compósitos (equipe de competição Sampe), HAB-IMT (desenvolvimento de um balão de alta altitute para estudos científicos), Baja Mauá (desenvolvimento e competição de carros *off-road*), Mauá *Racing* (desenvolvimento e competição de carros do tipo Fórmula), Eco Mauá (desenvolvimento de veículos mais econômicos e ecológicos), Inova Mauá (projetos com enfoque na sustentabilidade e inovação), Enactus Mauá (projetos sociais), Diversidade Mauá (coletivo para debates relacionados com a diversidade), Dunamis Pocket (coletivo para discussão de assuntos relacionados com a fé), IMT Finance (capacitação na área de mercado financeiro) e a Smile (comissão de alunos da Semana Mauá de Inovação, Liderança e Empreendedorismo).

No segundo dia de atividades, os calouros participaram do trote solidário. Coordenado pelos professores do ciclo básico da Engenharia, com a colaboração dos integrantes dos grupos Enactus e Inova, o trote solidário visa estimular o talento dos calouros para confeccionar jogos artesanais a partir de material reciclável com fim social e doar alimentos e produtos de higiene pessoal à população carente.

A tradicional visita ao *campus* cedeu seu lugar ao *Trekking* de Regularidade (SCALCO ET AL., 2010), no terceiro dia. Uma atividade desafiadora e de integração entre os membros da equipe. Sempre há a expectativa de qual será a equipe vencedora, aquela que cumpre todas as tarefas no horário mais próximo do determinado (horário ideal).

Os calouros também foram desafiados, no quarto dia desta semana, a construir um modelo de uma embarcação, utilizando materiais diversos, de forma que ele seja capaz de flutuar com seu próprio peso, além de suportar cargas adicionais inseridas em seu interior. Os melhores projetos foram premiados.

No último dia, os calouros participaram de diversas atividades esportivas, como futsal, vôlei e basquete, e receberam orientações sobre as seletivas das equipes de esportes. Assistiram apresentações do grupo de dança, de *cheerleaders*, da banda *dv/dt* e da Bateria Mauá, fechando a semana em um clima bem animado e descontraído.

3.1 Programas de nivelamento

Os nivelamentos caracterizam-se, também, como formas de acolhimento, mas de uma maneira bastante peculiar e delicada. Essas ações são sempre bem-vindas por parte dos docentes, e vistas, senão como soluções, ao menos como ações mitigadoras.

A visão do estudante pode não ser exatamente a mesma dos docentes. Os nivelamentos, do ponto de vista de uma parcela dos estudantes, podem parecer uma nova fase do processo seletivo institucional, atestando sua função meramente classificatória e não seletiva. Tal discussão nos parece bastante interessante, porém extensa e com múltiplos fatores, pois vai ao encontro ao cerne das principais questões relacionadas com Ciências e Matemática no ensino médio e fundamental.

Existe, contudo, uma questão que remete àqueles que atuam no ensino superior, em particular nas séries iniciais: qual é nosso papel perante os estudantes que alcançam o ensino superior? Afrontar, no sentido da máxima "vocês já deveriam saber isso" ou, então, "corram atrás"? Acolher, no sentido aceitar o estudante como ele é e buscar seu desenvolvimento nos parece o caminho ideal. Nesse sentido, é preciso, também, buscar o nosso desenvolvimento, a nossa capacitação, para alcançar e resgatar a fração dos discentes que, por razões diversas, não acessou suficientemente o conhecimento formal necessário ao estudo da Engenharia. Cabe ao docente alguma movimentação com tal objetivo, pois: "O educador, que aliena a ignorância, se mantém em posições fixas, invariáveis. Será sempre o que sabe, enquanto os educandos serão sempre os que não sabem. A rigidez dessas posições nega a educação e o conhecimento como processo de busca" (FREIRE, 2019).

Um caso típico de ação de nivelamento, no sentido de acolher, é o dos cursos de Engenharia da UFPA. Trata-se de uma iniciativa voltada para fortalecer a formação em Ciências Básicas dos discentes dos cursos de Engenharia de modo a melhorar o desempenho acadêmico.

Em 2011, foi criado o Projeto de Cursos de Nivelamento da Aprendizagem em Ciências Básicas para as Engenharias (PCNA) como estratégia de intervenção pedagógica, com a finalidade de trabalhar tópicos essenciais para os cursos de Física, Cálculo e Química e, desta forma, minimizar carências nos domínios conceitual e operacional dessas Ciências Básicas. Tal iniciativa surgiu da parceria entre a Diretoria de Assistência e Integração Estudantil da Pró-reitoria de Extensão (DAIE-Proex) e a comunidade acadêmica do Instituto de Tecnologia (ITEC) da UFPA.

O programa é optativo e possui uma equipe formada por alunos monitores da graduação dos cursos de engenharia e professores.

Os temas abordam as Ciências Básicas – Matemática Elementar, Física Elementar e Química Elementar – e possui três ações: atividades não presenciais, aulas presenciais e plantão de dúvidas.

A primeira ação é composta de um conjunto de atividades não presenciais. Ela se inicia com os alunos inscritos individualmente na plataforma *Moodle*. Essa sala virtual do PCNA, denominada sala ambiente, contém vídeos, fórum, artigos sobre o PCNA publicados no Cobenge, entre outras atividades. A estrutura é oferecida na modalidade de tópicos diários, com diferentes atividades em cada dia de acesso. São atividades de ambientação na plataforma, respondem à enquete, têm acesso ao resumo do projeto e a artigos que relatam resultados da experiência do PCNA na UFPA, em edições anteriores.

A sala virtual serve como instrumento de coleta de dados, uma vez que é possível estabelecer o perfil do aluno mediante questionários informativo e socioeconômico. A título de atividade, elaboram um breve resumo sobre um dos artigos lidos e postam no canal de comunicação indicado.

Os alunos são orientados a assistir aos vídeos institucionais com o objetivo de conhecer os cursos de engenharias ofertados pelo ITEC e, também, a participar do fórum associado ao seu curso de graduação, relatando as suas expectativas quanto ao curso escolhido. Ao final desta etapa, os alunos respondem à enquete, manifestando sua opinião sobre a importância das Ciências Básicas para as engenharias.

Também consta na sala de aula virtual, denominada do PCNA, todo o material didático a ser utilizado nas aulas presenciais, incluindo apostilas, listas de exercício, slides, material complementar, artigos científicos, vídeos etc.

A segunda ação envolve as aulas presenciais. Consiste na realização de aulas teóricas e práticas para os alunos. Estas acontecem antes do início das aulas desses alunos e totalizam 120 horas de carga horária, sendo divididas igualmente para Matemática Elementar, Física Elementar e Química Elementar. Nessa atividade, os expositores das aulas são alunos da graduação da UFPA, gerando um clima de informalidade para que os possíveis questionamentos sejam expostos sem inibições, diferentemente de quando os alunos têm aula com um professor formal. No que tange à metodologia das aulas, elas são ministradas usando recursos como a plataforma *Moodle*, *PowerPoint* e até mesmo experimentos simples, de forma direcionada às disciplinas básicas presentes nos primeiros semestres da graduação.

A terceira etapa, plantão de dúvidas, é um recurso permanente para os alunos com dúvidas referentes aos assuntos das disciplinas de Cálculo I, Física Teórica I e Química Teórica Geral I. No plantão de dúvidas, há pelo menos um monitor de plantão na sala destinada para essa atividade, sendo possível o atendimento tanto a dúvidas de conteúdos do ensino médio, quanto a de tópicos ministrados em Ciências Básicas nos cursos de Engenharia.

Antes do início das aulas, é realizada uma avaliação diagnóstica inicial com o objetivo de conhecer as habilidades e deficiências dos alunos e, também, colaborar na elaboração do material didático, inclusive com adequação deste para alunos com necessidades especiais, como, por exemplo, aqueles com baixa acuidade visual.

Ao final das aulas, os alunos são submetidos a uma nova avaliação diagnóstica, chamada de avaliação diagnóstica final, no mesmo modelo da primeira, inclusive com o mesmo tempo de realização. A avaliação diagnóstica, inicial e final, é constituída de apenas uma única prova escrita, individual e sem consulta, cujo conteúdo é abordado em questões de múltipla escolha, relacionado com os tópicos ministrados durante as aulas presenciais, com o objetivo de avaliar, a partir da comparação com os resultados da avaliação diagnóstica inicial, se os alunos realmente absorveram o conteúdo ministrado.

Definiu-se que a melhor maneira de avaliar o desempenho no curso de nivelamento seria adotar um método que valorizasse a evolução do aluno durante o curso. Portanto, essas etapas são: avaliação diagnóstica inicial; testes avaliativos; prova referente aos tópicos ministrados; e aplicação pós-teste (avaliação diagnóstica final).

Ao final do curso de nivelamento, os alunos que apresentarem a frequência mínima de 70 % recebem um certificado do curso. Com esta comprovação de participação, o aluno poderá não só melhorar seu currículo, em relação a atividades complementares, bem como creditar até 120 horas, em função do rendimento acadêmico obtido nas avaliações previstas no curso de nivelamento.

O Programa de Cursos de Nivelamento tem sido uma ferramenta fundamental na inserção do graduando no ambiente acadêmico. Um curso que visa revisar as matérias essenciais possibilita uma preparação eficaz para disciplinas referentes. Além do curso propriamente dito, o nivelamento permite a troca de experiência entre veteranos e calouros da instituição.

O Programa de Cursos de Nivelamento da aprendizagem em Ciências Básicas para as engenharias impacta positivamente nas aprovações dos cursos de Engenharia da UFPA, evidenciando que projetos de nivelamentos como este são estratégias eficazes para acolher, estimular a permanência do estudante no curso e, consequentemente, diminuir a evasão e aumentar o número de engenheiros no Brasil, suprindo a demanda desses profissionais.

Atualmente, a coordenação deste programa busca institucionalizar essa iniciativa em nível mais amplo, de modo a obter reconhecimento de tais ações em todas as esferas da UFPA, potencializando o alcance e consolidando-as na instituição em definitivo.

3.2 Programas de apoio ao aluno

Além dos programas de nivelamento, encontram-se relatos de Programas de Apoio ao Aluno de uma forma bem distinta de uma recuperação de conteúdo. Tal apoio ao estudante realiza oficinas de orientação aos ingressantes sobre organização e técnicas para estudo, atuação positiva quanto às alterações pessoais no primeiro ano de graduação e contribuição para a elevação da autoeficácia, de forma a estimular a motivação intrínseca, conjuntamente com a promoção da integração ao ensino superior (ALCI, 2015).

O IMT institucionalizou historicamente as ações de apoio ao aluno por meio de um programa específico de atendimento e orientação acadêmica. O programa Interlocutores, e mais recentemente, o Programa de Apoio ao Aluno e o Programa de Tutoria, fazem uso da orientação de estudos, desenvolvendo organização e técnicas de estudo de forma a elevar a autoeficácia.

3.3 Programas de tutoria

Os programas de tutoria universitária ocorrem com certa frequência, inclusive no Brasil, em cursos da área de saúde, especialmente graduações em Medicina. Algumas instituições de ensino, especialmente universidades públicas, também realizam programas de tutoria vinculados a programas sociais. Em universidades internacionais, particularmente em instituições norte-americanas, esses programas têm sido ampliados nas diversas áreas e customizados para estudantes internacionais.

Nos últimos anos, o aluno que ingressa no ensino superior tem um perfil bastante diferente do passado. A diferença na constituição familiar, nas relações sociais e o formato de acolhimento no ensino médio origina um ingressante universitário com demandas diferentes, e logo no início do curso, esse aluno já se depara com um leque grande de novas informações, oportunidades, cobranças intrínsecas, às vezes, exageradas, do mercado de trabalho.

Esse cenário tem gerado uma inquietação substancial para esse jovem universitário. Um tutor que esteja imerso nesse ambiente, conhecendo profundamente todo o sistema, se torna de grande valia no acompanhamento e acolhimento desse ingressante.

Existem, no Brasil, ações e programas de acompanhamento/acolhimento de alunos/ingressantes em IES de Engenharia já iniciadas há muitos anos. Programas de tutoria propriamente dito encontram-se relatados desde 2015 (MATTASOGLIO NETO; GIL, 2015) e são substanciados por experiências anteriores, por acompanhamento de atividades de outras IES da área de saúde, universidades públicas e, também, por acompanhamento conjunto de alunos em programas de mobilidade acadêmica no exterior.

O programa do IMT, por exemplo, é constantemente atualizado de acordo com as demandas que afloram, sendo avaliado com frequência, inclusive pela Comissão Própria de Avaliação (CPA). Sua aceitação pelos corpos discente, docente e administrativo é elevada e se amplia a cada ano, o que torna o processo mais eficiente. A cada turma de alunos é designado um tutor ao iniciar o curso, que deve acompanhá-los durante o primeiro ano de curso. Muitas vezes, os alunos estabelecem um vínculo com seu tutor e o relacionamento tutor-aluno permanece ao longo de todo o curso de Engenharia.

Cabe ao tutor acolher o aluno, mostrar oportunidades, esclarecer suas dúvidas institucionais, facilitar a relação alunos-professores, acompanhando seu cotidiano e do curso, além de orientá-lo nas suas escolhas. Os tutores são selecionados de acordo com um perfil bastante específico, englobando o conhecimento da instituição, competências socioemocionais e disponibilidade. Após essa seleção, os tutores recebem treinamentos, orientados por uma coordenação do programa de tutoria, que, em parceria com sua equipe, elabora um plano de atividades para desenvolver junto ao seu grupo de estudantes.

As atividades da tutoria ocorrem na forma de encontros semanais coletivos ou personalizados, que trata de temas como mobilidade acadêmica, carreira, iniciação científica, estágio, atividades extracurriculares, empresas juniores, projetos sociais e áreas de Engenharia. Nesses encontros, os alunos têm um contato mais próximo com os coordenadores das áreas em questão e, desde o início do curso, já são orientados em como se preparar e participar de atividades e processos realizados pelas áreas em questão. Em alguns encontros, são trabalhadas as competências dos alunos, questões de ética, diversidade, regras de convivência e, também, são verificados eventuais problemas no curso e discutidos temas de interesse geral.

Os encontros individualizados podem ser originados por solicitação do aluno ou pelo tutor. O conjunto de atividades realizadas e a proximidade do tutor contribuem para que, até o final do primeiro semestre do curso, o ingressante já esteja bem inserido na comunidade acadêmica, com sentimento de pertencimento e motivado para a realização de seu curso e construção de sua carreira.

4 Introdução à Engenharia

A matriz curricular de muitos cursos de Engenharia, tanto nacionais como internacionais, é marcada pela presença da disciplina Introdução à Engenharia (Inteng). Tais disciplinas trabalham, em geral, a integração de conceitos importantes para o estudante iniciante na área. Atua, também, por meio de visitas, palestras, competições e, principalmente, a motivação do aluno que tem em seu primeiro ano, fundamentalmente, disciplinas de Ciências Básicas e Matemática. As disciplinas de Introdução à Engenharia buscam fomentar a integração e a contextualização dos assuntos (SILVA; TOFOLLI, 2016; DI MONACO; MARQUES; ZANINI, 2014).

De fato, no contexto do ensino da Engenharia, desde o início do curso, o aluno pode e deve acessar informações de caráter técnico e enxergar os conteúdos das disciplinas fundamentais aplicados em assuntos práticos relacionados com a profissão. Isso só acontecerá quando o estudante inserir essa experiência em seu próprio contexto pessoal, que é de responsabilidade de um processo educacional e amadurecimento individual (MOAVENI, 2016).

Por outro lado, já há algum tempo que muitos cursos de Engenharia buscam a estruturação de um eixo motivacional e informativo na forma de atividades (SILVA; TOFOLLI, 2016) ou mesmo como uma disciplina obrigatória com caráter motivacional, inserida no contexto de um primeiro ano ou primeiro semestre de curso, mostrando a tecnologia de ponta e, sobretudo, buscando situar, de maneira clara e honesta, a participação do engenheiro na sociedade atual e o respectivo campo de trabalho.

Quando as disciplinas de Introdução à Engenharia se acrescem também de um caráter formativo, buscando a introdução e tradução de conceitos da Engenharia que são implementados e aperfeiçoados durante o ano letivo (NANNI, 2002), temos aí um passo mais ousado e desafiador na sua evolução. Nesse sentido, passam a desempenhar um novo papel no contexto dos cursos introdutórios de ciências básicas e das matemáticas na Engenharia, atuando agora como disciplina integradora, organizadora e estruturante das demais disciplinas de primeira série da Engenharia (FREITAS ET AL., 2018).

A ação de acolher o estudante, e não o deixar só perante um universo de disciplinas de formação básica da Engenharia, quase sempre estanques e pouco conexas entre si, passa a ser o mote da disciplina, tornando-se o eixo condutor do curso (Figura 2).

Figura 2 Eixo estruturante das disciplinas fundamentais da Engenharia

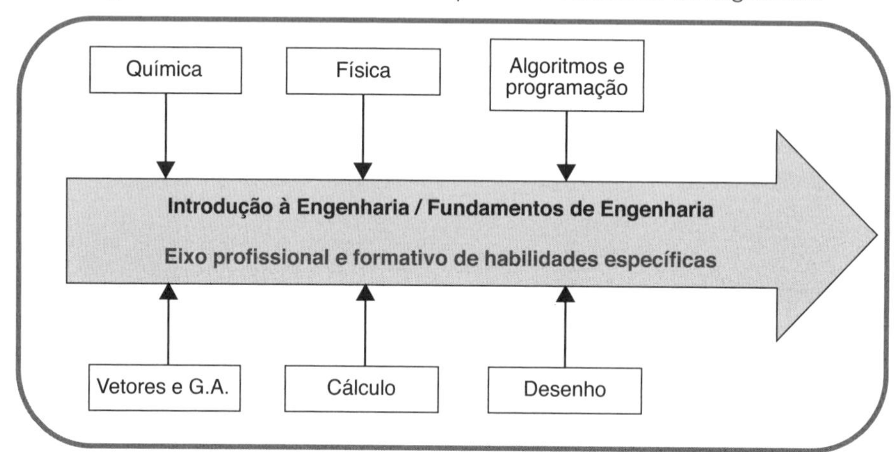

Nesse contexto, entendeu-se adequado designá-la por "Fundamentos de Engenharia", dada sua amplitude e novo foco, agora centrada no desenvolvimento de competências, tendo em vista a imensa tarefa estruturante, interdisciplinar e de contextualização, com uma abordagem por meio de projetos e problemas.

Concebeu-se, assim, um modelo de uma disciplina fundamental, com duração de um ano: Fundamentos de Engenharia (FREITAS ET AL., 2018), caracterizada pelo seu papel organizador e condutor das demais disciplinas (Ciências Básicas e Matemáticas), que faz a conexão ciências-engenharia e matemática-engenharia, motiva, vocaciona e acolhe.

4.1 Núcleos de permanência e acessibilidade

Dentre os princípios do Sistema Nacional de Avaliação do Ensino Superior (Sinaes) e em coerência com as Metas do PNE 2014-2024, destaca-se a responsabilidade social. A matriz do instrumento prevê acessibilidade nos aspectos físicos, pedagógicos, atitudinais e comunicacionais, refletindo toda a legislação pertinente. Uma vez que o instrumento é indutor de qualidade, a discussão sobre acessibilidade descrita neste documento amplia as possibilidades de atendimento, mediante programas, projetos e ações coordenados/conduzidos institucionalmente por um setor ou um núcleo de acessibilidade.

Outro referencial importante no que se refere às questões de acessibilidade, que, em nosso entender, é pertinente com a questão do acolhimento é o documento: *Referenciais de acessibilidade na educação superior e a avaliação* in loco *do sistema nacional de avaliação da educação superior* (GRIBOSKI ET AL., 2013).

4.2 Academia de talentos

Academias de talentos são setores institucionais que têm sua ação junto ao discente no sentido do desenvolvimento de competências socioemocionais. Têm por objetivo contribuir para a trajetória profissional dos alunos de graduação, pós-graduação e *alumni*, oferecendo suporte para o autoconhecimento, desenvolvimento de carreira e preparação para oportunidades do mercado. Esta pode fortalecer a empregabilidade dos alunos da IES conectando-os com as empresas e organizações e intensificando a exposição dos alunos junto aos empregadores e potenciais parceiros.

Uma academia de talentos em uma IES respalda as escolhas de seus estudantes, favorece a inserção e estreita a conexão com o mercado de trabalho. Além disso, também auxilia na revisão de currículos, estruturação do perfil no LinkedIn e orientações para processos seletivos.

4.3 Preparação do corpo docente e técnico para o acolhimento

Algo importante para o acolhimento é ter um grupo técnico e docente capacitado e alinhado para ações que aproximem o estudante ingressante dos cursos de Engenharia. Por melhores que sejam as ideias, e como aqui relatado são muitas as opções, se não tivermos profissionais com competências para promover essa aproximação, o risco de um trabalho ineficaz é grande, o que pode gerar desmotivação de todos os participantes, até mesmo dos estudantes.

Na onda das mudanças provocadas pelas novas DCNs para os cursos de Engenharia (BRASIL, 2019), essa preparação dos profissionais está contemplada e, antes mesmo desse marco da divulgação das DCNs, já se tem experiências de IES preocupadas com essa preparação. Cabe citar, nesse sentido, as iniciativas da UFTM e da Academia de Professores do IMT. Nessas duas experiências, além de se promover uma discussão mais ampla da questão da educação em Engenharia, há a preocupação com o processo de preparação dos profissionais para o acolhimento, lembrando que a dimensão interpessoal não fez parte da formação de muitos profissionais ligados aos cursos de Engenharia.

5 Considerações finais

O Sinaes, por meio da Diretoria de Avaliação da Educação Superior (DAES) e da Coordenação-geral de Avaliação de Cursos de Graduação e Instituições de ensino superior (CGACGIES), utiliza desde 2017 o novo Instrumento de Avaliação de Cursos de Graduação ([EspaçoReservado1]). Este é utilizado pelo INEP para proceder as avaliações *in loco* das IES, de modo a subsidiar os atos de autorização/reconhecimento/renovação de reconhecimento, dos cursos superiores de graduação. Neste Instrumento (INEP/MEC, 2017), em sua Dimensão 1 – Organização Didático-Pedagógica, no seu Indicador 1.12 – Apoio ao discente, há a menção explícita às "ações de acolhimento". Para satisfazer o critério mínimo de qualidade (nota 3), o Indicador 1.12 enuncia o seguinte:

> O apoio ao discente contempla **ações de acolhimento** e permanência, acessibilidade metodológica e instrumental, monitoria, nivelamento, intermediação e acompanhamento de estágios não obrigatórios remunerados, e apoio psicopedagógico (DAES, 2017, *grifo nosso*).

Além disso, para as notas 4 e 5 no referido Indicador, são utilizados os critérios aditivos, como participação em centros acadêmicos ou intercâmbios nacionais e internacionais, acrescendo-se, para nota máxima no indicador, de ações inovadoras.

Some-se à ênfase dada ao "acolhimento" no Instrumento de avaliação de cursos, também o destaque dado a este termo nas novas DCNs dos cursos de Engenharia, conforme apresentado no início deste capítulo. Assim, percebe-se o quão importante e valorosas são as questões ligadas às ações de acolhimento atualmente.

Não significa um modismo, excesso de zelo com o discente ou mesmo uma ação ideológica. Trata-se da evolução de uma sociedade que se pauta por ações de respeito ao indivíduo, sua inclusão nos diversos âmbitos da academia e do mercado de trabalho.

Cabe às IES criar, manter e gerenciar, adequadamente, os espaços e os programas nesse sentido, dando voz e protagonismo aos seus estudantes, grupos acadêmicos e coletivos. Compete, também, à Instituição a promoção da capacitação de seus professores, gestores e colaboradores em geral, construindo um novo paradigma no qual o acolhimento do estudante, sua acessibilidade aos cursos e, consequentemente, sua permanência sejam o ponto focal.

BIBLIOGRAFIA

ALCI, B. The influence of self-efficacy and motivational factors on academic performance in general chemistry course: a modeling study. **Educational Research and Reviews**, v. 10, n. 4, p. 453-461, 2015.

BRASIL. Conselho Nacional de Educação. Parecer CNE/CES nº 1, de 23 de janeiro de 2019. Diretrizes Curriculares Nacionais do Curso de Graduação em Engenharia. **Diário Oficial [da] República Federativa do Brasil**, Brasília, DF, Seção I, p. 109, 23 abr. 2019. Disponível em: <http://portal.mec.gov.br/index.php?option=com_docman&view=download&alias=109871-pces001-19-1&category_slug=marco-2019-pdf&Itemid=30192>. Acesso em: 31 maio 2019.

DI MONACO, R.; MARQUES, A. E. B.; ZANINI, A. S. A disciplina Introdução à Engenharia como ferramenta para a redução de carência de conhecimentos básico e da evasão no primeiro ano de engenharia. XLII Congresso Brasileiro de Educação em Engenharia (Cobenge), 2014, Juiz de Fora, MG. **Anais** [...], Juiz de Fora, MG, UFJF, 2014.

DROIT, R-P. **Tolerância**. O que é? Por que é importante? É possível nos dias de hoje? Como educar para tolerância? São Paulo: Contexto, 2017.

FREIRE, P. **Pedagogia do oprimido**. Rio de Janeiro/São Paulo: Paz e Terra, 2019.

FREITAS, P. A. M. et al. Introdução à engenharia como disciplina estruturante do primeiro ano de um curso de engenharia. **Brazilian Applied Science Review**, Curitiba, v. II, n. 3, p. 1015-1027, jul. 2018.

GRIBOSKI, C. M. et al. **Referenciais de acessibilidade na educação superior e a avaliação *in loco* do sistema nacional de avaliação da educação superior**. Brasília: Inep/MEC, p. 49, 2013.

GUERREIRO-CASANOVA, D.; POLYDORO, S. Autoeficácia na formação superior: percepções durante o primeiro ano de graduação. **Psicologia: Ciência e Profissão**, v. 31, n. 1, p. 50-65, 2011.

INSTITUTO NACIONAL DE ESTUDOS E PESQUISAS EDUCACIONAIS ANÍSIO TEIXEIRA. Diretoria de Avaliação da Educação Superior (DAES). **Instrumento de avaliação de cursos de graduação**. Presencial e a distância. Brasília: Inep/MEC, 2017.

MATTA, C. M. B.; LEBRÃO, S. G.; HELENO, M. V. Influência das vivências acadêmicas e da autoeficácia na adaptação, rendimento e evasão de estudantes nos cursos de engenharia de uma instituição privada. **Psicologia Escolar e Educacional**, Maringá, v. 21, n. 3, p. 583-591, set. 2017.

MATTASOGLIO NETO, O.; GIL, H. A. C. Tutors work design to support a curriculum based on projects. Proceedings of Seventh International Symposium on Project Approaches in Engineering Education (PAEE), 2015, Donostia-San Sebastián, España. **Anais** [...], España, jul. 2015.

MOAVENI, S. **Fundamentos de Engenharia** – Uma Introdução. São Paulo: Cengage Learning, 2016.

NANNI, H. Introdução à engenharia no Instituto Mauá. In: TAVARES, J. **Pedagogia universitária e sucesso acadêmico**. Aveiro, Portugal: Universidade de Aveiro, 2002.

ORNELAS, M. et al. Autoeficacia percibida en la conducta académica de estudiantes universitarias. **Formación Universitaria**, v. 5, n. 2, p. 17-26, 2012.

SCALCO, R. et al. Aplicação de trekking de regularidade aos alunos ingressantes na Escola de Engenharia Mauá para apresentação do *campus*. XXXVIII Congresso Brasileiro de Educação em Engenharia (Cobenge), 2010, Fortaleza, CE. **Anais** [...], Fortaleza, CE, Abenge, 2010.

SILVA, G. F. B. L.; TOFOLLI, S. M. Emprego de ferramentas baseadas no ensino por meio da solução de problemas e desenvolvimento de projetos no ensino de Introdução à Engenharia. XLIV Congresso Brasileiro de Educação em Engenharia (Cobenge), 2016, Natal, RN. **Anais** [...], Natal, RN, Abenge, 2016.

SILVA, J. S. S. D. **Acessibilidade educacional**: um conceito multifacetado. Salamanca, España: Independently Published, 2019.

TEIXEIRA, M. A. P. et al. Adaptação à universidade em jovens calouros. **Psicologia Escolar e Educacional**, v. 12, n. 1, p. 185-202, 2008.

Avaliação dos estudantes: o que muda e como se adequar às novas diretrizes?

TATIANA GESTEIRA DE ALMEIDA FERRAZ
SAYONARA NOBRE DE BRITO LORDELO
RENELSON RIBEIRO SAMPAIO

1 Introdução

Neste capítulo discute-se o processo de avaliação da aprendizagem, considerando a forma como tem ocorrido nos cursos de Engenharia no Brasil, os pressupostos sobre avaliação das atividades dos estudantes no contexto das novas Diretrizes Curriculares Nacionais (DCNs) e as possibilidades para um processo avaliativo que esteja integrado com o processo de ensino e aprendizagem e com o desenvolvimento das competências propostas. Inicialmente, será feita uma breve revisão dos conceitos ligados a competências e avaliações. Em seguida, serão apresentados os requisitos das novas diretrizes curriculares nacionais no que se refere à avaliação dos estudantes. Por fim, será detalhada uma proposta de sistema de avaliação e apresentadas algumas ferramentas e orientações para apoiar as instituições de ensino e os professores a planejar e aplicar avaliações.

Para falar de avaliação, antes, porém, é preciso comentar sobre uma nova abordagem de ensino e aprendizagem. Entende-se que a avaliação é parte fundamental neste processo e a forma como se avalia deve estar em sintonia com a forma como se ensina. Cabe à avaliação ampliar o olhar do professor e do aluno sobre esta dinâmica e, assim, analisar os resultados e definir novas arquiteturas para o processo de construção do conhecimento.

É fato que o contexto atual traz mudanças para o processo de aprendizagem em função de inovações tecnológicas, valorização da capacidade comunicativa, autoaprendizagem, protagonismo e autonomia no processo de construção do conhecimento, valorização da inovação, criatividade e, por fim, da construção de competências associadas ao saber ser, saber fazer e saber conviver.

Deste modo, mais do que aprender conteúdos e ser avaliado por este domínio, o processo educativo atual define-se pela capacidade do indivíduo em desenvolver aprendizagens múltiplas, mobilizar os saberes construídos para inovar e resolver problemas, posicionar-se perante as diversas circunstâncias e conduzir processos de aprendizagem onde também atue como catalisador e gerador de novos saberes.

Pozo (2002) afirma que, em nossa cultura, a necessidade de aprender se estendeu a quase todos os aspectos da atividade social. É a aprendizagem que não cessa. Jamais houve uma época em que tantas pessoas aprendessem tantas coisas distintas ao mesmo tempo e, também, que houvessem tantas pessoas dedicadas a fazer com que outras pessoas aprendam. "Estamos na sociedade da aprendizagem" (POZO, 2002).

O processo de construção do conhecimento na sociedade da aprendizagem está, também, fundamentado na teoria interacionista de Vygotsky, cuja abordagem se dá por meio da relação entre o sujeito que busca conhecer e o objeto a ser conhecido, mediado pela interação social e troca de saberes. Nesta perspectiva, o processo de aprendizagem se dá no decurso do desenvolvimento de relações entre os sujeitos e destes com o mundo real, compreendendo seu contexto histórico e social (PALANGANA, 2015).

Nesta dinâmica, não cabe um modelo de avaliação classificatório, prática que não contribui para o desenvolvimento e acompanhamento do processo de construção de conhecimentos que serão a ponte para o desenvolvimento das diversas modalidades de competência. Deste modo, a questão motivadora para concepção deste capítulo é refletir sobre um modelo de sistema de avaliação que contribua decisivamente para a construção das competências requeridas para a atuação profissional do engenheiro. Nessa proposta, a avaliação tem um papel decisivo, torna-se um pilar do processo de aprendizagem significativa.

A teoria da aprendizagem significativa de Ausubel determina que, para a aprendizagem significativa constituir-se, ela requer a interação da nova informação com uma estrutura de conhecimento anterior, a qual chamamos de conhecimentos prévios, que são relevantes e estão presentes na estrutura cognitiva do aluno. Esses conhecimentos são, então, acionados e servem de ancoragem para a nova aprendizagem, resultando em modificação e ampliação dos conhecimentos anteriores (MOREIRA, 1999).

Por esta razão, a avaliação não pode ser considerada apenas um instrumento de classificação e verificação sobre o quanto o aluno estudou; a nova proposta é verificar quais caminhos foram percorridos para a elaboração dos novos conhecimentos, em que grau estes conhecimentos foram desenvolvidos e o que o aluno será capaz de fazer com eles diante dos novos desafios do contexto profissional, em especial das demandas da Indústria 4.0.

2 Compreensões sobre competências e a transformação no processo formativo dos engenheiros

A formação de engenheiros, por muitos anos, se concentrou no ensino de uma ampla gama de conhecimentos técnicos, abordados em disciplinas específicas que pouco se relacionavam. Pouco se fazia para articular conhecimentos, para desenvolver habilidades pessoais e interpessoais e aplicá-las em conjunto com os conhecimentos construídos em práticas da Engenharia.

Essa lógica presente nos séculos XVII e XVIII apresentava duas perspectivas epistemológicas majoritárias, o racionalismo e o empirismo, que compartilhavam duas premissas básicas: separação radical entre o sujeito e o objeto do conhecimento; e uma relação linear e isomórfica do conhecimento com a realidade (MARTINS, 2004).

Interessante observar que esta prática ainda está vigente em muitas instituições de ensino. Neste cenário, a avaliação resultava igualmente isolada em cada disciplina, e focada em averiguar a apreensão dos conteúdos propostos em uma lista em que se desdobrava a sua ementa, perpetuando a dicotomia entre as áreas de conhecimento presentes na estrutura curricular.

A introdução no ensino do termo competência marca, então, a passagem da lógica do conteúdo para a lógica do uso efetivo deste conhecimento, mobilizando habilidades e atitudes, aproximando a formação do contexto profissional. Várias denominações são encontradas na literatura para tratar das competências que os profissionais devem mobilizar, além das competências técnicas, em situações diversas no contexto de trabalho: competências transversais, *soft skills*, competência social, habilidades sociais, dentre outras. Não querendo aqui dar maior profundidade à conceituação ou diferenciação destes termos, propõe-se entender que as competências transversais refletem as habilidades e atitudes que os profissionais devem demonstrar em variados contextos de trabalho, associadas às competências técnicas específicas, e que os permitirão adquirir mais facilmente novas competências, adaptar-se a novas tecnologias e contextos organizacionais e desenvolver sua própria carreira (MORENO, 2006).

Com o acelerado desenvolvimento tecnológico e a complexidade da sociedade contemporânea, as competências transversais adquirem maior importância no perfil do engenheiro, passando a ser, explicitamente, papel das instituições de ensino instrumentalizar os estudantes para este novo perfil. Nesse sentido, cabe às instituições de ensino superior avaliar também se as competências requeridas pela sociedade, expressas nas diretrizes curriculares e planejadas nos projetos pedagógicos dos cursos, estão sendo adequadamente desenvolvidas.

Zabala (2010) descreve três níveis de transformação do ensino com foco no desenvolvimento de competências. O primeiro nível de aplicação do conceito de competências trata da conversão dos conteúdos tradicionais, basicamente de caráter acadêmico, para uso sob a lógica das competências. Nesse caso, não existem mudanças de conteúdo, a perspectiva se coloca na aprendizagem desses conteúdos, a partir de sua vertente funcional. O objetivo é que o aluno saiba utilizar os conteúdos das matérias convencionais em contextos variados (ZABALA, 2010). Não é suficiente saber sobre cálculos diversos ou leis da física, o que realmente interessa é a capacidade de aplicar estes conhecimentos à resolução de situações ou problemas reais. Obviamente, esta proposta implica significativas transformações na forma de ensinar e avaliar os alunos.

O segundo nível de aplicação do termo competências é o que provém da perspectiva da formação profissional. Nesse caso, os conteúdos acadêmicos convencionais não são suficientes, pois não incluem muitos dos conhecimentos teóricos e das habilidades gerais da maioria das profissões (ZABALA, 2010). Assim, as competências relacionadas com o saber fazer e com o saber empreender, às quais vale acrescentar todas aquelas relacionadas ao trabalho colaborativo e em equipe, são fundamentais. Nesse nível de exigência, além das estratégias baseadas em metodologias ativas, implícitas na aprendizagem das competências, deve-se acrescentar determinados conteúdos que não provêm de disciplinas tradicionais, mas acabam por definir o diferencial da proposta formativa dos currículos das instituições de ensino.

Por último, o terceiro nível de aplicação do termo competência corresponde a um ensino que orienta suas finalidades em direção à formação integral dos alunos (ZABALA, 2010). Isso implica considerar que, ao saber ser e saber fazer, é somado o saber conviver, atualmente indispensável aos contextos profissionais da engenharia. Estas competências, muitas vezes, são responsáveis por imprimir o diferencial do profissional no mercado, tornando-se elemento de sua identidade profissional, aquilo que o diferencia, o torna único. Nessa perspectiva, cabe questionar de que maneira pode-se avaliar eficazmente o ensino de engenharia com base no desenvolvimento de competências?

3 Avaliação como parte do processo de ensino-aprendizagem

Para se ampliar a compreensão do objetivo da avaliação, cabe a reflexão sobre o papel da avaliação no processo de construção de competências. Normalmente, associa-se à avaliação a atividade de verificar se o estudante adquiriu os conhecimentos suficientes para prosseguir seus estudos ou obter determinado título ou certificação. Vale, portanto, como métrica para o professor e para a instituição de ensino no sentido de determinar se os estudantes podem ou não ser aprovados. Nesta ótica classificatória, muitas vezes busca-se apenas verificar se os conteúdos da disciplina foram absorvidos (pelo menos temporariamente), sem muito espaço para análises críticas e síntese do conhecimento.

Porém, analisar apenas por este ângulo restringe o papel da avaliação à verificação apenas dos níveis iniciais do domínio cognitivo da taxonomia de Bloom: conhecimento e compreensão. Primeiramente, porque concentra-se apenas em conhecimentos e não em competências, de forma mais ampla. Assim, não se procura avaliar a capacidade do estudante de mobilizar os conhecimentos adquiridos, integrá-los e colocá-los em prática em situações vivenciais. Além disso, essa abordagem desconsidera o papel da avaliação como importante ferramenta de aprendizagem.

Ao se questionar e propor desafios ao estudante, estimula-se a reflexão, a ação e, consequentemente, o aprendizado. Ainda, as medidas obtidas como resultados das avaliações podem conter muito mais informação do que apenas um seletor "passa" ou "não passa". Se consolidados e analisados, os dados podem trazer ricas informações sobre lacunas ou deficiências de aprendizado, permitindo retroalimentar o processo de ensino para que os objetivos da aprendizagem sejam alcançados.

Portanto, é fundamental entender a avaliação como uma importante etapa do processo de ensino-aprendizagem e não com um fim em si mesma. É importante que haja uma coerência em todo este sistema, partindo-se dos objetivos traçados para o curso como um todo, que precisam ser desdobrados na matriz curricular e nas diversas atividades pedagógicas ao longo de todo o percurso formativo e chegar até a escolha e aplicação dos instrumentos de avaliação adequados às competências que se queira desenvolver.

Para tanto, a avaliação não pode mais ser entendida como aplicação de um instrumento a ser analisado, por contagem de erros e acertos, com o propósito de classificação. Com efeito, a avaliação, como procedimento de atribuir notas representativas do conhecimento assimilado pelos estudantes, em um modelo classificatório, pouco ou nada expressa de seu significado.

Para alinhar alguns conceitos sobre avaliação, cabe aqui comentar sobre os três tipos clássicos de avaliações (LUCKESI, 2011):

> *Avaliação diagnóstica*: é realizada no início do percurso formativo do aluno, busca avaliar os conhecimentos prévios trazidos pelos alunos para que, então, possa planejar o percurso de ensino e aprendizagem a ser executado.
>
> *Avaliação formativa*: é desenvolvida durante todo o processo de construção do conhecimento, não atende a um modelo ou instrumento específico, ao contrário, deve ser diversificada e estabelecer-se em sintonia com os objetivos estabelecidos para o percurso formativo do aluno. Deve evidenciar para o docente e o aluno os avanços e entraves no processo de construção do conhecimento e motivar a busca por mudanças e melhorias no processo de ensino e aprendizagem.
>
> *Avaliação somativa*: é caracterizada por sua condição estática e classificatória. Geralmente é realizada ao final de um curso ou etapa de ensino. Evidencia por meio de notas o alcance dos objetivos previstos em determinadas situações de aprendizagem.

Avaliar as aprendizagens em uma perspectiva diagnóstica e formativa requer mais do que apontar erros. É, primeiro, destacar as conquistas, favorecendo a autoestima e o fortalecimento de conhecimentos prévios para novas construções, além de, com a mesma ênfase, levar em conta as necessidades que os estudantes demonstram, sejam de defasagens ou lacunas, concebendo-os como recursos de intervenção para que todos se aproximem do alcance dos resultados de aprendizagem propostos.

Méndez (2011) declara que, no momento em que se pretende avaliar, sob a ótica do aspecto formativo da avaliação, é preciso considerar que as competências não são somente realizações concretas desenvolvidas pelos alunos. A competência tem um caráter complexo e global, e sua aplicação não responde a um padrão fixo. É importante observar e analisar as produções dos alunos. A avaliação deve estar inserida no processo de aprendizagem e integrada no desenvolvimento das competências estabelecidas no currículo.

Trata-se de migrar do caráter estático dos exames (provas, testes etc.) para a dinâmica da participação, construção, diálogo e troca de saberes, tornando o conteúdo relevante para a construção da aprendizagem e para superar as dificuldades, incluindo os erros como importante etapa da aprendizagem.

Na prática, substitui-se o ensino centrado na transmissão de conhecimento e no registro de notas por um ensino cuja base está na compreensão crítica do conteúdo, apoiado em uma boa dinâmica de ensino, em um propósito explícito do que se aprende e por que se aprende e, por fim, no acompanhamento por parte do professor no processo de construção da aprendizagem. Neste contexto, deve-se substituir a avaliação centrada no ensino pela avaliação centrada no estudante, conforme bem resumido no Quadro 1.

Quadro 1 Comparação entre avaliação centrada no ensino e avaliação centrada no estudante

Avaliação centrada no ensino	Avaliação centrada no estudante
Ensino e avaliação são separados.	Ensino e avaliação são entrelaçados.
Avaliação é utilizada para monitorar o ensino.	Avaliação é utilizada para promover e diagnosticar o aprendizado.
Ênfase nas respostas certas.	Ênfase está nos estudantes gerarem melhores perguntas e aprenderem com os erros.
O aprendizado desejado é avaliado de forma indireta, pelo uso de testes objetivos.	O aprendizado desejado é avaliado de forma direta por meio de artigos, projetos, desempenho em atividades práticas, entre outros.
A cultura é competitiva e individualista.	A cultura é de cooperação, colaboração e solidariedade.
Apenas os estudantes são vistos como aprendizes.	Professores e estudantes aprendem conjuntamente.

Fonte: Crawley *et al.* (2014, p. 167). Tradução dos autores.

Assim, conforme abordado por Méndez (2011),

> se pretendemos desenvolver uma aprendizagem orientada para o desenvolvimento de habilidades superiores (pensamento crítico e criativo, capacidade de resolução de problemas, aplicação de conhecimentos a novas situações ou novas tarefas, capacidade de análise e de síntese, interpretação de textos ou de fatos, capacidade de elaborar argumentos convincentes), será necessário elaborar um sistema de avaliação que vá ao encontro destes propósitos.

Nessa concepção, a aprendizagem considera o desenvolvimento de capacidades avaliativas dos próprios sujeitos que aprendem, pois lhes permite avaliar o próprio percurso, entender e superar obstáculos, o que resulta na construção de elementos que os capacitam a realizar análises críticas e saber quando usar o conhecimento e como adaptá-lo a situações novas e desafiadoras.

4 Proposta de sistema de avaliação do processo ensino-aprendizagem

A Figura 1 mostra um fluxo desde a concepção de um curso até a avaliação da aprendizagem, destacando-se como as competências requeridas para o profissional, identificadas a partir de contexto de mundo, do local ou região e da própria instituição, são consolidadas em um projeto pedagógico de curso e desdobradas em atividades curriculares. Neste fluxo, a avaliação cumpre um papel essencial como instrumento para verificar se os objetivos globais da aprendizagem (não só de uma disciplina especificamente, mas do programa como um todo) estão sendo atingidos. O fluxo mostra também o papel das avaliações diagnóstica, formativa e somativa aplicadas ao longo de uma unidade curricular[1] para retroalimentar a prática docente da própria unidade curricular, quer seja ao longo de seu desenvolvimento, quer após a sua conclusão, em uma dinâmica de melhoria contínua do processo.

Figura 1 Processo de identificação, desdobramento e avaliação de competências

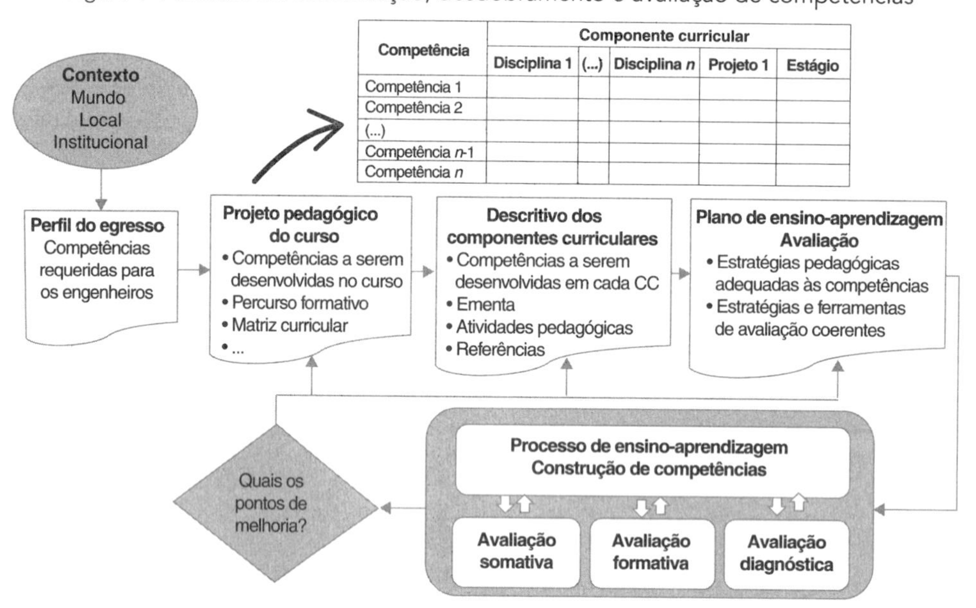

É importante observar que, propositadamente, optou-se por denominar no fluxo da Figura 1 "Plano de Ensino, Aprendizagem e Avaliação", e não apenas "Plano de Ensino", como é comumente denominado o planejamento das unidades curriculares, visando dar ênfase à dinâmica da aprendizagem que se processa essencialmente nos alunos e à avaliação, como parte integrante e fundamental deste plano.

[1] Os termos unidade curricular ou componente curricular serão aqui utilizados de forma mais ampla para representar, além das disciplinas, outras atividades pedagógicas planejadas no plano de curso, como projetos integradores, por exemplo.

É comum encontrar professores que não gostam do processo de avaliação. Preparar e corrigir avaliações é um trabalho muitas vezes demorado, exaustivo e até decepcionante, quando se percebe que o grupo de alunos não construiu os conhecimentos inerentes àquela unidade curricular. Diante disso, alguns professores até se limitam a aplicar uma única avaliação ao longo de uma disciplina e com questões mais objetivas. Cabe uma reflexão: será que com esta prática está sendo cumprido adequadamente o papel do professor na formação de profissionais, considerando o contexto das competências requeridas para o século XXI?

O que se propõe aqui é um modelo em que o sucesso do professor, enquanto facilitador do desenvolvimento dos estudantes, está no próprio sucesso dos estudantes. Que não se confunda: não se pretende, de forma nenhuma, que as avaliações sejam propositadamente fáceis ou medíocres. Mas, que sejam coerentes com as competências que se deseja desenvolver e com as práticas pedagógicas, e que isso esteja claro para os estudantes, que eles saibam pelo que serão avaliados.

Ao escolher os instrumentos de avaliação a aplicar, o professor precisa refletir sobre o papel da unidade curricular no percurso formativo, como ela se integra com as demais unidades curriculares e qual a entrega daquela disciplina para os resultados pretendidos da aprendizagem. Além disso, é necessário integrar o processo avaliativo às atividades pedagógicas planejadas para a unidade curricular. Métodos de ensino e de avaliação precisam ser um par coerente. São duas faces da mesma moeda.

Há que se considerar, ainda, outro aspecto: que nível de proficiência se espera do estudante naquela unidade curricular com relação àquela competência? Crawley *et al.* (2014, p. 75) traz uma escala de níveis de proficiência que pode apoiar nesta definição e, consequentemente, na seleção dos métodos de avaliação. É apresentada uma escala com cinco níveis de proficiência:

1) Ter tido a experiência ou ter sido exposto a ____

2) Estar apto a participar de ou contribuir para ____

3) Estar apto a entender e explicar ____

4) Ter habilidade na prática ou implementação de ____

5) Estar apto a liderar ou inovar em ____

Ao analisar esses níveis de proficiência, é possível perceber que não se pode avaliar da mesma maneira uma competência em que o nível requerido é "estar apto a contribuir para ____" que outra em que o nível requerido é "estar apto a liderar ou inovar em ____". Além disso, nos primeiros níveis, é mais fácil que se consiga avaliar adequadamente as competências utilizando-se, por exemplo, provas escritas. Já nos níveis superiores, a observação da aplicação da competência em uma situação prática certamente é preponderante.

É importante, neste caso, separar-se a "paixão" do professor por determinada disciplina da competência requerida ao estudante de engenharia naquele tópico. Por mais apaixonado que o professor de Cálculo seja por sua Matemática e que estudantes de Engenharia também gostem de cálculo, é preciso se distinguir as competências que o matemático precisa possuir com relação a limites, derivadas, integrais, e outros temas mais complexos, do nível de proficiência que o estudante de Engenharia precisa ter em relação a esses conhecimentos. O mesmo vale para conhecimentos relativos a administração, economia etc. Não se quer dizer aqui que o professor não deva estimular aqueles alunos que queiram ir além naquele conhecimento específico, muito pelo contrário. Mas, que se diferencie o que é necessário do que seria um desempenho superior.

Outro aspecto a considerar é que deve estar claro para o estudante que competências ele deverá desenvolver naquela determinada unidade curricular e em que nível de proficiência. A tomada de consciência por parte do aluno quanto aos desempenhos esperados, seus pontos fortes e de melhoria, é fundamental para sua ação ativa no processo de aprendizagem, colocando-o como protagonista. Ele precisa reconhecer onde está e aonde precisa chegar. Neste sentido, o papel do professor, por meio da avaliação, é fornecer o *feedback* para que o aluno identifique seus *gaps* e busque superá-los.

Resumindo o que foi discutido até agora, pode-se dizer que, ao se planejar a avaliação dos estudantes, deve-se considerar:

- o contexto no qual a unidade curricular se insere no percurso formativo: que competências já foram trabalhadas anteriormente e quais ainda serão trabalhadas;
- as competências que se deseja desenvolver na unidade curricular em si;
- o nível de proficiência que os estudantes deverão demonstrar nessas competências;
- os métodos de ensino-aprendizagem a serem aplicados;
- que os resultados das avaliações aplicadas ao longo do processo de ensino-aprendizagem devem ser utilizados para retroalimentar a prática docente na própria unidade curricular;
- que os resultados das avaliações devem permitir a análise e melhoria contínua do Projeto Pedagógico do Curso, dos Descritivos dos Componentes Curriculares e o Plano de Ensino das Unidades Curriculares;
- que a avaliação deve contribuir para a tomada de consciência dos alunos sobre sua evolução na construção das competências requeridas.

5 Avaliação de estudantes de Engenharia segundo as novas DCNs

As novas Diretrizes Curriculares Nacionais (DCN) do curso de graduação em Engenharia, aprovadas em 23 de janeiro de 2019, propõem-se a estimular a formação de engenheiros que possam ocupar um papel relevante na geração do conhecimento e no desenvolvimento de tecnologias e inovação, além contribuir para a melhoria da qualidade dos cursos. Pretende-se, com as novas diretrizes, responder às profundas transformações em andamento no mundo da produção e do trabalho e a uma lacuna que o ensino superior em Engenharia tem apresentado no sentido de formar profissionais que atendam às demandas do setor produtivo: os dados apontam para um aumento significativo da quantidade de engenheiros formados, porém, "o setor produtivo encontra dificuldades para recrutar trabalhadores qualificados para atuar na fronteira do conhecimento das engenharias" (BRASIL, 2019a).

Reforça-se, ainda, no Parecer CNE/CES nº 1/2019 a necessidade de combinar uma sólida formação técnica a uma formação mais humanística e empreendedora, desenvolvendo nos estudantes as chamadas *soft skills* necessárias (liderança, trabalho em equipe, planejamento, gestão estratégica e aprendizagem autônoma) (BRASIL, 2019a).

É importante destacar que as novas diretrizes não apresentam uma ruptura com as DCNs instituídas por meio da Resolução CNE/CES nº 11, de 11 de março de 2002. Desde 2002, já se falava em um ensino mais flexível, centrado no aluno, forte vinculação entre teoria e prática, e se enxergava a demanda de uso da ciência e tecnologia para o posicionamento do Brasil no cenário mundial, só para citar alguns aspectos (BRASIL, 2002). As novas DCNs, no entanto, dão mais ênfase às competências que os estudantes de Engenharia devem desenvolver, considerando a sua atuação não só em todo o ciclo de vida de projetos de produtos e de empreendimentos, como também na formação e atualização de futuros engenheiros.

No que se refere à avaliação dos estudantes, as DCNs de 2002, no entanto, abordam o tema de forma resumida, apenas enfatizando que as avaliações dos alunos devem se basear em "competências, habilidades e conteúdos curriculares" (BRASIL, 2002). Trazem, também, a avaliação de estudantes como parte do processo de aperfeiçoamento dos cursos de graduação em Engenharia. A avaliação dos estudantes é apresentada no mesmo artigo que trata também da avaliação dos cursos, conforme pode-se observar no Quadro 2.

Já as DCNs de 2019 (Quadro 3) apresentam um artigo específico para tratar da avaliação dos estudantes, enfatizando que esta deve ser considerada "como um reforço em relação ao aprendizado e ao desenvolvimento das competências" (BRASIL, 2019b). Ou seja, amplia-se o papel da avaliação ao considerá-la parte integrante do processo de construção de competências. Neste sentido, resgata-se aqui a importância da avaliação formativa, já comentada anteriormente. Isso é reforçado no parágrafo primeiro, quando se menciona que as avaliações devem ser contínuas.

Quadro 2 Avaliação de estudantes pelas DCNs de 2002 (BRASIL, 2002)

Trecho extraído das DCNs de 2002: Art. 8º A implantação e desenvolvimento das diretrizes curriculares devem orientar e propiciar concepções curriculares ao Curso de Graduação em Engenharia que deverão ser acompanhadas e permanentemente avaliadas, a fim de permitir os ajustes que se fizerem necessários ao seu aperfeiçoamento. § 1º As avaliações dos alunos deverão basear-se nas competências, habilidades e conteúdos curriculares desenvolvidos tendo como referência as Diretrizes Curriculares. § 2º O Curso de Graduação em Engenharia deverá utilizar metodologias e critérios para acompanhamento e avaliação do processo ensino-aprendizagem e do próprio curso, em consonância com o sistema de avaliação e a dinâmica curricular definidos pela IES à qual pertence.

Ainda no parágrafo primeiro, as diretrizes estabelecem que as avaliações devem ser previstas "como parte indissociável das atividades acadêmicas" (BRASIL, 2019b). No processo apresentado na Figura 1, já havia sido destacada a importância de a avaliação ser planejada de forma coerente com as atividades pedagógicas previstas e de ser uma ação contínua ao longo do processo formativo.

No parágrafo seguinte do documento, destaca-se que "o processo avaliativo deve ser diversificado e adequado às etapas e atividades do curso" (BRASIL, 2019b), o que faz todo sentido. A forma de avaliação deve ser coerente com o tipo de competência que se quer desenvolver. Se as competências são diversificadas, envolvendo conhecimentos, habilidades e atitudes, *hard* e *soft skills*, fica claro que o processo de avaliação precisa ser diversificado. A forma de avaliar a competência de um estudante para "Trabalhar e liderar equipes multidisciplinares" certamente não será a mesma para avaliar a competência de "Analisar e compreender os fenômenos físicos e químicos por meio de modelos simbólicos", ambas previstas nas DCNs de 2019. Os métodos e critérios para avaliar o conhecimento adquiridos pelos estudantes em atividades teóricas são naturalmente distintos dos métodos e critérios para avaliar as habilidades adquiridas em atividades práticas.

Por fim, as DCNs de 2019 trazem ainda possíveis instrumentos de avaliação a serem empregados, como monografias e provas dissertativas, apresentação de trabalhos orais, projetos e atividades práticas, dentre outros, reforçando que estes devem demonstrar o aprendizado e estimular "a produção intelectual dos estudantes, de forma individual ou em equipe" (BRASIL, 2019b).

Quadro 3 Avaliação de estudantes pelas DCNs de 2019 (BRASIL, 2019b)

Trecho extraído das DCNs de 2019: Art. 13 A avaliação dos estudantes deve ser organizada como um reforço, em relação ao aprendizado e ao desenvolvimento das competências. § 1º As avaliações da aprendizagem e das competências devem ser contínuas e previstas como parte indissociável das atividades acadêmicas. § 2º O processo avaliativo deve ser diversificado e adequado às etapas e às atividades do curso, distinguindo o desempenho em atividades teóricas, práticas, laboratoriais, de pesquisa e extensão. § 3º O processo avaliativo pode dar-se sob a forma de monografias, exercícios ou provas dissertativas, apresentação de seminários e trabalhos orais, relatórios, projetos e atividades práticas, entre outros, que demonstrem o aprendizado e estimulem a produção intelectual dos estudantes, de forma individual ou em equipe.

Para que as diretrizes aqui apresentadas sejam cumpridas, é importante que se planeje e analise os métodos de ensino e de avaliação de todo o curso, e não apenas das disciplinas isoladamente. Precisa-se garantir que, ao longo do processo formativo, o estudante seja estimulado a desenvolver todo o rol de competências elencado nas novas diretrizes (e outras definidas pela própria instituição) e, portanto, que seja aplicado um sistema consistente de avaliação que contribua com o processo de construção de competências e permita verificar se estas estão sendo adequadamente desenvolvidas. Deixar este trabalho a cargo de uma ação individual dos professores, pensando-se nas disciplinas isoladamente, sem uma visão sistêmica do processo, pode levar a programas de formação em que nem todas as competências sejam trabalhadas ou avaliadas de modo integrado. Entende-se ser este um grande desafio para a efetiva implantação das novas diretrizes e formação de engenheiros com o perfil que responda aos desafios da complexidade contemporânea.

Na próxima seção serão apresentados, com base em referências nacionais e internacionais, algumas estratégias para seleção dos instrumentos de avaliação mais adequados de forma coerente com os métodos de ensino e com as competências que se deseja desenvolver e avaliar.

6 Criando um sistema de avaliação de estudantes: estratégias e instrumentos

Sem dúvida alguma, atualmente, uma grande referência no que se refere à educação em Engenharia é a abordagem CDIO, acrônimo para *Conceive – Design – Implement – Operate* (Conceber – Projetar – Implementar – Operar), que preconiza o ensino centrado no estudante e associado à prática da atividade essencial do engenheiro, refletida na própria sigla. A iniciativa reúne mais de 160 instituições em todo o mundo, em um movimento pela transformação do ensino de Engenharia, disseminando orientações e compartilhando boas práticas.[2]

No livro *Rethinking Engineering Education: the CDIO approach* (Repensando a Educação em Engenharia: a abordagem CDIO), são exploradas todas as bases conceituais e apresentadas orientações e métodos para que as instituições de ensino possam implementar novos cursos ou reestruturar os cursos existentes com base na abordagem CDIO. No capítulo que trata especificamente da avaliação da aprendizagem dos estudantes, observa-se uma grande coerência entre o que recomenda o CDIO e as novas DCNs do curso de Engenharia. Os autores defendem a avaliação centrada no estudante, ou seja, alinhada com os resultados pretendidos da aprendizagem, utilizando diferentes métodos para coletar evidências do sucesso e promover o aprendizado em um ambiente colaborativo (CRAWLEY ET AL., 2014).

Segundo Crawley *et al.*, (2014), a avaliação do aprendizado de estudantes, considerando habilidades pessoais, profissionais, interpessoais e de desenvolvimento de produtos, processos e sistemas, tem quatro fases principais:

1) Especificação dos resultados pretendidos da aprendizagem (em inglês, *learning outcomes*).
2) Alinhamento dos métodos de avaliação com os resultados pretendidos da aprendizagem e métodos de ensino-aprendizagem.

[2] Disponível em: <http://www.cdio.org/>. Acesso em: 17 mar. 2019.

3) Uso de uma variedade de métodos de avaliação para reunir evidências do aprendizado dos estudantes.
4) Uso dos resultados da avaliação para melhorar o ensino-aprendizagem (melhoria contínua).

Observa-se, claramente, o entendimento da avaliação como um processo, não só para coletar evidências do aprendizado dos estudantes (conhecimentos e habilidades inerentes à atuação do engenheiro), como também para avaliar os resultados globais do processo de ensino.

Figura 2 Processo de avaliação do aprendizado dos estudantes, com base na abordagem CDIO

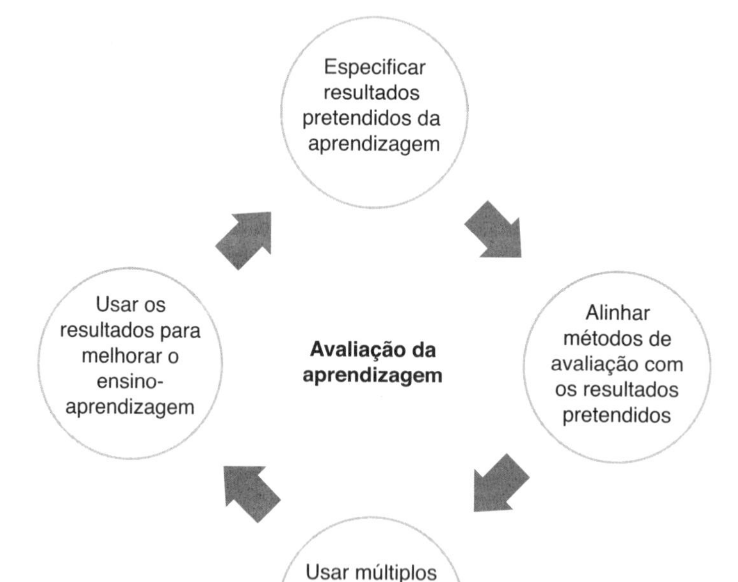

Fonte: Traduzido pelos autores a partir de Crawley *et al.* (2014, p. 168).

Entendendo que a primeira etapa do ciclo apresentado na Figura 2 (Especificar resultados pretendidos da aprendizagem) é uma atividade prévia à avaliação, inerente à construção do projeto pedagógico do curso, será dado enfoque neste capítulo às três etapas subsequentes.

6.1 Alinhando os métodos de avaliação com os resultados da aprendizagem

A seleção dos métodos de avaliação a serem aplicados em uma unidade curricular deve partir dos resultados pretendidos da aprendizagem e ser coerente com os métodos de ensino-aprendizagem, conforme já apresentado no Plano de Ensino Aprendizagem – Avaliação da Figura 1. A Figura 3 detalha, esquematicamente, o alinhamento desejado entre os resultados, os métodos de ensino-aprendizagem e a avaliação dos estudantes, conforme defendido por Crawley *et al.* (2014). Ao se planejar os métodos de avaliação, deve-se fazer, portanto, o seguinte questionamento: como os alunos podem demonstrar que atingiram os resultados pretendidos de aprendizagem?

Diferentes tipos de competências a serem desenvolvidas requerem diferentes métodos de ensino-aprendizagem e de avaliação. Por exemplo, um teste teórico pode ser um bom instrumento para demonstrar que o estudante adquiriu determinado conhecimento conceitual. Porém, certamente não é capaz de demonstrar a habilidade para trabalho em equipe ou comunicação oral. Porém, como saber quais os melhores tipos de instrumentos de avaliação a utilizar?

Figura 3 Alinhamento entre objetivos, atividades de ensino-aprendizagem e avaliação, com base no CDIO

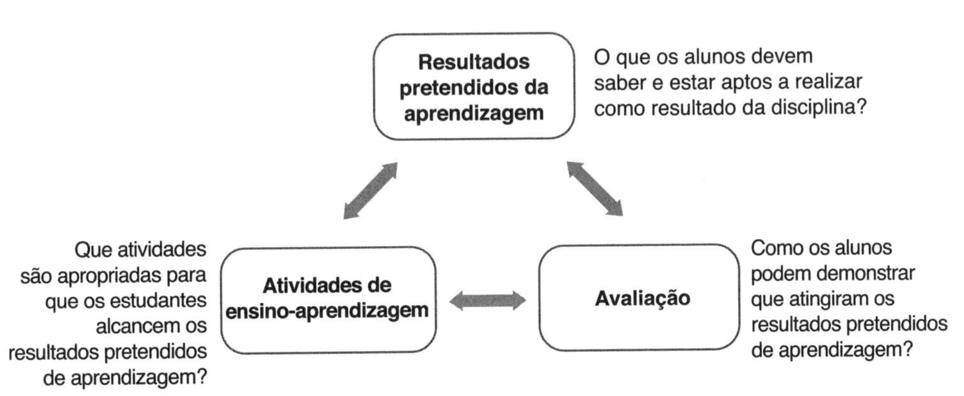

Fonte: Traduzido pelos autores a partir de Crawley *et al.* (2014, p. 169).

6.2 Selecionando múltiplos métodos de avaliação

O método de avaliação mais comumente encontrado, não só em cursos de Engenharia, mas também em outros programas de nível superior e até em outros níveis de ensino, é a prova (ou teste) escrito. E não se nega aqui as vantagens deste método. Permite avaliar, individualmente, a compreensão dos estudantes sobre determinados conteúdos, o raciocínio lógico diante de situações-problema, a capacidade dissertativa, a capacidade de interpretação de textos e até de argumentação. Óbvio que tudo isso depende do estilo da prova escrita que se vá aplicar. Podem ser usadas questões de múltipla escolha, questões de resposta fechada, questões de cálculo ou, ainda, questões abertas. Um bom teste consegue correlacionar conceitos com situações de aplicação prática do conteúdo, estimulando a reflexão e a síntese do conhecimento. Portanto, elaborar uma prova não é uma questão trivial. Exige do professor uma análise sobre os objetivos da aprendizagem e da avaliação no processo de ensino para que as questões sejam adequadamente formuladas. Porém, também é claro que provas escritas não conseguem esgotar a avaliação de todo o tipo de competência que se pretende desenvolver em estudantes de Engenharia. Trabalho em equipe, liderança e comunicação oral são exemplos disso!

Alguns métodos de avaliação se confundem com a própria prática de ensino. Na *Peer Instruction* (Aprendizagem com os Pares), ao se acompanhar a interação entre os estudantes sobre determinado conteúdo, o professor consegue fazer uma boa avaliação diagnóstica da compreensão deles sobre o tema, tendo um *feedback* imediato e podendo melhor direcionar sua aula aos temas em que os estudantes apresentaram maior dificuldade.

Outro exemplo disso é a aprendizagem por projetos. A própria observação do desempenho dos estudantes durante o desenvolvimento dos trabalhos, associada à análise de relatórios e apresentação oral que geralmente acompanham a execução destes projetos, permitem avaliar uma gama de habilidades pessoais, interpessoais e profissionais, além de conhecimentos técnicos específicos. No entanto, dificilmente esses métodos permitirão avaliar, individualmente, o conhecimento específico adquirido por cada estudante.

Quadro 4 Tipos de instrumento de avaliação e de competência a avaliar

Tipos de instrumentos	O que avalia bem	Vantagens	Pontos de atenção
Testes escritos	Entendimento conceitual, Resolução de problemas	Mantém registro da avaliação Permitem avaliar muitos estudantes ao mesmo tempo	Dificuldade de elaborar boas questões Resposta dos estudantes nem sempre indicam causas dos erros
Testes orais	Entendimento conceitual, Resolução de problemas, Comunicação oral	Permite compreender os reais equívocos de compreensão dos estudantes	Tempo dedicado à aplicação da avaliação. Não há um registro físico elaborado pelo aluno. Deve haver um barema de avaliação com registros do professor.
Observações e avaliações do desempenho dos estudantes	Comunicação oral, Criação e síntese do conhecimento, Trabalho em equipe	Permite avaliar, na prática, o desempenho dos estudantes Pode associar diversos atores (professores, colegas, profissionais) no processo de avaliação	Quando realizada com apoio de um barema de avaliação, com critérios definidos, e por diferentes agentes, traz resultados mais confiáveis Dificuldade de elaborar bons baremas.

(*continua*)

Quadro 4 Tipos de instrumento de avaliação e de competência a avaliar (*continuação*)

Tipos de instrumentos	O que avalia bem	Vantagens	Pontos de atenção
Avaliações de produtos, processos e projetos	Capacidade de desenvolver processos, produtos e sistemas, Comunicação, Resolução de problemas, Trabalho em equipe	Permite avaliar o estudante no desempenho prático da engenharia. Pode ser realizada a partir da demonstração do processo ou revisão dos documentos, desenhos, protótipos.	É necessário elaborar um barema com os critérios a serem avaliados Quando em grupo, não permite avaliar individualmente o desempenho do estudante
Relatórios e portfólios individuais do desenvolvimento de projetos	Pensamento crítico Habilidade de raciocínio Comunicação escrita	Registra o processo de desenvolvimento do projeto Permite distinguir o desempenho individual do coletivo	Tempo dedicado à leitura e análise dos relatórios São mais efetivos quando os alunos recebem *feedbacks* regulares.

Fonte: Traduzido pelos autores a partir de Crawley *et al.* (2014).

Crawley *et al.* (2014) analisam diversos métodos comumente aplicados para avaliação de estudantes, apresentando o tipo de competência para o qual a aplicação daquele método é mais adequado. O Quadro 4 apresenta um resumo desta análise.

Para auxiliar na seleção dos métodos de avaliação, de forma alinhada com os resultados esperados de aprendizagem, Carwley *et al.* (2014) apresentam um guia resumido, elaborado com base no trabalho de Rick Stiggins,[3] um especialista em avaliação da aprendizagem.

Quadro 5 Guia para seleção de métodos de avaliação alinhados com os resultados pretendidos de aprendizagem

Tipo de resultado pretendido de aprendizagem	Questões orais e escritas	Avaliação do desempenho	Desenvolvimento de projetos	Relatórios e portfólios	Instrumentos de autorrelato
Conhecimento - Entendimento conceitual	X				
Conhecimento - Resolução de problemas	X			X	
Conhecimento - Criação e síntese de conhecimento		X	X	X	
Habilidades e processos		X	X	X	X
Atitudes			X	X	X

Fonte: Traduzido pelos autores a partir de Crawley *et al.* (p. 175, 2014).

[3] Mais informações sobre o pesquisador, artigos e livros publicados em: <https://rickstiggins.com/>.

6.3 Construindo baremas de avaliação

Para auxiliar os professores a reduzirem a subjetividade das avaliações de estudantes e mesmo para que os estudantes não recebam com surpresa os resultados – principalmente, em observações do desempenho, análise de relatórios e avaliações do desenvolvimento produtos e projetos –, é importante definir protocolos com aspectos que serão avaliados e parâmetros para os registros dos resultados de avaliação. Para tanto, é comum a utilização de baremas de avaliação. Entende-se aqui por barema um instrumento de suporte à avaliação que contenha os critérios a serem avaliados, o desempenho esperado e a sua associação com um sistema de pontuação:

- os **critérios de avaliação** devem estar relacionados com as competências a serem desenvolvidas e ser passíveis de verificação na atividade que está sendo avaliada;
- os **desempenhos esperados** devem esclarecer o que precisa ser demonstrado para que se atinja o objetivo naquela atividade;
- o **sistema de pontuação** deve associar os desempenhos observados a uma graduação de notas ou conceitos.

No Quadro 6, apresenta-se um exemplo de barema no qual é avaliado o desempenho de estudantes em uma apresentação de trabalho, considerando aspectos técnicos e de comunicação oral.

Os baremas podem ser do tipo analítico ou holístico. Os baremas holísticos são usados para avaliar de forma global o desempenho dos estudantes em determinada atividade. São ditos unidimensionais. Um exemplo de um barema holístico pode ser observado no Quadro 7.

Quadro 6 Exemplo de um barema de avaliação analítico

Critério e desempenho esperado	Conceito			
	Insatisfatório	Satisfatório	Bom	Muito bom
Qualidade da apresentação				
Objetivo principal da apresentação está claro				
Apresentador mantém bom contato visual com a audiência				
Apresentador usa a voz apropriadamente (volume, clareza, modulação)				
Apresentador demonstra postura profissional (aparência, postura, gestos)				
Transição para o apresentador seguinte foi suave e efetiva				
Conteúdo técnico				
Conteúdo é preciso e significativo				
Conteúdo apresenta desenvolvimento suficiente				
Pontos principais são enfatizados e a relação entre as ideias é clara				

(continua)

Quadro 6 Exemplo de um barema de avaliação analítico (*continuação*)

Critério e desempenho esperado	Conceito			
	Insatisfatório	**Satisfatório**	**Bom**	**Muito bom**
Ideias são apoiadas por detalhes suficientes e desenhos claros				
Gráficos e demonstrações são elaborados e usados efetivamente				
Principais assuntos são abordados				
Questões são respondidas de forma precisa e concisa				

Fonte: Traduzido pelos autores a partir de Crawley *et al.* (p. 172, 2014).

Quadro 7 Exemplo de barema holístico

Muito bom	Dados obrigatórios estão incluídos As observações são descritivas e detalhadas Interpretações são razoáveis e baseadas em evidências Mostra uma compreensão do processo de engenharia Apresenta atenção para gramática, formatação e ortografia
Bom	A maioria dos dados obrigatórios está incluída As observações são descritivas Está evidente alguma análise realizada Interpretações são razoáveis Mostra uma compreensão básica do processo de engenharia Apresenta atenção para gramática, formatação e ortografia
Minimamente satisfatório	Mais de um dado obrigatório não está incluído Foram incluídas observações Análise realizada é insuficiente ou superficial Atenção insuficiente para gramática, formatação e ortografia
Precisa ser reescrito	Pouca base para julgamento

Fonte: Traduzido pelos autores a partir de Crawley *et al.* (p. 175, 2014).

Já nos baremas analíticos, são consideradas duas dimensões: nas linhas, os critérios de avaliação, e nas colunas, os níveis de desempenho. Além do exemplo do Quadro 6, no formato do Quadro 8 os desempenhos esperados estão relacionados com cada conceito. Neste exemplo, avalia-se um *blog* elaborado por grupo de alunos para apresentação de resultados do desenvolvimento de um projeto em uma unidade curricular.

Um barema bem elaborado e aplicado de forma adequada favorece a confiabilidade e validade da avaliação realizada. Boas práticas incluem o alinhamento e consenso entre os avaliadores sobre os critérios e desempenhos esperados e a exposição prévia aos alunos do barema pelos quais serão avaliados.

Nessas circunstâncias, é possível citar uma série de benefícios da aplicação de baremas:

- aumento da transparência do processo de avaliação, tornando-o mais justo na percepção dos estudantes;
- diminuição da subjetividade da avaliação;
- redução das divergências de interpretação dos critérios e da interferência das preferências pessoais dos avaliadores.

Quadro 8 Exemplo de barema analítico

Critério	Excepcional (20 pontos cada)	Satisfatório (15 pontos cada)	Limitado (10 pontos cada)
Conteúdo da postagem no *blog*	O tópico dado foi totalmente discutido com comprovações baseadas em experiências e pesquisas. Pontos de vista e reflexões abrangentes demonstram profundo entendimento.	O tópico dado foi discutido com comprovações e profundidade limitadas. *Insights* e reflexões moderados foram apresentados.	O tópico dado foi mal discutido sem comprovações ou exemplos. Não demonstra reflexão sobre o tópico.
Coerência e organização	O *post* do *blog* é coerente e bem organizado, integrando exemplos e análises.	O *post* é um pouco difícil de seguir, com organização razoável do conteúdo.	O *post* não é organizado e demonstra não ter havido interesse em organizar o conteúdo.
Criatividade	O *post* usa diversos elementos criativos para efetivamente envolver o leitor, como multimídia, *links* e imagens.	O *post* demonstra pouca criatividade na utilização de recursos multimídia.	O *post* não foi criativo nem apresenta elementos para envolver o leitor.
[...]			

Fonte: Traduzido pelos autores a partir de Khan (2017).

Além disso, a explicitação antecipada para os estudantes dos critérios pelos quais serão avaliados e os desempenhos esperados pode levar a melhores *performances*, entendendo-se que estes irão direcionar seus esforços para melhor atingir aos objetivos pretendidos. Ainda, o uso de barema em avaliações formativas, como *feedback* do desempenho parcial, contribui também para o aprendizado, o que se busca em um sistema de avaliação centrado no estudante.

6.4 Usando os resultados da avaliação para a melhoria contínua

Aplicadas as avaliações, está na hora de analisar os resultados obtidos para melhorar o processo de ensino-aprendizagem. Sim, é preciso rodar o ciclo PDCA (planejar, fazer, checar e agir). Consolidados os resultados das avaliações, estas têm também o papel de prover informações para análise e melhoria do processo, conforme descrito no fluxo da Figura 1.

Isto pode ocorrer em diversos níveis. Por exemplo, resultados de uma avaliação diagnóstica aplicada no início de uma unidade curricular pode fazer com que os professores reestruturem as práticas pedagógicas planejadas ou reforcem algum conteúdo essencial que, por ventura, percebam que os alunos não tenham dominado adequadamente. Esta melhoria ocorreria no nível da própria disciplina que está sendo ministrada. Caso esta falha se repita em turmas subsequentes, talvez a causa do problema esteja em um pré-requisito não estabelecido ou não sendo trabalhado adequadamente, cabendo, neste caso, rever o percurso formativo ou a ementa de alguma outra unidade curricular. O mesmo vale para as avaliações formativas realizadas ao longo das unidades curriculares.

Após a conclusão da disciplina, convém realizar uma análise mais consistente sobre os desempenhos esperados e os alcançados pelo grupo de estudantes. Consolidar os resultados das avaliações por conhecimento ou habilidade avaliada permite analisar quais competências foram adequadamente desenvolvidas e quais precisam ser mais bem trabalhadas. Cabe se fazer os seguintes questionamentos:

- A maior parte dos estudantes atingiu os objetivos esperados para a disciplina?
- Quais os pontos em que os estudantes, de maneira geral, demonstraram maior dificuldade?
- Os métodos de ensino-aprendizagem escolhidos foram os melhores para trabalhar as competências previstas para aquela unidade curricular?
- Os instrumentos aplicados permitiram avaliar em que grau os estudantes desenvolveram as competências esperadas?

Respostas a estas questões podem retroalimentar o Plano de Ensino Aprendizagem e Avaliação, os Descritivos dos Componentes Curriculares ou os próprios Planos de Curso. Para isto, é fundamental que coordenadores de cursos de engenharia e coordenadores pedagógicos promovam um ambiente favorável e uma dinâmica que favoreça à melhoria contínua.

BIBLIOGRAFIA

BRASIL. Conselho Nacional de Educação. Parecer CNE/CES nº 1, de 23 de janeiro de 2019. Diretrizes Curriculares Nacionais do Curso de Graduação em Engenharia. **Diário Oficial [da] República Federativa do Brasil**, Brasília, DF, Seção I, p. 109, 23 abr. 2019a. Disponível em: <http://portal.mec.gov.br/index.php?option=com_docman&view=download&alias=109871-pces001-19-1&category_slug=marco-2019-pdf&Itemid=30192>. Acesso em: 31 maio 2019.

BRASIL. Conselho Nacional de Educação. Resolução CNE/CES nº 2, de 24 de abril de 2019. Diretrizes Curriculares Nacionais do Curso de Graduação em Engenharia. **Diário Oficial [da] República Federativa do Brasil**, Brasília, DF, Seção I, p. 43, 26 abr. 2019b. Disponível em: <http://www.in.gov.br/web/dou/-/resolu%C3%87%C3%83o-n%C2%BA-2-de-24-de-abril-de-2019-85344528>. Acesso em: 31 maio 2019.

BRASIL. Conselho Nacional de Educação. Resolução nº 11, de 11 de março de 2002. Institui as Diretrizes Curriculares Nacionais do Curso de Graduação em Engenharia. **Diário Oficial [da] República Federativa do Brasil**, Brasília, DF, Seção 1, p. 32, 9 abr. 2002. Disponível em: <http://portal.mec.gov.br/cne/arquivos/pdf/CES112002.pdf/>. Acesso em: 20 abr. 2019.

CRAWLEY, Edward et al. **Rethinking engineering education**. The CDIO Approach. 2. ed. Switzerland: Springer, 2014.

KHAN, Rubaina. Using blogs for authentic assessment of project based modules. In: The 13th International CDIO Conference, University of Calgary, 2017. **Anais** [...], Calgary, Canada, 2017. Disponível em: <https://prism.ucalgary.ca/handle/1880/52101>. Acesso em: 23 abr. 2019.

LUCKESI, Cipriano Carlos. **Avaliação da Aprendizagem componente do ato pedagógico**. 1. ed. São Paulo: Cortez, 2011.

MARTINS, João Batista. Contribuições epistemológicas da abordagem multirreferencial para a compreensão dos fenômenos educacionais. **Revista

Brasileira de Educação, Rio de Janeiro, n. 26, maio/jun./jul./ago., 2004.

MÉNDEZ, Juan Manuel Álvarez. Avaliar a aprendizagem em um ensino centrado nas competências. In: SACRISTÁN, J. G. (org.). **Educar por Competências**: o que há de novo? Porto Alegre: Artmed, p. 233-263, 2011.

MOREIRA, Marco Antonio. Teoria da Aprendizagem Significativa de Ausubel. In: MOREIRA, M. A. **Teorias da Aprendizagem**. São Paulo: EPU, p. 151-165, 1999. Disponível em: <https://bit.ly/2vuQDym>. Acesso em: 25 maio 2019.

MORENO, María Luisa Rodriguez. De la Evaluación a la Formación de Competencias Genéricas: Aproximación a un Modelo. **Revista Brasileira de Orientação Profissional**, 7(2), p. 33-48, 2006.

PALANGANA, Isilda Campaner. **Desenvolvimento e aprendizagem em Piaget e Vygotski**. São Paulo: Summus, 2015.

POZO, Juan Ignacio. **Aprendizes e Mestres**: a nova cultura da aprendizagem. Porto Alegre: Artmed, 2002.

ZABALA, Antoni; ARNAU, Laia. **Como aprender e ensinar competências**. Porto alegre: Artmed, 2010.

Novas DCNs dos cursos de graduação em Engenharia e a perspectiva da avaliação centrada em competências

FÁBIO DO PRADO
ROBERTO BAGINSKI B. SANTOS

1 Introdução

Neste capítulo, vamos discutir as premissas e as práticas de avaliação de cursos no Sistema Nacional de Avaliação da Educação Superior (Sinaes) e propor medidas para o aprimoramento do sistema, especialmente no que diz respeito à avaliação dos cursos de Engenharia.

A história da avaliação da educação superior no Brasil é relativamente curta (FRAUCHES, 2014), tendo começado apenas na década de 1980 com o Programa de Avaliação da Reforma Universitária (PARU), seguido pelo Programa de Avaliação Institucional das Universidades Brasileiras (Paiub), no início da década de 1990 (BRASIL, 1994).

2 Histórico

O Paiub era um programa de adesão voluntária aberto às instituições de educação superior públicas e comunitárias e parcialmente financiado pelo Ministério da Educação (MEC). Contendo componentes de avaliação interna e externa, era um processo participativo, contínuo e sistemático que procurava levar em conta as diferenças regionais e o histórico e a missão de cada instituição. O objetivo do Programa consistia em instituir uma cultura permanente de avaliação que indicasse a cada instituição, e ao sistema de educação superior como um todo, os melhores caminhos a seguir para a realização de sua vocação e para a identificação dos obstáculos para alcançar seus objetivos.

No Paiub, destaca-se o trabalho pioneiro realizado pelas instituições comunitárias do Rio Grande do Sul, reunidas no Consórcio das Universidades Comunitárias Gaúchas (Comung). Estas instituições elaboraram, em 1994, um projeto de avaliação, o Programa de Avaliação Institucional das Universidades Comunitárias Gaúchas (Paiung), que perdura até hoje (SCHEFFER ET AL., 2013).

No Paiung, conjugam-se avaliações internas e externas conduzidas pelas demais instituições do Comung, em um sistema que se baseia na solidariedade entre as instituições, que atuam como parceiras no desenvolvimento institucional conjunto, na transparência das discussões e no diálogo envolvendo as comunidades interna e externa a cada instituição. Neste processo, a avaliação é entendida como uma “reflexão sobre as questões que importam ao desenvolvimento institucional, como instrumento de construção coletiva e particular, ou seja, do conjunto do Comung e ao mesmo tempo de cada instituição em particular” (SOBRINHO, 2003).

Em meados da década de 1990, a Lei nº 9.131/1995 instituiu um novo sistema de avaliação, que previa a realização de “avaliações periódicas das instituições e dos cursos de nível superior, fazendo uso de procedimentos e critérios abrangentes dos diversos fatores que determinam a qualidade e a eficiência das atividades de ensino, pesquisa e extensão”.

Na prática, as avaliações periódicas e os procedimentos e critérios abrangentes previstos nesta lei se resumiram ao Exame Nacional de Cursos (ENC ou Provão), uma prova escrita aplicada a todos os estudantes concluintes de cursos de graduação em áreas do conhecimento definidas previamente.

O Provão surge em um contexto de expansão da oferta na educação superior, principalmente em instituições privadas, em que as políticas públicas para a educação superior se deslocam do controle governamental direto das instituições para um monitoramento por meio de noções de garantia da qualidade (VERHINE; DANTAS; SOARES, 2006), em um cenário de maior autonomia institucional prevista pela Constituição Federal de 1988 e reafirmada pela Lei de Diretrizes e Bases da Educação Nacional – LDB (Lei nº 9.394/1996).

Este movimento não foi uma particularidade brasileira. Na mesma época, os sistemas europeus de avaliação da educação superior passaram por experiências semelhantes (BILLING, 2004; HARVEY, 2005, HUISMAN, CURRIE, 2004), induzidas por políticas liberalizantes preconizadas por organismos multinacionais como o Banco Mundial (EL-KHAWAS; DEPIETRO-JURAND; HOLM-NIELSEN, 1998) ou a Organização para a Cooperação e Desenvolvimento Econômico - OCDE (HENRY ET AL., 2001). Estas políticas fortalecem a autonomia das instituições de educação superior ao mesmo tempo que procuram garantir a qualidade do sistema como um todo.

Verhine, Dantas e Soares (2006) fazem um apanhado das críticas ao modelo de avaliação do Provão. Desta análise, destacamos o seguinte:

- O interesse governamental em usar os resultados do Provão desarticulados de outros componentes de um sistema de avaliação, principalmente para fins regulatórios.
- A falta de mecanismos de participação das instituições de educação superior na definição das premissas e dos instrumentos do sistema de avaliação.
- A falta de comparabilidade intertemporal dos resultados causada pela atribuição de conceitos com referência à norma, por meio da comparação entre os desempenhos observados em um modelo autorreferente, e não por referência a critérios que estabeleçam padrões esperados de desempenho.

O Provão foi objeto de inúmeras polêmicas até que foi substituído pelo Sinaes, instituído pela Lei nº 10.861/2004. As premissas do Sinaes valorizam a autonomia, a identidade, a diversidade, as especificidades das instituições de educação superior e o significado de suas atuações institucionais, bem como preveem a análise global e integrada das "dimensões, estruturas, relações, compromisso social, atividades, finalidades e responsabilidades sociais das instituições de educação superior e de seus cursos".

O Sinaes é composto por três componentes: avaliação das instituições, avaliação dos cursos e avaliação do desempenho dos estudantes. Os processos avaliativos são coordenados pela Comissão Nacional de Avaliação da Educação Superior (Conaes), colegiado composto por três representantes do MEC, do Instituto Nacional de Estudos e Pesquisas Educacionais Anísio Teixeira (INEP) e da Capes (um representante cada), dos corpos discente, docente e técnico-administrativo das instituições de educação superior (um representante de cada categoria), além de cinco membros nomeados por notório saber científico, filosófico e artístico e reconhecida competência em avaliação ou gestão da educação superior. Com exceção dos representantes do INEP e da Capes, designados pelos titulares dos órgãos, os demais membros são nomeados pelo Ministro da Educação, conforme a Lei nº 10.861/2004 e o Decreto nº 5.262/2004.

O processo da avaliação do Sinaes, contudo, não alcança o cumprimento das premissas do sistema. Na prática, o desempenho dos estudantes em uma prova escrita, o Exame Nacional de Desempenho de Estudantes (Enade), domina o sistema e o resultado é usado prioritariamente como instrumento de classificação e regulação, e não como instrumento para reflexão e aprimoramento institucional. Neste contexto, a autoavaliação, lugar por excelência da reflexão qualitativa comunitária, tem um papel secundário no processo, fazendo com que as fronteiras entre os processos de avaliação e de regulação se desfaçam.

A homologação das novas Diretrizes Curriculares Nacionais (DCNs) para os cursos de Engenharia, em abril de 2019 (Parecer CNE/CES nº 1/2019), impõe, particularmente aos cursos de Engenharia, os desafios da avaliação de aprendizagem centrada no desenvolvimento de competências.

Nesse contexto, cabe questionar a capacidade de uma prova escrita em avaliar o sucesso atingido pelos diversos cursos na tarefa de induzir o desenvolvimento de competências. Na verdade, sempre que se atribui a uma prova a tarefa de avaliar aspectos complexos da experiência humana, vem à mente o caso exemplar das distorções causadas no ensino médio pela existência dos processos seletivos para ingresso na educação superior. Não é do interesse do país que os cursos abdiquem de suas identidades e finalidades apenas para garantir boas colocações nos *rankings* derivados dos resultados do Enade.

As novas DCNs foram elaboradas em um processo de amplo debate, que envolveu órgãos de representação profissional como a Comissão de Educação e Atribuição Profissional (CEAP) do Conselho Federal de Engenharia e Agronomia (Confea), de representação acadêmica como a Associação Brasileira de Educação em Engenharia (Abenge) e de representação do setor industrial como a Mobilização Empresarial pela Inovação (MEI) da Confederação Nacional da Indústria (CNI), especialistas de instituições de educação superior de relevância na formação em Engenharia e representantes governamentais da área de educação.

As novas DCNs apontam, claramente, para uma formação baseada no desenvolvimento de competências, em que o conhecimento é buscado e incorporado de forma ativa à estrutura cognitiva dos alunos ao mesmo tempo que desenvolvem as habilidades e as atitudes necessárias para lidar com situações e contextos complexos. Para as novas diretrizes curriculares nacionais, é necessário compreender as necessidades das pessoas e das organizações, conceber, projetar e analisar sistemas, produtos e processos, implantar, supervisionar e controlar as soluções propostas com ética e respeito à normatização pertinente, em geral, trabalhando ou liderando equipes multidisciplinares.

A formação por competências deve substituir um modelo que previa a exposição dos alunos aos conteúdos preferencialmente em aulas expositivas e sua fixação pela resolução de exercícios de livro-texto, enquanto o uso efetivo do conhecimento deveria aguardar os projetos de conclusão de curso. Uma das características do modelo a ser superado é justamente a pequena atenção dada ao desenvolvimento de habilidades e de atitudes.

No modelo em superação, o conhecimento valorizado é do tipo declarativo, que pode ser avaliado facilmente por provas escritas e que pode levar à criação de "pseudoexperts", engenheiros capazes de resolver problemas rotineiros pela aplicação de algoritmos e de procedimentos, mas incapazes de um desempenho adequado em situações complexas que exigem o uso de habilidades cognitivas de ordem superior. (BIGGS, TANG, 2007; CROPLEY, 2015; DEHAAN, 2009). Segundo DeHaan (2009), a verdadeira *expertise* exige uma habilidade "para inventar ou adaptar estratégias para resolver problemas únicos ou novos dentro de um domínio de conhecimento". A esse respeito, Sternberg (2003) afirma que a "pseudoexpertise" não reflete a *expertise* necessária para atuação adequada no mundo real.

Por outro lado, a verdadeira *expertise* exige o desenvolvimento conjugado de todas as formas de conhecimento, isto é, impõe o desenvolvimento de competências que mobilizem, nos momentos certos, os saberes, as habilidades e as atitudes apropriados para a compreensão da situação e resolução de problemas novos e autênticos. Como avaliar isso por meio de provas escritas?

Tomando as novas DCNs como referência, a análise indica que uma avaliação de cursos de Engenharia de caráter essencialmente somativo e classificatório, como hoje realizada, é claramente insuficiente, sendo necessário priorizar instrumentos em que os aspectos diagnóstico e formativo estejam presentes no processo de avaliação dos cursos.

Deste modo, os cursos serão incentivados e induzidos a se desenvolverem com autonomia, identificando suas vocações, seus desafios, as necessidades do mundo, tanto as atuais quanto as antevistas, e oferecendo oportunidades reais para formação de seus estudantes e sua real inserção na sociedade e no mercado de trabalho.

Discutindo a questão da avaliação de cursos de Engenharia, Do Prado e Gianesi (2018) afirmam que o Enade "apresenta sérias limitações na avaliação de competências", por avaliar apenas os níveis cognitivos mais baixos e por ser um instrumento incapaz de avaliar competências que envolvem "comunicação, trabalho em equipe e autonomia intelectual", por exemplo.

Em lugar de uma avaliação centrada no Enade, os autores sugerem que a avaliação dos cursos:

> (i) compreenda em que medida as experiências de aprendizagem propostas aos alunos, mobilizando seus recursos cognitivos, são projetadas e conduzidas para desenvolver as competências desejadas pelo Projeto Pedagógico de Curso (PPC); (ii) considere a atuação dos egressos para que seja possível observar comportamentos e estratégias indicadoras do desenvolvimento destas competências (DO PRADO, GIANESI, 2018).

Como avaliar se os cursos de Engenharia estão projetando e oferecendo experiências de aprendizagem a seus alunos que maximizam as chances de desenvolver as competências desejadas pelo PPC? Não há como fazer isso apenas com a quantificação de insumos, provas escritas e testes padronizados, por mais bem elaborados que sejam.

Este processo de avaliação demanda a identificação e a participação de todos os interessados, desde os membros do curso, incluindo seus egressos, até a sociedade civil organizada em empresas e associações profissionais, além de envolver a participação de outras instituições de educação superior em um diálogo permanente e no desenvolvimento conjunto em uma atmosfera de transparência, solidariedade, respeito mútuo e desejo de aprender.

Neste processo, os cursos seriam visitados pelos avaliadores, individualmente ou em pequenos comitês. Os avaliadores não apenas entrevistariam a coordenação do curso, o Núcleo Docente Estruturante (NDE), os alunos, as equipes de apoio técnico e administrativo e a Comissão Própria de Avaliação (CPA), mas teriam a oportunidade de verificar *in loco* e de acompanhar o desenvolvimento de algumas das atividades de formação previstas.

Os avaliadores deveriam não só abandonar a postura de simples observadores externos, bem como estar dispostos e preparados para coordenar uma reflexão sobre as práticas formativas do curso e sobre a qualidade das experiências formativas escolhidas. Neste contexto, caberia demonstrar a conexão entre essas experiências e as competências a serem desenvolvidas, isto é, os avaliadores agiriam mais como consultores interessados na melhoria do curso do que como observadores externos.

Os cursos teriam a responsabilidade de documentar suas atividades de formação especificando seus objetivos formativos e de avaliar como a atividade teria contribuído para o desenvolvimento de competências, tanto na visão dos docentes quanto na dos discentes. Também caberiam aos cursos coletar e manter amostras representativas dos processos e dos resultados das atividades. Para que as atividades possam ser avaliadas, seus objetivos e suas relações com o desenvolvimento de competências precisariam ser definidos e comunicados claramente aos alunos e a todos os envolvidos no processo.

Estas iniciativas introduziriam no curso os hábitos de reflexão e de avaliação sobre o processo formativo, práticas que embasariam o desenvolvimento do curso. Se trabalhadas adequadamente, estas iniciativas poderiam favorecer o aumento da corresponsabilidade dos alunos na definição dos objetivos, no projeto das atividades e na especificação dos critérios de avaliação de seus cursos.

Um processo de avaliação deve ter como principal referencial as competências que o curso escolhe como seus objetivos formativos, de forma a respeitar a autonomia e a vocação das instituições e incentivar a flexibilidade curricular e a inovação dos programas. Por este motivo, é essencial que o curso descreva claramente o perfil esperado para seus egressos e realizem a gestão de aprendizagem de seus alunos, isto é, esclareçam como as competências a serem desenvolvidas contribuem para a formação deste egresso, como as experiências formativas se articulam para o desenvolvimento das competências e para a satisfação dos objetivos de aprendizagem e como a avaliação colabora para a aprendizagem. O projeto pedagógico do curso deve estipular os padrões pelos quais o curso será avaliado.

Tratando-se de um processo baseado em transparência e confiança, seu caráter deve ser voluntário, como no processo de acreditação dos cursos de Engenharia realizado pela *Accreditation Board for Engineering and Technology* (ABET, 2019). Mesmo estes têm suas fraquezas, por serem processos liderados por um agente externo à instituição, que assume a responsabilidade, que deveria ser do curso, de definir os critérios e as competências esperadas, determinar a carga horária mínima que deve ser destinada aos componentes curriculares de Ciências Básicas e Matemática e aos componentes específicos da Engenharia, ainda que, desde meados da década de 1990, não haja mais exigências específicas sobre as disciplinas que deveriam compor um currículo.

Por se tratarem de processos longos, de alto investimento e pontuais, com mais de 18 meses de duração, e repetidos em intervalos que variam de dois a seis anos, dependendo das ações recomendadas pela comissão de área da ABET, os processos tradicionais de acreditação se tornam apostas de alto risco para as instituições, reduzindo os incentivos à inovação e os benefícios que os cursos poderiam auferir se recebessem *feedback* mais frequente sobre seu desempenho.

Deste ponto de vista, os processos de acreditação convencionais correm o risco de se tornarem novas camisas de força para os cursos, se conduzidos com a mesma mentalidade que confunde avaliação, regulação e supervisão que observamos na prática do Sinaes. Por este motivo, cursos de Engenharia em instituições renomadas, como Caltech ou Stanford, abandonaram o processo de acreditação nos moldes atuais (ARNAUD, 2017).

Para que as avaliações fortaleçam cursos inovadores que desenvolvam adequadamente as competências que se articulam no perfil proposto para o egresso, os processos de avaliação devem (i) ser transparentes, (ii) ser liderados pelo próprio curso, (iii) privilegiar os aspectos qualitativos sobre insumos quantitativos brutos, (iv) dar atenção à coerência dos processos de formação, à observação dos alunos durante as atividades propostas para desenvolvimento de suas competências e à atuação dos egressos. Precisam evidenciar os pontos em que o curso pode melhorar para atingir os objetivos que estabeleceu para si e se há oportunidade para estabelecer objetivos mais abrangentes e alinhados com a vocação institucional e com as necessidades dos setores produtivos.

Finalmente, as avaliações devem ser frequentes, ser processos contínuos para que se incorporem à cultura institucional. Com isso, as oportunidades de aprimoramento do curso podem ser identificadas e as necessárias correções de rota possam ser realizadas em tempo oportuno para efetiva melhora do processo.

Acreditamos que, desta maneira, o processo de avaliação de cursos fortalecerá os princípios que basearam as novas DCNs: foco na formação pelo desenvolvimento de competências, metodologias e políticas institucionais inovadoras, ênfase na gestão do processo de aprendizagem, fortalecimento do relacionamento com diferentes organizações e valorização da formação do corpo docente.

BIBLIOGRAFIA

ACCREDITATION BOARD FOR ENGINEERING AND TECHNOLOGY (ABET). Disponível em: <https://www.abet.org/accreditation>. Acesso em: 10 maio 2019.

ARNAUD, C. H. Is it time to leave behind chemical engineering accreditation? **Chemical & Engineering News**, 95, v. 4, n. 8, p. 20, 2017.

BIGGS, J.; TANG, C. **Teaching for Quality Learning at University**. 3. ed. Maidenhead, UK: McGraw-Hill, 2007.

BILLING, D. International comparisons and trends in external quality assurance of higher education: commonality or diversity? **Higher Education**, v. 47, p. 113, 2004.

BRASIL. **Programa de Avaliação Institucional das Universidades Brasileiras (PAIUB)**. Brasília: MEC/SESu, 1994.

CROPLEY, D. H. **Creativity in Engineering**: novel solutions to complex problems. London: Academic Press, 2015.

DEHAAN, R. L. Teaching creativity and inventive problem solving in science. **CBE Life Sciences Education**, v. 8, p. 172, 2009.

DO PRADO, F.; GIANESI, I. Avaliação de Cursos de Engenharia. In: CONFEDERAÇÃO NACIONAL DA INDÚSTRIA (org.). **Destaque de Inovação**: recomendações para o fortalecimento e modernização do ensino de engenharia no Brasil. Brasília: CNI, p. 24, 2018.

EL-KHAWAS, E.; DEPIETRO-JURAND, R.; HOLM-NIELSEN, R. **Quality Assurance in Higher Education**: recent progress; challenges ahead. Washington, DC: The World Bank, 1998.

FRAUCHES, C. C. Sinaes – avanços e desafios na avaliação da educação superior. **ABMES Cadernos**, v. 29, p. 9, 2014.

HARVEY, L. A history and critique of quality evaluation in the UK. **Quality Assurance in Education**, v. 13, p. 263, 2005.

HENRY, M. et al. **The OECD, Globalisation and Education Policy**. Bingley, UK: Emerald, 2001.

HUISMAN, J.; CURRIE, J. Accountability in higher education: Bridge over troubled water? **Higher Education**, v. 48, p. 529, 2004.

SCHEFFER, N. F. et al. **Programa de Avaliação Institucional das Universidades Comunitárias Gaúchas – PAIUNG**: experiências avaliativas das CPAs das comunitárias. Disponível em: http://download.inep.gov.br/educacao_superior/avaliacao_institucional/seminarios_regionais/trabalhos_regiao/2013/sul/eixo_1/programa_ava_institucional_paiung_experiencias_avaliativas.pdf. Acesso em: 24 abr. 2019.

SOBRINHO, J. D. Avaliação Institucional como prática social da articulação. In: SILVA, I. B.; DALLA ROSA, M. S. C. (org.). **Avaliação institucional integrada**: os dez anos do Paiung. Ijuí, RS: Unijuí, 2003.

STERNBERG, R. J. What is an "expert student?". **Educational Researcher**, v. 32, p. 5, 2003.

VERHINE, R. E.; DANTAS, L. M. V.; SOARES, J. F. Do Provão ao Enade: uma análise comparativa dos exames nacionais utilizados no Ensino Superior Brasileiro. **Ensaio: Avaliação e Políticas Públicas em Educação**, v. 14, n. 52, p. 291-310, 2006.

Formação de professores de Engenharia para além da sala de aula

OCTAVIO MATTASOGLIO NETO
ANGELO EDUARDO BATTISTINI MARQUES
JOSÉ AQUILES BAESSO GRIMONI
TEREZINHA SEVERINO DA SILVA

Durante muito tempo o processo formativo do professor de Engenharia esteve apoiado apenas na formação dos aspectos técnicos da Engenharia. O profissional graduado, eventualmente, se tornava professor e, a partir de sua experiência como aluno, passava a exercer a docência. Mais recentemente, alguns alunos de pós-graduação têm se aproximado de temas relacionados com o processo de ensino-aprendizagem, sendo até mesmo possível encontrar professores e pesquisadores preocupados com os aspectos epistemológicos do ensino de Engenharia, ou com temas que envolvem questões sociais ou psicológicas dos estudantes de Engenharia.

Além de ser uma preocupação no momento da formação em cursos de pós-graduação, diversas escolas estão promovendo uma reflexão sobre esses temas junto ao seu corpo docente. Motivadas pelas mudanças no cenário educacional, disseminadas pelo acesso à informação e pela tecnologia disponível, as Instituições de Ensino Superior (IES) passaram a oferecer, de forma mais organizada, programas de capacitação docente aos seus professores.

A implantação de novos espaços de aprendizagem, o uso de estratégias ativas e a orientação por projetos são algumas das demandas que as novas Diretrizes Curriculares para os cursos de Engenharia (DCNs) propõem para os cursos e que ampliam os modos de aprendizagem para além da sala de aula tradicional. Esses são elementos que necessitam ser trabalhados junto aos professores em formação e, também, àqueles que estão em exercício, visando um novo referencial em como promover a aprendizagem. Para isso, há necessidade de uma mudança de atitudes e comportamentos desse professor, bem como da visão do que seja aproveitar todas as oportunidades para colocar o estudante em contato direto com o mundo da Engenharia.

Assim, o objetivo deste trabalho consiste em apresentar diretrizes para o processo formativo de professores que ampliem a reflexão sobre o papel do professor em diversos espaços de aprendizagem, bem como relatar experiências que vêm sendo conduzidas com sucesso em algumas escolas de Engenharia.

1 Introdução

As novas Diretrizes Curriculares para os cursos de Engenharia (DCNs) (BRASIL, 2019) trazem à luz uma situação que há muito se observa: a necessidade tanto de formação do professor de Engenharia quanto de ações para efetivá-la. Como promover, então, a formação de professores para os cursos de Engenharia? É certo que já existe um grande número de experiências esparsas, desconexas (ABOUTBOUL, 1984; DANTAS, 2014), para promover esse tipo de formação, e algumas delas serão abordadas neste capítulo. No entanto, já é tempo de se organizar essas ações e se alcançar mais professores formadores de engenheiros, de modo mais extensivo.

Algumas outras questões mais básicas se impõem quando se trata desse tema. É necessária essa formação? Quando realizá-la? Como realizá-la? O que abordar? Essas são questões que este texto pretende desenrolar e descrever. Com uma organização de ideias e condução de discussões, é possível avançar nesse tema, tão premente neste momento de mudança com as novas DCNs.

1.1 Justificativa deste capítulo

A docência nos cursos de Engenharia é também uma função exercida por profissionais dessa área, no entanto poucos engenheiros estão efetivamente preparados para exercer tal papel. Da mesma forma que muitos engenheiros precisam de especialização ou complementação de estudos para exercer determinada atribuição técnica, a docência também exige uma formação específica, que possibilite ao profissional engenheiro atuar como professor e como educador. Essa, no entanto, não é a percepção de muitos profissionais engenheiros que atuam na formação de novos profissionais nos cursos superiores de Engenharia, que pouco compartilham e discutem suas experiências relativamente ao trabalho realizado em sala de aula (DANTAS, 2014).

Conhecer as teorias de aprendizagem, métodos de ensino e estratégias de aula e de avaliação integram o bom exercício da docência. Concepções de aprendizagem e obstáculos epistemológicos fazem parte de uma área de conhecimento que não é dominada adequadamente por muitos engenheiros que atuam na docência.

A formação de professores tem sido muito discutida, considerando-se as diversas mudanças ocorridas, dentre elas, o desafio de exercer a docência nas IES. O professor nesse nível de ensino está consciente da importância de seu papel para a formação de outros profissionais, porém, muitas vezes, não tem acesso à formação pedagógica, alguns não a valorizam ou, ainda, vivem um conflito entre a formação técnica e a pedagógica, no qual, na maioria das vezes e pelas características de sua formação inicial, predominam os conhecimentos técnicos em detrimento da preparação e/ou a formação específica para a docência. Dessa forma, há uma preocupação mais voltada para a abordagem técnica e científica do que para o processo de ensino e aprendizagem, enfatizando-se, assim, o conhecimento específico.

Em geral, os engenheiros docentes seguem o padrão que aprenderam, com aulas expositivas, exercícios e provas, e, embora esse seja o modelo que tem imperado nos cursos de Engenharia há décadas, sabe-se que essa abordagem é pouco eficiente, visto que não induz o aluno a relacionar os conhecimentos à vida prática.

Como destacado no Parecer CNE/CES nº 1/2019 das novas DCNs, a maioria do corpo docente na Engenharia não recebe formação para o exercício do magistério superior e tampouco é capacitado para a gestão acadêmica, seja no que tange à organização do curso, seja nas atividades que devem ser desenvolvidas para atender às necessidades de formação (BRASIL, 2019).

O Parecer aqui citado sintetiza:

> É necessário priorizar a capacitação para o exercício da docência, visto que a implementação de projetos eficazes de desenvolvimento de competências exige conhecimentos específicos sobre meios, métodos e estratégias de ensino/aprendizagem.

Essa formação é, na verdade, um processo de longo prazo, "no qual se integram diferentes tipos de oportunidades e experiências planificadas sistematicamente para promover o crescimento e o desenvolvimento profissional" (MARCELO, 2009, p. 7). O autor destaca que esse conceito marca, com mais clareza, a concepção de profissional do ensino, sugerindo evolução, continuidade.

A legislação, por si só, não garante a formação do professor. É preciso pensar em uma estratégia que subsidie o ensino, a pesquisa e a extensão de modo articulado, na perspectiva do desenvolvimento profissional do docente.

Os caminhos dessa formação vão além dos elementos do currículo, devendo avançar para outras áreas, como, por exemplo, a construção de objetos de aprendizagem, a reflexão sobre o que é o conhecimento de engenharia, como ele se forma e se desenvolve, as barreiras que dificultam as mudanças dos professores perante as novas propostas pedagógicas, o papel da relação dialógica para a aprendizagem em Engenharia, dentre outras, que constituem o universo do ensino de engenharia. Por outro lado, se observa que esses temas já têm começado a fazer parte das discussões e de trabalhos apresentados em eventos como o Cobenge (ABOUTBOUL, 1984; DANTAS, 2014), bem como de outros eventos específicos da Educação e Ensino de Engenharia (HORTSCH ET AL., 2018).

1.2 DCNs e formação do professor

O Parecer CNE/CES nº 1/2019 das DCNs destaca que a valorização do trabalho docente passa pela valorização dessa atividade na carreira do professor de Engenharia, bem como no acesso a recursos de fomento. Nesse sentido, aponta a necessidade de preparação do docente para a gestão acadêmica, de equilíbrio entre os incentivos funcionais, acadêmicos e de recursos oferecidos para as atividades de pesquisa, de extensão também para as atividades de ensino, bem como o envolvimento de profissionais vinculados a empresas de Engenharia em atividades acadêmicas contextualizadas, por meio de Projetos de Formação, ou mesmo de contratações especiais. Literalmente, este Parecer indica que:

> É importante considerar ainda que, embora seja uma atividade inerente ao exercício do magistério, as atividades na graduação não agregam tanto valor na progressão funcional quanto as atividades de pesquisa, isto sem mencionar o acesso a recursos de fomento. Isto posto, há aspectos que devem ser ressaltados:
>
> - A capacitação didática pedagógica e para a gestão acadêmica do corpo docente.
> - O equilíbrio entre os incentivos funcionais, os acadêmicos e os recursos oferecidos para as atividades de pesquisa, de extensão e para as atividades de ensino.
> - O envolvimento de profissionais vinculados a empresas de Engenharia em atividades acadêmicas contextualizadas, por meio de Projetos de Formação, ou mesmo de contratações especiais.
>
> Em outras palavras, é necessário priorizar a capacitação para o exercício da docência, visto que a implementação de projetos eficazes de desenvolvimento de competências exige conhecimentos específicos sobre meios, métodos e estratégias de ensino/aprendizagem (BRASIL, 2019, p. 31).

1.3 Sinaes, DCNs e avaliação do professor

O Sistema Nacional de Avaliação do Ensino Superior (Sinaes) já indica a dimensão de avaliação do corpo docente como parte a ser considerada no processo de avaliação e reconhecimento de cursos, o que vai ao encontro do que é reconhecido e destacado no Parecer das novas DCNs para o ensino de Engenharia (BRASIL, 2019, p. 29, *grifo nosso*):

> O PPC evidenciará a coerência existente entre os objetivos do curso, o perfil do egresso e a matriz curricular, tomando por referência as DCNs e as recomendações do Enade, que mostre claramente **como serão desenvolvidas e avaliadas as competências desenvolvidas**. Deverá apontar os métodos, as técnicas, os processos e os meios para a aquisição de conhecimentos contextualizados, por exemplo, mediante as atividades de experimentação, de práticas laboratoriais, em organizações ou de estudos; que demonstre como os resultados almejados serão obtidos, e indique qual o perfil do pessoal docente, técnico e administrativo envolvido. A transparência do processo tanto interno quanto externo da IES é condição indispensável para a gestão da aprendizagem.

Essa mudança de foco no sentido de desenvolver competências e não somente conteúdos técnicos, com estratégias que contextualizem a aprendizagem, nas aulas e demais atividades acadêmicas, aumenta a necessidade de que o professor se atualize e tenha uma formação adequada a essas exigências. O artigo 14 das novas DCNs não apenas indica isso, mas converge com a necessidade de formação e de avaliação do professor de Engenharia:

> Art. 14 O corpo docente do curso de graduação em Engenharia deve ser alinhado com o previsto no Projeto Pedagógico do Curso, respeitada a legislação em vigor.
>
> § 1º O curso de graduação em Engenharia deve manter permanente Programa de Formação e Desenvolvimento de seu corpo docente, com vistas à valorização da atividade de ensino, ao maior envolvimento dos professores com o Projeto Pedagógico do Curso e ao seu aprimoramento em relação à proposta formativa, contida no Projeto Pedagógico, por meio do domínio conceitual e pedagógico, que englobe estratégias de ensino ativas, pautadas em práticas interdisciplinares, de modo que assumam maior compromisso com o desenvolvimento das competências desejadas nos egressos.
>
> § 2º A instituição deve definir indicadores de avaliação e valorização do trabalho docente nas atividades desenvolvidas no curso.

2 Cenário atual

A disponibilidade de recursos tecnológicos traz uma facilidade no acesso à informação que deve ser levada em conta no momento de definir as estratégias de aprendizagem. Cursos, aulas gratuitas *on-line*, textos, fóruns de discussão, enfim, qualquer recurso que possa ser útil ao estudante está, literalmente, ao alcance das mãos. O conhecimento deixou de estar restrito aos livros e aos espaços acadêmicos.

O professor precisa conhecer e se preparar para lidar com esse quadro e torná-lo parte útil ao aprendizado, apropriando-se das ferramentas e trazendo-as para as suas aulas.

As instituições, em sua maioria, possuem ambientes virtuais de aprendizagem (AVA) conectados às plataformas de gestão de aprendizagem (LMS) que estão sendo cada vez mais usadas como recursos acadêmicos. Utilizar de maneira efetiva esses recursos não é tarefa fácil porque, além do domínio tecnológico, o professor deve compreender quais ações são adequadas a cada momento, quais devem ser as tarefas realizadas a distância, como orientar e avaliar essas tarefas, quais devem ser feitas e orientadas presencialmente.

Mesmo dentro da sala de aula, os recursos tecnológicos podem estar presentes. Há uma série de expedientes que possibilitam a participação, discussão, interação e o engajamento dos alunos durante as aulas, como jogos, questionários *on-line*, vídeos, simulações, entre outros.

2.1 Estratégias de aprendizagem ativa

A tecnologia de hoje propicia que a informação, disponível em grande quantidade, seja levada para dentro da sala de aula e compartilhada de modo enriquecedor com e por todos os estudantes. Isso aponta a necessidade de novas abordagens por parte do professor, visto que, com a facilidade de acesso, ele, muito mais do que um "transmissor" do conhecimento, passa a ser um "organizador" da construção dos conhecimentos relevantes.

Assim, a aula tradicional deve abrir caminho para a participação ativa do aluno na sua aprendizagem, o que exige dele uma postura mais participativa e responsável e, da parte do professor, um orientador, que propõe atividades, desafios e questões relevantes de forma que os alunos possam percorrer um caminho na direção dos objetivos, desenvolvendo as competências necessárias.

2.2 Espaços de aprendizagem para além da sala de aula

Novas abordagens exigem, portanto, novos espaços de aprendizagem. A estrutura tradicional, com os alunos "enfileirados" e o professor em um lugar de destaque, reflete um modo de pensar a educação: o professor, centro das atenções, transmite o conhecimento e os alunos, espectadores, recebem e reproduzem esse conteúdo.

Além da necessidade de o professor ter conhecimentos dos processos de aprendizagem, novos espaços físicos também são necessários. A aula também muda. Compreendida como o momento de aprendizagem, a "aula" passa a ter um conceito mais amplo, que compreende uma preparação prévia pelo aluno, seja assistindo a vídeos, textos ou mesmo entrando em contato com problemas ou casos reais. O momento central é o do encontro dos alunos que, em conjunto, discutem as soluções possíveis sob a supervisão e o auxílio do professor. A aula finaliza com o processo reflexivo do aluno sobre o próprio aprendizado, que poderá demandar uma explicação por parte do professor.

O momento da exposição e da explicação do professor, anteriormente percebido como o momento mais importante da aula, passa a ser um complemento para as atividades dos alunos. A aula não se limita ao tempo fixado e determinado pela escola e passa a ser um conjunto de atividades, anteriores e posteriores ao momento estabelecido no horário.

Na abordagem do desenvolvimento de competências, novas estratégias metodológicas são necessárias. Dessa forma, a arquitetura tradicional da sala de aula deve ser reelaborada, tirando o professor do centro das atenções e favorecendo a colaboração entre os alunos.

No artigo 11 da Resolução CNE/CES nº 2/2019, as DCNs apontam a necessidade de práticas reais, dentre elas, o estágio curricular supervisionado. A necessidade de parcerias é explicitada no:

> § 2 [...] com as organizações que desenvolvam ou apliquem atividades de Engenharia, de modo que docentes e discentes do curso, bem como os profissionais dessas organizações, se envolvam efetivamente em situações reais que contemplem o universo da Engenharia, tanto no ambiente profissional quanto no ambiente do curso.

A interação com organizações, nas quais o engenheiro poderá trabalhar, é um caminho que deve ser alcançado e com via dupla: a escola e os alunos indo até essas organizações, como também as organizações passando a participar mais na escola. Nessa troca, o professor tem que estar preparado para promover essa ligação e gerenciar a aprendizagem nessa interação, abrindo a possibilidade de que profissionais do mercado, os interlocutores dessas organizações, participem mais ativamente do processo formativo dos estudantes. É, portanto, tarefa do professor estar preparado para promover essa mediação, no sentido de que os profissionais das organizações sejam tutores colaborando na orientação de projetos desenvolvidos na escola, ou na forma mais tradicional, supervisores dos alunos nos trabalhos de estágio.

Por ambientes de aprendizagem deve-se também considerar todos os eventos nos quais os estudantes podem participar, como atividades complementares, empresas juniores, dentre outros. Para todos eles, o professor deve estar preparado, e isso significa romper a barreira da sala de aula e ter competência para a gestão do relacionamento e da aprendizagem nesses ambientes.

2.3 Orientação de projetos

No caso específico dos cursos de Engenharia, uma competência importante é a de modelar e projetar sistemas complexos (CRAWLEY, 2014), o que deve ser desenvolvido desde os primeiros momentos do curso.

A proposta de uma educação por projetos traz uma série de aspectos relevantes na formação dos estudantes de Engenharia. Além da motivação, envolvimento e do compromisso, os alunos passam a exercitar habilidades como trabalho em equipe, gestão de tempo e recursos, comunicação, responsabilidade.

A orientação de projetos exige outro tipo de abordagem de orientação e de avaliação por parte do professor. A proposta de projetos deve estar de acordo com os objetivos estabelecidos para aqueles estudantes naquele semestre/módulo (CAMPOS, 2012).

O professor deve, também, estar atento e preparado para avaliar os projetos, o que não deve ficar restrito simplesmente a provas tradicionais com avaliações somativas (FERNANDES, 2011), mas devem ser realizadas de forma contínua, avaliando, juntamente com os alunos, o processo como um todo, com *feedback* por parte do professor, permitindo, da parte do aluno, a autoavaliação, autorregulação, o que constitui a avaliação formativa (FERNANDES, 2012).

A construção de ferramentas de avaliação de projetos (MATTA, 2018), como as rubricas,[1] pode ser um fator importante na orientação dos objetivos, no acompanha-

---

[1] Rubrica de avaliação é uma ferramenta que indica, em uma escala, as expectativas para uma determinada tarefa e são compostas, basicamente, por quatro componentes: descrição detalhada da tarefa; dimensões da tarefa, que se referem aos aspectos que serão avaliados; uma escala que descreve diferentes níveis de desempenho; e descrição dos diferentes níveis de desempenho em cada uma das dimensões da tarefa (STEVENS; LEVI, 2005).

mento do processo por parte do professor, na autonomia e no senso crítico e reflexivo por parte dos estudantes sobre o próprio aprendizado.

2.4 Outras atividades

Competições universitárias, como, por exemplo, o programa BAJA, AeroDesign e Futebol de Robôs, são uma fonte de aprendizado que, em geral, atraem os estudantes. Além dos conhecimentos técnicos e conceituais que os alunos precisam buscar para aplicar nas tarefas, eles são confrontados com a importância da equipe, da responsabilidade, cumprimento de regras e prazos, custos e outras tantas variáveis que farão parte de sua vida profissional no futuro.

3 Um professor no novo referencial

O professor precisa se preparar para atuar nessa nova perspectiva, por exemplo, estabelecendo uma relação dialógica com o estudante e conduzindo uma interação pessoal, com o objetivo de levá-los a um envolvimento no processo de aprendizagem e a uma posição pessoal e autônoma diante do conhecimento, como já destacavam Pacca e Villani (2000), em relação ao aprendizado em Ciências.

4 Experiências de formação continuada

A formação docente tem sido uma preocupação de diversas instituições que procuram, dentro e fora de seu corpo docente, pessoas capacitadas a colaborar no processo formativo de professores.

Em uma pesquisa realizada com professores em início de carreira e estudantes de pós-graduação, os resultados indicam a necessidade de uma formação pedagógica para a melhoria do desenvolvimento de suas carreiras docentes (COELHO; GRIMONI, 2018). Aqui, citamos algumas experiências de universidades públicas e particulares.

4.1 Apoiadores de inovação no ensino de Engenharia

4.1.1 Grupo de trabalho formação de professores da Abenge

O Grupo de Trabalho (GT) Formação de Professores tem como objetivo estabelecer as linhas gerais que irão orientar a Associação Brasileira de Educação em Engenharia (ABENGE) na elaboração de propostas de cursos de pós-graduação e de capacitação docente (formação continuada).

Em 2017, aconteceu a primeira reunião do GT da Abenge sobre a formação de professores de Engenharia, contando com a participação de 44 professores e pesquisadores nesta área. Naquela reunião, foram levantados, a partir de uma dinâmica realizada com os participantes, as dimensões mais relevantes sobre o tema.

Diante dos desafios enfrentados pelos cursos superiores de manter a qualidade da formação profissional, aliada à necessidade de promover a formação em competências transversais do profissional de Engenharia para atuar no mercado do século XXI, ficou evidente a necessidade da profissionalização e da ampliação da percepção da ação docente. Normalmente, os docentes nos cursos de Engenharia têm sólida formação técnica e boa parte deles, apesar de bons professores, não são preparados para o exercício da docência em todos os aspectos que essa atuação exige. Dessa forma, a formação dos profissionais de Engenharia deve abranger também a dos professores dessa área. A Abenge, que tem como missão produzir mudanças para a melhoria no ensino de Engenharia, deve orientar e apoiar a construção e renovação de cursos de pós-graduação nessa formação docente, além de fomentar a formação continuada dos professores dos cursos de Engenharia.

Em 2018, na segunda reunião do grupo realizada no Congresso Brasileiro de Educação em Engenharia (Cobenge), em Salvador, com 39 participantes, foi lançada a ideia de organizar uma rede de formação de professores no Brasil.

4.1.2 Consórcio Sthem Brasil

O consórcio Sthem[2] Brasil é formado, atualmente, pela associação de 51 IES de todo o Brasil, muitas delas com cursos de Engenharia, e promove cursos, seminários e simpósios, além de apoiar a publicação de um periódico dedicado à aprendizagem ativa, o *International Journal on Active Learning* (IJOAL). O Sthem Brasil é parte do Programa Acadêmico e Profissional das Américas (Laspau) da Harvard University, nos Estados Unidos.

O Sthem Brasil organiza, anualmente, uma semana de formação de professores com *workshops* ligados a temas específicos como Aprendizagem com os Pares (*Peer Instruction*), *Design* Motivacional na Educação (Gamificação), dentre outras estratégias de ensino. Mais recentemente, tem avançado na formação para a gestão da inovação educacional, visando atender à necessidade de uma visão mais ampla do processo de mudança, para além da sala de aula.

Os professores participantes dessa semana têm o compromisso de multiplicar os conhecimentos em suas instituições de origem, o que garante uma rede de divulgação e treinamento das estratégias ativas para a aprendizagem. Além de se tornarem multiplicadores, os professores participantes assumem o compromisso de pôr em prática o aprendizado da formação recebida e de apresentar os resultados alcançados. Para isso, todo ano acontece o Fórum Sthem Brasil,[3] um espaço de trocas de experiências e de

[2] STHEM é uma sigla designando, em inglês, o conjunto de áreas ligadas à Ciência, Tecnologia, Humanidades, Engenharia e Matemática.

[3] O II Fórum STHEM Brasil teve como resultado a publicação de um livro com experiências realizadas por professores participantes até aquele momento (MATTASOGLIO NETO; SOSTER, 2016).

suplemento da formação recebida, com a participação de um palestrante abordando conteúdos de interesse das instituições consorciadas.

Os números do consórcio Sthem Brasil se ampliam. Com cinco semanas já realizadas, são, aproximadamente, 705 professores participantes que multiplicaram esses conhecimentos entre os professores das instituições participantes. O Consórcio também promoveu a formação de quatro professores no exterior, por meio de um programa de *fellowship* em Harvard, com bolsas concedidas por instituições parceiras.

A experiência mostra que os resultados são positivos para as escolas participantes por dois motivos: a convivência multi-institucional, com escolas de diversas regiões do país, constitui uma motivação para os participantes e para as escolas, com possibilidade de aproximação de experiências diversificadas; e o rateio de custos garante a possibilidade de, em um curto espaço de tempo, compartilhar a experiência de especialistas de diferentes lugares do mundo.

4.1.3 University of Tampere

O Grupo Ânima Educação promoveu, entre 2017 e 2019, cursos de formação envolvendo cerca de 100 professores de diversas áreas em cooperação com a University of Tampere, na Finlândia. O curso "Ensino e Aprendizagem na Educação Superior", que formou três turmas (com 30 a 40 participantes em cada uma), é dividido em quatro partes:

1) Aprendizagem e engajamento de estudantes, na qual foram abordados temas relacionados com as teorias de aprendizagem e de motivação, bem como aspectos metodológicos da educação superior.
2) Estruturação de processos e ambientes de aprendizagem, que abrange planejamento dos objetivos, adequando metodologias e espaços de aprendizagem.
3) Características do ensino em cursos superiores, com temas relacionados com o acompanhamento de projetos e com a pesquisa.
4) Desenvolvimento de *expertise* em ensino e aprendizagem, que inclui a avaliação de um projeto pedagógico elaborado pelos participantes, apresentado ao final do curso.

Os cursos foram realizados em Minas Gerais e São Paulo, com a condução de professores finlandeses em três etapas presenciais, que totalizaram dez dias, juntamente com atividades, reuniões, apresentações e seminários realizados através da internet, pela plataforma da University of Tampere.[4]

Desses professores, 25 foram selecionados para o programa *Training the trainers*, com o objetivo de formar um grupo de especialistas capazes de agir como formadores de

[4] Parte dessas experiências estão relatadas no livro *Experiências de Ensino e Aprendizagem na Universidade: Diálogos entre Brasil e Finlândia*, organizado por Leonardo Drummond Vilaça e Raul Amaro de Oliveira Lanari, lançado em março de 2019 pela Letramento.

professores e multiplicar a formação docente. Este segundo curso abordou a profissionalização docente, mentoria (acompanhamento de professores para se adaptarem aos novos cenários da Educação) e desenvolvimento de currículos acadêmicos. Teve duração de um ano e foi realizado nos mesmos moldes do anterior, com etapas presenciais e acompanhamento *on-line*.

A partir desses cursos, o Grupo Ânima pretende multiplicar a formação docente, chegando principalmente em professores que já atuam como docentes, mas que não tiveram formação específica em Educação.

4.2 Ações institucionais na formação de professores

4.2.1 Academia de professores do IMT

Não há mudança em sala de aula sem que o professor mude. Reconhecer novos modelos que indiquem novos caminhos pode ser a motivação para tal. É com esse princípio que a formação de professores em exercício tem sido desenvolvida no Instituto Mauá de Tecnologia (IMT). O modelo tradicional de ensino (MIZUKAMI, 1986) ainda direciona o trabalho de muitos professores. No entanto, o cenário atual exige muito mais que mudanças incrementais, e sim de ruptura, dado o grande número de ferramentas disponíveis para o trabalho com o *conhecimento*, o que exige mudança de atitude dos envolvidos no processo de ensino-aprendizagem. Há, assim, a necessidade de se apresentar alternativas para o grupo de professores de cada IES e ajudá-los a transformar tais alternativas em estratégias de sala de aula.

A Academia de Professores iniciou suas atividades em 2013 e, desde então, tem promovido a formação do corpo docente do IMT, disseminando estratégias ativas para aprendizagem, compartilhando experiências de aprendizagem e trazendo bases e reflexões sobre o trabalho docente. A missão estabelecida é:

> Contribuir para a formação de um professor que seja colaborador na construção do Projeto Pedagógico Institucional do CEUN-IMT e alinhado com o Modelo Mauá de Ensino, a partir de métodos e estratégias de ensino que promovam um aprendizado efetivo dos conhecimentos, habilidades e atitudes importantes para a formação de um profissional empreendedor, versátil e com forte base técnica e conceitual.

Dentre as ações que demandam o trabalho da Academia de Professores, pode-se citar:

- formação em estratégias ativas para a aprendizagem;
- capacitação em tecnologias para o processo de ensino-aprendizagem;
- promoção da melhoria do relacionamento interpessoal;
- capacitação no suporte à pesquisa;
- integração dos novos professores;
- gestão da implementação da inovação.

Como estratégia, a Academia de Professores utiliza o serviço de palestrantes e moderadores externos, a *expertise* dos professores do IMT, principalmente daqueles que passaram por formação externa, como é o caso dos participantes do Sthem Brasil. Essa formação acontece, preferencialmente, na forma presencial, mas também se utiliza a modalidade a distância.

O número de professores participantes dos treinamentos promovidos pela Academia de Professores é apresentado no Quadro 1.

Quadro 1 Professores participantes dos treinamentos realizados pela Academia de Professores do IMT

Ano	Número de professores
2013	252
2014	706
2015	469
2016	634
2017	667
2018	1299
2019	166

Como resultado, pode-se indicar que o vocabulário próprio das estratégias ativas de aprendizagem faz parte do repertório dos professores, já se percebendo o reflexo da ação nas aulas, com a utilização de estratégias ativas de aprendizagem. Alguns professores passaram a estudar essas estratégias e se tornaram multiplicadores dentro da instituição, além de serem requisitados para ações externas, levando a instituição a se perceber como provedora desse conteúdo (MATTASOGLIO NETO, 2017).

As ideias sobre inovação de currículo e de estratégias ativas têm sido bem recebidas pelos professores e pelos coordenadores de curso do IMT, que, de modo diverso, têm incentivado e planejado ações de inserção das estratégias ativas para aprendizagem nos seus cursos.

4.2.2 "Sala Mais", a experiência no Grupo Ânima

As universidades e centros universitários pertencentes ao Grupo Ânima têm uma programação de formação voltada a todos os seus professores, que se realiza sempre no início de cada semestre, com duração de cerca de uma semana. Além de simpósios, palestras, minicursos, a principal ação é chamada de "Sala Mais".

Essa formação é realizada em três etapas, uma a cada semestre, que seguem a linha do planejamento reverso (WIGGINS; McTIGH, 2005).

Etapa 1: Introdução ao planejamento reverso, na qual são estabelecidos os princípios do planejamento e os critérios para a elaboração dos objetivos de aprendizagem.

Etapa 2: Avaliações para a aprendizagem, em que são estabelecidas as evidências de aprendizagem e como se dará o processo avaliativo.

Etapa 3: Metodologias, em que são definidas quais as estratégias metodológicas adequadas aos objetivos de aprendizagem.

As etapas começam com a postagem de material didático prévio (vídeos, textos) na plataforma de aprendizagem virtual, que deve ser estudada pelo professor antes dos encontros presenciais. Nos encontros presenciais, que acontecem em três períodos para cada etapa, os assuntos são, então, discutidos.

Embora o material seja o mesmo para todos os cursos, os encontros presenciais são divididos por área de conhecimento, e os facilitadores também são os especialistas de cada área. Assim, os professores de Engenharia são agrupados com seus pares e participam do curso mediado por engenheiros previamente formados como facilitadores.

Mesmo reunidos em sua área específica, a formação ainda é genérica e pontual, acontecendo somente no início de cada semestre, e os professores têm dificuldades de transpor os conceitos para a prática dentro de sua disciplina específica. Falta ainda um acompanhamento mais efetivo durante o semestre, que possa assessorar o professor no seu dia a dia.

4.2.3 Fóruns de ensino e aprendizagem da Universidade Federal do Triângulo Mineiro

Na Universidade Federal do Triângulo Mineiro (UFTM), a maneira encontrada para se compreender, refletir e interferir no processo formativo de professores foi a promoção de discussões sobre a área de ensino em Engenharia em eventos como o Fórum de Ensino e Aprendizagem em Engenharias (EAEng), que já está em sua quarta versão e *é promovido, anualmente, no Instituto de Ciências Tecnológicas e Exatas* (ICTE) da universidade. O público-alvo dos eventos são os docentes dos cursos de graduação em Engenharia do referido Instituto.

O EAEng tem como objetivo promover uma reflexão sobre a educação e a evasão discente nas escolas de Engenharia, visando à formação e às práticas de ensino docente como ferramenta para o desenvolvimento de ações integradas, que busquem a contínua construção dos saberes docentes e a minimização da evasão discente. Esses conhecimentos devem estar de acordo com as mudanças tecnológicas, sociais e institucionalmente legais. De forma mais específica, espera-se:

- refletir sobre a educação nas escolas de Engenharia;
- conhecer e discutir novos caminhos para o ensino no ICTE-UFTM;
- interagir com os vários departamentos de Engenharia do ICTE e outras IES;
- discutir problemas e apontar soluções sobre a evasão discente;
- aprimorar as relações interpessoais entre os docentes;
- promover a cultura.

O I EAEng ocorreu nos dias 13 e 14 de março de 2016, e teve como parâmetro os estudos feitos na UFTM relacionados com a evasão discente e o grande número de retenções nas disciplinas, principalmente as do ciclo comum dos cursos de Engenharia. Os professores participantes avaliaram o evento como muito bom e manifestaram ter expectativas para o próximo ano.

No II EAEng, em 22 e 23 de maio de 2017, muitos dados foram coletados, porém, algumas ações se fizeram urgentes, entre elas o enfrentamento do problema. Para isso, foram desenvolvidos alguns projetos, como o de Integralização em Matemática, que culmina em encontros semanais com professores bolsistas, com o intuito de recuperar conteúdos básicos de Matemática, que subsidiam as disciplinas do ciclo comum dos cursos de Engenharia; e o Projeto de tutoria, com adesão de 14 professores orientando o aluno a "aprender a estudar". Esses projetos continuam sendo desenvolvidos no Instituto e, a cada ano, com inovações e maior adesão.

O III EAEng, realizado nos dias 14 e 15 de março de 2018, ampliou as discussões para a melhoria do ensino nos cursos de Engenharia, com a participação de um número maior de docentes, que tiveram a oportunidade de repensar a prática pedagógica e a sensação de tranquilidade no sentido de não se sentirem sozinhos com as dificuldades do processo ensino-aprendizagem. Ainda, foi realizado um diagnóstico da qualidade do ensino, sinalizando algumas falhas que foram amplamente discutidas entre os docentes. Nesse encontro, alguns professores do próprio Instituto tiveram a oportunidade de compartilhar experiências vividas, inclusive no que concerne a fóruns anteriores.

O IV EAEng foi realizado em 25 e 26 de fevereiro de 2019, em dias que precediam o início do semestre letivo e com apenas um palestrante por período, o que contribuiu para que houvesse mais tempo para a apresentação dos temas e discussões. Nesses dois dias de evento, ocorreu uma discussão sobre como lidar com os desafios de formar por competências e implantar as novas DCNs. Os professores participantes avaliaram as discussões como urgentes e necessárias, no sentido de promover aprimoramentos contínuos, mudanças e, ainda, metodologias de ensino inovadoras.

A realização desses fóruns tem promovido uma importante reflexão sobre a educação, com vistas à formação e às práticas de ensino docente como ferramenta para criação de ações integradas, que buscam a contínua construção dos saberes docentes, paralela às mudanças tecnológicas, sociais e institucionalmente legais e, principalmente, a minimização da evasão discente, conhecer novos caminhos para o ensino e aprimorar as relações interpessoais entre docentes do ICTE com outras IES.

4.2.4 Formação de professores na pós-graduação da POLI-USP

Na Universidade de São Paulo (USP), um dos caminhos para a formação de professores acontece na pós-graduação, particularmente na disciplina Tecnologia de Ensino de Engenharia, oferecida desde 2003 na Escola Politécnica da USP (POLI), no Programa de Engenharia Elétrica, para alunos de pós-graduação (mestrado e doutorado), totalizando

36 turmas até 2019, com 20 a 40 alunos por turma. Atualmente, esta é a única disciplina na POLI voltada para a formação pedagógica básica dos alunos de pós-graduação, parte do Programa de Aperfeiçoamento de Ensino (PAE) da universidade. Esses alunos têm a opção de assistir a um ciclo de palestras ou cursar a disciplina propriamente dita. Os alunos de doutorado devem fazer um estágio como monitores de uma disciplina de graduação, no semestre subsequente.

A disciplina tem aulas semanais de três horas, por um período de 12 semanas, e é disponibilizada duas vezes ao ano, no primeiro quadrimestre (março a maio) e, também, no terceiro quadrimestre (setembro a novembro). A expectativa é a de que haja dedicação dos alunos às atividades extraclasses da disciplina, em um período de quatro a sete horas por semana. Os alunos devem elaborar um artigo sobre um diagnóstico de uma disciplina de graduação (muitos já foram publicados no Cobenge e em congressos internacionais de educação em Engenharia) e realizar um trabalho em grupo sobre um tema de pesquisa na área de educação em Engenharia, produzindo uma monografia e apresentando para a classe nas duas últimas aulas. Além das atividades em sala de aula realizadas em grupos, estão previstas atividades individuais fora do horário de aula e entregues pelo Moodle.

Alguns dos objetivos da disciplina são:

- permitir o domínio, ainda que parcial, de conhecimentos e habilidades relativos à utilização de fundamentos científicos no planejamento, na execução e na avaliação dos cursos;
- despertar a consciência sobre as limitações do modelo tradicional de ensino e a necessidade de se promover a transição para um modelo tecnológico;
- disponibilizar os instrumentos científicos para promover a inovação educativa nos diferentes aspectos do processo de ensino-aprendizagem – procedimentos de sala de aula, elaboração de materiais e metodologias instrucionais, atendimento às características e necessidades individuais do estudante e da sociedade;
- capacitar para a concepção de estratégias eficazes e eficientes para o processo de ensino-aprendizagem, em consonância com a realidade educacional.

O conteúdo abordado na disciplina contempla: (1) a estrutura do Ensino e Pesquisa no Brasil: Ministério da Educação (MEC), Instituto Nacional de Estudos e Pesquisas Educacionais Anísio Teixeira (INEP), Ministério da Ciência, Tecnologia, Inovações e Comunicações (MCTIC), Capes, Conselho Nacional de Desenvolvimento Científico e Tecnológico (CNPq), Fundação de Amparo à Pesquisa do Estado de São Paulo (Fapesp), Lei de Diretrizes e Bases (LDB), diretrizes curriculares, projetos pedagógicos, e avaliação como o Exame Nacional do Ensino Médio (Enem), Sistema Nacional de Avaliação da Educação Superior (Sinaes) e o Exame Nacional de Desempenho dos Estudantes (Enade); (2) conselho profissional: Conselhos Regionais de Engenharia (CREA) e Conselho Federal de Engenharia e Agronomia (Confea); (3) método de projeto de engenharia; (4) história e evolução da engenharia e de suas escolas; (5) características e competências de um professor; (6) mapas conceituais; (7) pedagogia, psicologias da aprendizagem; (8) teoria da comunicação e teoria de controle; (9) estilos de aprendizagem; (10) múltiplas inteligências; (11) objetivos educacionais; (12) especificação operacional de objetivos; (13) atividades práticas; (14) estratégias de ensino e aprendizagem; (15) avaliação do processo de ensino e aprendizagem; (16) planejamento de disciplinas; (17) projeto pedagógico; (18) ensino a distância; (19) emprego de informática e telecomunicação no ensino e educação a distância; (20) trabalhos e exercícios, seminários e produção de artigos científicos.

A pesquisa realizada por Coelho e Grimoni (2018) junto a ex-alunos, agora já docentes, mostrou que a disciplina os ajudou no início da carreira docente, mesmo com as limitações de carga horária. Isso mostra que a cadeira está cumprindo seu papel de etapa de preparação pedagógica para o programa PAE e para as carreiras dos alunos.

5 Considerações finais

Na sociedade do conhecimento em que se vive, a área tecnológica tem um papel crucial. Educar futuros engenheiros inovadores, criativos, com visão crítica, responsabilidade social e com uma ampla perspectiva dos recursos naturais e as possibilidades que a tecnologia pode trazer é o que se deve levar em conta por todos os cursos de graduação e pós-graduação nas áreas da Engenharia.

O que se verifica é uma necessidade de adaptação, por parte dos professores e também das instituições, não só como consequência das novas orientações das DCNs, mas também como resultado dos novos estudos relativos aos mecanismos de aprendizagem, dos recursos tecnológicos disponíveis e das exigências do mercado e dos campos de atuação do engenheiro.

A resposta não está dada, mas os caminhos são apontados pelos relatos aqui descritos, como também por muitas outras iniciativas já em andamento em várias instituições, inclusive fora do âmbito acadêmico tradicional.

O papel da Abenge, a partir de seu Grupo de Trabalho de Formação de Professores, consiste em fomentar parâmetros aos cursos de formação dos profissionais que já atuam na Educação e, também, dos futuros professores. Estabelecer redes de trocas de experiências entre instituições públicas e privadas também pode ser um caminho que aponta na direção de melhores cursos e, por consequência, mais e melhores engenheiros.

BIBLIOGRAFIA

ABOUTBOUL, H. Algumas considerações sobre a formação do docente de Engenharia. **Revista de Ensino de Engenharia**, v. 3, n. 2, p. 129-132, 1984.

BRASIL. Conselho Nacional de Educação. Resolução CNE/CES nº 11, de 11 de março de 2002. Institui as Diretrizes Curriculares Nacionais do Curso de Graduação em Engenharia. **Diário Oficial [da]**

República Federativa do Brasil, Brasília, DF, Seção 1, p. 32, 9 abr. 2002. Disponível em: <http://portal.mec.gov.br/cne/arquivos/pdf/CES112002.pdf>. Acesso em: 31 maio 2019.

BRASIL. Lei nº 9.394, de 20 de dezembro de 1996. Estabelece as diretrizes e bases da educação nacional. **Diário Oficial [da] República Federativa do Brasil**, Brasília, DF, 23 dez. 1996.

BRASIL. Conselho Nacional de Educação. Parecer CNE/CES nº 1, de 23 de janeiro de 2019. Diretrizes Curriculares Nacionais do Curso de Graduação em Engenharia. **Diário Oficial [da] República Federativa do Brasil**, Brasília, DF, Seção I, p. 109, 23 abr. 2019. Disponível em: <http://portal.mec.gov.br/index.php?option=com_docman&view=download&alias=109871-pces001-19-1&category_slug=marco-2019-pdf&Itemid=30192>. Acesso em: 31 maio 2019.

CAMPOS, L. C.; DIRANI, E. A.; MANRIQUE, A. L. Challenges of the implementation an Engineering Course in Problem Based Learning. In: CAMPOS, L. C.; DIRANI, E. A.; MANRIQUE, A. L. (ed.). **Project Approaches in Engineering Education**. Rotterdam: Sense Publishers, 2012.

COELHO, L. G.; GRIMONI, J. A. B. A disciplina Tecnologia de Ensino de Engenharia como opção de formação docente na Escola Politécnica da USP. **Revista de Ensino de Engenharia**, v. 37, n. 1, p. 36-43, 2018.

CRAWLEY, E. F. et al. **Rethinking Engineering Education**. The CDIO Approach. 2. ed. Switzerland: Springer International Publishing Switzerland, 2014.

DANTAS, C. M. M. Docentes engenheiros e sua preparação didático-pedagógicas. **Revista de Ensino de Engenharia**, v. 33, n. 2, p. 45-52, 2014.

FERNANDES, D. Avaliar para melhorar as aprendizagens: análise e discussão de algumas questões essenciais; In: FIALHO, I.; SALGUEIRO, H. (ed.). **Turma Mais e sucesso escolar**: contributos teóricos e práticos. Évora, Portugal: Centro de Investigação em Educação e Psicologia da Universidade de Évora, p. 81-107, 2011.

FERNANDES, S.; FLORES, M. A.; LIMA, R. M. Student Assessment in Project-Based Learning. In: FERNANDES, S.; FLORES, M. A.; LIMA, R. M. **Project Approaches in Engineering Education**. Rotterdam: Sense, 2012.

HORTSCH, H. et al. Pedagogy in Engineering: A proposal to improve the training of Chilean engineers. In: 10th International Symposium on Project Approaches in Engineering Education (PAEE) and 15th Active Learning in Engineering Education Workshop (ALE) University of Brasília, Brasília, Brazil. **Anais** [...], Brasília, DF, 28 feb./2 mar. 2018.

INTERNATIONAL JOURNAL ON ACTIVE LEARNING (IJOAL). Disponível em: <http://sthembrasil.com/publicacoes/international-journal-on-active-learning/>. Acesso em: 27 abr. 2019.

MARCELO, Carlos. Desenvolvimento profissional docente: passado e futuro. **Revista de Ciências da Educação**, Lisboa, n. 8, p. 7-22, jan./abr. 2009.

MATTA, E. N. et al. A construção do conceito de avaliação de projetos numa equipe de professores. In: MATTA, E. N. et al. 10th International Symposium on Project Approaches in Engineering Education (PAEE) and 15th Active Learning in Engineering Education Workshop (ALE), University of Brasília, Brasília, Brazil. **Anais** [...], Brasília, DF, 28 feb./2 mar. 2018.

MATTASOGLIO NETO, O.; SOSTER, T. S. **Inovação acadêmica e aprendizagem ativa**. Porto Alegre: Penso, 2017.

MATTASOGLIO NETO, O. A ação institucional de formação de professores em Aprendizagem Ativa: Relato de caso. In: III Fórum Sthem Brasil, Maringá, Brasil. **Anais** [...], Maringá, PR, 2017.

MIZUKAMI, M. G. N. **Ensino**: as Abordagens do Processo. São Paulo: EPU, 1986.

PACCA, J. L. A.; VILLANI, A. La competência dialógica del professor de ciências em Brasil. **Enseñanza de las Ciencias**, v. 18, n. 1, p. 95-104. 2000.

STEVENS, D. D.; LEVI, A. J. **Introductions to rubrics**: an assessment tool to save grading time, convey effective feedback and promote student learning. Virginia, US: Stylus, 2005.

WIGGINS, G.; McTIGHE, J. **Understanding by Design**. Upper Saddle River, New Jersey: Pearson Education Inc., 2005.

Anexo

PARECER HOMOLOGADO
Despacho do Ministro, publicado no D.O.U. de 23/4/2019, Seção 1, Pág. 109.

MINISTÉRIO DA EDUCAÇÃO
CONSELHO NACIONAL DE EDUCAÇÃO

INTERESSADO: Conselho Nacional de Educação/Câmara de Educação Superior		**UF:** DF
ASSUNTO: Diretrizes Curriculares Nacionais do Curso de Graduação em Engenharia		
COMISSÃO: Luiz Roberto Liza Curi (Presidente) Antonio de Araujo Freitas Júnior (Relator), Antonio Carbonari Netto, Francisco César de Sá Barreto e Paulo Monteiro Vieira Braga Barone (Membros)		
PROCESSO Nº: 23001.000141/2015-11		
PARECER CNE/CES Nº: 1/2019	**COLEGIADO: CES**	**APROVADO EM: 23/1/2019**

I – RELATÓRIO

1. INTRODUÇÃO

A relevância da aprovação destas Diretrizes Curriculares Nacionais do Curso de Graduação em Engenharia (DCNs de Engenharia) coincide com a expectativa de parte da comunidade acadêmica, das empresas empregadoras desta mão de obra qualificada e dos setores que representam a atuação profissional da área, bem como com a necessidade de atualizar a formação em Engenharia no país, visando atender as demandas futuras por mais e melhores engenheiros.

O capital humano, sem dúvida, é um dos fatores críticos para o desenvolvimento econômico e social, sendo responsável em grande parte pelas diferenças de produtividade e competitividade entre os países. Por esse motivo, é fundamental buscar a melhoria constante da formação e qualificação dos recursos humanos disponíveis.

O Brasil enfrenta dificuldades para competir no mercado internacional. Como mostra o Índice Global de Inovação (IGI), elaborado pelas Universidade de Cornell, Insead e Organização Mundial da Propriedade Intelectual (OMPI), o país perdeu 22 posições no ranking entre 2011 e 2016, situando-se em 69º lugar entre os 128 países avaliados, posição que manteve em 2017.

Segundo o IGI, o fraco desempenho brasileiro deve-se, entre outros fatores, à baixa pontuação obtida no indicador relacionado aos recursos humanos e à pesquisa, em especial, àquela que diz respeito aos graduados em Engenharia.

Analisando a quantidade de engenheiros por habitante, observa-se que o Brasil, de acordo com a Organização para a Cooperação e Desenvolvimento Econômico (OCDE, 2016), ocupava uma das últimas posições no ranking. Em 2014, enquanto a Coreia, Rússia, Finlândia e Áustria contavam com a proporção de mais de 20 engenheiros para cada 10 mil habitantes, países como Portugal e Chile dispunham de cerca de 16 engenheiros para cada 10 mil habitantes, enquanto o Brasil registrava somente 4,8 engenheiros para o mesmo quantitativo.

Nos últimos anos, foi possível expandir significativamente o número de matriculados e concluintes dos cursos de Engenharia em todo o país. Somente em 2016, cerca de 100 mil bacharéis, por exemplo, graduaram-se em cursos presenciais e à distância. Algumas estimativas apontam, porém, que a taxa de evasão se mantém em um patamar elevado, ou seja, da ordem de 50%.

Ao mesmo tempo, o setor produtivo encontra dificuldades para recrutar trabalhadores qualificados para atuar na fronteira do conhecimento das engenharias, que, para além da técnica, exige que seus profissionais tenham domínio de habilidades como liderança, trabalho em grupo, planejamento, gestão estratégica e aprendizado de forma autônoma, competências conhecidas como *soft skills*. Em outras palavras, demanda-se crescentemente dos profissionais uma formação técnica sólida, combinada com uma formação mais humanística e empreendedora.

Tendo em vista o lugar central ocupado pela Engenharia na geração de conhecimento, tecnologias e inovações, é estratégico considerar essas novas tendências e dar ênfase à melhoria da qualidade dos cursos oferecidos no país, a fim de aumentar a produtividade e ampliar as possibilidades de crescimento econômico, tanto hoje quanto no futuro. A revisão das Diretrizes Nacionais do Curso de Graduação em Engenharia é peça-chave deste processo.

As diretrizes (*guideline*) são normas que orientam o projeto e o planejamento de um curso de graduação. Disso depreende-se que as diretrizes nacionais curriculares devem encerrar necessariamente certa flexibilidade para se adequar aos diversos contextos espaciais e temporais, sem tolher, no entanto, a melhoria contínua ou a inserção de inovações decorrentes, por exemplo, de novas tecnologias e metodologias. Ao contrário, as diretrizes nacionais curriculares devem servir de incentivo a essas ações inovadoras.

Nesse sentido, diante das profundas transformações que estão em andamento no mundo da produção e do trabalho (em especial, com a emergência da manufatura avançada), as DCNs devem ser capazes de estimular a modernização dos cursos de Engenharia, mediante a atualização contínua, o centramento no estudante como agente de conhecimento, a maior integração empresa-escola, a valorização da inter e da transdisciplinaridade, assim como do importante papel do professor como agente condutor das mudanças necessárias, dentro e fora da sala de aula. A demanda diversificada por engenheiros, por exemplo, com perfil de pesquisador, empreendedor ou mais ligado às operações, deve refletir-se em uma oferta mais diversificada de programas atualmente em curso ou a serem criados.

Em grande medida, as DCNs instituídas por meio da Resolução CNE/CES nº 11, de 11 de março de 2002, traziam em seu bojo essas preocupações, conforme explicitado no Parecer CNE/CES nº 1.362/2001:

> *O desafio que se apresenta o ensino de engenharia no Brasil é um cenário mundial que demanda uso intensivo da ciência e tecnologia e exige profissionais altamente qualificados. O próprio conceito de qualificação profissional vem se alterando, com a presença cada vez maior de componentes associadas às capacidades de coordenar informações, interagir com pessoas, interpretar de maneira dinâmica a realidade. O novo engenheiro deve ser capaz de propor soluções que sejam não apenas tecnicamente corretas, ele deve ter a ambição de considerar os problemas em sua totalidade, em sua inserção numa cadeia de causas e efeitos de múltiplas dimensões. Não se adequar a esse cenário procurando formar profissionais com tal perfil significa atraso no processo de desenvolvimento.*

O Parecer CNE/CES nº 1.362/2001 segue afirmando:

> *As tendências atuais vêm indicando na direção de cursos de graduação com estruturas flexíveis, permitindo que o futuro profissional a ser formado tenha opções de áreas de conhecimento e atuação, articulação permanente com o campo de atuação do profissional, base filosófica com enfoque na competência, abordagem pedagógica centrada no aluno, ênfase na síntese e na transdisciplinaridade, preocupação com a valorização do ser humano e preservação do meio ambiente, integração social e política do profissional, possibilidade de articulação direta com a pós-graduação e forte vinculação entre teoria e prática.*

A proposta, presente no Parecer CNE/CES nº 1.362/2001, tinha por base a necessidade de que o currículo se traduzisse em um "conjunto de experiências de aprendizado, que o estudante incorpora durante o processo participativo, de desenvolver um programa de estudos coerentemente integrado".

Com base nesta abordagem, três elementos foram destacados ali como fundamentais: i) ênfase em um conjunto de experiências de aprendizado; ii) processo participativo do estudante sob orientação e com participação do professor; e iii) programa de estudos coerentemente integrado. Desse modo, para se estabelecer diretrizes curriculares inovadoras, projetar e implementar novos currículos para os cursos de Engenharia, é preciso, portanto, pensar na formação do profissional da área, de forma que seja ele capaz de atuar em trajetórias muitas vezes imprevisíveis.

Diante desse contexto, propõe-se aqui a revisão das DCNs do Curso de Graduação em Engenharia, tendo como premissas: (i) elevar a qualidade do ensino em Engenharia no país; (ii) permitir maior flexibilidade na estruturação dos cursos de Engenharia, para facilitar que as instituições de ensino inovem seus modelos de formação; (iii) reduzir a taxa de evasão nos cursos de Engenharia, com a melhoria de qualidade; e (iv) oferecer atividades compatíveis com as demandas futuras por mais e melhores formação dos engenheiros.

2. A EDUCAÇÃO EM ENGENHARIA NO BRASIL: ASPECTOS LEGAIS E A AVALIAÇÃO DE CURSO

A educação, direito social garantido constitucionalmente (art. 6º), deve ser proporcionada pela União, pelos Estados, pelo Distrito Federal e pelos Municípios, com fulcro em sua competência comum. Nesta mesma linha, o artigo 206 da CF/88 explícita os princípios norteadores da educação, abordando a necessidade de igualdade de condições para o acesso e a permanência na escola (I); a coexistência de instituições públicas e privadas (III); a garantia do padrão de qualidade (VII), dentre outros.

O artigo 209 estabelece a livre oferta de ensino pela iniciativa privada, desde que atendidas as condições de cumprimento das normas gerais da educação nacional. Nestes termos, considerando que a educação é um direito social fundamental, com dimensão coletiva e caráter público, as instituições privadas que ofertam serviços educacionais devem cumprir essas normas e, se já autorizadas, para manter a regularidade da oferta, necessitam obter os atos autorizativos a serem emitidos pelo Poder Público, com caráter periódico:

Art. 209. O ensino é livre à iniciativa privada, atendidas as seguintes condições:
I - cumprimento das normas gerais da educação nacional;
II - autorização e avaliação de qualidade pelo Poder Público.

No mesmo sentido, a Lei de Diretrizes e Bases da Educação Nacional (LDB - Lei nº 9.394/1996) estabelece o que segue:

Art. 7º. O ensino é livre à iniciativa privada, atendidas as seguintes condições:
I - cumprimento das normas gerais da educação nacional e do respectivo sistema de ensino;
II - autorização e avaliação de qualidade pelo Poder Público;
III - capacidade de autofinanciamento, ressalvado o previsto no art. 213 da Constituição Federal.
[...]
Art. 46. A autorização e o reconhecimento de cursos, bem como o credenciamento de instituições de educação superior, terão prazos limitados, sendo renovados, periodicamente, após processo regular de avaliação. (grifos nossos)

O Decreto nº 9.235/2017 estrutura a ação do Poder Público em torno de um tripé de funções, tais como regulação, avaliação e supervisão, além de estabelecer os necessários mecanismos processuais de conexões entre elas, de modo que os indicadores de qualidade dos processos de avaliação, quando insuficientes, gerem consequências diretas em termos de regulação, ao impedir a abertura de novas unidades ou cursos, e de supervisão, ao dar origem à aplicação de penalidades e, no limite, ao fechamento de instituições e cursos. Define, de igual forma, com clareza, as funções de regulação, avaliação e supervisão, fazendo da segunda regulação o referencial de atuação do Poder Público, como prescreve a Constituição.[1]

O Poder Público exerce a regulação da educação superior por meio de atos autorizativos. Para as Instituições de Educação Superior (IES), por exemplo, exigem-se o credenciamento e o recredenciamento; para os cursos a serem oferecidos, a autorização, o reconhecimento e a renovação do reconhecimento são os atos necessários. Tais atos têm caráter temporário, conforme o art. 46, da LDB e o art. 10 do Decreto nº 9.235/2017:

Art. 10. O funcionamento de IES e a oferta de curso superior dependem de ato autorizativo do Ministério da Educação, nos termos deste Decreto.

---

[1] **BUCCI, Maria Paula Dallari.** O art. 209 da Constituição 20 anos depois: estratégias do poder executivo para a efetivação da diretriz da qualidade da educação superior. Fórum administrativo: direito público, Belo Horizonte, v. 9, n. 105, nov. 2009. Disponível em: <http://bdjur.stj.jus.br/dspace/handle/2011/27995>. Acesso em: 13/03/2018.

§ 1º São tipos de atos autorizativos:

I - os atos administrativos de credenciamento e recredenciamento de IES; e

II - os atos administrativos de autorização, reconhecimento ou renovação de reconhecimento de cursos superiores.

§ 2º Os atos autorizativos fixam os limites da atuação dos agentes públicos e privados no âmbito da educação superior.

§ 3º Os prazos de validade dos atos autorizativos constarão dos atos e serão contados da data de publicação.

§ 4º Os atos autorizativos serão renovados periodicamente, conforme o art. 46 da Lei nº 9.394, de 1996, e o processo poderá ser simplificado de acordo com os resultados da avaliação, conforme regulamento a ser editado pelo Ministério da Educação.

A avaliação da educação superior realiza-se no âmbito do Sistema Nacional de Avaliação da Educação Superior (Sinaes), nos termos do art. 58 e seguintes do Decreto nº 9.235/2017, bem como da Lei nº 10.861/2004, e das Portarias nº 22, 23 e 24 de 2014.

Tal sistema compreende, por sua vez, a avaliação interna e externa das instituições de educação superior, a avaliação dos cursos de graduação e a avaliação do desempenho acadêmico dos estudantes de cursos de graduação. A renovação de qualquer ato autorizativo, seja de instituição (recredenciamento), seja de curso (renovação de reconhecimento), é obrigatoriamente condicionada à obtenção da respectiva avaliação positiva.

A última função que compõe o tripé é o da supervisão, que permite ao Ministério da Educação (MEC) acompanhar, a qualquer tempo, tanto as instituições como os cursos, solicitando delas as informações e determinando as providências que entender necessárias para saneamento das deficiências eventualmente detectadas. Essa atribuição foi disciplinada no art. 1º, § 2º, e seguintes do Decreto nº 9.235/2017.

A supervisão será realizada por meio de ações preventivas ou corretivas, com vistas ao cumprimento das normas gerais da educação superior, a fim de zelar pela regularidade e pela qualidade da oferta dos cursos de graduação e de pós-graduação lato sensu e das IES que os ofertam.

Atualmente, o regular funcionamento de um curso superior depende de ato autorizado do MEC, nos ditames do art. 10 do Decreto nº 9.235/2017. Após a autorização, o curso deve ser reconhecido. Segundo o art. 45 do mesmo decreto, o reconhecimento é condição necessária, juntamente com o registro, para a validade nacional dos respectivos diplomas.

O art. 46, por outro lado, dispõe que a instituição de ensino superior deve protocolizar tal pedido no período entre a metade e 75% (setenta e cinco por cento) do prazo previsto para a integralização da carga horária do respectivo curso.

Tais funções de regulação são atualmente desenvolvidas, no âmbito do Ministério da Educação, pela Secretaria de Regulação e Supervisão da Educação Superior (SERES), nos termos do Decreto nº 9.665/2019:

Art. 25. À Secretaria de Regulação e Supervisão da Educação Superior compete:

I - planejar e coordenar o processo de formulação de políticas para a regulação e a supervisão da educação superior, em consonância com as metas do PNE;

II - autorizar, reconhecer e renovar o reconhecimento de cursos de graduação e sequenciais, presenciais e a distância;

III - exarar parecer nos processos de credenciamento e recredenciamento de instituições de educação superior para as modalidades presencial e a distância;

IV - supervisionar instituições de educação superior e cursos de graduação e sequenciais, presenciais e a distância, com vistas ao cumprimento da legislação educacional e à indução de melhorias dos padrões de qualidade da educação superior, aplicando as penalidades previstas na legislação;

V - estabelecer diretrizes e instrumentos para as ações de regulação e supervisão da educação superior, presencial e a distância, em consonância com o ordenamento legal vigente;

VI - estabelecer diretrizes para a elaboração dos instrumentos de avaliação de instituições e cursos de educação superior;

VII - gerenciar sistema público de informações cadastrais de instituições e cursos de educação superior;

VIII - gerenciar sistema eletrônico de acompanhamento de processos relacionados à regulação e supervisão de instituições e cursos de educação superior;

IX - articular-se, em sua área de atuação, com instituições nacionais, estrangeiras e internacionais, mediante ações de cooperação institucional, técnica e financeira bilateral e multilateral;

X - coordenar a política de certificação de entidades beneficentes de assistência social com atuação na área de educação; e

XI - gerenciar, planejar, coordenar, executar e monitorar ações referentes a processos de chamamento público para credenciamento de instituições de educação superior privadas e para autorização de funcionamento de cursos em áreas estratégicas, observadas as necessidades do desenvolvimento do País e a inovação tecnológica.

No tocante à avaliação, cumpre ainda destacar que a Constituição Federal determina, no inciso VII do art. 206, que o ensino será ministrado pelas instituições, tendo por base, entre outros, o princípio da garantia do padrão de qualidade. Complementarmente, a fim de viabilizar e assegurar a efetividade deste princípio, em seu art. 209, inciso II, a lei autoriza o Poder Público a avaliar a qualidade do ensino ofertado.

Para efetivar tal princípio, foi instituído, pela Lei nº 10.861, de 14 de abril de 2004, o Sistema Nacional de Avaliação da Educação Superior (Sinaes), que tem por objetivo assegurar a realização do processo nacional de avaliação das instituições de educação superior, dos cursos de graduação e do desempenho acadêmico de seus estudantes, com vistas, entre outras finalidades, à melhoria da qualidade da educação.

Cumpre observar que, de acordo com o parágrafo único do art. 2º da Lei nº 10.861/2004:

Os resultados daí advindos constituirão referencial básico dos processos de regulação e supervisão da educação superior, neles compreendidos o credenciamento e a renovação de credenciamento de instituições de educação superior, a autorização, o reconhecimento e a renovação de reconhecimento de cursos de graduação.

O Sinaes, estabelecido pela Lei nº 10.861, de 14 de abril de 2004, regulamentado pela Portaria MEC nº 22, de 21 de dezembro de 2017, tem por finalidade ampliar a melhoria da qualidade da educação superior por meio de avaliações em três dimensões: institucional, de cursos e de desempenho dos estudantes. Os instrumentos que subsidiam a produção dos indicadores de qualidade e os processos de avaliação dos cursos desenvolvidos pelo Inep são o Exame Nacional de Desempenho de Estudantes (Enade) e as avaliações *in loco*, realizadas pelas comissões de especialistas.

O Sinaes possui uma série de instrumentos complementares: autoavaliação, avaliação externa, Exame Nacional de Desempenho dos Estudantes (Enade), avaliação dos cursos de graduação e instrumentos de informação (Censo e Cadastro). Os resultados das avaliações possibilitam, desse modo, traçar um panorama da qualidade dos cursos e das instituições de educação superior no país.

No âmbito do Sinaes e da regulação dos cursos de graduação no país, prevê-se que os cursos passem por avaliação externa periodicamente. Assim, os cursos de educação superior passam por três tipos de avaliação externa: para autorização, para reconhecimento e para renovação de reconhecimento.

***Para autorização**: essa avaliação é feita quando urna instituição pede autorização ao MEC para abrir um curso. Ela é feita por dois avaliadores, sorteados entre os cadastrados no Banco Nacional de Avaliadores (BASis). Os avaliadores seguem parâmetros de um documento próprio que orienta as visitas, os instrumentos para avaliação in loco. São avaliadas as três dimensões do curso quanto à adequação ao projeto proposto: a organização didático-pedagógica: o corpo docente e técnico- administrativo e as instalações físicas.*

> ***Para reconhecimento**: quando a primeira turma do curso novo entra na segunda metade do curso, a instituição deve solicitar seu reconhecimento. É feita, então, uma segunda avaliação para verificar se foi cumprido o projeto apresentado para autorização. Essa avaliação também é feita segundo instrumento próprio, por comissão de dois avaliadores do BASis, por dois dias. São avaliados a organização didático-pedagógica, o corpo docente, discente, técnico administrativo e as instalações físicas.*
>
> ***Para renovação de reconhecimento**: essa avaliação é feita de acordo com o Ciclo do SINAES, ou seja, a cada três anos. É calculado o Conceito Preliminar do Curso (CPC) e aqueles cursos que tiverem conceito preliminar 1 ou 2 serão avaliados in loco por dois avaliadores ao longo de dois dias. Os cursos com conceito 3 e 4 receberão visitas apenas se solicitarem.*

Os processos avaliativos são coordenados e supervisionados pela Comissão Nacional de Avaliação da Educação Superior (Conaes). A operacionalização dos processos avaliativos, por sua vez, é de responsabilidade do Instituto Nacional de Estudos e Pesquisas Educacionais Anísio Teixeira (Inep), cabendo a este decidir sobre o agendamento das avaliações dos cursos, levando-se em conta a necessidade e a conveniência de tal avaliação.

No que toca à avaliação do desempenho dos estudantes dos cursos de graduação, cabe ressaltar que, nos termos dos artigos 5º, 6º e 8º da Lei nº 10.861, o processo avaliativo é realizado pelo Inep, sob a orientação da Conaes, mediante a aplicação do Exame Nacional de Desempenho dos Estudantes (Enade), que se destina a aferir o desempenho dos discentes em relação aos conteúdos programáticos, previstos nas diretrizes curriculares dos respectivos cursos de graduação, bem como avaliar as habilidades dos estudantes quanto às exigências decorrentes da evolução do conhecimento e suas competências para compreender temas exteriores ao âmbito específico de sua profissão, ligados à realidade brasileira e mundial e a outras áreas do conhecimento.

O Enade, por exemplo, possibilita calcular a diferença entre a nota obtida pelo concluinte e a nota que seria esperada (baseada na nota de ingresso). Essa medida é dada pelo Indicador de Diferença entre os Desempenhos Observado e Esperado (IDD). Dessa forma, o IDD acrescenta mais algumas informações ao resultado do Enade e permite realizar a comparação do desempenho do estudante quando do seu ingresso no curso em relação à sua conclusão.

Por fim, vale registrar que as Diretrizes Curriculares Nacionais dos Cursos de Engenharia foram estabelecidas pelo Conselho Nacional de Educação pela Resolução CNE/CES nº 11, de 11 de março de 2002. O seu art. 5º dispõe sobre a organização do curso de Engenharia, cujo fundamento é o seu projeto político pedagógico, que tem que demonstrar, claramente, como o conjunto das atividades previstas garantirá o perfil desejado de seu egresso e o desenvolvimento das suas competências e habilidades esperadas. Ênfase deve ser dada, portanto, à redução do tempo dedicado à sala de aula, de forma que seja empregado para desenvolver o trabalho individual e em grupo dos estudantes.

Em seu § 1º, a Resolução CNE/CES nº 11/2002 indica que deverão existir os trabalhos de síntese e de integração dos conhecimentos, adquiridos ao longo do curso, sendo que, pelo menos, um deles deverá se constituir em atividade obrigatória como requisito para se obter a graduação; e, em seu § 2º, deverão também ser estimuladas as atividades complementares, tais como trabalhos de iniciação científica, projetos multidisciplinares, visitas teóricas, trabalhos em equipe, desenvolvimento de protótipos, monitorias, participação em empresas juniores e outras atividades empreendedoras, sem prejuízo de outros aspectos que tornem consistente o referido projeto pedagógico.

> *IV – adotar perspectivas multidisciplinar e transdisciplinar em sua prática;*
>
> *V – considerar os aspectos globais, políticos, econômicos, sociais, ambientais, culturais e de segurança e saúde no trabalho;*
>
> *VI – atuar com isenção de qualquer tipo de discriminação e comprometido com a responsabilidade social e o desenvolvimento sustentável.*

A referida resolução estabelece ainda que o curso de graduação em Engenharia deverá assegurar, para o perfil do graduando, a seguinte formação: ter visão holística e humanista, ser crítico, reflexivo, criativo, cooperativo, ético, com forte formação técnica; estar apto a pesquisar, desenvolver, adaptar e utilizar novas tecnologias, com atuação inovadora e empreendedora; ser capaz de reconhecer as necessidades dos usuários, formulando questões e resolvendo problemas, além de projetar e controlar soluções criativas de Engenharia; adotar perspectivas multidisciplinar e transdisciplinar em sua prática; considerar os aspectos globais, políticos, econômicos, sociais, ambientais, culturais e de segurança e saúde no trabalho; e, por fim, atuar isento de qualquer tipo de discriminação, além de estar comprometido com a responsabilidade social e com o desenvolvimento sustentável.

A Resolução CNE/CES nº 11/2002 enumera também as competências, indica os eixos de formação que devem estar presentes do projeto pedagógico do curso e estabelece as regras para o projeto final de curso, para o estágio supervisionado e para as atividades complementares, dentre outros.

3. CENÁRIO DA OFERTA DE CURSOS DE GRADUAÇÃO EM ENGENHARIA NO BRASIL

A primeira Escola de Engenharia do Brasil foi criada em 1792, a *Real Academia de Artilharia, Fortificação e Desenho*, na cidade do Rio de Janeiro, e tem como sucessoras a Politécnica da Universidade Federal do Rio de Janeiro (UFRJ) e o Instituto Militar de Engenharia (IME).

A segunda foi a Escola de Minas, criada em 1876, em Ouro Preto, sendo a única fundada durante o Império. Com a proclamação da República, foram criadas mais 13 escolas de Engenharia no país até 1950, perfazendo então 16 escolas de Engenharia com cerca de 70 cursos em funcionamento, abrangendo apenas 8 estados da Federação[2].

A partir de 1950 houve significativo crescimento do número de cursos (Gráfico 1), no entanto, a grande expansão ocorreu a partir da segunda metade da década de 90, coincidindo com a edição da nova Lei de Diretrizes e Bases da Educação Nacional (Lei nº 9.394/1996).

Até o início deste século, a maioria dos cursos de Engenharia eram de IES públicas. Atualmente, mais de 75% dos cursos estão em IES privadas (Gráfico 5). Em 2018, encontravam-se registrados no sistema e-MEC (emec.mec.gov.br) 6.106 cursos, sendo 5.816 na modalidade presencial e 290 na modalidade EaD, com funcionamento em 1.176 IES distintas (Gráfico 5).

Gráfico 1: Evolução do Número de Cursos de Engenharia – 1950/2017

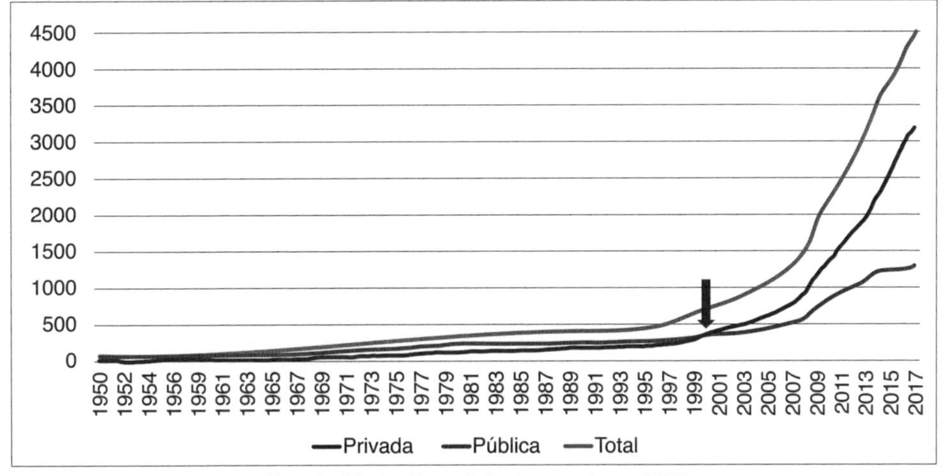

Fonte: Organizado por Vanderli Fava de Oliveira. Base: dados inep.gov.br, nov/2018

[2] **OLIVEIRA, Vanderli Fava**; QUEIROS, Pedro L.; BORGES, Mario Neto; CORDEIRO, et all, Trajetória e estado da arte da formação em Engenharia, Arquitetura e Agronomia – volume I: Engenharias. Brasília: INEP/MEC, 2010, v.1. p.304.

Além da expansão numérica, verificou-se também um grande crescimento de habilitações ou áreas de abrangência do curso de Engenharia. Enquanto na virada do século registrava-se a existência de cerca de 40 habilitações, hoje já são 60 (Tabela 1), considerando como tais a primeira denominação do curso (Civil, Elétrica, Mecânica etc).

Quando se considera a segunda denominação ou ênfase (Civil de Construção, Elétrica de Potência, Mecânica Automobilista) são encontrados mais de 250 registros de denominações distintas para o curso de Engenharia no sistema e-MEC.

Esta expansão mostra que a Engenharia vem incorporando novas áreas, que passaram a ser tratadas dentro do seu campo de atuação. Exemplo disso são as áreas relacionadas à saúde e à biologia, que hoje são contempladas em habilitações como Engenharia de Bioenergia, Biomédica, Biossistemas, Saúde, entre outras.

Tabela 1: Habilitações ou Áreas do Curso de Engenharia

Acústica	Computacional	Metalúrgica
Aeroespacial	Comunicações	Minas
Aeronáutica	Controle e Automação	Mobilidade
Agrícola	Elétrica	Naval
Agroindustrial	Eletrônica	Nuclear
Agronegócios	Energia	Pesca
Agronômica	Engenharia	Petróleo
Alimentos	Ferroviária	Produção
Ambiental	Física	Química
Aquicultura	Florestal	Sanitária
Automotiva	Fortificação e construção	Saúde
Bioenergética	Geológica	Segurança no Trabalho
Biomédica	Hídrica	Serviços
Bioprocessos	Industrial	Sistemas
Bioquímica	Informação	Software
Biossistemas	Inovação	Tecnologia Assistiva
Cartográfica	Manufatura	Telecomunicações
Cerâmica	Materiais	Têxtil
Civil	Mecânica	Transportes
Computação	Mecatrônica	Urbana

Fonte: Organizado por Vanderli Fava de Oliveira. Base: dados emec.mec.gov.br, nov/2018

Desde a publicação da Resolução CNE/CES nº 11, de 11 de março de 2002, que estabeleceu as Diretrizes Curriculares Nacionais para o Curso de Graduação em Engenharia, verificou-se a maior expansão em termos de número de cursos e de áreas de abrangência da Engenharia (Tabela 1). Considerando o número de cursos nas modalidades presencial e EaD, no final de 2001 e no final de 2018, verifica-se que houve o crescimento de 278% no setor público e 1.060% no setor privado, registrando-se o crescimento total de 692% no número de cursos (Gráfico 2, 5, 7 e 8).

Gráfico 2: Evolução do Número de Cursos de Engenharia (Presencial e EaD) – 2001 a 2017

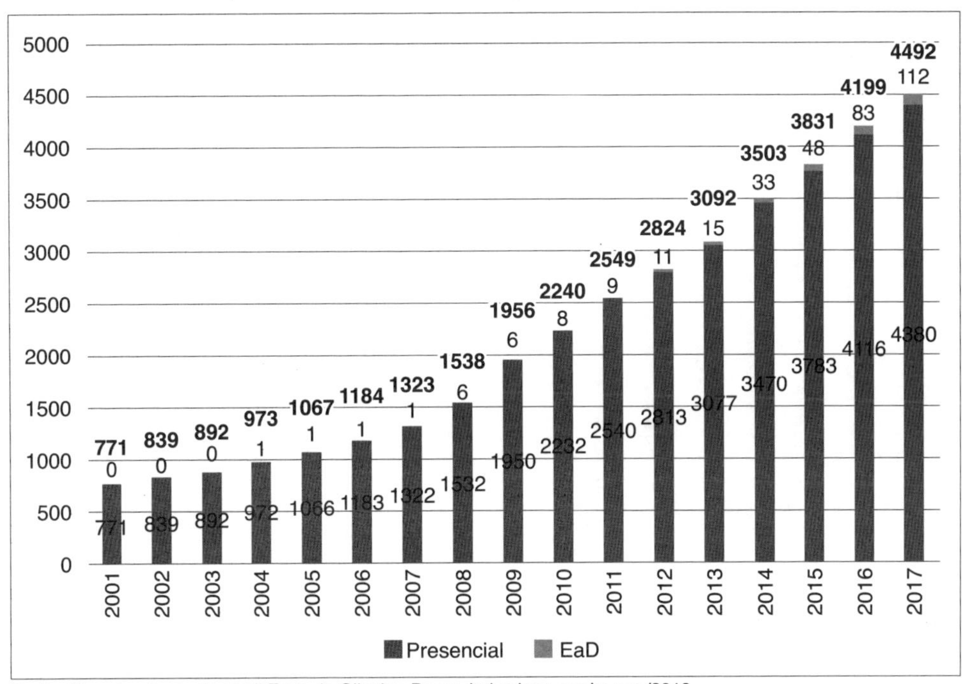

Fonte: Organizado por Vanderli Fava de Oliveira. Base: dados inep.gov.br, nov/2018

O oferecimento dos cursos de graduação em Engenharia na modalidade EaD iniciou- se após a publicação da Resolução CNE/CES nº 11/2002, sendo que o primeiro curso criado no país, nesta modalidade, de acordo com as Sinopses da Educação Superior do Inep (inep.gov.br), foi o curso de Engenharia Química da Pontifícia Universidade Católica do Rio Grande do Sul (PUC-RS). Há também registro desse curso nas Sinopses do Inep de 2004, 2005 e 2006, constando como matriculados 8, 5 e 2 estudantes, respectivamente, e com registro de apenas 2 concluintes em 2006. O segundo curso de Engenharia EaD, criado no país, foi o curso de Engenharia Ambiental da Universidade Federal de São Carlos (UFSCAR) em 2007.

No final de 2018, já existiam 290 cursos de Engenharia na modalidade EaD em funcionamento em 91 instituições de educação superior, distribuídos de acordo com as habilitações, como demonstra o Gráfico 4. Embora perfaçam menos de 5% do total de cursos (presenciais e EaD), a modalidade EaD já oferece cerca de 40% das vagas para Engenharia (Gráfico 5 e 10).

Gráfico 3: Habilitações do Curso de Engenharia Presencial (Públicas e Privadas) – nov/2018

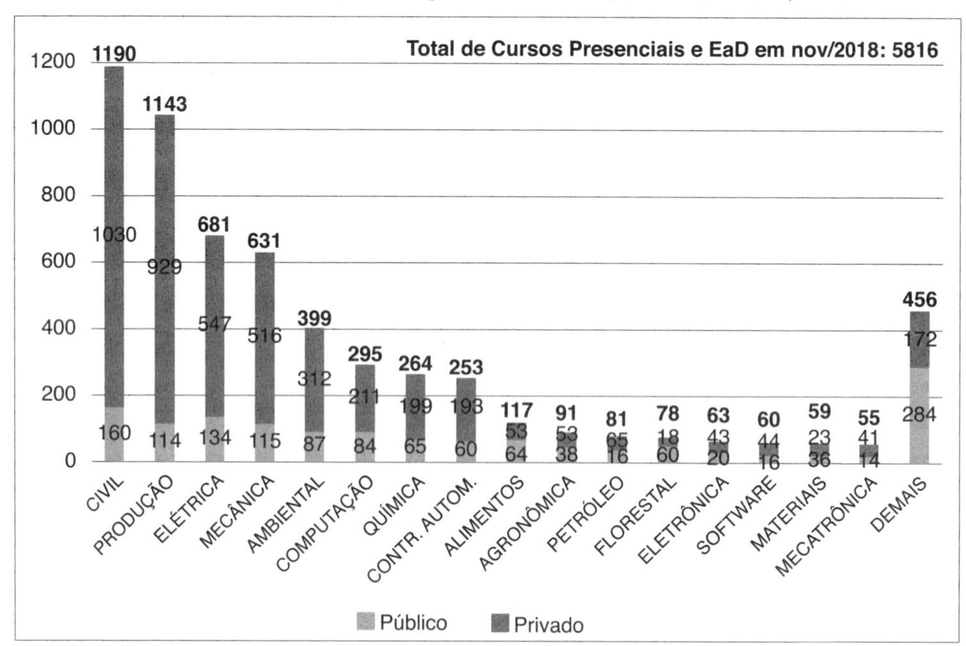

Fonte: Organizado por Vanderli Fava de Oliveira. Base: dados emec.mec.gov.br, nov/2018

As habilitações do curso de Engenharia mais numerosas (Gráfico 3 e 4), tanto as de modalidade presencial quanto as de EaD, são aquelas voltadas para a infraestrutura (Civil, Elétrica, Mecânica etc.), o que indica ser este o setor que mais emprega o conhecimento de engenharia no pais. O grande crescimento do número de cursos de Engenharia de Produção, que tinha pouco mais de 60 cursos no início deste século[3], pode ser explicado pela necessidade de melhorias no sistema produtivo em termos de produtividade e competitividade.

Os cursos mais voltados à tecnologia de ponta (Computação, Controle e Automação, Software etc.) são menos numerosos, o que é representativo do atual estágio brasileiro de importador de tecnologia. De todo modo, o surgimento de novas modalidades mostra que há uma preocupação em acompanhar o desenvolvimento tecnológico e que há uma base para atender tais necessidades do país.

[3] **OLIVEIRA, Vanderli Fava**; VIEIRA JÚNIOR, Milton; CUNHA, Gilberto Dias, Trajetória e estado da arte da formação em Engenharia, Arquitetura e Agronomia – volume VII: Engenharia de Produção. Brasília: INEP/MEC, 2010, v.1. p.158.

Gráfico 4: Habilitações do Curso de Engenharia EaD (Públicas e Privadas) – nov/2018

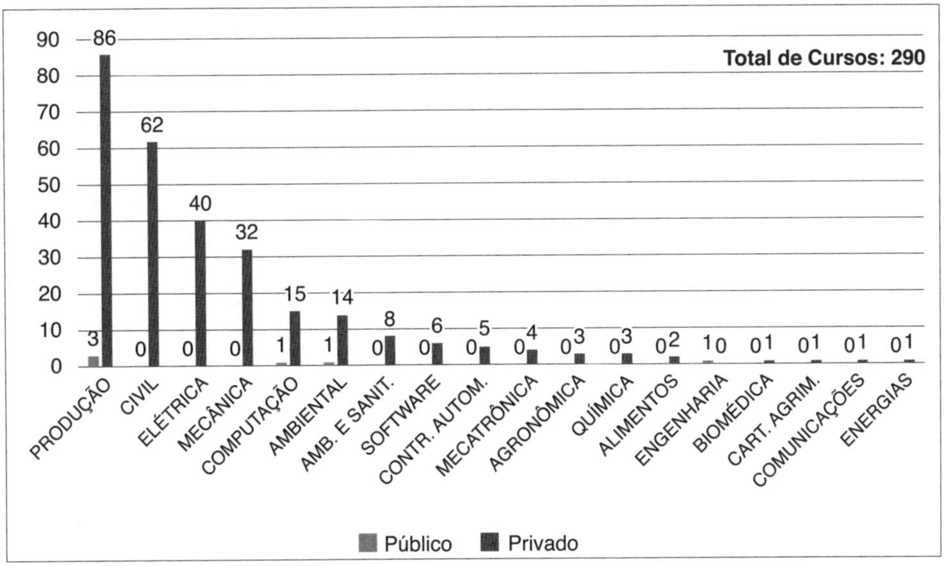

Total de Cursos: 290

90
80
70
60
50
40
30
20
10
0

	PRODUÇÃO	CIVIL	ELÉTRICA	MECÂNICA	COMPUTAÇÃO	AMBIENTAL	AMB. E SANIT.	SOFTWARE	CONTR. AUTOM.	MECATRÔNICA	AGRONÔMICA	QUÍMICA	ALIMENTOS	ENGENHARIA	BIOMÉDICA	CART. AGRIM.	COMUNICAÇÕES	ENERGIAS
Público	3	0	0	0	1	1	0	0	0	0	0	0	0	1	0	0	0	0
Privado	86	62	40	32	15	14	8	6	5	4	3	3	2	0	1	1	1	1

Público ■ Privado

Fonte: Organizado por Vanderli Fava de Oliveira. Base: dados emec.mec.gov.br, nov/2018

Gráfico 5: Total de IES e de Cursos de Engenharia (Presenciais e EaD – Públicas e Privadas) – nov/2018

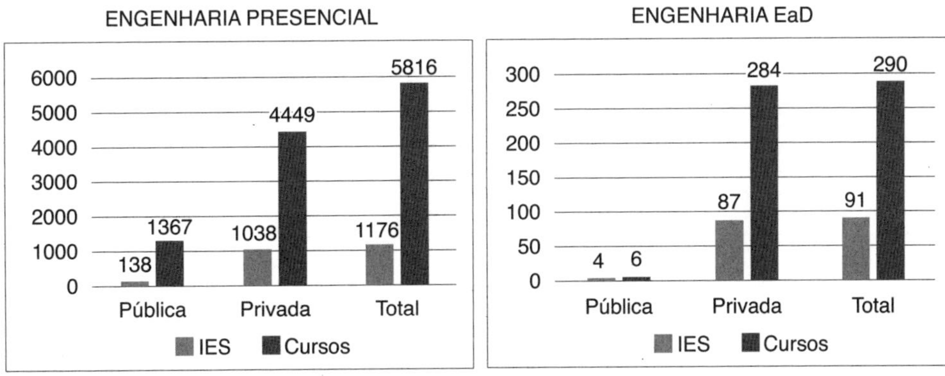

Fonte: Organizado por Vanderli Fava de Oliveira. Base: dados emec.mec.gov.br, nov/2018

Gráfico 6: Total de Habilitações Presenciais do Curso de Engenharia (Públicas e Privadas) – 2001 a 2017

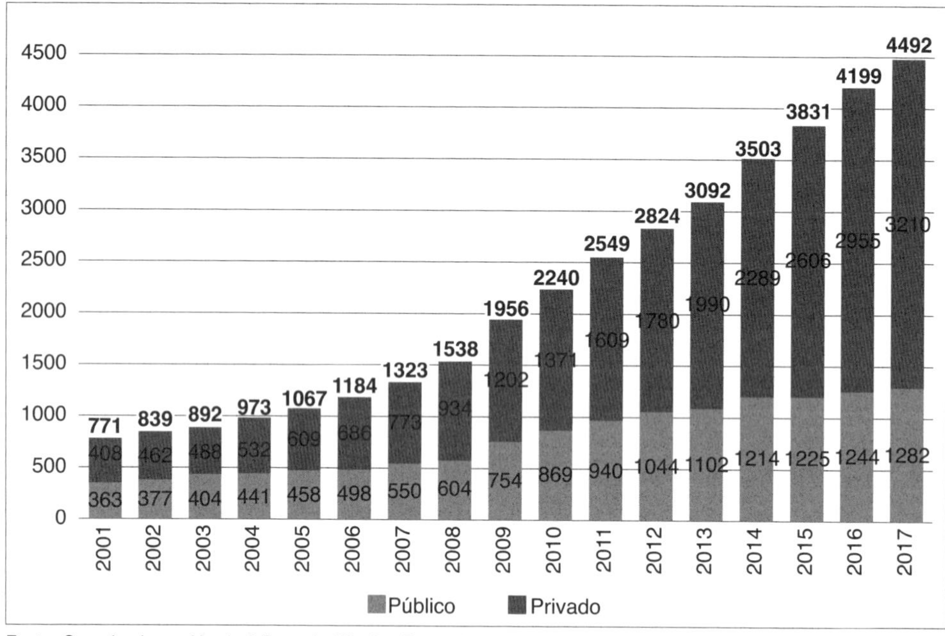

Fonte: Organizado por Vanderli Fava de Oliveira. Base: dados emec.mec.gov.br, nov/2018

Gráfico 7: Total de Habilitações EaD do Curso de Engenharia (Públicas e Privadas) – 2002/2017

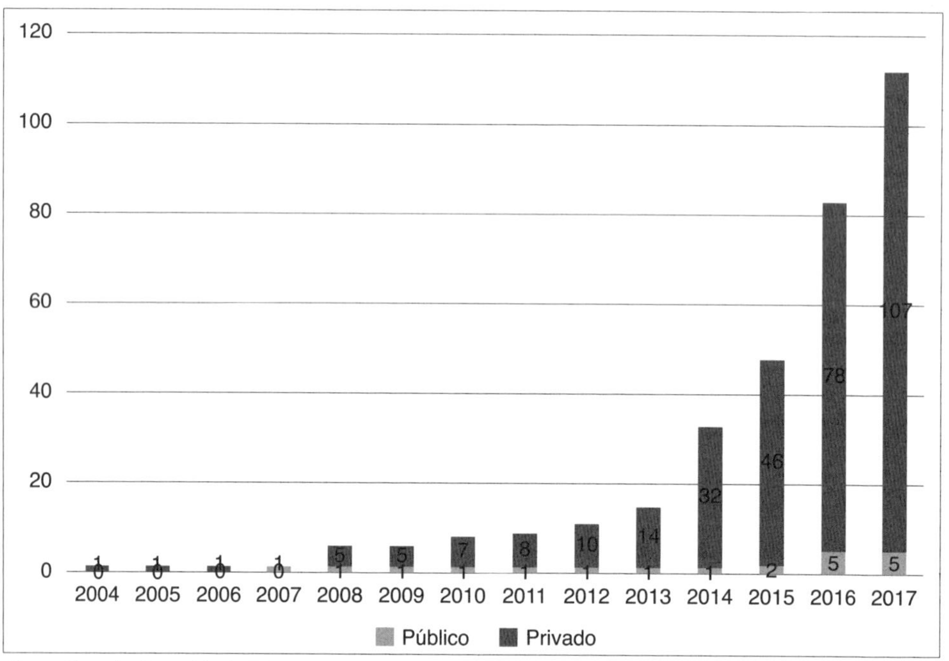

Fonte: Organizado por Vanderli Fava de Oliveira. Base: dados emec.mec.gov.br, nov/2018

O Gráfico 8 mostra que o crescimento do número de vagas, decorrente da expansão do número de cursos, foi acompanhado também do crescimento do número de candidatos inscritos e de ingressantes nos cursos. O crescimento do número de inscritos foi superior ao do número de vagas a partir de 2007, o que se acentuou de 2010 até 2014. Este crescimento deve-se principalmente ao desempenho do país no período, ou seja, quando experimentou significativa ampliação de obras infraestruturais, de um modo geral, e para a Copa do Mundo de 2014, em particular, entre outros eventos de grande porte realizados no Brasil. O início da estagnação econômica, em 2014, foi determinante para a diminuição do número de candidatos inscritos a partir de 2015.

Observando-se, portanto, a evolução do número de ingressantes, conforme o Gráfico 8, verifica-se que, durante este período, não houve plena ocupação das vagas oferecidas. Embora não se tenha, separadamente, os dados referentes aos ingressantes nas IES públicas e privadas, sabe-se que a taxa de ocupação das vagas nas IES públicas é bastante superior à ocupação média das vagas nas IES privadas.

A recessão econômica do país determinou também a queda no número de ingressantes no curso de Engenharia a partir de 2014. Em 2017 menos de 50% das vagas oferecidas para o curso de Engenharia presencial foram ocupadas.

Gráfico 8: Evolução do Número de Inscritos nos Processos Seletivos de Vagas Disponibilizadas e de Ingressantes nos Cursos de Engenharia Presenciais – 2001 a 2017

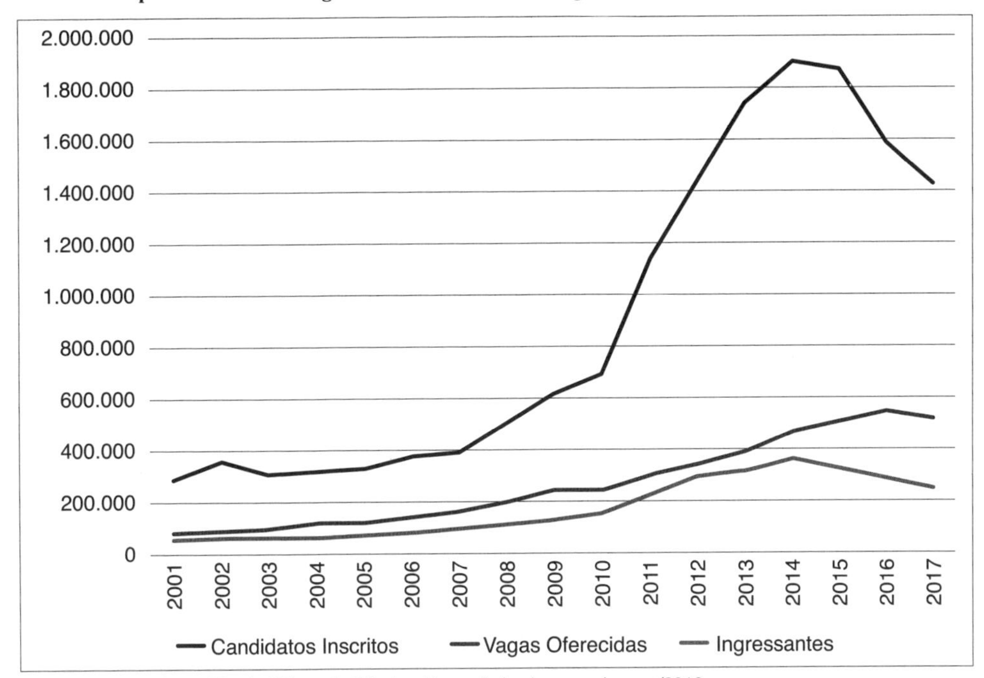

Fonte: Organizado por Vanderli Fava de Oliveira. Base: dados inep.gov.br, nov/2018

Houve, por outro lado, uma grande expansão no número de vagas oferecidas para os cursos de Engenharia EaD. A maior expansão foi de 2015 a 2016, quando o número saltou de 72.260 para 349.048 vagas (Gráfico 9). A recessão econômica, no entanto, foi determinante para a diminuição do número de vagas, com a supressão de quase 150 mil vagas no período de 2016 a 2017.

Diferentemente do que ocorre nos cursos presenciais, o número de vagas, oferecido para os cursos na modalidade EaD, nos últimos três anos, tem sido maior do que o número de candidatos inscritos. A ocupação destas vagas EaD tem sido menor do que nos cursos presenciais. Em 2015, 2016 e 2017 registrou-se ociosidade de vagas de 70%, 93% e 81% respectivamente, nos cursos de Engenharia EaD.

Gráfico 9: Evolução do Número de Inscritos nos Processos Seletivos, das Vagas Disponibilizadas e dos Ingressantes nos Cursos de Engenharia EaD – 2007 a 2017

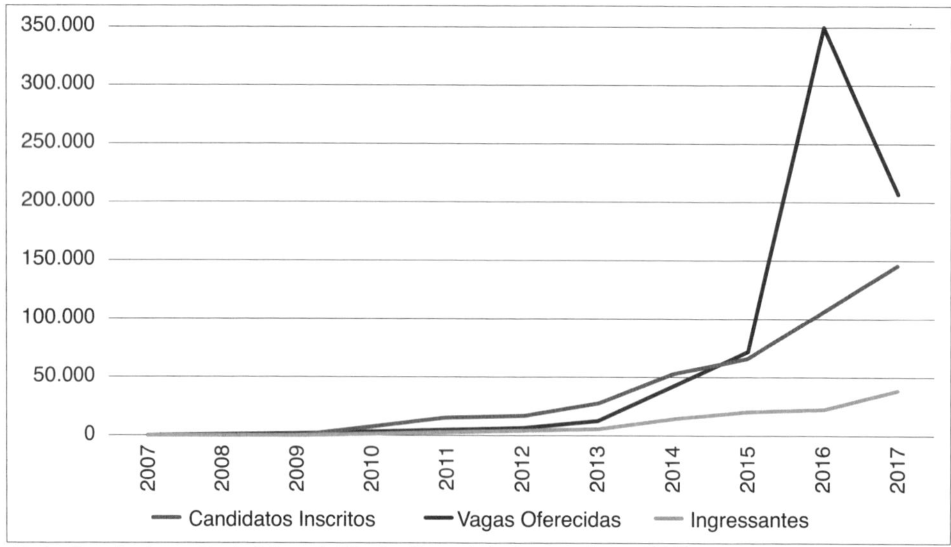

Fonte: Organizado por Vanderli Fava de Oliveira. Base: dados inep.gov.br, nov/2018

Gráfico 10: Evolução do Número de Vagas nos Cursos de Engenharia (Presenciais e EaD) – 2001 a 2017

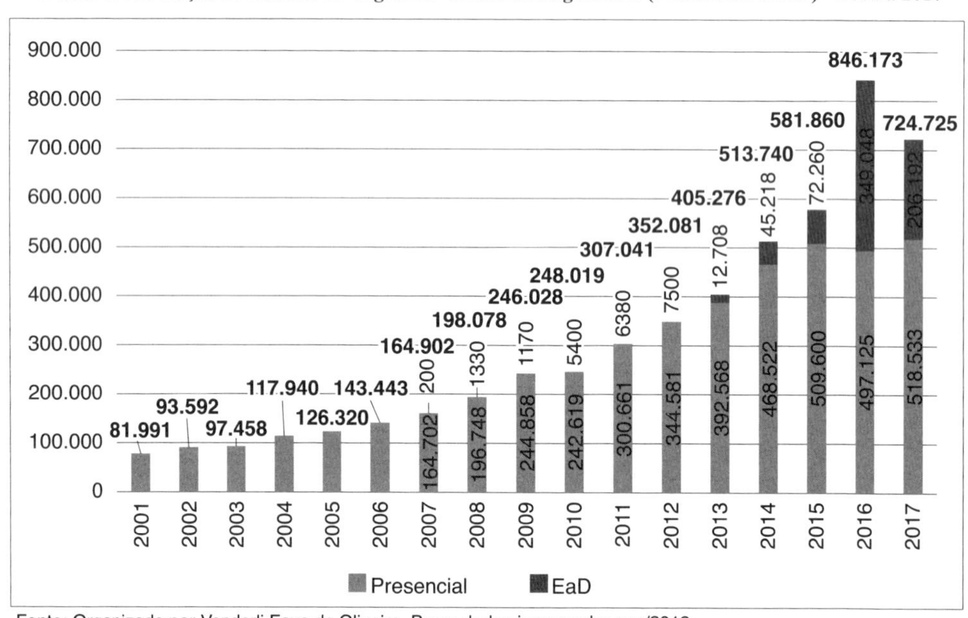

Fonte: Organizado por Vanderli Fava de Oliveira. Base: dados inep.gov.br, nov/2018

A curva de evolução (Gráfico 11) do número de matriculados (todos os estudantes que se matriculam no curso a cada ano durante o 1º ao 5º ano do curso) é semelhante às curvas de evolução dos números de vagas oferecidas, aos candidatos inscritos e aos ingressantes nos cursos presenciais de Engenharia (Gráfico 8). Houve, desse modo, crescimento contínuo de matriculados nos cursos de Engenharia, registrando-se queda a partir de 2015. Esta queda, deve-se não só à redução do número de ingressantes, mas também ao aumento da evasão (Gráfico 14).

Gráfico 11: Evolução no Número de Matriculados nos Cursos de Engenharia (Presenciais e EaD) – 2001 a 2017

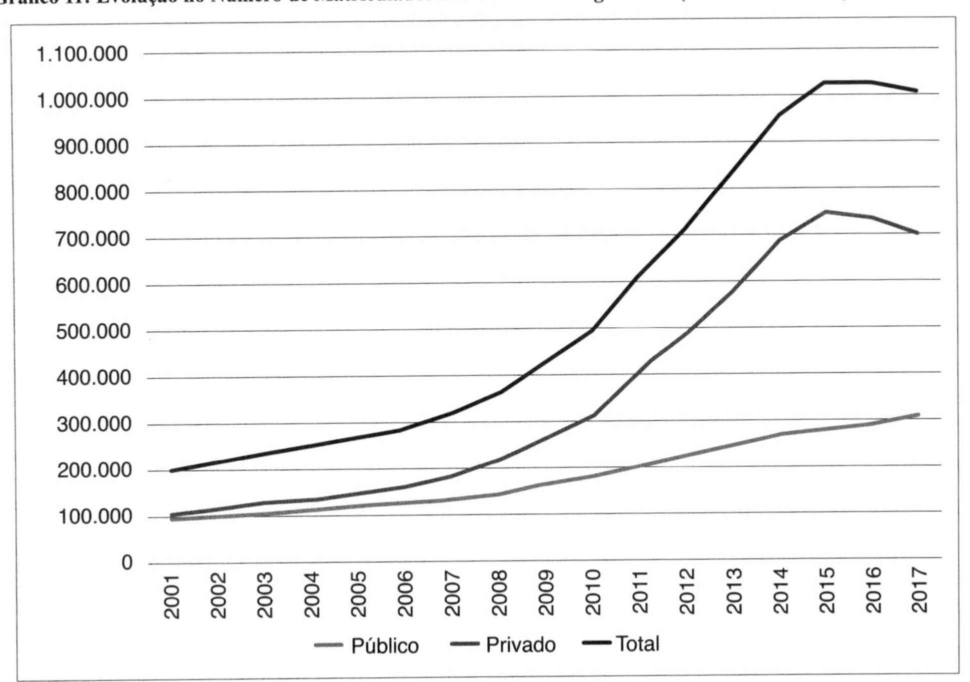

Fonte: Organizado por Vanderli Fava de Oliveira. Base: dados inep.gov.br, nov/2018

O número de concluintes nos cursos de Engenharia tem aumentado praticamente na mesma proporção dos demais indicadores. Em 1991, concluíram o curso de Engenharia 12.332 engenheiros, sendo 6.141 nas IES públicas e 6191 nas IES privadas (Gráfico 12).

Dez anos depois, formaram-se 17.811 engenheiros, sendo 9.558 nas IES públicas e 8.253 nas IES privadas, o que equivale a um aumento de cerca de 45% na quantidade de engenheiros formados. Do advento da Resolução CNE/CES nº 11/2002 até o ano de 2017, quando se formaram 114.379 engenheiros, a quantidade desses profissionais formados por ano mais do que quintuplicou.

Enquanto na década de 90 a diferença entre os concluintes nas IES públicas e privadas não ultrapassou 10%, em 2018, esse percentual se alarga, em favor das IES privadas, que formaram 72% dos engenheiros. Também deve-se registrar que, na década de 90, 16% dos concluintes eram mulheres, enquanto hoje este percentual está em torno de 25%.

Gráfico 12: Evolução do Número de Concluintes em Engenharia (Públicos e Privados) – 1991 a 2017

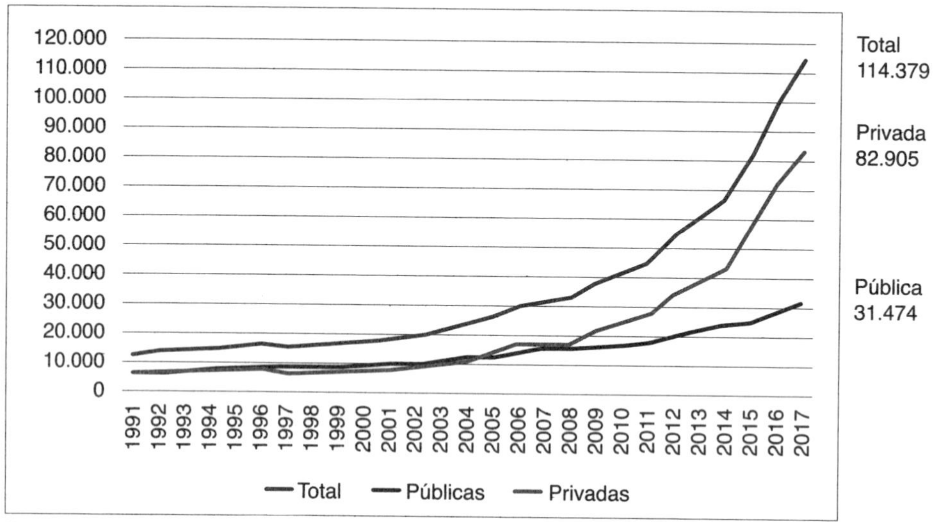

Fonte: Organizado por Vanderli Fava de Oliveira. Base: dados inep.gov.br, nov/2018

Gráfico 13: Número de Concluintes dos Cursos de Engenharia Presenciais e EaD (Públicas e Privadas)

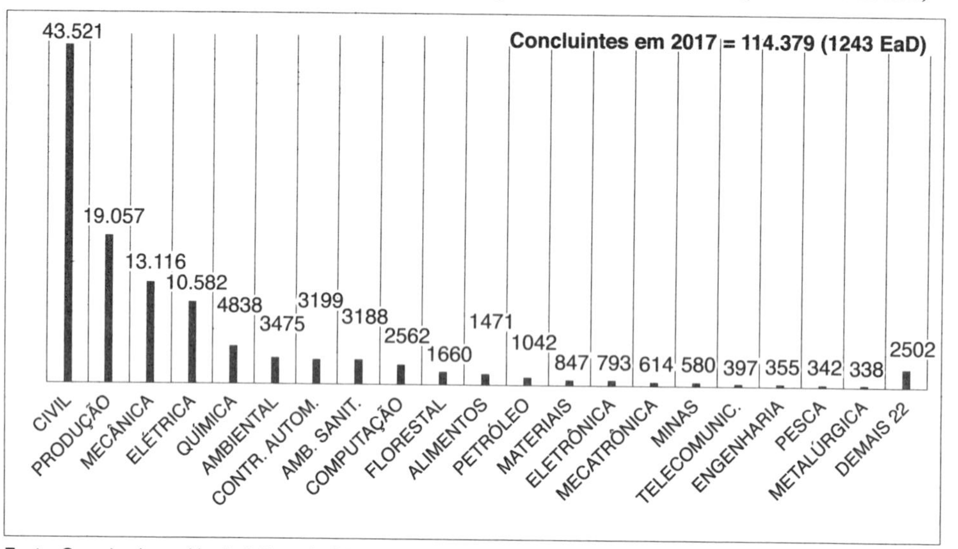

Fonte: Organizado por Vanderli Fava de Oliveira. Base: dados inep.gov.br, nov/2018

Com base nos dados constantes nas Sinopses Estatísticas da Educação Superior, publicadas no portal do Inep, foi possível fazer uma estimativa de evasão no curso de Engenharia, considerando principalmente o número de ingressantes em um ano e a média de concluintes cinco ou seis anos após o ano de ingresso, o que representa uma significativa retenção nos cursos de Engenharia[4].

A evasão média, portanto, diminuiu a partir de 2008, quando o país experimentava um relativo crescimento econômico, mas voltou a aumentar a partir 2012, fruto do decréscimo nos indicadores econômicos do país.

Gráfico 14: Estimativa de Evasão nos Cursos de Engenharia (Públicas e Privadas)

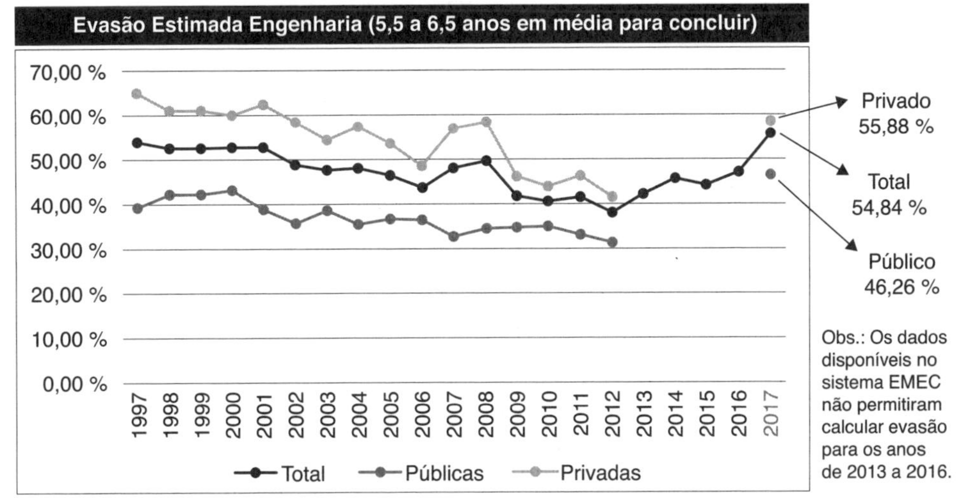

Fonte: Organizado por Vanderli Fava de Oliveira. Base: dados emec.mec.gov.br, nov/2018

O quadro, a seguir, representa uma síntese da formação em Engenharia no país, considerando-se a média de candidatos, de ingressantes e de evasão a partir de 2001.

Pode-se depreender dos dados coletados, que, dos candidatos inscritos em Engenharia, apenas 18%, em média, ingressam nos cursos, embora seja verificada uma ociosidade média de vagas em torno de 60%. Dos que ingressam, em média, apenas 54% concluem o curso de Engenharia.

Ao par disso, é possível concluir, pela quantidade de inscritos, que há razoável interesse em cursar Engenharia. Dos que ingressam, verifica-se que quase a metade desiste do curso, sendo que esta evasão ocorre majoritariamente nos dois primeiros anos do curso, quando a maioria dos cursos oferecem as chamadas disciplinas básicas.

[4] **OLIVEIRA, Vanderli Fava**; ALMEIDA, Nival Nunes; CARVALHO, D. M.; PEREIRA, F. A. A. Um estudo sobre a expansão da formação em Engenharia no Brasil. Revista de Ensino de Engenharia, v.32, p.29 - 44, 2013.

Quadro 01: Resumo da relação candidatos inscritos, ingressantes e concluintes nos cursos de Engenharia

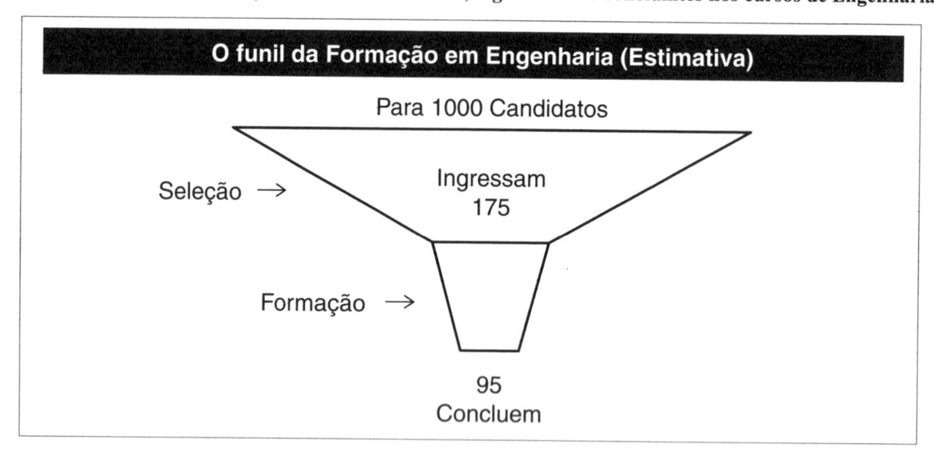

Fonte: Organizado por Vanderli Fava de Oliveira. Base: dados inep.gov.br, set/2017

Ao elaborar estas DCNs, a preocupação com a retenção – e principalmente com a evasão – estiveram presentes e procurou-se contemplar, na Resolução, os dispositivos que possibilitassem aos cursos a implantação dos sistemas de acolhimento dos ingressantes e de flexibilidade para constituir os projetos pedagógicos dos cursos, levando em conta o perfil dos seus ingressantes, entre outros.

4. CRONOLOGIA DAS ETAPAS REGULATÓRIAS DO CURSO DE ENGENHARIA

O processo de elaboração das novas Diretrizes Curriculares Nacionais do Curso de Graduação em Engenharia contou com amplo debate junto aos órgãos de representação profissional, acadêmica e industrial, tais como o Conselho Federal de Engenharia e Agronomia (Confea), representado pela Comissão de Educação e Atribuição Profissional (CEAP), a Associação Brasileira de Educação em Engenharia (Abenge) e a Confederação Nacional da Indústria (CNI), representada pela Mobilização Empresarial pela Inovação (MEI/CNI), bem como de especialistas de diversas instituições e representantes governamentais do campo da educação, dentre outros. Nesse sentido, destacam-se:

4.1. Indicação CNE/CES nº 4/2015, de 8 de julho de 2015

O Presidente do CNE/CES, considerando que:

> *As atuais diretrizes de Engenharias foram estabelecias pela Resolução CNE/CES nº 11, de 11 de março de 2002, quando da primeira inciativa pública de regulamentação do disposto na LDB de 1996 em relação à substituição de currículos mínimos por diretrizes curriculares nacionais (DCN). O processo de construção das diretrizes de engenharia foi realizado por comitês de especialistas, à época, coordenado pela SESu, em conjuntura diversa da atual, há treze anos atrás, além de estabelecer o debate no âmbito da reação e um currículo mínimo implantado há mais de 20 anos. Como consequência ao tempo e às diversas reflexões acerca de requisitos de inserção profissional e de desenvolvimento das áreas de conhecimento, bem como da organização acadêmica, entidades de Ensino de Engenharia, como a ABENGE e grupos de educação do sistema CONFEA/CREA vêm debatendo a oportunidade de uma nova reflexão das atuais diretrizes no sentido de propor aperfeiçoamentos. Esses debates chegaram ao CNE e esse relator foi incumbido pela Presidência*

em estabelecer diálogos e acompanhar os debates. Após três encontros nacionais da ABENGE e um grande evento no próprio CNE com o CONFEA/CREAS e a ABENGE, o processo de criação de uma comissão de revisão das DCNs de Engenharia amadureceu e é agora proposto. É relevante o fato da recente participação de empresários pela MEI, Mobilização de Empresários pela Inovação, que constituíram um grupo grandes escolas para repensar os currículos das Engenharias. As matrículas e a expansão dos cursos de engenharia foram expressivas em 10 anos:

Em face do exposto, indico a constituição de comissão da CES para a revisão das Diretrizes Curriculares dos Cursos de Engenharia de forma geral e específica, como é o caso das Resoluções CNE/CES nº 11/2002, 1/2006, 2/2006, 3/2006, 5/2006 e 1/2015.

4.1.1. Constituição das Comissões

Em 2015, o Conselho Nacional de Educação (CNE) indica a formação de uma comissão para revisar a Resolução CNE/CES nº 11/2002. Assim, a Portaria CNE/CES nº 6, de 12 de novembro de 2015, que a instituiu, foi composta pelos seguintes Conselheiros: Luiz Roberto Liza Curi (Presidente), Paulo Monteiro Vieira Braga Barone (Relator), Sérgio Roberto Kieling Franco e Yugo Okida (Membros).

Posteriormente, houve algumas recomposições da comissão, por meio das Portarias CNE/CES nº 16/2016, CNE/CES nº 8/2017 e CNE/CES nº 23/2017. A última recomposição se deu por meio da Portaria CNE/CES nº 4/2018, que designou os seguintes Conselheiros: Luiz Roberto Liza Curi (Presidente), Antonio de Araújo Freitas Júnior (Relator), Antonio Carbonari Netto, Francisco César de Sá Barreto e Paulo Monteiro Vieira Braga Barone (Membros); e, em algumas delas, participaram os seguintes convidados especialistas: Vanderli Fava de Oliveira (representante da Abenge) e Idenilza Moreira de Miranda (representante da MEI/CNI).

4.2. Reuniões e Audiências Públicas

As discussões sobre as Diretrizes Curriculares para os Cursos de Graduação de Engenharia foram retomadas nos eventos da Abenge, nos quais os Referenciais Curriculares para a Engenharia foram debatidos, principalmente no MEC, em 2009, a partir da DIREG/MEC, então dirigida pelo Professor Paulo Wollinguer.

Estas discussões sempre ocorreram no Cobenge, de 2009 até o presente momento: 2009 – XXXVII Cobenge (Recife/PE); 2010 – XXXVIII Cobenge (Fortaleza/CE);2011 – XXXIX Cobenge (Blumenau/SC); 2012 – XL Cobenge (Belém/PA); 2013 – XLI Cobenge (Gramado/RS); 2014 – XLII Cobenge (Juiz de Fora/MG); 2015 – XLIII Cobenge (São Bernardo do Campo/SP); e 2016 – XLIV Cobenge (Natal/RN).

No Cobenge 2016, o Professor Paulo Barone (SESU/MEC) proferiu a palestra magna de abertura do evento, após um dia de discussões, que trataram dos problemas relacionados à formação em Engenharia, e, já estava evidente ali, a necessidade de atualização da Resolução CNE/CES nº 11/2002. Neste evento, esteve presente como palestrante, a representante da MEI/CNI, Idenilza Moreira de Miranda, que também mencionou a necessidade de melhoria na formação em Engenharia, tema que a MEI/CNI já vinha discutindo.

A MEI CNI, desde meados da década passada, vem discutindo a necessidade de fortalecimento e de modernização do ensino de Engenharia no Brasil (http://www.portaldaindustria.com.br/cni/canais/mei/. Outras publicações associadas ao tema: http://www.portaldaindustria.com.br/publicacoes/2015/8/fortalecimento-das-engenharias/; http://www.portaldaindustria.com.br/publicacoes/2018/3/destaques-de-inovacao-recomendacoes-para-o-fortalecimento-e-modernizacao-do-ensino-de-engenharia-no-brasil/).

Além do Cobenge, a Abenge passou a realizar, no primeiro semestre de cada ano, desde 2011, o Fórum de Gestores, evento que trata de temas específicos, com discussões sobre a necessidade de melhoria nos cursos de graduação em Engenharia no país.

A seguir, tem-se a relação anual dos Fóruns de Gestores da Abenge, no período 2011/2016, que trataram do tema: 2011 – Universidade Mackenzie – São Paulo/SP; 2012 – Universidade Mackenzie – São Paulo/SP; 2013 – Instituto Militar de Engenharia – Rio de Janeiro/RJ; 2014 – Universidade Federal da Bahia – Salvador/BA; 2015 – Universidade do Estado de Santa Catarina – Joinville/SC; e 2016 – Unibrasil – Curitiba/PR.

Sobre as participações do Confea nas discussões sobre as Diretrizes Curriculares Nacionais do Curso de Graduação em Engenharia, além de reuniões não registradas, podem ser destacadas as seguintes atividades:

2014 - Confea e CNE discutiram demandas da engenharia e agronomia em seminário sobre currículos;

2015 - Confea e CNE debatem caminhos para a formação tecnológica e sobre a equivalência curricular para registro de diplomados no exterior, juntamente com os Conselhos regionais e federais.

2016 - Reuniões do grupo de trabalho de Formação Acadêmica e Profissional;

2018 - Confea contribui para a reforma das Diretrizes Curriculares de Engenharia.

Deve-se considerar também que, na Semana Oficial da Engenharia e Agronomia (SOEA), evento anual realizado pelo Confea com participação de cerca de 4 mil engenheiros, a temática, relacionada ao ensino de Engenharia, sempre esteve presente e, nos últimos anos, tem havido mesas para discussões sobre as Diretrizes Curriculares Nacionais para a área.

Com a posse da atual diretoria da Abenge, em 1º de janeiro de 2017, as Diretrizes Curriculares Nacionais de Graduação em Engenharia passaram a ser tratadas como prioridade na agenda da entidade.

As principais atividades e discussões, realizadas em 2017, foram as seguintes:

– 17/1/2017 – Reunião da Diretoria da Abenge na SESU/MEC com o Secretário Paulo Barone, visando a continuidade do processo de discussão das Diretrizes Inovadoras para a Engenharia;

– 24/1/2017 – Reuniões com a MEI/CNI e também com a CES/CNE e SESU/MEC, nas quais foi tratada a organização de um evento (realizado em 11/4) para apresentação de propostas e não somente diagnóstico;

– 11/4/2017 – Reunião no CNE, convocada pela SESU/MEC e pela CES/CNE. A reunião foi conduzida pela Abenge e MEI/CNI e contou com a participação de representantes de organismos governamentais, de entidades e de instituições de educação em Engenharia. Participantes desta reunião e Mesa condutora dos trabalhos: Antonio de Araújo Freitas Júnior (Relator), Paulo Barone (Secretário da Educação Superior), Luiz Curi (Presidente da Câmara de Educação Superior), Prof. Rafael Lucchesi (representante da CNI) e Vanderli Fava de Oliveira, Presidente da Abenge). Fizeram também apresentações sobre o tema os seguintes participantes:

Adriana Maria Tonini – Diretora da Engenharia/CNPq;
Alessandro Fernandes Moreira – Diretor da Escola de Engenharia da UFMG;
Aline Nunes Andrade – Enade/Inep;
Anderson Ribeiro Correia – Reitor do ITA;
Carlos Henrique Costa – Pró-Reitor do ITA;
Carlos Nazareth Marins – Diretor do Inatel;
Daniel Salati – Vice-Presidente do Confea;
Denise Consonni – Representante da UFABC;
Fábio do Prado – Reitor da FEI;
Gianna Sagazio – Diretora da MEI/CNI;
Idenilza Miranda – Representante da MEI/CNI;
Irineu Gustavo Nogueira Gianese – Pró-Reitor do INSPER;
José Ricardo Bergmann – Vice-Reitor da PUC-Rio;
José Roberto Cardoso – Ex-Diretor da Poli/USP;
Luiz Bevilacqua – Representante da ABC (Academia Brasileira de Ciências);
Marcelo Grangeiro Quirino – Representante da Capes;
Messias Borges Silva – USP e UNESP;
Paulo Lourenção –Embraer;
Waldomiro Pelágio Diniz de Carvalho Loyolla – Pró-Reitor da Univesp;

– 12/4/2017 – Palestra na UFRJ a convite da Direção da Escola Politécnica;

– 12/5/2017 – Participação da Abenge na 2ª Reunião do Grupo de Trabalho para o Fortalecimento das Engenharias da MEI/CNI, que tratou das DCNs;

– 12/7/2017 – Realização do Fórum de Gestores da Abenge em Brasília para discussão das Diretrizes Nacionais de Engenharia, com a participação de cerca de 150 representantes de diversas IES e de alguns CREAs do país, tendo como palestrantes, entre outros, Paulo Barone (SESU/MEC), Luiz Roberto Liza Curi (CES/CNE) e Osmar Barros Filho (CEAP/ Confea);

– 7/8/2017 – Reunião na CES/CNE com a participação também da MEI/CNI e SESU/MEC. Nesta reunião definiu-se a Comissão Abenge, CES, SESU e MEI para encaminhar uma proposta de diretrizes para a Engenharia;

– 9/8/2017 – Criada a Comissão da ABENGE para tratar das discussões das DCNs no seu âmbito. A comissão foi composta por:

Maria José Gazzi Salum (Diretoria 1999 2004) – UFMG;
Silvia Costa Dutra (Diretoria 2005 2010) – UNISINOS;
Ana Maria Ferreira de Mattos Rettl (Diretoria 2011/2016) – CTAA/Inep
Marcos José Tozzi (Diretoria 2011 2016) – UFPR;
Vanderli Fava de Oliveira (Diretoria atual) – UFJF;
Luiz Paulo Brandão (Diretoria atual) – IME;
Valquíria Villas Boas Gomes Missel (Diretoria atual) – UCS;
Vagner Cavenaghi (Diretoria atual) – Unesp e Unvesp;
Octavio Mattasoglio Neto (Diretoria atual) – MAUA;
Adriana Maria Tonini (Editora da Revista da Abenge) – UFOP e CEFET-MG;
O Prof. Marcos Tozzi solicitou desligamento e foi substituído pelo Prof. Messias Borges da Silva – UNESP/Guará e USP/Lorena.

– 16/8/2017 – Palestra na UFRJ, no evento Profundão 2017;

– 22/8/2017 –Abenge estabeleceu período para envio de contribuições por email para as Diretrizes Inovadoras para a Engenharia;

– 4/9/2017 – Participação da Abenge na reunião do GT da MEI/CNI, que tratou das DCNs;

– 26/9/2017 – Discussão das Diretrizes no Cobenge 2017 com a SESU/MEC, CNE/CES e MEI/CNI, na parte da manhã, discussão geral, na parte da tarde, e depois discussão em grupos. O relatório consolidado das propostas permitiu à Abenge elaborar a primeira versão da proposta;

– 10/10/2017 – Participação da Abenge na reunião do GT da MEI/CNI, que tratou das DCNs;

– 17 e 18/10/2017 – Reunião da Comissão de Diretrizes da Abenge em Brasília, que trabalhou do relatório das discussões no Cobenge 2017;

– 20/10/2017 – Participação da Abenge na reunião do GT da MEI/CNI para continuidade das discussões sobre as diretrizes;

– 9 e 10/11/2017 – Reunião da Comissão de Diretrizes da Abenge em Brasília;

– 10/11/2017 (manhã) – Reunião com a MEI/CNI e CES/CNE na sede do CNE;

– 15 a 17/11/2017 – Reunião da Comissão de Diretrizes da Abenge;

– 16/11/2017 – Realização do Fórum Extraordinário de Gestores, em Brasília, no auditório da CNI para discussão das Diretrizes Nacionais do Curso de Engenharia com a participação de cerca de 120 representantes de diversas IES e de alguns CREAs do país, quando foi discutido o relatório consolidado da Comissão Abenge;

– 13/12/2017 – 3º Seminário Anual Internacional de Educação em Engenharia na Escola Politécnica da USP – Mesa sobre Diretrizes Curriculares para a Engenharia, com participação da Abenge, MEI/CNI e USP (Prof. Fabio Cozman) e mediação do Prof. José Roberto Cardoso, ex-diretor da EPUSP;

– 17/12/2017 – Presidente da Abenge recebe prêmio Personalidade da Tecnologia 2017, principalmente devido a atuação da entidade na discussão das novas diretrizes para os cursos de Engenharia – http://www.seesp.org.br/site/index.php/comunicacao/noticias/item/17034- seesp-homenageia-competencia-e-inovacao-no-dia-do-engenheiro;

As principais atividades e discussões, realizadas em 2018, foram as seguintes:

– 22/1/2018 – Reunião com a MEI/CNI e CES/CNE na sede do CNE, quando foi entregue o primeiro documento elaborado pela Abenge e MEI/CNI sobre a proposta de Diretrizes Curriculares da Abenge;

– 29/1 a 2/2/2018 – Participação da ABENGE na missão Fulbright Capes CNE EUA, para visita ao Olin College, MIT e Universidade de Illinois – http://www.abenge.org.br/file/Relat%20EUA_doc.pdf;

Veja também: Inovação na Educação em Engenharia: http://news.mit.edu/2018/reimagining-and-rethinking-engineering-education-0327

– 5/2/2018 – Reunião CES/CNE, Abenge e MEI/CNI;

– 16/2/2018 – Reunião CES/CNE (Conselheiro Antonio Freitas), Abenge e MEI/CNI na CNI, em São Paulo;

– 5/3/2018 – Reunião com a MEI/CNI e CES/CNE na sede do CNE para ajustes na proposta entregue pela Abenge e MEI/CNI;

– 7/3/2018 – Entrega final da proposta da Abenge e da MEI/CNI das Diretrizes Curriculares Nacionais do Curso de Graduação em Engenharia ao CES/CNE;

– 3/6/2018 – Participação da Abenge na reunião do GT da MEI/CNI, que tratou das DCNs de Engenharia na Embraer – São José dos Campos SP;

– 13/6/2018 – O Confea reuniu-se com a Comissão CES/CNE, Abenge e MEI/CNI, que elaborou a proposta das Diretrizes Curriculares Nacionais do Curso de Graduação em Engenharia – auditório do CNE – Brasília/DF;

– 20 a 22/6/2018 – Realização do Fórum Internacional de Gestores da Abenge, no IME, quando foram discutidas as DCNs com convidados, inclusive de outros países;

– 23/7/2018 – Reunião Abenge, MEI/CNI na CES/CNE;

– 14/8/2018 – Participação da Abenge na reunião do GT da MEI/CNI, que tratou das DCNs – São Paulo SP;

– 3 a 6/9/2018 – Realização do Cobenge 2018. As DCNs permearam as discussões em diversas atividades durante o evento – Salvador BA;

– 14/9/2018 – Reunião do GT da MEI/CNI no Insper – São Paulo SP;

– 27 e 28/9/2018 – Participação do relator, Prof. Dr. Antonio Freitas, na Audiência Pública com a Engenharia Química Nacional, ocorrida no XVII Encontro Brasileiro sobre o Ensino de Engenharia Química, realizado nos dias 27 e 28/9 em São Paulo, no *campus* da PUC.

4.3. Publicações na Mídia e Participação em Eventos a Convite

– 15/4/2018 – Matéria Jornal O Globo – http://www.gsnoticias.com.br/noticia- detalhe/todas/novas-tecnologias-desafiam-ensino-da-engenharia-n;

– 21/4/2018 – Matéria do Jornal Diário de Pernambuco – http://www.diariodepernambuco.com.br/app/noticia/economia/2018/04/21/internas_economia,749384/reformulacao-a-versao-do-engenheiro-4-0.shtml;

– Abril/2018 – REVISTA FAPESP Matéria sobre as DCNs Inovadoras para a Engenharia – http://revistapesquisa.fapesp.br/2018/04/19/catalisador-do-debate/;

– 25/4/2018 – Palestra na I Semana de Engenharia de Produção da UFPI – Teresina PI;

– 3/5/2018 – Palestra sobre DCNs na Unisal e na USP/Lorena;

– 3/6/2018 – Participação da Abenge na reunião do GT da MEI/CNI, que tratou das DCNs na Embraer – São José dos Campos SP;

– 13/6/2018 – O Confea reuniu-se com a Comissão CES/CNE, Abenge e MEI/CNI, que elaborou a proposta das Diretrizes Curriculares para a Engenharia – auditório do CNE – Brasília DF;

– 20 a 22/6/2018 – Realização do Fórum Internacional de Gestores da Abenge, no IME, quando foram discutidas as DCNs, inclusive com convidados de outros países;

– 23/7/2018 – Reunião Abenge, MEI/CNI na CES/CNE;

– 26 e 27/7/2018 – Palestra e atividades sobre as DCNs na PUC-PR – Curitiba PR;

– 2/8/2018 – Palestra sobre DCNs na UPF – Passo Fundo RS;

– 27 e 28/9/2018 – Participação do relator, Prof. Dr. Antonio Freitas, na Audiência Pública com a Engenharia Química Nacional, ocorrida no XVII Encontro Brasileiro sobre o Ensino de Engenharia Química, realizado nos dias 27 e 28/9, em São Paulo, no *campus* da PUC;

– 5/12/2018 – Matéria no Jornal Folha de São Paulo – https://www1.folha.uol.com.br/seminariosfolha/2018/12/industria-40-pede-engenheiro-empreendedor- e comunicativo.shtml?utm_source=newsletter&utm_medium=email&utm_campaign=newsfolha;

4.4. Atividades Promovidas pela Relatoria das DCNs

– 11/10/2018 – Reunião da Comissão CNE/CES de Engenharia, relator das DCNs de Engenharia – Prof. Antonio de Araujo Freitas Junior; Presidente do CNE: Prof. Luiz Roberto Liza Curi; Secretário da Educação Superior do MEC – Prof. Paulo Barone, com a Diretora da Escola Politécnica da UFRJ – Profa. Cláudia Morgado; o ex-reitor da UFRJ e representante da Academia de Educação – Prof. Paulo Alcantara Gomes; o Secretário do Estado de Educação do Rio de Janeiro – Engº Wagner Victer; o Presidente do Clube de Engenharia: Engº Pedro Celestino; o Presidente da FGV: Dr. Carlos Ivan Simonsen Leal; o representante da Academia de Engenharia – Engº Francis Bogossian; a Conselheira e Coordenadora da Comissão de Educação – CED/CREA-RJ – Profª. Cládice Nóbile Diniz, ocorrida na FGV no Rio de Janeiro;

– 21/11/2018 – Audiência Pública CNE/CES, realizada no Clube de Engenharia no Rio de Janeiro, que contou com cerca de 200 participantes, representantes de diversas instituições e professores de Engenharia, tendo recebido contribuições para a minuta das DCNs de Engenharia, disponibilizada no site do CNE.

A mesa dos trabalhos foi conduzida pelo relator Antonio de Araújo Freitas e composta por: Pedro Celestino (Presidente do Clube de Engenharia), Francis Bogossiam (Presidente da Academia de Engenharia), Joel Kruger (Presidente do Confea) e Vanderli Fava de Oliveira (Presidente da ABENGE)

– 27/11/2018 – Reunião do Relator das DCNs de Engenharia – Prof. Antonio de Araujo Freitas Júnior com Vanderli Fava de Oliveira da (Presidente Abenge) e Luiz Paulo Brandão (Vice-Presidente da Abenge e professor do IME).

– 28/11/2018 – Reunião do Relator das DCNs de Engenharia – Prof. Antonio de Araujo Freitas Júnior, que contou com a participação da Diretora da Escola Politécnica da UFRJ – Profª. Cláudia Morgado; o ex-reitor da UFRJ e representante da Academia de Engenharia – Prof. Paulo Alcantara Gomes; o Secretário do Estado de Educação do Rio de Janeiro – Engº Wagner Victer; o Presidente do Clube de Engenharia: Engº Pedro Celestino; o Presidente da FGV: Dr. Carlos Ivan Simonsen Leal; o representante da Academia de Engenharia – Engº Francis Bogossian; a Conselheira e Coordenadora da Comissão de Educação – CED/CREA-RJ – Profª. Cládice Nóbile Diniz, ocorrida na FGV no Rio de Janeiro.

– 17/12/2018 – Criação do Grupo, que visava unificar as propostas existentes de novas DCNs. Esse Grupo foi composto por:

Claudia R. V. Morgado – Diretora da Politécnica da UFRJ (Representante do Fórum Nacional de Dirigentes de Instituições de Ensino de Engenharia – Fordirenge)

Fabiana Rodrigues Leta –Diretora da Escola de Engenharia da UFF (Representante do Fordirenge)

Irineu Gianesi – Pró-Reitor do Insper (Membro do GT da MEI/CNI, que elaborou uma proposta de DCNs em conjunto com a Abenge)

Marcello Nitz Costa – Diretor de Engenharia do Instituto Mauá de Tecnologia (Coordenador deste Grupo)

Sergio Lex – Diretor da Escola de Engenharia do Mackenzie (Representante do Fordirenge)

Vanderli Fava de Oliveira – Presidente da Abenge

O Grupo conseguiu unificar as propostas existentes que foi encaminhada para o relator em 10 de janeiro de 2018.

5. DIRETRIZES CURRICULARES NACIONAIS DO CURSO DE GRADUAÇÃO EM ENGENHARIA

5.1. Perfil do egresso e competências esperadas

Ao se pensar na implantação de um novo curso, a primeira atitude é verificar a sua necessidade no contexto em que a IES se insere, evidentemente que considerando também o cenário nacional e mesmo mundial, dada a globalização da área de Engenharia.

Verificada essa necessidade, a providência seguinte é estabelecer o perfil do egresso, que deve se voltar para uma visão sistêmica e holística de formação, não só do profissional, mas também do cidadão-engenheiro, de tal modo que se comprometa com os valores fundamentais da sociedade na qual se insere.

Desta forma, procurou-se estabelecer, no corpo da Resolução das Diretrizes Curriculares Nacionais do Curso de Graduação em Engenharia, tais princípios. O Projeto Pedagógico dos Curso, portanto, deve estabelecer as atividades que acentuem esse perfil, para formar profissionais comprometidos com a cidadania de uma maneira geral.

O que delineia a formação do engenheiro é o desenvolvimento das suas competências, que são sustentadas por este Parecer, levando em consideração os seguintes princípios:

I. Formular e conceber soluções desejáveis de Engenharia, analisando e compreendendo a necessidade dos usuários e seu contexto;
II. Analisar e compreender os fenômenos físicos e químicos por meio de modelos simbólicos, físicos e outros, uma vez verificados e validados por experimentação;
III. Conceber, projetar e analisar sistemas, produtos (bens e serviços), componentes ou processos;
IV. Implantar, supervisionar e controlar as soluções de Engenharia;
V. Comunicar-se eficazmente nas formas escrita, oral e gráfica;
VI. Trabalhar e liderar equipes multidisciplinares;
VII. Conhecer e aplicar com ética a legislação e os atos normativos no âmbito do exercício da profissão;
VIII. Aprender de forma autônoma e lidar com situações e contextos complexos, atualizando-se em relação aos avanços da ciência, da tecnologia, bem como em relação aos desafios da inovação.

Além das competências de caráter geral, devem ser definidas as de caráter especifico do curso. Evidentemente que tais competências devem ser desenvolvidas no contexto da habilitação ou ênfase escolhida para o curso. Além disso, o Projeto Pedagógico do Curso (PPC) deve deixar claro como cada competência é desenvolvida e avaliada no curso.

As Diretrizes Curriculares Nacionais do Curso de Graduação em Engenharia estabelecem, também, que o desenvolvimento do perfil e das competências estabelecidas para o egresso pressupõem a atuação em campos da Engenharia e correlatos, do seguinte modo:

I. Em todo o ciclo de vida e contexto do projeto de produtos (bens e serviços) e de seus componentes, sistemas e processos produtivos, inclusive inovando-os;
II. Em todo o ciclo de vida e contexto de empreendimentos, inclusive na sua gestão e manutenção;
III. Na formação e atualização de futuros engenheiros e profissionais, envolvidos em projetos de produtos (bens e serviços) e empreendimentos.

Uma das inovações das Diretrizes Curriculares Nacionais do Curso de Graduação em Engenharia é a explicitação das possibilidades de atuação do engenheiro tanto como projetista de soluções inovadoras, quanto como empreendedor, em todo o ciclo de vida do produto e do empreendimento e ainda a explicitação clara de que a atividade na docência e no treinamento e formação de profissionais da área tecnológica está no escopo das atividades inerentes à profissão de engenheiro.

Deve-se esclarecer ainda que o estabelecimento de um currículo por competências pressupõe a substituição da lógica da assimilação prévia dos conteúdos – para posterior incorporação e uso –, pela ocorrência concomitante desta com o desenvolvimento de habilidades e atitudes a partir de conhecimentos específicos.

Nessa perspectiva, considerando que os saberes são empregados para projetar soluções, para tomar decisões e para desenvolver processos de melhoria contínua, as competências serão desenvolvidas em graus de profundidade e complexidade crescentes ao longo do percurso formativo, de modo que os estudantes não apenas acumulem conhecimentos, mas busquem, integrem, criem e produzam a partir de sua evolução no curso.

Assim, a formação do perfil do egresso deve ser planejada e vista como um processo que exige o acompanhamento e a avaliação contínua, por meio de metodologias de avaliação que auxiliem na identificação de obstáculos e estratégias para superá-los.

A inserção curricular, comprometida com a formação de competências, implica de igual modo a inserção dos estudantes na construção de soluções para problemas que irão enfrentar na sua prática profissional.

Essa inserção pressupõe uma parceria entre a academia e as atividades jurídicas, uma vez que é pela reflexão e teorização, a partir de situações da prática, que se estabelece o processo de ensino-aprendizagem.

A organização curricular passa a encampar estratégias de ensino e aprendizagem preocupadas com o desenvolvimento das competências, com a integração e exploração dos conteúdos a partir de situações-problema reais ou simulados da prática profissional. Essas situações representam estímulos para o desencadeamento do processo ensino-aprendizagem.

5.2. Projeto Pedagógico

O Projeto Pedagógico do Curso de Graduação em Engenharia (PPC) ocupa posição proeminente na proposta das novas Diretrizes Curriculares Nacionais do Curso de Graduação em Engenharia. Nele, portanto, deve ser explicitado como o perfil geral do egresso e da área de Engenharia serão construídos ao longo do curso. Deve também constar as diferentes iniciativas do processo de formação e sua forma de articulação para atingir os resultados esperados, ou seja, o perfil estabelecido do egresso.

A concepção do PPC deve ter em conta, além das peculiaridades do seu campo de estudo, sua contextualização em relação à inserção institucional, política, geográfica e social, bem como os vetores que orientam as DCNs para o curso. As condições objetivas da oferta devem ser caracterizadas segundo a concepção do seu planejamento estratégico, especificando a missão, a visão e os valores pretendidos pelo curso, além da vocação que o caracteriza.

O PPC evidenciará, desse modo, a coerência existente entre os objetivos do curso, o perfil do egresso e a matriz curricular, tomando por referência as DCNs e as recomendações do Enade, que mostre claramente como serão desenvolvidas e avaliadas as competências desenvolvidas. Deverá apontar assim os métodos, as técnicas, os processos e os meios para a aquisição de conhecimentos contextualizados, por exemplo, mediante as atividades de experimentação, de práticas laboratoriais, de organizações ou de estudos; que demonstre como os resultados almejados serão obtidos, e indique qual o perfil do pessoal docente, técnico e administrativo envolvido. A transparência do processo tanto interno quanto externo da IES é condição indispensável para a gestão da aprendizagem.

Nesse contexto, espera-se a demonstração de como se dará a construção do conhecimento, o processo de aprendizagem de conteúdos e o desenvolvimento das competências, explicitando estratégias de articulação dos saberes, o diálogo pretendido e seu resgate em diferentes dimensões, apresentando os modos previstos de integração entre a teoria e a prática, com a especificação das metodologias ativas, que serão utilizadas no processo de formação.

A metodologia de ensino e aprendizagem merece guardar relação com os princípios acima descritos e assim proporcionar uma relação de ensino-aprendizagem que atenda ao processo de construção de autonomia, de forma pluridimensional, que leve em consideração os pilares do conhecimento: aprender a conhecer, aprender a fazer, aprender a conviver e aprender a ser.

Além disso, o Projeto Pedagógico do Curso deve contemplar, além das atividades que se relacionem diretamente à formação na habilitação ou na ênfase do curso, as formas transversais de tratamento dos conteúdos que as DCNs e a legislação vigente exigem, tais como as políticas de educação ambiental; a educação em direitos humanos; a educação para a terceira idade; a educação em políticas de gênero; a educação das relações étnico-raciais e a história e cultura afro-brasileira, africana e indígena, entre outras.

Exige-se, dessa forma, a explicitação das cargas horárias das atividades didático- formativas e da integralização do curso, da mesma maneira que a demonstração das formas de realização da inter e da transdisciplinaridade, a fim de que se possa garantir com isso um aprendizado capaz de enfrentar os problemas e os desafios impostos pelo constante processo de inovação pelo qual passa o mundo, a produção de conhecimento e o espaço de trabalho desafiador do profissional da Engenharia.

No mesmo sentido, espera-se a construção de políticas que estimulem a mobilidade nacional e internacional como possibilidade real de integração e troca de conhecimento além de incentivo à inovação e a outras estratégias de internacionalização quando pertinentes.

As formas de avaliação dos processos de ensino e aprendizagem devem estar previstas, buscando com elas aferir o processo formativo do sujeito. Nesse sentido, destaca- se, ainda, o previsto na Lei de Diretrizes e Bases da Educação (LDB), que prevê:

> *Os processos avaliativos devem ser contínuos e cumulativos do desempenho do aluno, com prevalência dos aspectos qualitativos sobre os quantitativos e dos resultados ao longo do período sobre os de eventuais provas finais.*

Assim sendo, devem ser estimuladas as atividades acadêmicas, tais como trabalhos de iniciação científica, projetos interdisciplinares e transdisciplinares, projetos de extensão, visitas técnicas, trabalhos em equipe, desenvolvimento de protótipos, monitorias, participação em empresas juniores e outras atividades empreendedoras.

Com base no princípio da educação continuada, as IES podem incluir no PPC a articulação entre a graduação e a pós-graduação, e os modos de integração desses programas, quando houver. Espera-se, também, a apresentação da concepção e da composição das atividades laboratoriais e das suas diferentes formas de realização.

A organização curricular do curso de Engenharia leva em consideração a legislação vigente sobre os cursos de graduação e também a normativa sobre os processos de autorização, reconhecimento e renovação de reconhecimento de cursos. O regime acadêmico de oferta e a duração do curso devem explicitar as escolhas realizadas, respeitadas as DCNs e o seu PPC.

Os planos de ensino, por sua vez, devem trazer para cada componente curricular – atividades, disciplinas ou outros, principalmente por meio dos seus objetivos –, as contribuições para a formação dos estudantes nas competências gerais e específicas.

A tradução das DCNs, articulada a cada PPC, deve estar explicitada no perfil do egresso esperado; na maneira pela qual são desenvolvidas as competências e oferecidos os conteúdos curriculares básicos, exigíveis para a adequada formação teórica, profissional e prática; na política de prática laboratorial; no Projeto Final de Curso; no acolhimento das atividades complementares definidas pelas IES; bem como no sistema de avaliação encampado pelo curso e consistente com os objetivos formativos. O projeto final de curso, por consequência, deve expressar a síntese do processo formativo almejado.

É preciso que se tenha claro que as DCNs, ao destacarem a preocupação com um processo de aprendizagem que garanta autonomia intelectual ao aluno, que valoriza a utilização de metodologias ativas, que destaca a importância da aprendizagem e do desenvolvimento das competências, está preocupada em construir critérios que possam provocar os cursos de Engenharia a realizar uma formação inovadora, de maneira que esteja garantida, ao final, a excelência do processo de ensino-aprendizagem e se consiga responder aos novos desafios que são apresentados todos os dias, em uma sociedade cada vez mais complexa.

Diante deste quadro, o processo de formação deve constituir-se de uma sólida base comum que precisa ser oferecida para todos os estudantes, ao se destinar maior aprofundamento para alguns campos de atuação, que podem compor uma ou mais ênfases ofertadas em função do contexto institucional ou seletivamente cursadas pelos interessados.

Por oportuno, cabe reiterar aqui os termos do Parecer CNE/CES nº 767/1997, que trata de orientações para as Diretrizes Curriculares dos Cursos de Graduação, estabelecendo que devem ser considerados, na sua elaboração:

(i) *o estímulo a uma sólida formação geral, necessária para que o futuro graduado possa vir a superar os desafios de renovadas condições de exercício profissional e de produção do conhecimento; e,*

(ii) *ampla liberdade na composição da carga horária a ser cumprida para a integralização dos currículos, assim como na especificação das unidades de estudos a serem ministradas; entre outros aspectos.*

Passados mais de vinte anos da aprovação do CNE/CES nº 767/1997, tais recomendações soam ainda mais atuais.

Os projetos de formação não podem esgotar o acúmulo de conhecimentos cotidianamente produzidos a taxas cada vez mais elevadas, invalidando as estratégias puramente aditivas, muitas vezes utilizadas nas revisões curriculares. A militância profissional, associada às oportunidades de educação continuada, permite a cada egresso conceber a sua trajetória ao longo da vida e no mundo do trabalho.

Para melhor compreensão da proposta, serão apresentados, a seguir, os argumentos que fundamentam o conjunto das proposições.

I. Foco na formação através do desenvolvimento das competências

A Engenharia não pode mais ser vista como um corpo de conhecimento, ou seja, como algo que os estudantes possam adquirir por meio do estudo do conhecimento técnico, ou não técnico, ou pela mera atividade de cursar e ser aprovado em um número de disciplinas que completem o conteúdo desejado.

A formação em Engenharia deve ser vista principalmente como um processo. Um processo que envolve as pessoas, suas necessidades, suas expectativas, seus comportamentos e que requer empatia, interesse pelo usuário, além da utilização de técnicas que permitam transformar a observação em formulação do problema a ser resolvido, com a aplicação da tecnologia.

A busca de soluções técnicas, como parte deste processo, se utiliza do conhecimento técnico da matemática, das ciências, das ciências da engenharia, para que se alcance o resultado que seja tecnicamente viável e desejável para o usuário final.

O processo da Engenharia, ainda vai além: requer que a solução, em termos técnicos, seja levada ao usuário, às pessoas, ao mercado; que seja escalável e economicamente viável, para que gere efetiva transformação. Conduzir este processo requer a habilidade empreendedora e a capacidade de sonhar, independentemente dos recursos que se tenha sob controle, exigindo que se consiga atrair e engajar diferentes *stakeholders* (interessados) no alcance dos objetivos. O processo da Engenharia não deve ser confundido, portanto, com a necessidade de desenvolver e participar de atividades práticas, presentes em muitas disciplinas de seus currículos.

II. Metodologias inovadoras

Para que a estrutura curricular dos cursos atenda às demandas de formação de engenheiros com competências técnicas, que supram as necessidades do mercado, é indispensável a devida integração das ações.

Em parte, isso implica adotar as metodologias de ensino mais modernas e mais adequadas à nova realidade global. as quais se baseiam na vasta utilização de tecnologias da informação e atuam diretamente na vertente mobilidade urbana, aliada ao desenvolvimento de competências comportamentais e à motivação dos estudantes para buscar fontes diversas de conteúdo. Nesse ambiente, os professores deixam de ter o papel principal e central na geração e disseminação dos conteúdos, para adotar o papel de mediador e tutor.

Assim, ganham destaque as metodologias tal como o ensino baseado em projetos, ou *Project Based Learning* (PBL), com lastro no desenvolvimento de competências, na aprendizagem colaborativa e na interdisciplinaridade. Da mesma forma, abre-se espaço para uma maior adoção de tecnologias digitais, que permitem o uso de modelos como sala de aula invertida (aluno estuda previamente o tema da aula a partir de ferramentas *online*), laboratório rotacional (revezamento de grupos de estudantes em atividades em sala de aula e em laboratórios) e rotação individual (estudante possui lista específica de atividades para serem executadas *online* a partir de suas necessidades). Ou ainda o envolvimento dos estudantes em atividades e espaços ambientados para imersão no contexto de inovação.

O ponto principal é imprimir maior sentido, dinamismo e autonomia ao processo de aprendizagem em Engenharia por meio do engajamento do aluno em atividades práticas, desde o primeiro ano do curso. Assim, o aprendizado baseado em metodologias ativas, a solução dos problemas concretos em atividades, que exijam conhecimentos interdisciplinares, são alguns dos instrumentos que podem ser acionados para elevar a melhoria do ensino e para combater a evasão escolar.

III. Indução de políticas institucionais inovadoras

Promover a diversidade deve ser, sem dúvida, um dos princípios das novas Diretrizes Curriculares Nacionais do Curso de Graduação em Engenharia.

A sociedade é ampla e diversa, e solicita perfis diferentes de engenheiros para atender às distintas demandas. Cada base tecnológica ou objeto de atuação exigem um tempo específico de dedicação em termos de convivência e encadeamento das atividades para desenvolver as competências de maneira contextualizada, principalmente para as de natureza eminentemente técnica. A par disso, as Instituições de Ensino Superior (IES) devem ser responsáveis por definir o formato organizacional especialmente adequado aos seus projetos e ao perfil de egresso estabelecido para cada curso.

É importante, portanto, garantir que as Diretrizes Curriculares Nacionais do Curso de Graduação em Engenharia sejam flexíveis, de modo que permita que cada IES adote o próprio formato de estruturação dos seus cursos, de acordo com o seu projeto pedagógico, que, além de atender ao previsto nas DCNs, deve mostrar coerência entre o formato escolhido e o previsto no projeto, de maneira que desenvolva as competências inerentes à formação em Engenharia.

IV. Ênfase na gestão do processo de aprendizagem

Deve ser construído um perfil acadêmico e profissional, que considere as competências e as atitudes, dentro de perspectivas e abordagens de formação pertinentes e compatíveis com as referências nacionais e internacionais, de forma que o profissional possa intervir com resolutividade, sendo capaz de atuar com qualidade e eficácia em todos os segmentos da Engenharia.

Mais que isso, para que a organização dos cursos atenda às necessidades de formação de engenheiros com competências, que supram as necessidades da sociedade, é preciso que haja a devida integração entre as ações e a sua gestão, inclusive para permitir eventuais correções de rotas. Por todos esses motivos, é fundamental que as Diretrizes Curriculares Nacionais do Curso de Graduação em Engenharia estimulem o desenvolvimento da cultura de gestão dos processos de aprendizagem nas IES.

V. Fortalecimento do relacionamento com diferentes organizações

A interação do curso com outras organizações é outro aspecto importante para a formação dos futuros engenheiros. Significativa parcela dos egressos dos cursos de Engenharia, por exemplo, exerce suas atividades profissionais em organizações com vários níveis hierárquicos e setores organizacionais.

O foco no desenvolvimento de competências, como defendido para a Engenharia na atualidade, ocorre de maneira mais profícua através da implementação de atividades de contextualização. As organizações, portanto, são os espaços privilegiados para isso, por serem os locais onde a aplicação da Engenharia de fato se faz imprescindível.

Entende-se, assim, que os cursos devem ser levados a interagir com as organizações para desenvolver atividades e projetos de interesse comum. Para tanto, devem ser estimuladas as atividades para além das já tradicionais oportunidades de estágio. Pode ser prevista, seguindo esse princípio, a ação de docentes nas empresas, de profissionais das empresas no âmbito do curso, assim como maior direcionamento do projeto final de curso com vistas à resolução de problemas concretos, seja do setor produtivo, seja da sociedade em geral.

De fato, ressalte-se que é importante uma relação, de modo mais ampla, dos cursos com a sociedade, ou seja, para além das empresas privadas e públicas (órgãos governamentais, organizações não governamentais, serviços de formação profissional e outras). Esta forma de interação deve dar-se, preferencialmente, por meio da extensão.

Por último, a realização de eventos conjuntos de trocas de experiências também deve ser prevista e institucionalizada, além de visitas técnicas, entre outras atividades que possibilitem estreitar as relações entre os cursos e as organizações.

Dentro dessa perspectiva, depreende-se que as Diretrizes Curriculares Nacionais do Curso de Graduação em Engenharia do Curso de Engenharia devem dispor sobre a interação com as organizações, para além do denominado estágio obrigatório. Nesta interação, os projetos dos cursos devem prever a interação entre os docentes e os profissionais das organizações diretamente envolvidos em atividades de desenvolvimento de competências.

VI. Valorização da formação do corpo docente

A maioria do corpo docente que atua na Engenharia não recebe formação para o exercício do magistério superior, tampouco há capacitação no que tange à gestão acadêmica, seja no nível da organização do curso, seja nas atividades que devem ser desenvolvidas para atender às necessidades de formação.

É importante considerar ainda que, embora seja uma atividade inerente ao exercício do magistério, as atividades na graduação não agregam tanto valor para a progressão funcional quanto as atividades de pesquisa, isto sem mencionar o acesso a recursos de fomento. Isto posto, há aspectos que devem ser ressaltados, conforme abaixo discriminado:

– A capacitação didática pedagógica e para a gestão acadêmica do corpo docente;
– O equilíbrio entre os incentivos funcionais, os acadêmicos e os recursos oferecidos para as atividades de pesquisa, de extensão e para as atividades de ensino.
– O envolvimento de profissionais vinculados a empresas de Engenharia em atividades acadêmicas contextualizadas, por meio de Projetos de Formação, ou mesmo de contratações especiais.

Em outras palavras, é necessário priorizar a capacitação para o exercício da docência, visto que a implementação de projetos eficazes de desenvolvimento de competências exige conhecimentos específicos sobre meios, métodos e estratégias de ensino/aprendizagem.

5.3. Carga horária e tempo de integralização dos cursos

O tempo de formação dos engenheiros no Brasil deve considerar o disposto na Resolução CNE/CES nº 2, de 18 de junho de 2007.

Deve-se levar em consideração alguns aspectos da realidade brasileira, dentro do contexto educacional e do contexto mercadológico, como a enorme deficiência de aprendizagem acumulada pelos jovens. Por sinal, o ensino fundamental brasileiro ocupa a penúltima posição no ranking da OCDE (2017). Resultados da Prova Brasil, realizada pelo MEC, por exemplo, mostram que quase 80% dos estudantes não sabem o esperado, em termo de proficiência, em Língua Portuguesa ao final do Ensino Médio, e 90% não têm o domínio esperado em Matemática.

O quadro torna-se mais preocupante quando se considera que grande número de estudante termina o Ensino Médio sem ter contato com os assuntos considerados básicos para a progressão no estudo superior, as Escolas Fundamentais e de Ensino Médio empregam metodologias tradicionais de ensino, a falta de infraestrutura básica para implementar, em escala adequada, as metodologias ativas de aprendizagem, a falta de professores em áreas estratégicas para formação de estudantes pretendentes a carreiras de engenharia (Matemática, Física, Química e Ciências).

Inevitavelmente esta realidade impacta a grande maioria das escolas de educação superior no país, fazendo com que parte do tempo universitário seja empregado para a adaptação do estudante às necessidades das carreiras de engenharia.

Por isso, recomenda-se a manutenção, como tempo referencial, da legislação em vigor, a fim de garantir a adaptação adequada dos ingressantes no ensino superior, bem como o tempo necessário para a maturação dos estudantes e da formação específica, que se alinhe com as necessidades do mercado e da sociedade, e, desse modo, garantir a empregabilidade dos egressos ou seu êxito como empreendedores.

5.4. Organização Curricular

O curso de graduação em Engenharia deve ter em seu projeto pedagógico, e em sua organização, os conteúdos básicos, os profissionais e os específicos que caracterizem a habilitação escolhida, no entanto deve-se buscar formas de oferecimento desses conteúdos de modo contextualizado, dentro das atividades multidisciplinares e transdisciplinares e que contribuam efetivamente para o desenvolvimento das competências esperadas.

Dentre os conteúdos básicos, são imprescindíveis, para todas as habilitações e ênfases do curso de Engenharia, os seguintes conteúdos: Administração e Economia; Algoritmos e Programação; Ciência dos Materiais; Ciências do Ambiente; Eletricidade; Estatística. Expressão Gráfica; Fenômenos de Transporte; Física; Informática; Matemática; Mecânica dos Sólidos; Metodologia Científica e Tecnológica, e Química.

Tendo em vista a diversificação curricular, as IES podem introduzir no PPC os conteúdos e os componentes curriculares, visando desenvolver conhecimentos de importância regional, nacional e internacional, bem como definir ênfases em determinado(s) campo(s) da Engenharia e articular novas competências e saberes necessários aos novos desafios que se apresentem.

Há que se destacar a possibilidade de mudança do cenário profissional, decorrente da inserção de novas tecnologias. As ferramentas tecnológicas irão reduzir a demanda por recursos humanos, alterando a estrutura organizacional dos espaços em que se realizam as atividades de engenharia. Novas tecnologias, portanto, podem alterar a elaboração e a entrega de produtos e serviços, criando assim novos requisitos de competências e conhecimentos para o profissional da área.

Os planos de ensino, a serem fornecidos aos graduandos antes do início de cada período letivo, devem conter, além dos conteúdos e das atividades, inclusive as de extraclasse, as competências a serem desenvolvidas, a metodologia do processo de ensino e aprendizagem, os critérios de avaliação a que serão submetidos os estudantes e as referências bibliográficas básicas e complementares.

Os cursos devem, desse modo, estimular a realização de atividades curriculares, de extensão ou de aproximação profissional, que articulem o aprimoramento e a inovação de vivências relativas ao campo de formação, podendo oportunizar ações junto à comunidade, ou mesmo de caráter social, tais como clínicas e projetos.

5.5. Prática Profissional, Atividades Complementares e Projeto Final de Curso

I. Estágio

A formação do engenheiro inclui, como etapa integrante da graduação, as práticas reais profissionais, dentre as quais deve estar presente o estágio curricular obrigatório sob supervisão direta do curso, devendo ser realizado em organizações que desenvolvam ou apliquem atividades de Engenharia. Devem ser elaborados, com essa finalidade, os relatórios técnicos e o acompanhamento individualizado durante o período de realização das atividades.

No âmbito do estágio obrigatório, a IES deve estabelecer parceria com organizações que desenvolvam ou apliquem atividades de Engenharia, de modo que docentes e discentes do curso, bem como os profissionais destas organizações, possam se envolver efetivamente em situações reais que contemplem o universo da Engenharia, tanto no ambiente profissional quanto no ambiente do curso.

Por fim, a carga horária mínima do estágio curricular deve atingir 160 (cento e sessenta) horas.

II. Atividades Complementares

As atividades complementares são componentes curriculares que objetivam enriquecer e complementar os elementos de formação do perfil do graduando e que possibilitam o reconhecimento da aquisição discente de conteúdos e competências, adquiridas dentro ou fora do ambiente acadêmico, especialmente nas relações com o campo do trabalho e com as ações de extensão junto à comunidade, ou mesmo de caráter social. A realização dessas atividades não se confunde com a da prática profissional ou com a elaboração do projeto final de curso e podem ser articuladas com as ofertas disciplinares que componham a organização curricular.

O estímulo a atividades culturais, transdisciplinares e inovadoras enriquecem a formação geral do estudante que deve ter a liberdade de escolher atividades a seu critério, respeitadas contudo as normas institucionais do curso. As atividades complementares devem ser, preferencialmente, desenvolvidas fora do ambiente escolar, de forma que sejam diversificados tanto em termos de conhecimentos quanto de interesses.

III. Projeto Final de Curso

O Projeto Final de Curso é componente curricular obrigatório, conforme fixado pela IES no PPC.

As IES deverão emitir a regulamentação própria, aprovada por Colegiado competente, contendo, necessariamente, os critérios, os procedimentos e os mecanismos de avaliação, além das diretrizes técnicas relacionadas com a sua elaboração.

O Projeto Final de Curso assume importância especial como um trabalho de síntese do processo de aprendizagem desenvolvido ao longo do curso. Considerando as inovações assumidas no processo de aprendizagem, cabe reconhecer a possibilidade de diversificação de experiências na consecução desse objetivo e da sua forma de apresentação.

5.6. Implementação de políticas de acolhimento

Para o desenvolvimento apropriado de competências, há a necessidade de utilização de estratégias e métodos que possibilitem a aprendizagem ativa, preferencialmente em atividades que devem ser desenvolvidas no processo formativo em Engenharia.

Neste contexto, considerando a heterogeneidade entre os ingressantes, tanto cultural quanto de formação prévia, torna-se crucial a implementação, pelas IES, de programas de acolhimento para os ingressantes.

Esses programas devem contemplar o nivelamento de conhecimentos, o atendimento psicopedagógico, além de outros, que possam influir no desempenho dos estudantes no curso. Esse acompanhamento e apoio aos estudantes podem contribuir, de maneira decisiva, para o combate a grande evasão verificada nos cursos de Engenharia – aproximadamente de 50%.

Desse ponto de vista, chama-se a atenção para a contribuição positiva das empresas juniores e grupos especiais (como o PET-Capes), entre outros, para o engajamento dos estudantes com as atividades dos cursos. Iniciativas como essas devem ser especialmente consideradas no projeto do curso e na sua estrutura, evidentemente que preservando a autonomia das atividades/empresas em termos de funcionamento e atuação.

5.7. Avaliação Institucional do Curso

Os parâmetros de qualidade para a avaliação institucional do curso devem atender às normas vigentes, previstas na Lei nº 10.861/2004 – Lei Nacional de Avaliação da Educação Superior (Sinaes).

De todo modo, o Projeto Pedagógico do Curso (PPC) deve prever estratégias de autoavaliação, de acordo com o Sinaes e com as normas internas da IES e também com as estratégias de melhorias que contemplem os relatórios de avaliação (Enade, IGC, reconhecimento de curso, entre outros, que são elaborados nestes processos avaliativos).

5.8. Atividades de Extensão

As atividades de extensão estão contempladas nas Diretrizes Curriculares Nacionais do Curso de Engenharia como componente da organização curricular, obedecendo às normas pertinentes, expedidas no âmbito do Conselho Nacional de Educação (CNE).

II – VOTO DA COMISSÃO

A Comissão vota favoravelmente à aprovação das Diretrizes Curriculares Nacionais do Curso de Graduação em Engenharia, na forma deste Parecer e do Projeto de Resolução, anexo, do qual é parte integrante.

Brasília (DF), 23 de janeiro de 2019.

Conselheiro Luiz Roberto Liza Curi – Presidente

Conselheiro Antonio de Araujo Freitas Júnior – Relator

Conselheiro Antonio Carbonari Netto – Membro

Conselheiro Francisco César de Sá Barreto – Membro

Conselheiro Paulo Monteiro Vieira Braga Barone – Membro

III – DECISÃO DA CÂMARA

A Câmara de Educação Superior aprova, por unanimidade, o voto da Comissão.
Sala das Sessões, em 23 de janeiro de 2019.

Conselheiro Antonio de Araujo Freitas Júnior – Presidente

Conselheiro Joaquim José Soares Neto – Vice-Presidente

MINISTÉRIO DA EDUCAÇÃO
CONSELHO NACIONAL DE EDUCAÇÃO
CÂMARA DE EDUCAÇÃO SUPERIOR

PROJETO DE RESOLUÇÃO

Institui as Diretrizes Curriculares Nacionais do Curso de Graduação em Engenharia.

O Presidente da Câmara de Educação Superior do Conselho Nacional de Educação, no uso de suas atribuições legais, com fundamento no art. 9º, § 2º, alínea "e", da Lei nº 4.024, de 20 de dezembro de 1961, com a redação dada pela Lei nº 9.131, de 25 de novembro de 1995, e nas Diretrizes Curriculares Nacionais (DCNs), elaboradas pela Comissão das Diretrizes Curriculares Nacionais do Curso de Graduação em Engenharia (DCNs de Engenharia), propostas ao CNE/CES pela Secretaria de Regulação e Supervisão da Educação Superior do Ministério da Educação (SERES/MEC), e com fundamento no Parecer CNE/CES nº 1/2019, homologado por Despacho do Senhor Ministro de Estado da Educação, publicado no DOU de xx de xxxx de 2019, resolve:

CAPÍTULO I
DAS DISPOSIÇÕES PRELIMINARES

Art. 1º A presente Resolução institui as Diretrizes Curriculares Nacionais do Curso de Graduação em Engenharia (DCNs de Engenharia), que devem ser observadas pelas Instituições de Educação Superior (IES) na organização, no desenvolvimento e na avaliação do curso de Engenharia no âmbito dos Sistemas de Educação Superior do país.

Art. 2º As DCNs de Engenharia definem os princípios, os fundamentos, as condições e as finalidades, estabelecidas pela Câmara de Educação Superior do Conselho Nacional de Educação (CES/CNE), para aplicação, em âmbito nacional, na organização, no desenvolvimento e na avaliação do curso de graduação em Engenharia das Instituições de Educação Superior (IES).

CAPÍTULO II
DO PERFIL E COMPETÊNCIAS ESPERADAS DO EGRESSO

Art. 3º O perfil do egresso do curso de graduação em Engenharia deve compreender, entre outras, as seguintes características:

I – ter visão holística e humanista, ser crítico, reflexivo, criativo, cooperativo e ético e com forte formação técnica;

II – estar apto a pesquisar, desenvolver, adaptar e utilizar novas tecnologias, com atuação inovadora e empreendedora;

III – ser capaz de reconhecer as necessidades dos usuários, formular, analisar e resolver, de forma criativa, os problemas de Engenharia;

IV – adotar perspectivas multidisciplinares e transdisciplinares em sua prática;

V – considerar os aspectos globais, políticos, econômicos, sociais, ambientais, culturais e de segurança e saúde no trabalho;

VI – atuar com isenção e comprometimento com a responsabilidade social e com o desenvolvimento sustentável.

Art. 4º O curso de graduação em Engenharia deve proporcionar aos seus egressos, ao longo da formação, as seguintes competências gerais:

I – formular e conceber soluções desejáveis de engenharia, analisando e compreendendo os usuários dessas soluções e seu contexto:

a) ser capaz de utilizar técnicas adequadas de observação, compreensão, registro e análise das necessidades dos usuários e de seus contextos sociais, culturais, legais, ambientais e econômicos;

b) formular, de maneira ampla e sistêmica, questões de engenharia, considerando o usuário e seu contexto, concebendo soluções criativas, bem como o uso de técnicas adequadas;

II – analisar e compreender os fenômenos físicos e químicos por meio de modelos simbólicos, físicos e outros, verificados e validados por experimentação:

a) ser capaz de modelar os fenômenos, os sistemas físicos e químicos, utilizando as ferramentas matemáticas, estatísticas, computacionais e de simulação, entre outras.

b) prever os resultados dos sistemas por meio dos modelos;

c) conceber experimentos que gerem resultados reais para o comportamento dos fenômenos e sistemas em estudo.

d) verificar e validar os modelos por meio de técnicas adequadas;

III – conceber, projetar e analisar sistemas, produtos (bens e serviços), componentes ou processos:

a) ser capaz de conceber e projetar soluções criativas, desejáveis e viáveis, técnica e economicamente, nos contextos em que serão aplicadas;

b) projetar e determinar os parâmetros construtivos e operacionais para as soluções de Engenharia;

c) aplicar conceitos de gestão para planejar, supervisionar, elaborar e coordenar projetos e serviços de Engenharia;

IV – implantar, supervisionar e controlar as soluções de Engenharia:

a) ser capaz de aplicar os conceitos de gestão para planejar, supervisionar, elaborar e coordenar a implantação das soluções de Engenharia.

b) estar apto a gerir, tanto a força de trabalho quanto os recursos físicos, no que diz respeito aos materiais e à informação;

c) desenvolver sensibilidade global nas organizações;

d) projetar e desenvolver novas estruturas empreendedoras e soluções inovadoras para os problemas;

e) realizar a avaliação crítico-reflexiva dos impactos das soluções de Engenharia nos contextos social, legal, econômico e ambiental;

V – comunicar-se eficazmente nas formas escrita, oral e gráfica:

a) ser capaz de expressar-se adequadamente, seja na língua pátria ou em idioma diferente do Português, inclusive por meio do uso consistente das tecnologias digitais de informação e comunicação (TDICs), mantendo-se sempre atualizado em termos de métodos e tecnologias disponíveis;

VI – trabalhar e liderar equipes multidisciplinares:

a) ser capaz de interagir com as diferentes culturas, mediante o trabalho em equipes presenciais ou a distância, de modo que facilite a construção coletiva;

b) atuar, de forma colaborativa, ética e profissional em equipes multidisciplinares, tanto localmente quanto em rede;

c) gerenciar projetos e liderar, de forma proativa e colaborativa, definindo as estratégias e construindo o consenso nos grupos;

d) reconhecer e conviver com as diferenças socioculturais nos mais diversos níveis em todos os contextos em que atua (globais/locais);

e) preparar-se para liderar empreendimentos em todos os seus aspectos de produção, de finanças, de pessoal e de mercado;

VII – conhecer e aplicar com ética a legislação e os atos normativos no âmbito do exercício da profissão:

a) ser capaz de compreender a legislação, a ética e a responsabilidade profissional e avaliar os impactos das atividades de Engenharia na sociedade e no meio ambiente.

b) atuar sempre respeitando a legislação, e com ética em todas as atividades, zelando para que isto ocorra também no contexto em que estiver atuando; e

VIII – aprender de forma autônoma e lidar com situações e contextos complexos, atualizando-se em relação aos avanços da ciência, da tecnologia e aos desafios da inovação:

a) ser capaz de assumir atitude investigativa e autônoma, com vistas à aprendizagem contínua, à produção de novos conhecimentos e ao desenvolvimento de novas tecnologias.

b) aprender a aprender.

Parágrafo único. Além das competências gerais, devem ser agregadas as competências específicas de acordo com a habilitação ou com a ênfase do curso.

Art. 5º O desenvolvimento do perfil e das competências, estabelecidas para o egresso do curso de graduação em Engenharia, visam à atuação em campos da área e correlatos, em conformidade com o estabelecido no Projeto Pedagógico do Curso (PPC), podendo compreender uma ou mais das seguintes áreas de atuação:

I – atuação em todo o ciclo de vida e contexto do projeto de produtos (bens e serviços) e de seus componentes, sistemas e processos produtivos, inclusive inovando-os;

II – atuação em todo o ciclo de vida e contexto de empreendimentos, inclusive na sua gestão e manutenção; e

III – atuação na formação e atualização de futuros engenheiros e profissionais envolvidos em projetos de produtos (bens e serviços) e empreendimentos.

CAPÍTULO III
DA ORGANIZAÇÃO DO CURSO DE GRADUAÇÃO EM ENGENHARIA

Art. 6º O curso de graduação em Engenharia deve possuir Projeto Pedagógico do Curso (PPC) que contemple o conjunto das atividades de aprendizagem e assegure o desenvolvimento das competências, estabelecidas no perfil do egresso. Os projetos pedagógicos dos cursos de graduação em Engenharia devem especificar e descrever claramente:

I – o perfil do egresso e a descrição das competências que devem ser desenvolvidas, tanto as de caráter geral como as específicas, considerando a habilitação do curso;

II – o regime acadêmico de oferta e a duração do curso;

III – as principais atividades de ensino-aprendizagem, e os respectivos conteúdos, sejam elas de natureza básica, específica, de pesquisa e de extensão, incluindo aquelas de natureza prática, entre outras, necessárias ao desenvolvimento de cada uma das competências estabelecidas para o egresso;

IV – as atividades complementares que se alinhem ao perfil do egresso e às competências estabelecidas;

V – o Projeto Final de Curso, como componente curricular obrigatório;

VI – o Estágio Curricular Supervisionado, como componente curricular obrigatório;

VII – a sistemática de avaliação das atividades realizadas pelos estudantes;

VIII – o processo de autoavaliação e gestão de aprendizagem do curso que contemple os instrumentos de avaliação das competências desenvolvidas, e respectivos conteúdos, o processo de diagnóstico e a elaboração dos planos de ação para a melhoria da aprendizagem, especificando as responsabilidades e a governança do processo;

§ 1º É obrigatória a existência das atividades de laboratório, tanto as necessárias para o desenvolvimento das competências gerais quanto das específicas, com o enfoque e a intensidade compatíveis com a habilitação ou com a ênfase do curso.

§ 2º Deve-se estimular as atividades que articulem simultaneamente a teoria, a prática e o contexto de aplicação, necessárias para o desenvolvimento das competências, estabelecidas no perfil do egresso, incluindo as ações de extensão e a integração empresa-escola.

§ 3º Devem ser incentivados os trabalhos dos discentes, tanto individuais quanto em grupo, sob a efetiva orientação docente.

§ 4º Devem ser implementadas, desde o início do curso, as atividades que promovam a integração e a interdisciplinaridade, de modo coerente com o eixo de desenvolvimento curricular, para integrar as dimensões técnicas, científicas, econômicas, sociais, ambientais e éticas.

§ 5º Os planos de atividades dos diversos componentes curriculares do curso, especialmente em seus objetivos, devem contribuir para a adequada formação do graduando em face do perfil estabelecido do egresso, relacionando-os às competências definidas.

§ 6º Deve ser estimulado o uso de metodologias para aprendizagem ativa, como forma de promover uma educação mais centrada no aluno.

§ 7º Devem ser implementadas as atividades acadêmicas de síntese dos conteúdos, de integração dos conhecimentos e de articulação de competências.

§ 8º Devem ser estimuladas as atividades acadêmicas, tais como trabalhos de iniciação científica, competições acadêmicas, projetos interdisciplinares e transdisciplinares, projetos de extensão, atividades de voluntariado, visitas técnicas, trabalhos em equipe, desenvolvimento de protótipos, monitorias, participação em empresas juniores, incubadoras e outras atividades empreendedoras.

§ 9º É recomendável que as atividades sejam organizadas de modo que aproxime os estudantes do ambiente profissional, criando formas de interação entre a instituição e o campo de atuação dos egressos.

§ 10 Recomenda-se a promoção frequente de fóruns com a participação de profissionais, empresas e outras organizações públicas e privadas, a fim de que contribuam nos debates sobre as demandas sociais, humanas e tecnológicas para acompanhar a evolução constante da Engenharia, para melhor definição e atualização do perfil do egresso.

§ 11 Devem ser definidas as ações de acompanhamento dos egressos, visando à retroalimentação do curso.

§ 12 Devem ser definidas as ações de ensino, pesquisa e extensão, e como contribuem para a formação do perfil do egresso.

Art. 7º Com base no perfil dos seus ingressantes, o Projeto Pedagógico do Curso (PPC) deve prever os sistemas de acolhimento e nivelamento, visando à diminuição da retenção e da evasão, ao considerar:

I – as necessidades de conhecimentos básicos que são pré-requisitos para o ingresso nas atividades do curso de graduação em Engenharia;

II – a preparação pedagógica e psicopedagógica para o acompanhamento das atividades do curso de graduação em Engenharia; e

III – a orientação para o ingressante, visando melhorar as suas condições de permanência no ambiente da educação superior.

Art. 8º O curso de graduação em Engenharia deve ter carga horária e tempo de integralização, conforme estabelecidos no Projeto Pedagógico do Curso (PPC), definidos de acordo com a Resolução CNE/CES nº 2, de 18 de junho de 2007.

§ 1º As atividades do curso podem ser organizadas por disciplinas, blocos, temas ou eixos de conteúdos; atividades práticas laboratoriais e reais, projetos, atividades de extensão e pesquisa, entre outras.

§ 2º O Projeto Pedagógico do Curso deve contemplar a distribuição dos conteúdos na carga horária, alinhados ao perfil do egresso e às respectivas competências estabelecidas, tendo como base o disposto no *caput* deste artigo.

§ 3º As Instituições de Ensino Superior (IES), que possuam programas de pós-graduação *stricto sensu,* podem dispor de carga horária, de acordo com o Projeto Pedagógico do Curso, para as atividades acadêmicas curriculares próprias, que se articulem à pesquisa e à extensão.

Art. 9º Todo curso de graduação em Engenharia deve conter, em seu Projeto Pedagógico de Curso, os conteúdos básicos, profissionais e específicos, que estejam diretamente relacionados com as competências que se propõe a desenvolver. A forma de se trabalhar esses conteúdos deve ser proposta e justificada no próprio Projeto Pedagógico do Curso.

§ 1º Todas as habilitações do curso de Engenharia devem contemplar os seguintes conteúdos básicos, dentre outros: Administração e Economia; Algoritmos e Programação; Ciência dos Materiais; Ciências do Ambiente; Eletricidade; Estatística. Expressão Gráfica; Fenômenos de Transporte; Física; Informática; Matemática; Mecânica dos Sólidos; Metodologia Científica e Tecnológica; e Química.

§ 2º Além desses conteúdos básicos, cada curso deve explicitar no Projeto Pedagógico do Curso os conteúdos específicos e profissionais, assim como os objetos de conhecimento e as atividades necessárias para o desenvolvimento das competências estabelecidas.

§ 3º Devem ser previstas as atividades práticas e de laboratório, tanto para os conteúdos básicos como para os específicos e profissionais, com enfoque e intensidade compatíveis com a habilitação da engenharia, sendo indispensáveis essas atividades nos casos de Física, Química e Informática.

Art. 10. As atividades complementares, sejam elas realizadas dentro ou fora do ambiente escolar, devem contribuir efetivamente para o desenvolvimento das competências previstas para o egresso.

Art. 11. A formação do engenheiro inclui, como etapa integrante da graduação, as práticas reais, entre as quais o estágio curricular obrigatório sob supervisão direta do curso.

§ 1º A carga horária do estágio curricular deve estar prevista no Projeto Pedagógico do Curso, sendo a mínima de 160 (cento e sessenta) horas.

§ 2º No âmbito do estágio curricular obrigatório, a IES deve estabelecer parceria com as organizações que desenvolvam ou apliquem atividades de Engenharia, de modo que docentes e discentes do curso, bem como os profissionais dessas organizações, se envolvam efetivamente em situações reais que contemplem o universo da Engenharia, tanto no ambiente profissional quanto no ambiente do curso.

Art. 12. O Projeto Final de Curso deve demonstrar a capacidade de articulação das competências inerentes à formação do engenheiro.

Parágrafo único. O Projeto Final de Curso, cujo formato deve ser estabelecido no Projeto Pedagógico do Curso, pode ser realizado individualmente ou em equipe, sendo que, em qualquer situação, deve permitir avaliar a efetiva contribuição de cada aluno, bem como sua capacidade de articulação das competências visadas.

CAPÍTULO IV
DA AVALIAÇÃO DAS ATIVIDADES

Art. 13. A avaliação dos estudantes deve ser organizada como um reforço, em relação ao aprendizado e ao desenvolvimento das competências.

§ 1º As avaliações da aprendizagem e das competências devem ser contínuas e previstas como parte indissociável das atividades acadêmicas.

§ 2º O processo avaliativo deve ser diversificado e adequado às etapas e às atividades do curso, distinguindo o desempenho em atividades teóricas, práticas, laboratoriais, de pesquisa e extensão.

§ 3º O processo avaliativo pode dar-se sob a forma de monografias, exercícios ou provas dissertativas, apresentação de seminários e trabalhos orais, relatórios, projetos e atividades práticas, entre outros, que demonstrem o aprendizado e estimulem a produção intelectual dos estudantes, de forma individual ou em equipe.

CAPÍTULO V
DO CORPO DOCENTE

Art. 14. O corpo docente do curso de graduação em Engenharia deve estar alinhado com o previsto no Projeto Pedagógico do Curso, respeitada a legislação em vigor.

§ 1º O curso de graduação em Engenharia deve manter permanente Programa de Formação e Desenvolvimento do seu corpo docente, com vistas à valorização da atividade de ensino, ao maior envolvimento dos professores com o Projeto Pedagógico do Curso e ao seu aprimoramento em relação à proposta formativa, contida no Projeto Pedagógico, por meio do domínio conceitual e pedagógico, que englobe estratégias de ensino ativas, pautadas em práticas interdisciplinares, de modo que assumam maior compromisso com o desenvolvimento das competências desejadas nos egressos.

§ 2º A instituição deve definir indicadores de avaliação e valorização do trabalho docente nas atividades desenvolvidas no curso.

CAPÍTULO VI
DAS DISPOSIÇÕES FINAIS E TRANSITÓRIAS

Art. 15. A implantação e desenvolvimento das Diretrizes Nacionais do Curso de Graduação em Engenharia devem ser acompanhadas, monitoradas e avaliadas pelas Instituições de Ensino Superior (IES), bem como pelos processos externos de avaliação e regulação conduzidos pelo Ministério da Educação (MEC), visando ao seu aperfeiçoamento.

Art. 16. Os cursos de Engenharia em funcionamento têm o prazo de 3 (três) anos a partir da data de publicação desta Resolução para implementação destas Diretrizes Nacionais do Curso de Graduação em Engenharia.

Parágrafo único. A forma de implementação do novo Projeto Pedagógico do Curso, alinhado a estas Diretrizes Nacionais do Curso de Graduação em Engenharia poderá ser gradual, avançando-se período por período, ou imediatamente, com a devida anuência dos alunos.

Art. 17. Os instrumentos de avaliação de curso com vistas à autorização, reconhecimento e renovação de reconhecimento, devem ser adequados, no que couber, a estas Diretrizes Nacionais do Curso de Graduação em Engenharia.

Art. 18. Esta Resolução entra em vigor a partir da data de sua publicação, revogadas a Resolução CNE/CES nº 11, de 11 de março de 2002 e demais disposições em contrário.

Índice

A

Abordagem *hands-on*, 42, 55
Academia(s)
de professores do IMT, 237
de talentos, 195
Acepções de inovação e criatividade, 135
Ações institucionais na formação de professores, 237
Acolhimento do ingressante, 81
Active learning, 158
Ambiente virtual de aprendizagem (AVA), 188
Aplicação de Metz, 14
Aplicativo *Learning Catalytics*, 46
Apoiadores de inovação no ensino de Engenharia, 234
Aprendizagem
ativa (*active learning*), 44
baseada em problemas (*problem-based learning* – PBL), 58
Atuação docente, 95
Aula, 162
Autonomia das IES na organização curricular em face da flexibilidade oferecida pelas DCNs, 92
Avaliação(ões)
como parte do processo de ensino-aprendizagem, 201
de estudantes de engenharia segundo as novas DCNs, 206
diagnóstica, 202
final, 191
do curso, 82
dos estudantes, 82
formativa, 202
somativa, 202

B

Bases teóricas da aprendizagem ativa, 153
Blockchain, 106
BTC-Twente, 62
Busca de soluções – criação e ideias, 109

C

Campos de atuação do engenheiro, 81
Capacitação docente, 83
Casos de ensino, 147, 161, 173
Cenário de rápidas transformações e os impactos no trabalho e nos profissionais, 106
CHEPS, 62
Competências
de inovação, 125
organizacionais, 125
profissionais, 125
dos engenheiros nas situações de trabalho, 119
relacionais orientadas aos clientes (ou ao público), 125
Compreensões sobre competências e a transformação no processo formativo dos engenheiros, 200
Concepção de organização do curso, 80
Congresso FEI de Inovação e Megatendências 2050, 111
Conhecimento explícito, 124
Consórcio Sthem Brasil, 235
Construindo baremas de avaliação, 214
Conteúdos básicos, 10
Criando um sistema de avaliação de estudantes: estratégias e instrumentos, 209
Critérios de avaliação, 214

D

DCNs e formação do professor, 230
Desafio em grupos, 146, 167
Desempenhos esperados, 214
Desenvolvimento da solução – projeto e protótipo, 109
Design thinking, 57, 161
DesignLab, 62
Diálogos com visionários, 111
Dimensão
administrativa e de gestão de pessoas, 127
cultural, 127
política, 128

Disciplina(s)
applied physics 50, 46
básicas, 261
Distratores, 166
Domínio do processo de inovação como elemento-chave para o aprendizado e atuação transformadora, 109

E

École
des Mines, 10, 17
Nationale des Ponts et Chaussées, 10
Polytechnique, 10
Education Lab, 58
Eletrônica geral, 112
Empreendedorismo, 53
Engajamento interativo, 50
Engenharia, 9
civil, 10
Ensino médio, 22
Espaços de aprendizagem para além da sala de aula, 232
Estado Novo, 22
Estágio obrigatório, 273
Estatuto, 14
Estratégia(s)
de aprendizagem ativa, 231
métodos de aprendizagem ativa e, 158
Estudantes em ambientes de aprendizagem ativa, 148
Estudo(s)
cognitivos desenvolvimentalistas, 96
comparativo, 67
de caso, 173
Evolução da organização dos cursos de engenharia, 10
Exercícios de aquecimento, 167
Experiência, 124
de aprendizagem, 98
de formação continuada, 234

F

Fab Fridays, 140
Fab labs, 138
Flipped classroom, 45, 160, 161
Formação em engenharia
a partir de 1985, 25
na "Era Vargas" (1930-1945), 22
no período democrático (1945-1964), 23
no período ditatorial (1964-1985), 23
Formulação/conceituação do problema – problematização, 109
Fórum Sthem Brasil, 235
Fundação da segunda escola de engenharia do Brasil (1876), 17

G

Gestão da aprendizagem, 100
Gig economy, 106
Grupo de trabalho formação de professores da Abenge, 234

H

Habilidade, 124
Hack labs, 138
Hackerspaces, 138
Hard skills, 42
História da Engenharia no Brasil, 10

I

Implantação de novo projeto pedagógico para a graduação em engenharia do centro universitário FEI, 110
Implementação – introdução no mercado, 109
In-class exercises, 147, 173
Indústria 4.0, 37
Iniciativa CDIO (*Conceiving – Designing – Implementing – Operating*), 48, 209
Syllabus, 49
Inquiry-based learning, 161
Integração empresa-escola, 41
Introdução à engenharia, 193
Inverted classroom, 161

J

Jigsaw, 147, 169
Julgamentos de valor, 124
Just-in-time teaching, 146, 160, 161, 167

K

Kahoot, 165

L

Learning(s)
by-doing, 140

catalytics, 45
objectives, 89
Lei(s)
de inovação, 35
do bem, 35
Rivadávia Corrêa, 19, 27
orgânicas do ensino, 27
Lifelong(s)
learners, 107
learning, 113
Little-c, 138
Loja de ciências, 61

M

Maker cup, 140
Makerspace, 134, 135, 138-140, 142, 143
e o estímulo à inovação e à criatividade, 140
Megatendências, 108
e o poder da visão de futuro no processo de formação, 107
MESA + Nanolab, 61
Método(s)
ativos, 155
peer instruction, 45-47
Metodologias ativas de aprendizagem, 74
Métodos de avaliação
alinhando com os resultados da aprendizagem, 211
Minic creativity, 138
Minimum viable product (MVP), 109
MIT *MakerWorkshop*, 140
Mobilização empresarial pela inovação (MEI), 34
Modelo(s)
de competências, 117
organizacionais para a atuação do engenheiro contemporâneo, 125
Momento
aula, 163
pós-aula, 163
pré-aula, 163
Mudanças na primeira escola de engenharia do Brasil na República Velha (1889-1930), 19

N

New engineering education transformation (NEET), 40
NIKOS, 61
Novet-T, 61
Novo projeto pedagógico de curso (PPC) de Engenharia, 90
Núcleos de permanência e acessibilidade, 194

O

One-minute paper, 160, 161
Organizações nas novas DCNs, 81
Organizador prévio, 157
Orientação de projetos, 233
Origens dos cursos de engenharia, 10

P

P5BL (*Problema-Project-Process-Practice-People-Based Learning*), 57
Passagem do ensino médio para o superior, 185
Pedagogia
diretiva, 153
não diretiva, 154
relacional, 154
Peer instruction, 146, 160, 161, 164, 166
Perfil do egresso, 81
Perusall, 45
Portal para inovação, 61
Pós-aula, 162
Pré-aula, 162
Preparação do corpo docente e técnico para o acolhimento, 195
Preparando-se para o amanhã, 111
Primeira escola de engenharia
no Brasil colônia (período até 1822), 10
no Brasil Império (1822-1889), 14
Principais características dos *makerspaces*, 138
Problem-based learning (PBL), 147, 175, 161
Processo piscina, 55
Professor no novo referencial, 234
Programa
de apoio ao aluno, 191
de formação do corpo docente, 81
de nivelamento, 189
de pós-mestrado, 62
de recepção e integração de calouros, 187
de tutoria, 192
Project
-based
learn laboratory, 57
learning – PBL, 134, 161
learning (PjBL), 147, 176
-organized learning (POL), 176
Projeto
para produção, 83
pedagógico do curso (PPC), 81, 82, 83
PBL (*Problem-Based Learning* e *Project-Based Learning*), 44

Proposta
de novas DCNs, 40
de sistema de avaliação do processo ensino-aprendizagem, 204

Q

Quadro-resumo do estudo comparativo, 80
Quadruple Helix, 59

R

Rede social, 124
Reforma Capanema, 22, 27
Revisão curricular, 90
Rubrica de avaliação, 233

S

Saber
agir (atitudes), 124
fazer (habilidades), 124
Sala
ambiente, 190
de aula invertida, 63, 161-164, 166
mais, 238
Seleção da melhor solução – critérios e avaliação, 109
Selecionando múltiplos métodos de avaliação, 211
Sinaes, DCNs e avaliação do professor, 230
Sistema(s)
de pontuação, 214
indústria, 34
Sociedade da informação, 147
Socrative, 165
Soft skills, 34, 38, 42, 207, 246
Substituição da sala de aula por ambiente de aprendizagem, 881
Subsunçores, 156

T

Talentismo, 107
Technology enabled active learning (TEAL), 50
Teoria interacionista de Vygotsky, 199
Teste conceitual (*concept test*), 164
Think-pair-share, 160, 161
Trabalho
da sala de aula, 162
de casa, 162
de Rick Stiggins, 213
Trekking de regularidade, 157

U

Unidade curricular, 204
University of Tampere, 236
Usando os resultados da avaliação para a melhoria contínua, 216

ROTAPLAN
GRÁFICA E EDITORA LTDA
Rua Álvaro Seixas, 165
Engenho Novo - Rio de Janeiro
Tels.: (21) 2201-2089 / 8898
E-mail: rotaplanrio@gmail.com

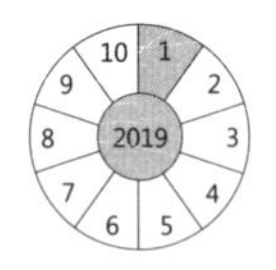